高 等 学 校 试 用 教 材

工 厂 供 电

同济大学电气工程系 编

中国建筑工业出版社

图书在版编目（CIP）数据

工厂供电/同济大学电气工程系编. —北京：中国
建筑工业出版社，1981（2008 重印）
高等学校试用教材
ISBN 978-7-112-00280-1

Ⅰ.工… Ⅱ.同… Ⅲ.工厂-供电-高等学校-教材
Ⅳ.TM 727.3

中国版本图书馆 CIP 数据核字（2008）第 055402 号

本书为高等学校工业电气自动化专业《工厂供电》课程的教学用书。
全书共计十一章，包括：电力负荷计算，工厂供配电系统，变配电所的主
结线、结构与布置，短路电流计算和电气设备选择，架空线及电缆线的选
择和敷设，继电保护装置和自动装置，防雷和接地，电气照明等。本书以
6～10 千伏工业企业变配电所的设计、运行问题为重点，并介绍 35 千伏总
降压变电所有关基础知识和车间电力、照明的基本原理。

本书除供高等学校有关专业作教材外，也可供从事工厂供配电系统的
统计人员和工程技术人员参考。

高等学校试用教材

工 厂 供 电

同济大学电气工程系　编

*

中国建筑工业出版社出版、发行(北京西郊百万庄)
各地新华书店、建筑书店经销
廊坊市海涛印刷有限公司印刷

*

开本：787×1092 毫米　1/16　印张：22½　字数：546 千字
1981 年 10 月第一版　2015 年 1 月第十三次印刷
定价：**31.00** 元
ISBN 978-7-112-00280-1
（14955）

前　言

一、本教材是在我们教研室过去编写的讲义基础上，根据高等院校建工系统教材会议讨论的大纲编写的。全书共分十一章，以工厂供电设计程序作为安排章节的线索。教材内容以 6～10 千伏工业企业变配电所的设计、运行问题为重点，并介绍了 35 千伏总降压变电所的有关基础知识和车间电力、照明的基本原理。本教材注意加强基础理论的系统性，加强供电系统的基本计算，加强设计与工程实际的联系；注意介绍新技术、新设备。在编写过程中，注意把有关技术政策和设计规范的主要精神反映到教材中。

二、本教材内容按 90 学时编写。在讲授时，各校可根据本课程实际教学时数而对内容作适当增减。为了使学生学完本课程后具有 10 千伏及以下工厂供电系统的初步设计能力，还需在教学计划中安排相应的课程设计和实践环节。

三、本教材由重庆建筑工程学院主审，主审人谢永茂。参加审稿的单位有：哈尔滨建筑工程学院、辽宁建筑工程学院、北京建筑工程学院和上海工业建筑设计院等。此外，浙江大学、上海工业大学和中国建筑科学研究院建筑设计研究所、西北建筑设计院、一机部第八设计院等十多个兄弟单位均对本教材送审稿提出了宝贵的书面意见，我们在此表示衷心的感谢。

四、本教材由同济大学周鸿昌主编。参加编写的有朱桐城、俞丽华、沈新群等，插图由王友石、李国明负责绘制。

由于我们业务水平有限，时间短促，因此本书中缺点和错误在所难免，请批评指正。

编　者

1979年12月

目　录

第一章 概　　述

电力工业是国民经济的一个重要部门，它为工业、农业、商业、交通运输和社会生活提供能源。在今天，电能的利用已远远超出作为机器动力的使命。由于电能能够方便而经济地从其他形式的能量中转换而得，并且容易而经济地进行传输，以及简便地转换成其他形式的能量（如将电能变为机械能、光能、热能、化学能等），电能已广泛应用到社会生产的各个领域和社会生活的各个方面。国民经济的现代化没有电力工业的大发展是不可能的，电力工业已成为国民经济现代化的基础。并公认按人口平均的用电量，是反映一个国家现代化程度的主要指标之一。

发电厂是生产电能的工厂。电能生产与其它生产部门相比较，有其显著的特点：

第一、电能从生产—传输—消费的全过程，几乎是同时进行的。电能生产全过程中的各个环节，也都紧密联系，互相影响。由于电能具有很高的传输速度，发电机在某一时刻发出的电能，经过送电线路立刻送给用电设备，而用电设备立刻转换成其他形式的能量，一瞬间就完成从发电—供电—用电的全过程。而且，发电量是随着用电量的变化而变化，生产量和消费量是严格平衡的。这就不难看出：电能用户如何用电、何时用电及用多少电，对于电能生产都具有极大的影响；电力系统中任一环节或任一用户，若因设计不当、保护不完善、操作失误、电气设备故障，都会给整个系统造成不良影响。

第二、电力系统中的暂态过程是非常迅速的。如开关切换操作、电网短路等过程，都是在很短时刻（零点几秒）内完成。为了维护电力系统的正常运行，就必须有一套非常迅速和灵敏的保护、监视和测量装置，一般人工操作是不能获得满意的效果的，因此必须采用自动装置。特别是近年来，已将电子计算机应用于电力网的控制管理系统。

上述电能生产的特点，在工业企业供配电系统的设计和运行中，均应充分注意。

第一节　电力系统的基本概念

在工业企业中有许多用电设备（又称作负载），按其用途可分为照明用电设备，动力用电设备（传动），工艺用电设备（电解、冶炼、电焊、静电、电火花、热处理），电热用电设备（加温、取暖、烘燥、空调）和试验用电设备（试验、校验、检测）等。所有这些用电设备，统称为电能用户。用户所消费的电能是电力系统中发电厂生产供给的。发电厂多数是建造在燃料、水力资源丰富的地方，而电能用户是分散的，往往又远离发电厂。这样就出现了一个电能输送的问题（输电）；为了实现电能的经济传输和满足用电设备对工作电压的要求，又出现了一个变换电压的问题（变电）；将电能送到工矿企业区之后，又存在对用户合理分配电能的问题（配电）。现将电能的生产、输送、变换、分配各环节的基本概念说明如下：

1）发电厂——是生产电能的工厂,它是把非电形式的能量转换成电能。发电厂的种类很多，根据所利用能源的不同，有火力发电厂、水力发电厂、原子能发电厂、地热发电厂、潮汐发电厂，以及风力发电、太阳能发电等等。

2）变电所——是变换电压和交换电能的场所；由电力变压器和配电装置所组成。按变压的性质和作用又可分为升压变电所和降压变电所两种。对于仅装有受、配电设备而没有电力变压器的称为配电所。

3）电力网——是输送、交换和分配电能的装备；由变电所和各种不同电压等级的电力线路所组成。电力网是联系发电厂和用户的中间环节。它的任务是将发电厂生产的电能输送、变换和分配到电能用户。

4）电力系统——由发电厂、电力网及电能用户组成的系统，称为电力系统。它们之间的相互关系可以用图1-1表示。从发电厂发出的电能，除了供给附近用户（工业企业）直配用电之外，一般都是经过升压变电所将发电机发出的低压电能升高为高压电能，采用高电压进行电力传输。当输电线路的电压愈高，则输送距离愈远、输送的功率愈大。因为输送功率为一定时，提高输电电压就可相应地减少输电线路中的电流，因此可减少线路上电能损失和电压损失，可减少导线的截面而节约有色金属。例如，

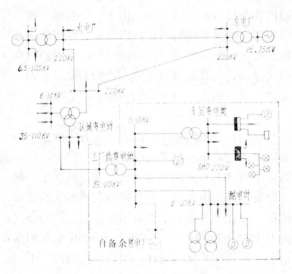

图 1-1　电力系统示意图

在采用120平方毫米截面的导线和标准杆型情况下，当输电电压为10千伏、输送距离为10公里时，输送功率约为2000千瓦；当输电电压为35千伏、输送距离为35公里时，输送功率约为7000千瓦。

由于用电设备的额定电压一般均在10千伏以下，例如一般工厂中目前生产上所用的高压电动机，其额定电压多为6千伏或3千伏，有些设备可使用10千伏电压的高压电动机，而低压电动机目前在工业企业中多用额定电压为380伏的，在矿山中多用660伏的。因此，在工业集中的地区，一般都建立地区降压变电所，将110～220千伏电压降为35～60千伏电压（如附近有工业企业，亦可将部分电能降为3～10千伏电压对工业企业供电），然后再将电能送到工业企业内的总降压变电所。

对于用电量较大的企业，例如大型化工企业、冶金联合企业、铝厂及大型冶炼厂等，我国已开始采用110千伏或220千伏电压直接对工业企业送电，这对于减少电力网的电能损失和电压损失有十分重大的意义。

第二节　工业企业供电系统及其组成

工业企业为了接受从电力系统送来的电能，经过降压再将电能分配到各用电车间和工段去，就需要有一个工业企业内部的供电系统。工业企业内部供电系统由高压及低压配电

线路、变电所（包括配电所）和用电设备所组成，图1-1中虚线范围部分表示工业企业内部供电系统。

一般大、中型工业企业均设有总降压变电所，把35～110千伏电压降为6～10千伏电压，向车间变电所或高压电动机和其他高压用电设备供电，总降压变电所通常设有1～2台降压变压器。而小型工业企业设有一个简易变电所，由电力网以6～10千伏电压供电。

对于某些工业企业，考虑其生产对国民经济的重要性需要自备电厂作备用电源，或企业有大量余热、废气可用来发电时，可建立工厂自备发电厂。一般当工业企业要求供电可靠性较高时，可考虑从电力系统中引两个独立电源对其供电。

在一个生产车间内，根据生产规模、用电设备的布局和用电量的大小等情况，可设立一个或几个车间变电所（包括配电所）。也可以几个相邻且用电量不大的车间共用一个车间变电所。车间变电所一般设置1～2台变压器（最多不超过三台），其单台容量一般为1000千伏安及以下（最大不超过1800千伏安），将6～10千伏电压降为380/220伏电压，对低压用电设备供电。

变电所中的主要电气设备是降压变压器和受、配电设备及装置。用来接受和分配电能的电气装置称为配电装置，其中包括开关设备、母线、保护电器、测量仪表及其他电气设备等。对于10千伏及以下系统，为了安装和维护方便，现在均将受、配电设备及装置由制造厂组装成为成套的开关柜。

工业企业高压配电线路主要作为厂区内输送、分配电能之用。高压配电线路尽可能采用架空线路，因为架空线路建设投资少且便于检修维护。但在工业企业厂区内，由于对建筑物距离的要求，及管线交叉、腐蚀性气体等因素的限制，不便于敷设架空线路时，可以敷设地下电缆线路。

工业企业低压配电线路主要作为向低压用电设备输送分配电能之用。在户外敷设的低压配电线路尽可能采用架空线路。在车间内部则应根据具体情况而定，采用明敷配电线路或采用暗敷配电线路。

在车间厂房内，由动力配电箱到电动机的配电线路一般采用绝缘导线穿管敷设。

在工厂内，照明线路与电力线路一般是分开的；但是，可采用380/220伏三相四线制，尽量由一台变压器供电，对事故照明来说，必须有可靠的独立电源来供电。

第三节 工厂供电设计的内容、方法与程序

一、工厂供电设计的内容

工厂设计由工艺设计、土建设计、给排水设计、暖通设计、动力设计、弱电设计、供电设计等组成。供电设计是其中的一个重要组成部分，因此在供电设计时如与上述其他各工种设计发生相关时，应密切配合。

工厂供电设计包括以下几方面内容：

（一）车间电力设计

车间电力设计是根据生产工艺的要求，解决对各种用电设备进行供配电与控制的问题。在设计中具体要解决的问题有：确定车间电力系统，各种用电设备的保护与控制设备的选择，导线的选择，线路的敷设方式，保安措施等。用车间电力系统图（或称车间配电

系统图）、车间电力平面图、绘制或选用设备安装（大样）图和车间电力主要设备材料表的形式来表达设计的内容。

（二）车间照明设计

车间照明设计是根据生产工艺的要求，解决满足照明质量与照度标准的良好照明问题。在设计中具体要解决的问题有：光源和照明器的选择，照明器的布置，照度计算，确定照明供电系统，导线选择，线路的敷设方式等问题。用车间照明系统图、车间照明平面图和车间照明主要设备材料表的形式来表达设计内容。

（三）车间变配电所设计

车间变配电所设计是根据车间的负荷性质、负荷大小和负荷的分布情况，解决对车间安全、可靠、经济的配电问题。具体要解决的问题有：车间变配电所的数量、位置与变压器容量的确定，车间变配电所的主结线，电气设备的选择，变配电所平剖面布置，防雷保护、接地装置设计和接地或接零保安措施等问题。用变配电所的主结线图、变配电所平面与剖面图以及主要设备材料表的形式来表达设计的内容。

（四）全厂总配电所及总降压变电所设计

全厂总配电所及总降压变电所设计是根据全厂负荷性质、负荷大小、负荷的分布以及电力系统的情况等，解决对全厂各车间安全、可靠、经济的供配电问题。具体要解决的问题有：总配电所及总降压变电所的数量、位置与变压器容量的确定，总配电所及总降压变电所的主结线，电气设备的选择，总配电所平、剖面布置，供配电线路路径走向与导线截面选择，总配电所的测量、信号、控制、继电保护等问题。用总配电所及总降压变电所的主结线图，平、剖面布置图，二次结线图，总体平面布置图以及主要设备材料表的形式来表达设计内容。

（五）厂区线路的设计

内容包括厂区内部6～10千伏高压供电或配电线路、车间外部380/220伏低压配电线路。选择线路路径并规划线路走廊，对于电源进线尚需取得城市建设局及有关部门的许可和协议；确定采用架空线路或电缆线路；按有关规程解决与其他管线的平行或交叉问题；进行杆位、杆型、杆头布置的设计；标准电杆和绝缘子、金具的选择；特殊杆塔和基础的机械计算；计算导线的温度——应力——弧垂数据用以列表或绘制安装曲线；架空线路的防雷保护和绝缘配合。一般用厂区线路路径平面图，架空线路杆位明细表，杆塔总装图及零件图，绝缘子、金具及基础的施工图，安装曲线图，及主要材料表和工程预算的形式来表达设计内容。

二、工厂供电设计的方法与步骤

设计方法与步骤大致如下：

（一）根据工艺、土建、给排水、暖通、弱电等工种提供的用电设备情况进行各车间和全厂的负荷计算，并考虑无功功率的补偿，进行变配电所及变压器数量和容量的选择。

（二）向电业部门了解电力系统中有关的情况，例如可能对本厂供电的电源、供电方式和短路容量等，并对供电方式进行初步协商。

（三）根据工厂对供电的要求和电源条件，选择符合国家各项建设方针和政策、技术经济上最合理的供电方案和全厂供配电系统。

（四）会同建设单位与电业部门协商确定电源及厂外送电线路方案和电能计量的方

法，最后由建设单位与电业部门签订协议，并办理厂外送电线路的施工合同。

（五）进行高压侧短路电流计算和设备材料选择。

（六）防雷保护和接地装置设计。

（七）进行继电保护等二次系统设计。

（八）根据生产机械的工艺过程、车间环境特征，电动机等用电设备进行控制保护设备的选择，并进行车间配电线路的设计和计算，选定各项线路设备和材料。

（九）根据工艺设备布置和操作要求、厂房建筑与结构条件、以及车间环境特征，进行照明设计。

（十）工厂如需直流电系统，则应有变流所的设计。

（十一）根据供电、配电和照明线路的要求，进行厂区线路的设计。

（十二）开列设备材料清单。

（十三）进行各项工程施工图的绘制和标准图的选择。

（十四）编制概算。

三、工厂供电设计程序及内容

工业企业供电设计程序分三阶段设计和二阶段设计两种。一般大、中型企业采用方案意见书，扩大初步设计、施工图设计三个阶段。小型企业采用方案意见书、施工图设计两个阶段。如为两阶段设计，则方案意见书的深度应尽可能解决扩大初步设计所需解决的问题。

方案意见书阶段的主要工作内容：1）参照扩大指标或同类型企业，计算企业的最大用电负荷及年用电量；2）向当地电业部门了解可能对本企业的供电电源及供电方式，并对供电方式进行初步协商；3）参照扩大指标或同类型企业，进行投资估算。

扩大初步设计阶段的主要工作内容：1）关于企业供电电源和供电方式的落实和基础资料的收集；2）企业供电系统方案的确定；3）进行用电负荷等方面计算和设备选择；4）编制设计文件；5）编制概算。

扩大初步设计内容要充分阐明在设计中的指导思想和各项具体措施及方案。设计深度要满足主要设备、材料的订货和编制施工图设计的要求。设计文件应有必要的文字说明、图纸和主要技术经济指标。

供电扩大初步设计的内容深度应包括以下方面：

（一）供电电源（包括备用电源）情况及供电方案。

（二）工业企业用电负荷的主要数据（见表1-1）。

（三）变（配）电所的数量、位置、面积、变压器容量。

（四）主要设计方案、原则的确定，如有重大方案比较时，应同时列入。

（五）其他需要说明的问题。

工业企业用电负荷主要数据　表 1-1

全厂用电设备总设备容量		千　瓦	
其　　　　中	电　力	千　瓦	
	照　明	千　瓦	
全厂电力需要容量	有　功	千　瓦	
	无　功	千　乏	
	视　在	千伏安	
需　要　系　数（K_x）			
功　率　因　数	补偿前		
	补偿后		
补偿电容器容量	高　压	千　乏	
	低　压	千　乏	
概　算　价　值		千　元	

（六）附图：一般有条件时可附全企业的供电平面图及系统图。

（七）附表：1）全企业用电负荷计算表（参看表2-15）；2）各变电所负荷计算表（参看表2-8）；3）主要设备材料表（开列国家统一调拨的一、二类物资，如有不作为订货的，应加以说明）。

施工图设计阶段的主要工作内容：1）校正扩大初步设计的基础资料和有关计算数据；2）编制施工设计图；3）编制修正概算。

工厂企业变电所具体的设计程序如下述方框图（图1-2）所示：

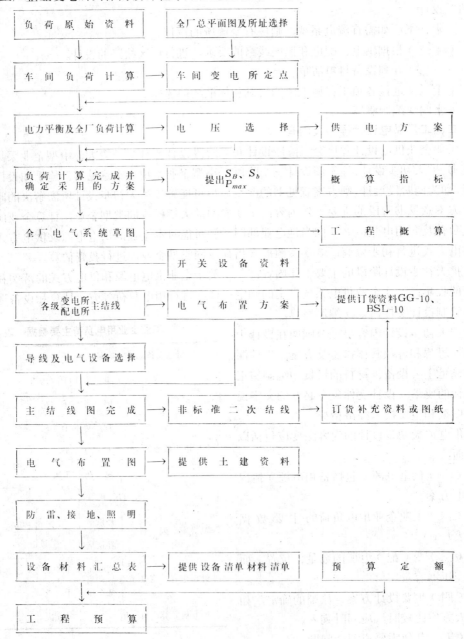

图 1-2 工厂变电所设计程序方框图

四、扩大初步设计及施工图设计阶段需收集和提出的资料内容

（一）工厂总平面图，各车间的土建平剖面图。

（二）工艺、给排水、暖通、动力等工种的用电设备平面布置图及主要的剖面图，并附有各用电设备的名称、额定容量（千瓦）、额定电压（伏）、额定功率因数、相数、使用情况（电机的工作制及其暂载率$JC\%$）、车间的环境特征（潮湿、灰尘、火灾或爆炸程度）等，这些是供电设计的重要基础资料，是进行负荷计算和选择导线、开关设备以及变压器等的依据。

（三）了解各车间、工段的生产流程的顺序，对电气传动和控制操作的要求（例如电气联锁和非联锁的要求等）。

（四）对供电可靠性的要求和工艺允许停电时间。

（五）除了工艺等用电设备的平面布置图外，尚要了解工艺等用电设备的外形尺寸和出线口的位置，这是车间电力线路设计时所必须的。

（六）全厂的年产量和年最大负荷利用小时数，用以估算全厂的年用电量和最高需用量。

（七）向土建工种提出变配电所的土建资料（变配电所平面、剖面图，通风及防火要求，预留洞及预埋件等要求），变配电所及高低压线路路径在总平面图上的布置资料。

（八）向供电局收集资料前，应向供电局提供下列资料：

1.工厂负荷的性质，对电源线路的要求；

2.工厂用电设备的设备总容量；

3.工厂用电设备的计算负荷总容量（有功容量、无功容量、视在容量）；

4.要求备用电源的设备总容量（千瓦）、及其计算负荷总容量（指一级负荷而言）；

5.特殊用电设备（电弧炉、高频设备等）；

6.工厂用电计划（根据工厂建设进度提出逐年用电量数字）。

（九）向供电局收集下列资料：

1.供电局同意供给的电源容量及备用电源容量；

2.供电电源的电压，供电方式（电缆或架空线，专用线或非专用线），供电电源线路的回路数、截面、长度以及进入工厂的方向及具体位置；

3.电力系统最小运行方式和最大运行方式时，供电端或受电端母线上的短路数据（短路容量、次暂态短路电流、稳态短路电流、单相接地电流等）；

4.供电端的继电保护方式及动作电流和动作时间的整定值，供电局对工厂进线与供电端出线之间继电保护方式和时限配合的要求；

5.供电局对工厂电能计量的要求（如高供高量或高供低量，照明与电力是否要分别计量或合并计量）；

6.供电局对工厂功率因数的要求；

7.当地电价及电费的收取办法（包括计算方法，奖罚规定等）；

8.电源线路厂外部分设计及施工的分工（一般由供电局负责），以及工厂应负担的投资额；

9.供电局的其他特殊要求（如对大型电动机起动的意见，对自动减负荷的要求，对负荷转送的要求等）。

（十）向当地气象部门及其他单位收集资料：

1. 气象、地质资料，见表1-2；
2. 当地电气安装的常用设施、经验、特殊规定；
3. 当地生产的电气设备及材料情况；
4. 当地电气工程的技术经济指标。

气象、地质资料内容及用途 表 1-2

资 料 内 容	用 途	资 料 内 容	用 途
最高年平均温度	选变压器	最高月平均水温	选半导体元件等
最热月平均最高温度	选室外裸导线及母线	年雷电小时数和雷电日数	防雷装置
最热月平均温度	选室内导线和母线	土壤结冻深度	接地装置
一年中连续三次的最热日昼夜平均温度	选空气中电缆	土壤电阻率	接地装置
土壤中0.7~1.0米深处一年中最热月平均温度	选地下电缆	50年一遇的最高洪水位	变电所所址选择
		地震烈度	防震措施

第二章 工业企业电力负荷的计算

在工厂供电设计中，所谓"负荷"是指电气设备（发电机、变压器、电动机等）和线路中通过的功率或电流（因当电压为一定时，电流与功率成正比），而不是指它们的阻抗。例如，发电机、变压器的负荷是指它们输出的电功率（或电流），线路的负荷就是指通过导线的容量（或电流）。如果负荷达到了电气设备铭牌规定的数值（额定容量）就叫做满负荷（或满载）。

进行工业企业供电设计，首先遇到的是全厂要用多少电，即负荷计算问题。工厂里各种用电设备在运行中负荷是时大时小地变化着，但不应超过其额定容量。此外，各台用电设备的最大负荷一般又不会在同一时间出现，显然全厂的最大负荷总是比全厂各种用电设备额定容量的总和要小。若根据全厂用电设备额定容量的总和作为计算负荷来选择导线截面和开关电器、变压器等，则将造成投资和设备的浪费；反之，若负荷计算过小，则导线、开关电器、变压器等有过热危险，使线路及各种电气设备的绝缘老化，过早损坏。所以我们进行电力负荷计算，目的是为了合理地选择供电系统中的导线、开关电器、变压器等元件，使电气设备和材料得到充分利用和安全运行。

负荷计算是工厂供电设计中很重要的一环。不过，要真正准确的进行计算，却是很困难的，这也是有待于今后进一步解决的问题。

目前设计单位对工业企业的电力负荷计算主要采用三种方法：1）需要系数法；2）二项式法；3）利用系数法。不过，这几种负荷计算方法都有一定的局限性，有待于进一步完善和改进。

第一节 负 荷 曲 线

表示电力负荷随时间变化情况的图形称为负荷曲线。画在直角座标轴内，纵座标表示负荷值，横座标表示对应的时间。

负荷曲线分有功负荷曲线和无功负荷曲线两种。有功负荷曲线的纵座标以有功负荷的千瓦数表示，无功负荷曲线的纵座标以无功负荷的千乏数表示。根据横座标延续的时间，又可分为日负荷曲线和年负荷曲线。日负荷曲线表示一日24小时内负荷变化的情形，而年负荷曲线表示一年中的负荷变化情况。

一、运行日负荷曲线的绘制

运行日负荷曲线可根据变电所中的有功功率表，用测量的方法绘制。在一定时间间隔内（如每隔半小时）将仪表读数的平均值记录下来，根据记录的数据在直角座标中逐点进行描绘而成。如图2-1所示，负荷曲线所包围的面积代表一天24小时内所消费电能的度数（总用电量）。时间间隔愈短，则描绘的负荷曲线愈能精确反映实际负荷的变化情况。

但是逐点描绘的负荷曲线为依次连续的折线，不适于实际应用。为了计算简单起见，往往将逐点描绘的负荷曲线用等效的阶梯形曲线来代替。阶梯形曲线所包围的面积应和折线连成的曲线所包围的面积相等，因测绘的阶梯状曲线与实际负荷相比较，当负荷上升时，少算了电能，而当负荷下降时，又多算了电能，当负荷变化较缓慢时，前后电能的盈亏相当，如图2-2所示。

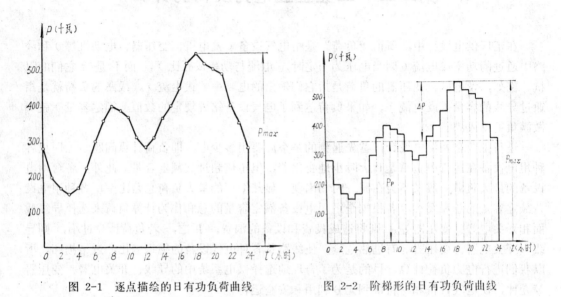

图 2-1　逐点描绘的日有功负荷曲线　　　图 2-2　阶梯形的日有功负荷曲线

我们用负荷系数 α 来表示有功负荷的变动程度（α 又称为负载因数、填充系数或负荷率），并定义：

$$\alpha = \frac{平均负荷}{最大负荷} = \frac{P_p}{P_{max}}$$

·故得

$$P_p = \alpha \cdot P_{max} \qquad (2-1a)$$

对于日无功负荷曲线，可相似地根据无功功率表隔一定时间间隔的读数，测绘制成。根据同理，我们也可求得无功负荷系数 β 及相应的关系式：

$$\beta = \frac{Q_p}{Q_{max}}$$

及

$$Q_p = \beta \cdot Q_{max} \qquad (2-1b)$$

有功负荷系数 α 和无功负荷系数 β 是反映用户有功及无功负荷变化规律的一个参数。其值高说明曲线平稳，负荷变动少；其值低说明曲线起伏，负荷变动大；但 α 和 β 总是小于1。根据有关设计手册介绍，一般工厂企业的负荷系数年平均值为：

$$\alpha_n = 0.70 \sim 0.75$$
$$\beta_n = 0.76 \sim 0.82$$

上述数据说明无功负荷曲线的变动比有功负荷曲线平坦。除了大量使用电焊设备的工厂或车间外，β 值一般总比 α 值高10～15%左右。对于相同类型的车间或企业具有近似的负荷系数和曲线形状。

二、全年时间负荷曲线的绘制

有两种年负荷曲线：表示一年中每日最大负荷变动情形的称为日最大负荷全年时间变

动曲线，或称运行年负荷曲线。可根据典型日负荷曲线间接制成。另一种称为电力负荷全年时间持续曲线，或称全年时间负荷曲线，它是不分日月的界限，而以实际使用时间为横座标，以有功负荷的大小为纵座标来依次排列所制成的。故该种负荷曲线与日负荷曲线的绘制方法有所不同，它不是测得读数，然后逐点逐日依次描绘，而是近似地根据一年中具有代表性的夏季和冬季日负荷曲线进行绘制，如图2-3所示，纵座标是负荷的千瓦数，横座标是一年的小时数，一般取冬季为213天，夏季为152天，全年的时数为8760小时。

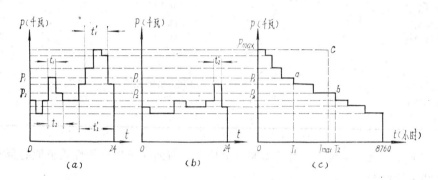

图 2-3　全年时间负荷曲线的作法

（a）冬季代表日负荷曲线；（b）夏季代表日负荷曲线；（c）全年时间负荷曲线

全年时间负荷曲线的绘制方法是：从典型冬季和夏季日负荷曲线的功率最大值开始，依功率递减的次序进行，经过冬季和夏季两条日负荷曲线作许多水平线，如功率 P_1 所占全年时间是根据冬季日负荷曲线为 t_1+t_1'、夏季日负荷曲线为零而得 $T_1=(t_1+t_1')\times213+0\times152$，将 T_1 值按一定比例标于横座标上 T_1 点，时间 T_1 与功率 P_1 交于直角座标上 a 点，同样功率 P_2 占全年时间为 $T_2=(t_2+t_2')\times213+t_2''\times152$，可得座标上 b 点，依此绘出全年时间负荷曲线。

由此可知，某变电所的全年时间负荷曲线表示该变电所一年内各种不同大小负荷所持续的时间，全年时间负荷曲线所包围的面积等于变电所在一年时间内消费的有功电能 $W_{y\cdot n}$（千瓦·小时）。

如在横座标轴上取时间 T_{max}，作矩形 P_{max}——C——T_{max}——O——P_{max}，使其面积 $P_{max}\cdot T_{max}$ 等于全年电能面积 $W_{y\cdot n}$，则有：

$$\left.\begin{array}{l}T_{max}=\dfrac{W_{y\cdot n}}{P_{max}}\\[3mm]P_{max}=\dfrac{W_{y\cdot n}}{T_{max}}\end{array}\right\} \qquad(2-2)$$

或

式中 T_{max} 称为最大负荷年利用小时，其意义是：如果用户以年最大负荷 P_{max} 持续运行，则工作 T_{max} 小时之后就消耗掉全年的电能，故 T_{max} 之大小，说明了用户消费电能的程度，也反映了用户用电的性质。对于相同类型的用户，尽管 P_{max} 有所不同，但 T_{max} 却是基本接近的，这是生产流程大致相同的缘故。反之，相同类型的车间或企业，若技术装备或自动化程度不同，其 T_{max} 也有所差别。所以 T_{max} 亦是反映用电规律性的参数。各种工厂计算最大负荷年利用小时数，见表2-1。

前面叙述了运行时负荷曲线的作法，但当设计变电所时，用户尚未投产运行，无法按

工 厂 类 别	计算最大负荷年利用小时数		工 厂 类 别	计算最大负荷年利用小时数	
	有功负荷年利用小时数	无功负荷年利用小时数		有功负荷年利用小时数	无功负荷年利用小时数
化工厂	6200	7000	农业机械制造厂	5330	4220
苯胺颜料工厂	7100	—	仪器制造厂	3080	3180
石油提炼工厂	7100	—	汽车修理厂	4370	3200
重型机械制造厂	3770	4840	车辆修理厂	3560	3660
机床厂	4315	4750	电器工厂	4280	6420
工具厂	4140	4960	氮肥厂	7000~8000	—
滚珠轴承厂	5300	6130	各种金属加工厂	4355	5880
起重运输设备厂	3300	3880	漂染工厂	5710	6650
汽车拖拉机厂	4960	5240			

上述方法来绘制负荷曲线，一般是参照有关标准负荷曲线或现有的性质类似的企业的典型负荷曲线来绘制的。

但绘制负荷曲线是比较费时和困难的，故在工程中一般不直接绘制负荷曲线，而常应用典型负荷曲线特征参数进行理论推算的方法。如应用 负荷系数、最大负荷年利用小时数、需要系数、利用系数、最大系数等来计算负荷曲线中的最大负荷、平均负荷、全日电能和全年电能等等。

三、需要系数（K_x）、利用系数（K_L）和二项式系数（b和c）

我们从负荷曲线中可以看出（参见图2-2）：

1）用电设备的实际负荷并不等于其铭牌功率P_e（或称额定负荷），而是随时都在变动着的，我们把曲线中的最大值称为"最大负荷"，用P_{max}、Q_{max}、S_{max}或I_{max}分别表示；把曲线的平均值称为"平均负荷"，用P_p、Q_p、S_p或I_p分别表示。

2）长期观察这些负荷曲线，可以发现同一类型工业企业（同一类型车间或设备）的负荷曲线，均具有大致相似的形状。如果我们定义：

需要系数 $$K_x = \frac{负荷曲线最大有功负荷}{设备容量} = \frac{P_{max}}{P_e}$$

利用系数 $$K_L = \frac{负荷曲线平均有功负荷}{设备容量} = \frac{P_p}{P_e}$$

那么可以发现：同一类型工业企业的负荷曲线的需要系数 K_x 的数值 都很相近，可以用一个典型值来代表它。同样，同一类型工业企业的负荷曲线的利用 系数 K_L 也都十分相近，也可以用一个典型值来代表它。我国设计部门通过长期实践和调查研究，已经统计出一些用电设备（车间、工厂）的典型的需要系数和利用系数（参见表2-2～表2-6）。此外，对由容量差别悬殊且负荷曲线图形不同的两类负载所合并成的一组用电设备，也可以按需要系数的定义将它们转化为用二个计算系数来表示出总额定负荷、大容量机组负荷与最大负荷之间的关系，称为二项式系数 b 和 c（参见表2-7）。不过，表2-2至表2-7所列的数据不能认为是固定不变的，因为随着工业企业的增产节约、不断地进行技术革新以及负荷调整等，使得这些系数亦在不断地有所变化。因此 这些 表中的 数据只能把它看成相对稳定的，应定期进行修正。

四、计算负荷P_j的意义

"计算负荷"是按发热条件选择电气设备的一个假定负荷，"计算负荷"产生的热效应和实际变动负荷产生的最大热效应相等。所以根据"计算负荷"选择导体及电器时，在实际运行中导体及电器的最高温升就不会超过容许值。"计算负荷"的物理意义也可以如此理解：设有一根电阻为R的导体，在某一时间内通过一变动负荷，其最高温升达到τ值，如果这根导体在相同时间内通以另一不变负荷，其最高温升也达到τ值，那么这个不变负荷就叫做变动负荷的"计算负荷"，即"计算负荷"和实际变动负荷的最高温升是等值的。

我们通常把根据半小时的平均负荷所绘制的负荷曲线上的"最大负荷"称为"计算负荷"，并作为按发热条件选择电气设备的依据。即图2-2中的P_{max}（Q_{max}、S_{max}或I_{max}）以后都称为"计算负荷"，用P_j（Q_j、S_j或I_j）表示。这里需要说明一下为什么规定取"半小时的平均负荷"呢？因为一般中小截面的导线，其发热时间常数（T）一般在10分钟以上，因此时间很短暂的尖峰负荷不是造成导线达到最高温度的主要矛盾，因为导线还来不及升高到其相应的温度之前，这个尖峰负荷就已经消失了。根据实验表明，上述导线达到稳定温升的时间约为$3T=3×10=30$分钟，故只有持续时间在30分钟以上的负荷值，才有可能构成导体的最高温升。但为了使计算方法一致起见，对按温升选择的供电元件（即导线、变压器和开关电器）均采用半小时的最大负荷作为计算负荷。

前面已经谈到，同一类型的企业（或车间、或用电设备）的负荷曲线，具有大致相似的形状。因此，需要系数K_x、利用系数K_L、二项式系数b和c对同一类企业（车间、用电设备）其数值是相似的，所以我们通常是利用这些系数来近似地计算一个新企业（新车间、新设备）的计算负荷。

五、工业企业年电能需要量的计算

一个工业企业在一年内消耗的电能称为"企业年电能需要量"，它是供电设计的重要指标之一，企业年电能需要量的计算方法有多种，现分别讨论如下：

（一）单位产品耗电量法

根据企业年产量的定额（m）和单位产品耗电量（w）来确定：

1.企业年有功电能需要量$W_{y·n}$

$$W_{y·n}=w·m[千瓦·小时] \qquad (2-3)$$

式中　w——单位产品耗电量[千瓦·小时/单位产品]，由工艺设计提供或参考现有积累资料；

　　　m——产品年产量（单位应与w中的单位产品一致）。

2.企业年无功电能需要量$W_{w·n}$

$$W_{w·n}=W_{y·n}·\mathrm{tg}\varphi_n[千乏·小时] \qquad (2-4)$$

式中　$\mathrm{tg}\varphi_n$为企业年平均功率因数角的正切值，若考虑补偿后的年平均功率因数$\cos\varphi_n=0.85\sim0.95$，则相应的$\mathrm{tg}\varphi_n=0.62\sim0.33$。

（二）最大负荷年利用小时法

若已知全年时间负荷曲线，则负荷曲线下面的面积（图2-4中斜线表示的面积）代表"企业年有功电能需要量"，即：

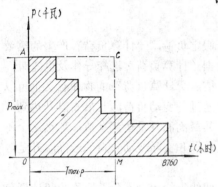

图 2-4 最大负荷年利用小时法

$$W_{y \cdot n} = 负荷曲线下包围的面积$$

$$= \int_0^{8760} P \, dt$$

我们知道负荷曲线是变化的，其中最大负荷 P_{max} 亦可认为是计算负荷 P_j（严格地讲 P_{max} 在我国是采用15分钟最大平均有功负荷，而 P_j 是采用30分钟最大平均有功负荷），如果工业企业的负荷每小时都是 P_j 那么大，则全年消耗的年有功电能 $W_{y \cdot n}$ 就用不到8760小时，只要 $T_{max \cdot P}$ 小时就够了，因矩形 $OACM$ 的面积（虚线包围的面积）等于负荷曲线下阴影部分的面积，故有

$$W_{y \cdot n} = \int_0^{8760} P dt = P_{max} \cdot T_{max \cdot P} = P_j \cdot T_{max \cdot P} \qquad (2\text{-}5)$$

所以在知道了计算负荷 P_j 和 $T_{max \cdot P}$ 就可计算工业企业年电能消耗量。而 P_j 在负荷计算时已求得，"最大有功负荷年利用小时" $T_{max \cdot P}$ 的数值可到相同类型工厂去调查统计，然后加以分析，选出具有代表性的数据来供设计中采用。

同理，"企业年无功电能需要量" $W_{w \cdot n}$，可用下式计算：

$$W_{w \cdot n} = \int_0^{8760} Qdt = Q_{max} \cdot T_{max \cdot Q} = Q_j \cdot T_{max \cdot Q} \qquad (2\text{-}6)$$

式中 $T_{max \cdot Q}$ 为最大无功负荷年利用小时。

（三）用年平均负荷来确定

$$\left.\begin{array}{l} W_{y \cdot n} = \alpha_n \cdot P_j \cdot T_n \,[千瓦 \cdot 小时] \\ W_{w \cdot n} = \beta_n \cdot Q_j \cdot T_n \,[千乏 \cdot 小时] \end{array}\right\} \qquad (2\text{-}7)$$

式中　α_n、β_n——年平均有功、无功负荷系数；

　　　T_n——年实际工作小时数，其值因工厂企业的生产班制及设备检修期而异。该值的准确性对电能计算的影响较大，以下 T_n 值供设计时参考：

一班制企业　　　$T_n = 2300 \sim 2800$［小时］

二班制企业　　　$T_n = 4600 \sim 5700$［小时］

三班制企业　　　$T_n = 6900 \sim 8400$［小时］

全年连续工作　　$T_n = 8760$　　　　［小时］

【例1】 某重型机械厂全厂计算负荷 $P_j = 7000$ 千瓦，年平均功率因数 $\cos\varphi_n = 0.9$，求该厂全年有功及无功电能需要量。

【解】 由表2-1查得该类工厂最大负荷年利用小时数（有功）为3770小时，按式（2-5）得：

$$W_{y \cdot n} = P_j \cdot T_{max \cdot P} = 7000 \times 3770 = 26.39 \times 10^6 （千瓦 \cdot 小时）$$

$$= 26.39 （百万度）$$

又　　　　　$\because \ \cos\varphi_n = 0.9 \quad \therefore \ \mathrm{tg}\varphi_n = 0.483$

按式（2-4）得：

$$W_{y \cdot n} = W_{y \cdot n} \cdot \mathrm{tg}\varphi_n = 26.39 \times 0.48 \times 10^6 = 12.75 \times 10^6 \ (\text{千乏·小时})$$

【例 2】 某滚珠轴承厂，年用电量约为 609.5 万度，求该厂最大负荷约是多少？并估算车间变压器的容量是多少？

【解】 查表2-1，得 $T_{max \cdot P} = 5300$ 小时，故按式（2-5）求得：

$$P_j = P_{max} = \frac{6095000}{5300} = 1150 \quad (\text{千瓦})$$

因此车间变电所配电变压器的计算总容量 S_{jb} 为：

$$S_{jb} = \frac{P_{max}}{\cos\varphi_2} \quad (\text{千伏安})$$

式中 $\cos\varphi_2$ 是车间变电所总的平均功率因数，其值应在 0.75～0.85 之间。考虑到经过无功功率补偿后使功率因数提高，电压波动时对静电电容器 Q_c 容量降低的影响，及变压器宜留有不大的容量裕度等因数，本例采用 $\cos\varphi_2 = 0.82$，故得

$$S_{jb} = \frac{P_{max}}{\cos\varphi_2} = \frac{1150}{0.82} = 1400 \ (\text{千伏安})$$

即变压器计算总容量为1400千伏安（可选用 2 台750千伏安的配电变压器）。

第二节　按需要系数法确定计算负荷

采用需要系数法确定计算负荷，方法简便，为目前确定车间变电所负荷和全厂负荷的主要方法。

工业企业供电系统的一般形式如图 2-5 所示（仅供说明负荷计算用），其负荷计算的步骤应从负载端开始，逐级上推，到电源进线端止。为清楚起见，对各级计算负荷 P_j、Q_j、S_j 均加数字下标，以资区别。

一、确定用电设备的设备容量（P_e）及计算负荷（P_{j1}）

我们知道，每台用电设备的铭牌上都有一个"额定功率"，但是由于各用电设备的额定工作条件不同，例如有的是长期工作制，有的是反复短时工作制，因此这些铭牌上规定的额定功率就不能简单直接相加，而必须首先换算成同一工作制下的额定功率，然后才能相加。经过换算至统一规定的工作制下的"额定功率"称为"设备容量"，用 P_e 表示。用电设备按其工作方式可分为三种：

1）连续运行工作制（长期工作制）——是指在规定的环境温度下作连续运行，在设备任何部分产生的温度和温升均不超过最高允许值。

2）短时运行工作制（短时工作制）——用电设备的运行时间短而停歇时间长，在工作时间内，用电设备来不及发热到稳定温升就开始冷却，而其发热足以在停歇时间内冷却到周围介质的温度。

3）断续运行工作制（反复短时工作制）——用电设备以断续方式反复进行工作，其工作时间（t_g）与停歇时间

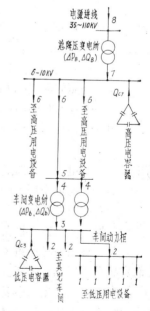

图 2-5　负荷计算用供电系统
注：数字1~8是各级计算负荷的下标。

（t_r）相互交替。通常用暂载率的百分数来表示在一个工作周期内工作时间的长短。**暂载率$JC\%$又称为负载持续率$ZZ\%$，或接电率$\varepsilon\%$。**

按定义：

$$JC\% = \frac{\text{工作时间}}{\text{工作周期}} = \frac{t_g}{t_g + t_r} \times 100\%$$

工作时间加停歇时间（$t_g + t_r$）通常称为工作周期。根据我国国家技术标准规定，工作周期以10分钟为计算依据。吊车电动机的标准暂载率有15%、25%、40%、60%四种；电焊设备的标准暂载率有50%、65%、75%及100%四种，其中100%为自动电焊机的暂载率。

在明确用电设备按工作制分类之后，确定各种用电设备的设备容量P_e的方法如下：

（一）长期工作制电动机的设备容量：是指其铭牌上的额定功率（千瓦）。

（二）反复短时工作制电动机（如起重机用的电动机）的设备容量：是指统一换算到暂载率$JC=25\%$时的额定功率（千瓦），若其JC不等于25%，应进行换算，其换算公式为

$$P_e = \sqrt{\frac{JC}{JC_{25}}} \cdot P_e' = 2P_e'\sqrt{JC} \qquad (2-8)$$

式中　P_e——换算到$JC_{25}=25\%$电动机的设备容量[千瓦]；

　　　JC——是铭牌暂载率，用百分值代入公式计算；

　　　P_e'——换算前的电动机铭牌额定功率[千瓦]。

（三）电焊机及电焊装置的设备容量：是指统一换算到暂载率$JC=100\%$时的额定功率（千瓦）。若其JC不等于100%时，应进行换算，其换算公式为

$$P_e = \sqrt{\frac{JC}{JC_{100}}} \cdot P_e' = \sqrt{JC} \cdot S_e \cdot \cos\varphi_e \qquad (2-9)$$

式中　P_e——换算到$JC_{100}=100\%$时电焊机或电焊装置的设备容量[千瓦]；

　　　P_e'——是直流焊机换算前的额定功率[千瓦]；

　　　S_e——是交流焊机及电焊装置换算前的额定视在容量[千伏安]；

　　　JC——是同S_e或P_e'相对应的铭牌暂载率，用百分值代入公式计算；

　　$\cos\varphi_e$——在S_e时的额定功率因数。

（四）电炉变压器的设备容量：是指额定功率因数时的额定功率[千瓦]，即

$$P_e = S_e \cdot \cos\varphi_e \qquad (2-10)$$

式中　S_e——电炉变压器的额定视在容量[千伏安]；

　　$\cos\varphi_e$——电炉变压器的额定功率因数。

（五）照明设备的设备容量：

1.白炽灯、碘钨灯设备容量是指灯泡上标出的额定功率[千瓦]；

2.荧光灯还要考虑镇流器中的功率损失（约为灯管功率的20%），其设备容量应为灯管额定功率的1.2倍[千瓦]；

3.高压水银荧光灯亦要考虑镇流器中的功率损失（约为灯泡功率的10%），其设备容量应为灯泡额定功率的1.1倍[千瓦]；

4.金属卤化物灯：采用镇流器时亦要考虑镇流器中的功率损失（约为灯泡功率的

10%），其设备容量应为灯泡额定功率的1.1倍[千瓦]。

（六）不对称单相负荷的设备容量：当有多台单相用电设备时，应将它们均匀地分接到三相上，力求减少三相负载不平衡状况。设计守则规定，在计算范围内单相用电设备的总容量如不超过三相用电设备总容量的15%时，可按三相平衡分配考虑。如单相用电设备不对称容量大于三相用电设备总容量的15%时，则设备容量P_e应按三倍最大相负荷的原则进行换算。根据不同的接法而有：

单组负荷$P_{e.xg}$接于相电压时　　　　　$P_e = 3 \cdot P_{e.xg}$　　　　　（2-11 a）

单相负荷$P_{e.x}$接于线电压时　　　　　$P_e = \sqrt{3} \cdot P_e$　　　　　（2-11 b）

于是，单台用电设备的计算负荷P_{j1}为：

$$P_{j1} = P_e \quad [\text{千瓦}] \qquad\qquad (2\text{-}12a)$$

对一般可长期连续工作的单台用电设备，设备容量即是计算负荷。但对单台电动机及其他需计及效率的单台用电设备，则

$$P_{j1} = \frac{P_e}{\eta} \quad [\text{千瓦}] \qquad\qquad (2\text{-}12b)$$

二、确定用电设备组的计算负荷（P_{j2}）

当确定各用电设备容量之后，就要将用电设备按需要系数表上的分类方法详细地分成若干组，即是将工艺性质相同的、并有相近的需要系数的用电设备合并成组，进行用电设备组的负荷计算。用电设备组的计算负荷P_{j2}依下式计算：

$$\left.\begin{array}{l} P_{j2} = K_x \cdot \Sigma P_{j1} = K_x \cdot \Sigma P_e \\ Q_{j2} = P_{j2} \cdot \text{tg}\varphi \\ S_{j2} = \sqrt{P_{j2}^2 + Q_{j2}^2} \end{array}\right\} \qquad (2\text{-}13)$$

式中　P_{j2}、Q_{j2}、S_{j2}——该用电设备组的有功、无功、视在计算负荷[分别用千瓦、千乏、千伏安为单位]；

　　　　ΣP_e——该用电设备组的设备容量总和，但不包括备用设备容量[千瓦]；

　　　　K_x——该用电设备组的需要系数（参看表2-2～表2-5）；

　　　　$\text{tg}\varphi$——与运行功率因数角相对应的正切值，即该用电设备组的比无功容量。

前述用电设备组的需要系数K_x的意义可作如下解释，即确定成组用电设备的计算负荷时，应考虑成组用电设备在运行时可能出现的现象。

1）各用电设备因工作情况不同，可能不同时工作，所以在负荷计算时要考虑一个同时使用系数K_t，以反映在最大负荷时，工作着的用电设备的设备容量与全部用电设备总设备容量的比值。

2）各用电设备在工作时，也未必全在满负荷情况下运行，所以在负荷计算时要考虑一个负载系数K_f，以反映在最大负荷时，工作着的用电设备实际所需的功率与这些用电设备总设备容量的比值。

3）各用电设备在工作时都要产生功率损耗，所以负荷计算时要考虑一个用电设备组的平均效率η_d。

4）给用电设备组供电的线路在输送功率时要产生线路功率损耗，所以还要考虑一个

线路的效率η_x。

5）加工条件和工人操作水平也是影响用电设备取用功率的 因 素，采用工作系数K_g来表示。

根据用电设备组运行时的上述情况，则其计算负荷应为：

$$P_{j2}=\frac{K_t \cdot K_f}{\eta_d \cdot \eta_x} \cdot K_g \cdot \Sigma P_e = K_x \cdot \Sigma P_e$$

故有

$$K_x=\frac{K_t \cdot K_f}{\eta_d \cdot \eta_x} \cdot K_g \leqslant 1$$

从上式可知，需要系数K_x是包含上述几个影响计算负荷的因素。计算这些因素是既复杂又困难，所以通常根据实测，而将所有影响计算负荷的因素综合 成一 个 需 要 系 数 K_x。K_x这个系数的数值不是一成不变的，它将随着生产发展、技术革新的 情况而变化。

三、确定车间配电干线或变电所低压母线上的计算负荷（P_{j3}）

当车间配电干线上接有多个用电设备组时，则将该干线上各用电设备组的计算负荷相加后应乘以最大负荷的同期系数（又称最大负荷同时系数或最大负荷的混合系数），即得该配电干线的计算负荷。计算变电所低压母线上的计算负荷，亦采用同样的方法，即将车间各用电设备组的计算负荷相加后乘以最大负荷的同期系数，即得车间变电所低压母线上的计算负荷P_{j3}、Q_{j3}、S_{j3}。而S_{j3}是选择车间变电所电力变压器容量的根据。其计算公式为：

$$\left.\begin{array}{l} P_{j3}=K_P \cdot \Sigma P_{j2} \\ Q_{j3}=K_Q \cdot \Sigma Q_{j2} \\ S_{j3}=\sqrt{P_{j3}^2+Q_{j3}^2} \end{array}\right\} \qquad （2-14）$$

式中　　P_{j3}、Q_{j3}、S_{j3}——车间变电所低压母线上的有功、无功、视在计算负荷（分别用千瓦、千乏、千伏安为单位）；

ΣP_{j2}、ΣQ_{j2}——各用电设备组的有功、无功计算负荷的总和[千瓦、千乏]；

K_P、K_Q——最大负荷时有功及无功负荷的同期系数（其数值可参见表2-6），是考虑到各用电设备组的最大计算负荷不会同时出现而引入的一个系数。

如果在变电所的低压母线上装有无功补偿用的静电电容器组，其容量为Q_{c3}（千乏），则当计算Q_{j3}时，要减去无功补偿容量，即：

$$Q_{j3}=K_Q \cdot \Sigma Q_{j2}-Q_{c3} \qquad （2-15）$$

但须注意，在计算企业的总负荷时，应将整个企业的用电设备统一划组，计算车间的总负荷时，应将各工段的用电设备统一划组。统计ΣP_e要根据计算范围而定，取用K_x值一定要与ΣP_e的计算范围相对应。如按工厂为范围确定计算负荷时，则取用表2-5中的需要系数值；如按车间为范围确定计算负荷时，则取用表2-4中的需要系数值；如按用电设备组为范围确定计算负荷时，则取用表2-2及表2-3中的需要系数值。当K_x值有一定变动范围时，取值要作具体分析。当台数多时一般取用较小值，台数少时取用较大值；设备使用率高时取用较大值，使用率低时取用较小值。当一条回路里用电设备的台数较少（$n \leqslant 3$台）时，一般是将用电设备额定容量的总和作为计算负荷，或者采用较大的K_x值（0.85～1.0）。

表 2-2

用 电 设 备 组 名 称	K_x	$\cos\varphi$	$\text{tg}\varphi$
单独传动的金属加工机床:			
1.冷加工车间	0.14~0.16	0.50	1.73
2.热加工车间	0.20~0.25	0.55~0.6	1.52~1.33
压床、锻锤、剪床及其他锻工机械	0.25	0.60	1.33
连续运输机械:			
1.联 锁 的	0.65	0.75	0.88
2.非联锁的	0.60	0.75	0.88
轧钢车间反复短时工作制的机械	0.3~0.40	0.5~0.6	1.73~1.33
通风机:			
1.生 产 用	0.75~0.85	0.8~0.85	0.75~0.62
2.卫 生 用	0.65~0.70	0.80	0.75
泵、活塞式压缩机、鼓风机、电动发电机组、排风机等	0.75~0.85	0.80	0.75
透平压缩机和透平鼓风机	0.85	0.85	0.62
破碎机、筛选机、碾砂机等	0.75~0.80	0.80	0.75
磨 碎 机	0.80~0.85	0.80~0.85	0.75~0.62
铸铁车间造型机	0.70	0.75	0.88
搅拌器、凝结器分级器等	0.75	0.75	0.88
水银整流机组(在变压器一次侧):			
1.电解车间用	0.90~0.95	0.82~0.90	0.70~0.48
2.起重机负荷	0.30~0.50	0.87~0.90	0.57~0.48
3.电气牵引用	0.40~0.50	0.92~0.94	0.43~0.36
感应电炉(不带功率因数补偿装置):			
1.高 频	0.80	0.10	10.05
2.低 频	0.80	0.35	2.67
电阻炉:			
1.自动装料	0.7~0.80	0.98	0.20
2.非自动装料	0.6~0.70	0.98	0.20
小容量试验设备和试验台:			
1.带电动发电机组	0.15~0.40	0.70	1.02
2.带试验变压器	0.1~0.25	0.20	4.91
起重机:			
1.锅炉房、修理、金工、装配车间	0.05~0.15	0.50	1.73
2.铸铁车间、平炉车间	0.15~0.30	0.50	1.73
3.轧钢车间、脱锭工部等	0.25~0.35	0.50	1.73
电焊机:			
1.点焊与缝焊用	0.35	0.60	1.33
2.对 焊 用	0.35	0.70	1.02

用 电 设 备 组 名 称	K_x	$\cos\varphi$	$tg\varphi$
电焊变压器:			
1.自动焊接用	0.50	0.40	2.29
2.单头手动焊接用	0.35	0.35	2.68
3.多头手动焊接用	0.40	0.35	2.68
焊接用电动发电机组:			
1.单头焊接用	0.35	0.60	1.33
2.多头焊接用	0.70	0.75	0.80
电弧炼钢炉变压器	0.90	0.87	0.57
煤气电气滤清机组	0.80	0.78	0.80

注：本表参考《工厂电气设计手册》(上册)编制。

3～6～10千伏高压用电设备需要系数及功率因数表　　　　表 2-3

序号	高压用电设备组名称	K_x	$\cos\varphi$	$tg\varphi$
1	电弧炉变压器	0.92	0.87	0.57
2	铜　炉	0.90	0.87	0.57
3	转炉鼓风机	0.70	0.80	0.75
4	水压机	0.50	0.75	0.88
5	煤气站、排风机	0.70	0.80	0.75
6	空压站压缩机	0.70	0.80	0.75
7	氧气压缩机	0.80	0.80	0.75
8	轧钢设备	0.80	0.80	0.75
9	试验电动机组	0.50	0.75	0.88
10	高压给水泵(感应电动机)	0.50	0.80	0.75
11	高压输水泵(同步电动机)	0.80	0.92	-0.43
12	引风机、送风机	0.8～0.9	0.85	0.62
13	有色金属轧机	0.15～0.20	0.70	1.02

注：本表参考《电气负荷计算系数》编制。

各种车间的低压负荷需要系数及功率因数（供参考）　　　　表 2-4

序号	车 间 名 称	K_x	$\cos\varphi$	$tg\varphi$
1	铸钢车间(不包括电炉)	0 3～0.4	0.65	1.17
2	铸铁车间	0.35～0.4	0.7	1.02
3	锻压车间(不包括高压水泵)	0.2～0.3	0.55～0.65	1.52～1.17
4	热处理车间	0.4～0.6	0.65～0.7	1.17～1.02
5	焊接车间	0.25～0.3	0.45～0.5	1.98～1.73
6	金工车间	0.2～0.3	0.55～0.65	1.52～1.17
7	木工车间	0.28～0.35	0.6	1.33
8	工具车间	0.3	0.65	1.17
9	修理车间	0.2～0.25	0.65	1.17

序号	车 间 名 称	K_x	$\cos\varphi$	$\mathrm{tg}\varphi$
10	落锤车间	0.2	0.6	1.33
11	废钢铁处理车间	0.45	0.68	1.08
12	电镀车间	0.4~0.62	0.85	0.62
13	中央实验室	0.4~0.6	0.6~0.8	1.33~0.75
14	充电站	0.6~0.7	0.8	0.75
15	煤气站	0.5~0.7	0.65	1.17
16	氧气站	0.75~0.85	0.8	0.75
17	冷冻站	0.7	0.75	0.88
18	水泵站	0.5~0.65	0.8	0.75
19	锅炉房	0.65~0.75	0.8	0.75
20	压缩空气站	0.7~0.85	0.75	0.88
21	乙炔站	0.7	0.9	0.48
22	试验站	0.4~0.5	0.8	0.75
23	发电机车间	0.29	0.60	1.32
24	变压器车间	0.35	0.65	1.17
25	电容器车间(机械化运输)	0.41	0.98	0.19
26	高压开关车间	0.30	0.70	1.02
27	绝缘材料车间	0.41~0.50	0.80	0.75
28	漆包线车间	0.80	0.91	0.48
29	电磁线车间	0.68	0.80	0.75
30	线圈车间	0.55	0.87	0.51
31	扁线车间	0.47	0.75~0.78	0.88~0.80
32	圆线车间	0.43	0.65~0.70	1.17~1.02
33	压延车间	0.45	0.78	0.80
34	辅助性车间	0.30~0.35	0.65~0.70	1.17~1.02
35	电线厂主厂房	0.44	0.75	0.88
36	电瓷厂主厂房(机械化运输)	0.47	0.75	0.88
37	电表厂主厂房	0.40~0.50	0.80	0.75
38	电刷厂主厂房	0.50	0.80	0.75

注：1. 本表参考《工厂电气设计手册》及《电气负荷计算系数》编制；
　　2. 序号1～20各项的$\cos\varphi$系指自然平均功率因数。

各种工厂的全厂需要系数及功率因数（供参考，数值偏大）　　　表 2-5

工 厂 类 别	需 要 系 数 K_x		最大负荷时功率因数	
	变动范围	建议采用	变动范围	建议采用
汽轮机制造厂	0.38~0.49	0.38	—	0.88
锅炉制造厂	0.26~0.33	0.27	0.73~0.75	0.73
柴油机制造厂	0.32~0.34	0.32	0.74~0.84	0.74
重型机械制造厂	0.25~0.47	0.35	—	0.79
机床制造厂	0.13~0.3	0.2	—	—
重型机床制造厂	0.32	0.32	—	0.71
工具制造厂	0.34~0.35	0.34	—	—
仪器仪表制造厂	0.31~0.42	0.37	0.8~0.82	0.81
滚珠轴承制造厂	0.24~0.34	0.28	—	—

工厂类别	需要系数 K_x		最大负荷时功率因数	
	变动范围	建议采用	变动范围	建议采用
量具刃具制造厂	0.26~0.35	0.26	—	—
电机制造厂	0.25~0.38	0.33	—	—
石油机械制造厂	0.45~0.5	0.45	—	0.78
电线电缆制造厂	0.35~0.36	0.33	0.65~0.8	0.73
电气开关制造厂	0.3~0.6	0.35	—	0.75
阀门制造厂	0.33	0.38	—	—
铸管厂	—	0.5	—	0.78
橡胶厂	0.5	0.5	0.72	0.72
通用机器厂	0.34~0.43	0.4	0.6~0.8	0.7
小型造船厂	0.32~0.5	0.33	0.6~0.8	0.7
中型造船厂	0.35~0.45	有电炉时取高值	0.7~0.8	有电炉时取高值
大型造船厂	0.35~0.4	有电炉时取高值	0.7~0.8	有电炉时取高值
有色冶金企业	0.6~0.7	0.65	—	—
化学工厂	0.17~0.38	0.28	—	—
纺织工厂	0.32~0.60	0.5	—	—
水泥工厂	0.50~0.84	0.71	—	—
锯木工厂	0.14~0.30	0.19	—	—
各种金属加工厂	0.19~0.27	0.21	—	—
钢结构桥梁厂	0.35~0.40	—	—	0.60
混凝土桥梁厂	0.30~0.45	—	—	0.55
混凝土轨枕厂	0.35~0.45	—	—	—

注：本表主要参考《工厂电气设计手册》(上册)编制。

需要系数法的同期系数   表 2-6

应用范围	K_P
一、确定车间变电所低压母线的最大负荷时，所采用的有功负荷同期系数	
1.冷加工车间	0.7~0.8
2.热加工车间	0.7~0.9
3.动力站	0.8~1.0
二、确定配电所母线的最大负荷时，所采用的有功负荷同期系数	
1.计算负荷小于5000千瓦	0.9~1.0
2.计算负荷为5000~10000千瓦	0.85
3.计算负荷超过10000千瓦	0.80

注：1.无功负荷的同期系数 K_Q 一般采用与有功负荷的同期系数 K_P 相同数值；
2.当由全厂各车间的设备容量直接计算全厂最大负荷时，应同时乘以表中两种同期系数；
3.本表摘自《工厂电气设计手册》(上册)。

四、确定车间变电所中变压器高压侧的计算负荷（P_{j4}）

将车间变电所低压母线的计算负荷加上车间变压器的功率损耗，即可得其高压侧负荷。计算公式为：

$$\left. \begin{array}{l} P_{j4}=P_{j3}+\Delta P_b \\ Q_{j4}=Q_{j3}+\Delta Q_b \\ S_{j4}=\sqrt{P_{j4}^2+Q_{j4}^2} \end{array} \right\} \qquad (2-16)$$

式中 P_{j4}、Q_{j4}、S_{j4}——车间变电所中变压器高压侧的有功、无功、视在计算负荷[千瓦、千乏、千伏安]；

$\qquad\qquad$ ΔP_b、ΔQ_b——变压器的有功损耗与无功损耗[千瓦、千乏]。

但是，在求计算负荷时，车间变压器的容量尚未选出，无法根据变压器的有功损耗与无功损耗的理论公式进行计算，而一般按下列经验公式估算：

$$\left.\begin{array}{l} \Delta P_b = 2\% \cdot S_{j3}[千瓦] \\ \Delta Q_b = 10\% \cdot S_{j3}[千乏] \end{array}\right\} \qquad (2\text{-}17)$$

式中 S_{j3}——变压器低压母线上的计算负荷[千伏安]。

五、确定车间变电所中高压母线上的计算负荷（P_{j5}）

当车间变电所的高压母线上接有多台电力变压器时，将车间变压器高压侧计算负荷相加，即得车间变电所高压母线上的计算负荷P_{j5}、Q_{j5}、S_{j5}。计算公式为：

$$\left.\begin{array}{l} P_{j5} = \Sigma P_{j4} \\ Q_{j5} = \Sigma Q_{j4} \\ S_{j5} = \sqrt{P_{j5}^2 + Q_{j5}^2} \end{array}\right\} \qquad (2\text{-}18)$$

六、确定总降压变电所出线上的计算负荷（P_{j6}）

确定总降压变电所6～10千伏母线上高压出线计算负荷P_{j6}时，应将计算负荷P_{j5}加上供配电线路中的功率损耗。但由于工业企业厂区范围不大，且高压线路中电流较小，故在高压配电线路中所产生的功率损耗较小，在负荷计算中可忽略不计。故有：

$$\left.\begin{array}{l} P_{j6} \approx P_{j5} \\ Q_{j6} \approx Q_{j5} \\ S_{j6} = \sqrt{P_{j6}^2 + Q_{j6}^2} \approx \sqrt{P_{j5}^2 + Q_{j5}^2} = S_{j5} \end{array}\right\} \qquad (2\text{-}19)$$

七、确定总降压变电所低压母线的计算负荷（P_{j7}）

将总降压变电所6～10千伏出线上的计算负荷（P_{j6}、Q_{j6}）分别相加后乘以最大负荷的同期系数（因K_P和K_Q取值相等，可用K_Σ表示），就可求得总降压变电所二次母线上的计算负荷P_{j7}、Q_{j7}、S_{j7}。如果根据技术经济比较结果，决定在总降压变电所6～10千伏二次母线侧采用高压电容器进行无功功率补偿，那么在计算总无功功率Q_{j7}时，要减去补偿设备的容量Q_{c7}，亦即：

$$\left.\begin{array}{l} P_{j7} = K_\Sigma \cdot \Sigma P_{j6} \\ Q_{j7} = K_\Sigma \cdot \Sigma Q_{j6} - Q_{c7} \\ S_{j7} = \sqrt{P_{j7}^2 + Q_{j7}^2} \end{array}\right\} \qquad (2\text{-}20)$$

计算负荷S_{j7}是选择总降压变电所主变压器容量的依据。

八、确定全厂总计算负荷（P_{j8}）

将总降压变电所低压母线上的计算负荷（P_{j7}、Q_{j7}）加上主变压器的功率损耗（ΔP_B、ΔQ_B），即可求得全厂总计算负荷P_{j8}、Q_{j8}、S_{j8}：

$$\left.\begin{array}{l} P_{j8} = P_{j7} + \Delta P_B \\ Q_{j8} = Q_{j7} + \Delta Q_B \\ S_{j8} = \sqrt{P_{j8}^2 + Q_{j8}^2} \end{array}\right\} \qquad (2\text{-}21)$$

此外，尚可求得全厂最大负荷时的功率因数和需要系数的计算值：

$$\cos\varphi_8 = \frac{P_{j8}}{S_{j8}} \tag{2-22}$$

$$K_{x(j)} = \frac{P_{j8}}{\Sigma P_e} \tag{2-23}$$

计算负荷 P_{j8} 是向供电部门提供全厂最大有功负荷（或称全厂最高需用容量），作为申请用电之用。

功率因数 $\cos\varphi_8$ 作为原始资料提供给高压线路进行电气计算之用，及判断是否需要进行无功功率补偿之用。根据设计规范要求，高压供电的工业企业，应保证6～10千伏母线上的均权功率因数不低于0.9；其他用电单位的均权功率因数应不低于0.85。不足者，应装必要的补偿设备。无功补偿容量 Q_{c7} 及均权功率因数的计算，详见本章第五节"功率因数的提高"。

全厂需要系数的计算值 $K_{x(j)}$ 可与现有同类型工业企业或手册中的需要系数 K_x 进行比较，两者应相近，若相差很大时，需进一步分析研究其原因。

在实际设计工作中，为了便于审核和提高工作效率，负荷计算常用表格形式来表示，详见下面例3。

【例 3】 现以××厂金工车间为例，按需要系数法确定全车间的计算负荷。可将该金工车间用电设备的种类、数量和有关参数统计列表如下：

某厂金工车间用电设备清单

设备编号	用电设备名称	台数	设备铭牌额定容量（千瓦）	额 定 电 压（伏）	相数	备 注
1	车、铣、刨床	19	127.7	380	3	
2	镗、磨、钻床	4	26	380	3	
3	砂轮、锯床	3	11.8	380	3	
4	轴流风扇	8	8×1.0	380	3	
5	校验设备	3	2+3+2	380	3	
6	行 车	1	11+11+2.2	380	3	$JC=25\%$
7	行 车	1	5.1	380	3	$JC=25\%$
8	电焊机	2	2×22kVA	380	1	$JC=65\%$ $\cos\varphi_e=0.5$

根据用电设备的工作性质，将具有相近需要系数的用电设备分成以下五组。

1.冷加工机床类的设备容量

冷加工机床类的设备容量等于铭牌上额定容量：

$$\Sigma P_{e1} = 127.7 + 26 + 11.8 = 165.5（千瓦）$$

2.起重机类的设备容量

起重机类的设备容量是指统一换算到暂载率 $JC=25\%$ 时的额定容量。已知本车间行车的铭牌额定容量是相应于 $JC=25\%$ 时的数值，故不需换算：

$$\Sigma P_{e2} = 11 + 11 + 2.2 + 5.1 = 29.3（千瓦）$$

3.通风机类的设备容量

通风机类的设备容量是指铭牌上的额定容量：

$$\Sigma P_{e3} = 8 \times 1.0 = 8（千瓦）$$

4.电焊机类的设备容量

电焊机类的设备容量是指统一换算到暂载率$JC=100\%$时的额定容量。已知本车间电焊变压器铭牌额定容量22千伏安是相应于暂载率$JC=65\%$时的额定容量，故应换算到暂载率$JC=100\%$时的额定容量作为设备容量：

$$P_{e_4}=\sqrt{JC}\cdot S_e\cdot\cos\varphi_e=\sqrt{\frac{65}{100}}\times22\times0.5$$
$$=8.87（千瓦）$$
$$\Sigma P_{e_4}=2\times8.87=17.7（千瓦）$$

5. 校验设备的设备容量

$$\Sigma P_{e_5}=2+3+2=7（千瓦）$$

6. 照明的设备容量

照明的设备容量，在初步设计中可按不同性质建筑物的单位面积照明容量法（瓦/米²）来估算：

$$照明设备容量=\frac{建筑物平面面积S（米^2）\times单位容量w（瓦/米^2）}{1000}（千瓦）$$

或者按照明设计计算所得的安装容量来计算。

一般工厂车间及有关场所的单位建筑面积照明容量如表2-7所示。

已知金工车间的建筑面积$S=16\times29.5+7\times18=600（米^2）$，则金工车间照明的设备容量为：

$$\Sigma P_{e_6}=\frac{S\times w}{1000}=\frac{600\times6}{1000}=3.6（千瓦）$$

单位建筑面积照明容量   表 2-7

序号	房 间 名 称	功率指标（瓦/平方米）	序号	房 间 名 称	功率指标（瓦/平方米）
1	金工车间	6	14	各种仓库（平均）	5
2	装配车间	9	15	生活间	8
3	工具修理车间	8	16	锅炉房	4
4	金属结构车间	10	17	机车库	8
5	焊接车间	8	18	汽车库	8
6	锻工车间	7	19	住宅	4
7	热处理车间	8	20	学校	5
8	铸钢车间	8	21	办公楼	5
9	铸铁车间	8	22	单身宿舍	4
10	木工车间	11	23	食堂	4
11	实验室	10	24	托儿所	5
12	煤气站	7	25	商店	5
13	压缩空气站	5	26	浴室	3

注：1. 表内数字按白炽灯计算，仅供粗略估算时参考；
　　2. 本表摘自《工厂电气设计手册》（上册）。

根据$P_j=K_x\cdot\Sigma P_e$和$Q_j=P_j\cdot\text{tg}\varphi$两式进行用电设备组的负荷计算，计算时查阅表2-2。现将金工车间有关计算数据和计算结果，列于表2-8。

由于该金工车间中380伏单相电焊设备共17.7千瓦，220伏单相照明负荷共3.6千瓦，合计后仍未超过占三相总负荷15%的规定值，故不须进行不对称单相负荷设备容量的换算。

用电设备组名称	数量 (台)	设备容量 P_e (千瓦)	需要系数 K_x	$\cos\varphi$	$\text{tg}\varphi$	计 算 负 荷			备 注
						P_j (千瓦)	Q_j (千乏)	S_j (千伏安)	
冷加工机床	26	165.5	0.14	0.50	1.73	23.2	40.0		因非批量生产K_x取较小值
起 重 机	2	29.3	0.15	0.50	1.73	4.4	7.6		因使用率高K_x取较大值
通风机(卫生用)	8	8.0	0.65	0.80	0.75	5.2	3.9		因台数较多K_x取较小值
电焊设备(单头手动电焊变压器)	2	17.7	0.35	0.35	2.68	6.2	16.6		因其他车间亦有同类电焊机,总台数$n>3$
校验设备	3	7.0	0.25	0.2	4.91	1.75	8.6		带试验变压器者
照 明		3.6	0.80	1.0	0	2.9	0		按白炽灯考虑
小 计	41	231.1				43.7	76.7		
小计×同期系数(K_Σ)									$K_\Sigma=1$
补偿电容器		—							
合 计	41	231.1				43.7	76.7	88.3	

注:本表系采用需要系数法计算时的形式,可供车间或变电所负荷计算用。

第三节 按二项式法确定计算负荷

二项式法是考虑用电设备的数量和大容量用电设备对计算负荷影响的经验公式。一般应用在机械加工和热处理车间中用电设备数量较少和容量差别大的配电箱及车间支干线的负荷计算,弥补需要系数法的不足之处。但是,二项式系数过分突出最大用电设备容量的影响,其计算负荷往往较实际偏大。

一、对同一工作制的单组用电设备

$$\left.\begin{array}{l} P_j = c \cdot P_x + b \cdot P_e \\ Q_j = P_j \cdot \text{tg}\varphi \\ S_j = \sqrt{P_j^2 + Q_j^2} \end{array}\right\} \tag{2-24}$$

式中　P_j、Q_j、S_j——该用电设备组的有功、无功、视在计算负荷[分别以千瓦、千乏、千伏安为单位];

P_x——该用电设备组中x台容量最大用电设备的设备容量之和[千瓦];

P_e——该用电设备组的设备容量总和[千瓦];

c、b——随用电设备组类别而定的系数(见表2-9);

$b \cdot P_e$——该用电设备组的平均负荷[千瓦];

$c \cdot P_x$——由x台容量最大用电设备所造成的使计算负荷大于平均负荷的一个附加负荷[千瓦]。

用 电 设 备 组 名 称	cP_x+bP_e	$\cos\varphi$	$\text{tg}\varphi$
小批生产金属冷加工机床	$0.4P_5+0.14P_e$	0.5	1.73
大批生产金属冷加工机床	$0.5P_5+0.14P_e$	0.5	1.73
大批生产金属热加工机床	$0.5P_5+0.26P_e$	0.65	1.17
通风机、泵、压缩机及电动发电机组	$0.25P_5+0.65P_e$	0.8	0.75
连续运输机械（联锁）	$0.2P_5+0.6\ P_e$	0.75	0.88
连续运输机械（不联锁）	$0.4P_5+0.4\ P_e$	0.75	0.88
锅炉房、机修、装配、机械车间的吊车（$JC=25\%$）	$0.2P_3+0.06P_e$	0.5	1.73
铸工车间的吊车（$JC=25\%$）	$0.3P_3+0.09P_e$	0.5	1.73
平炉车间的吊车（$JC=25\%$）	$0.3P_5+0.11P_e$	0.5	1.73
轧钢车间及脱锭脱模的吊车（$JC=25\%$）	$0.3P_3+0.18P_e$	0.5	1.73
自动装料的电阻炉（连续）	$0.3P_2+0.7\ P_e$	0.95	0.33
非自动装料的电阻炉（不连续）	$0.5P_1+0.5\ P_e$	0.95	0.33

注：1. P_5——5台最大用电设备容量总和；

P_3——3台最大用电设备容量总和；

P_2——2台最大用电设备容量总和；

P_1——1台最大用电设备容量。

2. 本表摘自《工厂电气设计手册》（上册）。

当用电设备的台数n等于最大容量用电设备的台数x，且$n=x\leqslant 3$时，一般将用电设备的设备容量总和作为最大计算负荷。

二、对不同工作制的多组用电设备

$$\left.\begin{array}{l}
P_j=(c\cdot P_x)_{max}+\Sigma b\cdot P_e \\
Q_j=(c\cdot P_x)_{max}\cdot\text{tg}\varphi_x+\Sigma(b\cdot P_e\cdot\text{tg}\varphi) \\
S_j=\sqrt{P_j^2+Q_j^2}
\end{array}\right\} \qquad (2\text{-}25)$$

式中　　$(c\cdot P_x)_{max}$——各用电设备组附加负荷$c\cdot P_x$中的最大值〔千瓦〕；

$\Sigma b\cdot P_e$——各用电设备组平均负荷$b\cdot P_e$的总和〔千瓦〕；

$\text{tg}\varphi_x$——与$(c\cdot P_x)_{max}$相应的功率因数角正切值；

$\text{tg}\varphi$——各用电设备组相应的功率因数角正切值。

如果每组中的用电设备数量小于最大容量用电设备的台数x，则采用小于x的两组或更多组中最大的用电设备的第一项的总和，作为计算公式中的第一项。

采用二项式计算时，应注意将计算范围内的所有用电设备统一分组，不应逐级计算后再代数相加，并且计算的最后结果，不再乘以最大负荷同期系数，因为由二项式法求得的计算负荷是总平均负荷和最大一组附加负荷之和，它与需要系数法的各用电设备组半小时最大平均负荷的代数和的概念不同。在需要系数法中就要考虑乘以最大负荷同期系数。

【例 4】　用二项式法对例3金工车间进行负荷计算。

【解】　1. 冷加工机床组的计算负荷

考虑该金工车间为小批生产冷加工机床，查表2-9得：

$$cP_x+bP_e=0.4P_5+0.14P_e;\quad \cos\phi=0.5;\quad \text{tg}\varphi=1.73;$$

$$\therefore\quad P_j=0.40\times(14.2+13+10\times3)+0.14\times(165.5)$$

$$=22.9+23.2（千瓦）$$

2.吊车组的计算负荷

查表2-9得：

$$cP_x+bP_e=0.2P_3+0.06P_e；\quad \cos\varphi=0.5；\quad tg\varphi=1.73；$$

$$\therefore\quad P_j=0.20\times(11+11+5.1)+0.06\times(29.3)$$
$$=5.4+1.8（千瓦）$$

3.卫生通风设备组的计算负荷

查表2-9得：

$$cP_x+bP_e=0.25P_5+0.65P_e；\quad \cos\varphi=0.8；\quad tg\varphi=0.75；$$

$$\therefore\quad P_j=0.25\times(1\times5)+0.65\times(8)=1.25+5.2（千瓦）$$

4.电焊设备组的计算负荷

参考表2-2及有关资料查得：

$$cP_x+bP_e=0+0.35P_e；\quad \cos\varphi=0.4；\quad tg\varphi=2.3；$$

$$\therefore\quad P_j=0+0.35\times(17.7)=0+6.2（千瓦）$$

5.其他用电设备的计算负荷

参考表2-2及有关资料查得：

$$cP_x+bP_e=0.25P_3+0.42P_e；\quad \cos\varphi=0.75；\quad tg\varphi=0.88；$$

$$\therefore\quad P_j=0.25\times(2+3+2)+0.42\times(10.6)$$
$$=1.75+4.45（千瓦）$$

金工车间的总负荷按式（2-25）计算如下：

$$P_j=(cP_x)_{max}+\Sigma bP_e=22.9+(23.2+1.8+5.2+6.2+4.45)$$
$$=22.9+40.8=63.7（千瓦）$$

$$Q_j=(cP_x)_{max}\cdot tg\varphi_x+\Sigma(bP_e\cdot tg\varphi)=22.9\times1.73+(23.2\times1.73$$
$$+1.8\times1.73+5.2\times0.75+6.2\times2.3+4.45\times0.88)$$
$$=39.6+65.5=105.1（千乏）$$

$$S_j=\sqrt{P_j^2+Q_j^2}=\sqrt{63.7^2+105.1^2}=123（千伏安）$$

兹将计算结果列表如下：

序号	用电设备组名称	设备台数		设备容量		计算系数		$\cos\varphi$	$tg\varphi$	计算负荷		
		总台数 n	大容量台数 x	P_e（千瓦）	P_x（千瓦）	c	b			P_j（千瓦）	Q_j（千乏）	S_j（千伏安）
1	冷加工机床组	26	5	165.5	57.2	0.40	0.14	0.50	1.73	22.9 / 23.2		
2	吊车组	4	3	29.3	27.1	0.20	0.06	0.50	1.73	5.40 / 1.80		
3	卫生通风设备组	8	5	8.0	5.0	0.25	0.65	0.80	0.75	1.25 / 5.20		
4	电焊设备组	2	—	17.7	0	0	0.35	0.4	2.30	0 / 6.20		
5	其他用电设备组	6	3	10.6	7.0	0.25	0.42	0.75	0.88	1.75 / 4.45		
	总计	46								63.7	105	123

第四节　按利用系数法确定计算负荷

利用系数法以概率论为理论基础，分析所有用电设备在工作时的功率迭加曲线而得到的参数为依据，通过利用系数 K_L、平均利用系数 K_{LP}、有效台数 n_{yx}、最大系数 K_{max} 等系数来确定计算负荷。其计算结果比较接近实际负荷。但是计算方法较复杂，有待进一步简化。

具体计算步骤如下：

一、求同类型各用电设备组的平均负荷

$$\left.\begin{array}{l} P_P = K_L \cdot P_e \\ Q_P = P_P \ \mathrm{tg}\varphi \end{array}\right\} \qquad (2\text{-}26)$$

式中　P_P、Q_P——每一用电设备组在最大负荷班内的平均有功负荷［千瓦］和平均无功负荷［千乏］；

P_e——每一用电设备组的设备容量之和［千瓦］，对于反复短时工作制的用电设备容量，要统一换算到 $JC=100\%$，其他用电设备容量的确定和需要系数法相同；

K_L 及 $\mathrm{tg}\varphi$——各用电设备组在最大负荷班内的利用系数及对应的功率因数角的正切值（均见表2-10）。

二、求平均利用系数 K_{LP}

$$K_{LP} = \frac{\Sigma P_P}{\Sigma P_e} \qquad (2\text{-}27)$$

式中　ΣP_P——各用电设备组的平均有功负荷之和［千瓦］；

ΣP_e——各用电设备组的设备容量之和［千瓦］。

三、求有效台数 n_{yx}

有效台数是将不同设备容量和工作制的用电设备换算为相同的用电设备容量和工作制的等效值。

先计算大容量用电设备的台数及容量的相对比值 n' 和 P'：

$$n' = \frac{n_1}{n} \qquad (2\text{-}28a)$$

$$P' = \frac{\Sigma P_{n_1}}{\Sigma P_e} \qquad (2\text{-}28b)$$

式中　n_1——在所有用电设备中，单台设备容量超过其中最大一台用电设备的设备容量一半以上的台数；

n——用电设备的总台数；

ΣP_{n_1}——n_1 台用电设备的设备容量之和［千瓦］；

ΣP_e——n 台用电设备的设备容量之和［千瓦］。

根据 n' 和 P'，从表2-11查得相对有效台数 n'_{yx} 之后，则有效台数 n_{yx} 为：

$$n_{yx} = n'_{yx} \cdot n \qquad (2\text{-}29)$$

用　电　设　备　组　名　称	K_L	$\cos\varphi$	$tg\varphi$
一般工作制小批生产用金属切削机床：小型车床、刨、插、铣、钻床、砂轮机等	0.1~0.12	0.5	1.73
同上，但为大批生产用	0.14	0.6	1.33
重工作制金属切削机床：冲床、自动冲床、六角车床、粗磨、铣齿、大型车床、刨、铣、立车、镗床等	0.16	0.55	1.51
小批生产金属热加工机床：锻锤传动装置、锻造机、拉丝机、清理转磨筒、碾磨机等	0.17	0.6	1.33
大批生产金属热加工机床	0.2	0.65	1.17
生产用通风机	0.55	0.8	0.75
卫生用通风机	0.5	0.8	0.75
泵、空气压缩机、电动发电机组	0.55	0.85	0.62
移动式电动工具	0.05	0.5	1.73
不联锁的提升机、皮带运输机、螺旋运输机等连续运输机械	0.35	0.75	0.88
联锁的提升机、皮带运输机、螺旋运输机等连续运输机械	0.5	0.75	0.88
吊车及电葫芦（$JC=100\%$）	0.15~0.2	0.5	1.73
电阻炉、干燥箱、加热设备	0.55~0.65	0.95	0.33
试验室用小型电热设备	0.35	1.0	0
电弧炼钢炉：3~10吨	0.6~0.65	0.87	0.56
电弧炼钢炉：0.5~1.5吨	0.5	0.8	0.75
电弧炼钢炉：0.25~0.5吨	0.65	0.85	0.62
单头电焊用电动发电机组	0.25	0.6	1.33
多头电焊用电动发电机组	0.5	0.7	1.02
单头电焊变压器	0.25	0.35	2.67
多头电焊变压器	0.3	0.35	2.67
自动弧焊机	0.3	0.5	1.73
缝焊机及点焊机	0.25	0.6	1.33
对焊机及铆钉加热器	0.25	0.7	1.02
低频感应电炉	0.75	0.35	2.67
高频感应电炉（用电动发电机组）	0.75	0.8	0.75
高频感应电炉（用真空管振荡器）	0.65	0.65	1.17

注：本表摘自《工厂电气设计手册》（上册）。

四、求最大系数K_{max}

最大系数是最大负荷班内的半小时最大平均有功负荷P_{30}（等于P_j）与总平均负荷（ΣP_P）之比，其值接近于负荷系数α的倒数：

$$K_{max}=\frac{P_{30}}{\Sigma P_P}=\frac{P_j}{\Sigma P_P} \qquad (2\text{-}30)$$

根据有效台数n_{yx}和平均利用系数K_{LP}从表2-12可查得最大系数K_{max}值。如已测绘负荷曲线并求得负荷系数α，则可省去上述复杂计算步骤，直接令$K_{max}\approx\frac{1}{\alpha}$而求得。因为按定义负荷系数$\alpha=\frac{\Sigma P_P}{P_{max}}\approx\frac{\Sigma P_P}{P_{30}}$。此处$P_{max}$是最高需用量，可从需量表上直接读出，它是最大负荷班内15分钟最大平均有效负荷，当负荷的变动不很剧烈时，则$P_{max}\approx P_{30}$，其计算结果是偏于安全的；此外负荷系数α总是小于1，故最大系数K_{max}总是大于1。

按 n' 及 P' 决定用电设备相对有效台数值 $n'_{yx} = \dfrac{n_{yx}}{n}$

$$P' = \frac{\Sigma P_{n_1}}{\Sigma P_e}$$

表 2-11

$n' = \dfrac{n_1}{n}$	1.0	0.95	0.9	0.85	0.8	0.75	0.7	0.65	0.6	0.55	0.5	0.45	0.4	0.35	0.3	0.25	0.2	0.15	0.1
0.01	0.01	0.01	0.01	0.01	0.02	0.02	0.02	0.02	0.03	0.03	0.04	0.05	0.06	0.08	0.10	0.14	0.20	0.32	0.52
0.02	0.02	0.02	0.02	0.03	0.03	0.03	0.04	0.04	0.05	0.06	0.07	0.09	0.11	0.14	0.19	0.26	0.36	0.51	0.71
0.03	0.03	0.03	0.04	0.04	0.04	0.05	0.06	0.07	0.08	0.09	0.11	0.13	0.16	0.21	0.27	0.36	0.48	0.64	0.81
0.04	0.04	0.04	0.05	0.05	0.06	0.07	0.08	0.09	0.10	0.12	0.15	0.18	0.22	0.27	0.34	0.44	0.57	0.72	0.86
0.05	0.05	0.05	0.06	0.07	0.07	0.08	0.10	0.11	0.13	0.15	0.18	0.22	0.26	0.33	0.41	0.51	0.64	0.79	0.90
0.06	0.06	0.06	0.07	0.08	0.09	0.10	0.12	0.13	0.15	0.18	0.21	0.26	0.31	0.38	0.47	0.58	0.70	0.83	0.92
0.08	0.08	0.08	0.09	0.11	0.12	0.13	0.15	0.17	0.20	0.24	0.28	0.33	0.40	0.48	0.57	0.68	0.79	0.89	0.94
0.10	0.09	0.10	0.12	0.13	0.15	0.17	0.19	0.22	0.25	0.29	0.34	0.40	0.47	0.56	0.66	0.76	0.85	0.92	0.95
0.15	0.14	0.16	0.17	0.20	0.23	0.25	0.28	0.32	0.37	0.42	0.48	0.56	0.67	0.72	0.80	0.88	0.93	0.95	
0.20	0.19	0.21	0.23	0.26	0.29	0.33	0.37	0.42	0.47	0.54	0.64	0.69	0.76	0.83	0.89	0.93	0.95		
0.25	0.24	0.26	0.29	0.32	0.36	0.41	0.45	0.51	0.57	0.64	0.71	0.78	0.85	0.90	0.93	0.95			
0.30	0.29	0.32	0.35	0.39	0.43	0.48	0.53	0.60	0.66	0.73	0.80	0.86	0.90	0.94	0.95				
0.35	0.33	0.37	0.41	0.45	0.50	0.56	0.62	0.68	0.74	0.81	0.86	0.91	0.94	0.95					
0.40	0.38	0.42	0.47	0.52	0.57	0.63	0.69	0.75	0.81	0.86	0.91	0.93	0.95						
0.45	0.43	0.47	0.52	0.58	0.64	0.70	0.76	0.81	0.87	0.91	0.93	0.95							
0.50	0.48	0.53	0.58	0.64	0.70	0.76	0.82	0.87	0.91	0.94	0.95								
0.55	0.52	0.57	0.63	0.69	0.75	0.82	0.87	0.91	0.94	0.95									
0.60	0.57	0.63	0.69	0.75	0.81	0.87	0.91	0.94	0.95										
0.65	0.62	0.68	0.74	0.81	0.86	0.91	0.94	0.95											
0.70	0.66	0.73	0.80	0.86	0.90	0.94	0.95												
0.75	0.71	0.78	0.85	0.90	0.93	0.95													
0.80	0.76	0.83	0.89	0.94	0.95														
0.85	0.80	0.88	0.93	0.95															
0.90	0.85	0.92	0.95																
1.00	0.95																		

五、确定计算负荷

$$
\left.\begin{array}{l}
P_j = K_{max} \cdot \Sigma P_P \\
Q_j = K_{max} \cdot \Sigma Q_P \\
S_j = \sqrt{P_j^2 + Q_j^2}
\end{array}\right\} \qquad (2\text{-}31)
$$

按利用系数法确定计算负荷时，不论计算范围大小，设备类型多少，都必须先将各类用电设备组的平均有功负荷 P_P 和平均无功负荷 Q_P 分别代数相加，求得 ΣP_P 和 ΣQ_P，再依次去求 K_{LP}、n_{yx}、K_{max} 各值。求计算负荷时，只需最后乘一次 K_{max} 值即得，不需再乘同期系数。不应该按供电范围逐级求得 P_j、Q_j、S_j 之后，又求得 ΣP_j、ΣQ_j、ΣS_j 再乘以同期系数。因用利用系数法求得的 P_j 是各类负荷总和的最大值，而需要系数法求得的 P_j 是各类负荷最大值的总和，二者在概念上是有区别的。

按用电设备有效台数 n_{yx} 及平均利用系数 K_{LP} 决定最大系数 K_{max} 值　　表 2-12

n_{yx}	K_{LP}								
	0.1	0.2	0.3	0.4	0.5	0.6	0.7	0.8	0.9
1	—	—	3.0	2.5	2.0	1.65	1.4	1.25	1.1
2	—	2.9	2.6	2.1	1.85	1.6	1.35	1.25	1.1
4	3.2	2.5	2.1	1.9	1.65	1.55	1.35	1.25	1.1
6	2.7	2.2	1.95	1.75	1.5	1.5	1.3	1.2	1.1
8	2.5	2.0	1.8	1.65	1.45	1.4	1.3	1.2	1.1
10	2.3	1.9	1.7	1.55	1.4	1.35	1.3	1.2	1.1
12	2.2	1.8	1.65	1.5	1.4	1.35	1.25	1.2	1.1
14	2.1	1.75	1.6	1.5	1.35	1.3	1.25	1.15	1.1
16	2.0	1.7	1.55	1.45	1.35	1.3	1.2	1.15	1.1
18	1.95	1.65	1.5	1.4	1.3	1.25	1.2	1.15	1.1
20	1.9	1.6	1.5	1.4	1.3	1.25	1.2	1.15	1.1
25	1.8	1.55	1.45	1.35	1.25	1.2	1.15	1.15	1.1
30	1.7	1.5	1.4	1.3	1.25	1.2	1.15	1.15	1.1
35	1.65	1.45	1.4	1.3	1.25	1.2	1.15	1.1	1.05
40	1.6	1.4	1.35	1.3	1.25	1.15	1.15	1.1	1.05
50	1.5	1.35	1.30	1.25	1.20	1.15	1.1	1.1	1.05
100	1.45	1.3	1.2	1.2	1.15	1.1	1.1	1.05	1.05

【例 5】 用利用系数法求例 3 金工车间的计算负荷。

【解】 1）按式（2-26）求各用电设备组的平均负荷，见下表。表中吊车组的设备容量总和是换算到 $JC = 100\%$ 时的数值。

用 电 设 备 组	P_e	K_L	$\cos\varphi$	$tg\varphi$	P_P	Q_P
冷加工车床	165.5	0.12	0.50	1.73	19.9	34.5
吊　车	14.7	0.20	0.50	1.73	2.94	5.10
卫生通风机	8.0	0.50	0.80	0.75	4.0	3.0
电焊设备	17.7	0.25	0.60	1.33	4.43	5.90
其他用电设备	10.6	0.45	0.75	0.88	4.77	4.20

2 ）求平均利用系数：

$$K_{LP}=\frac{\Sigma P_P}{\Sigma P_e}=\frac{36.04}{216.5}=0.167$$

3 ）求有效台数： 该车间共有用电设备 $n=46$ 台， 其设备容量总和 $\Sigma P_e=216.5$（千瓦），最大一台设备容量是14.2（千瓦），超过最大机组容量半数的设备共有 $n_1=14$ 台，n_1 台设备容量总和 $\Sigma P_{n_1}=135.9$（千瓦）

$$\therefore \quad n'=\frac{n_1}{n}=\frac{14}{46}=0.304$$

$$P'=\frac{\Sigma P_{n_1}}{\Sigma P_e}=\frac{135.9}{216.5}=0.628$$

查表2-11，求得相对有效台数 $n'_{yx}=0.63$

$$\therefore 有效台数 n_{yx}=n'_{yx}\cdot n=0.63\times46=29$$

4 ）利用表2-12和插入法求得最大系数：

$$K_{max}=1.6$$

5 ）确定金工车间的计算负荷❶

$$P_j=K_{max}\cdot\Sigma P_P=1.6\times36.04=57.7（千瓦）$$

$$Q_j=K_{max}\cdot\Sigma Q_P=1.6\times52.7=84.5（千乏）$$

$$S_j=\sqrt{P_j^2+Q_j^2}=\sqrt{57.7^2+84.5^2}=103（千伏安）$$

第五节　功率因数的提高

一、提高功率因数的意义

除白炽灯、电阻电热器等设备负荷的功率因数接近于1外，其他如三相交流异步电动机、三相变压器、 电焊机、 电抗器、 架空线等的功率因数均小于1， 特别是在轻载情况下，功率因数更为降低。

用电设备功率因数降低之后，将带来以下许多不良的后果：

（1）使电力系统内的电气设备容量不能得到充分利用。

因为发电机或变压器都有一定的额定电流和额定电压， 在正常情况下是不容许超过的，根据 $P=\sqrt{3}UI\cos\varphi$ 关系式，倘若功率因数降低， 则有功出力也将随之降低， 使设备容量不能得到充分利用。

（2）增加电力网中输电线路上的有功功率损耗和电能损耗。

若设备的功率因数降低，在保证输送同样的有功功率时，势必就要在输电线路中流过更大的电流，而输电线路上有功功率的损耗也就愈大。

（3）功率因数过低，还将使线路的电压损失增大，结果在负荷端的电压就要下降，有时甚至低于容许值，严重影响异步电动机及其他用电设备的正常运行。特别在用电高峰季节，功率因数太低，会出现大面积地区的电压偏低，这对工农业生产带来很大的损失。

---

❶ 该金工车间的电源干线，在最大负荷班内经过实测，线路电流约为150安。故采用利用系数法计算的结果，比较接近实际。

综上所述，电力系统的功率因数的高低，已成为电力工业中的一个重要课题。因此，必须设法提高电力网中各个组成部分的功率因数，以充分利用电力系统内各发电变电设备的容量，增加其输电能力，减少供电线路导线的截面，节约有色金属，减少电力网中的功率损耗和电能损耗，并降低线路中的电压损失与电压波动，以达到节约电能和提高供电质量的目的。

《电力设计技术规范》供电篇规定，高压供电的工业企业，应保证均权功率因数不低于 0.9，其他用电单位应不低于 0.85。

为了奖励企业提高功率因数，电力部门对大宗工业用户规定了依照月平均功率因数调整电费的办法。调整电费的功率因数标准一般定为 0.85。

可见，提高功率因数不仅对本企业，而且对整个电力系统的经济运行，有着重大意义。

二、提高工业企业功率因数的方法

提高功率因数的途径主要在于如何减少电力系统中各个部分所需的无功功率，特别是减少负载取用的无功功率，使电力系统在输送一定的有功功率时可降低其中通过的无功电流。

提高功率因数的方法很多，可分为两大类：

（一）提高自然功率因数的方法

采用降低各用电设备所需的无功功率以改善其功率因数的措施，称为提高自然功率因数的方法，主要有：

1. 正确选用异步电动机的型号和容量

各工业企业中所取用的无功功率中，异步电动机约占70%以上。因为异步电动机的功率因数和效率在70%至满载运行时较高，在额定负荷时的 $\cos\varphi$ 约为 $0.85\sim0.89$；而在空载或轻载运行时的功率因数和效率都要降低，空载时的 $\cos\varphi$ 只有 $0.2\sim0.3$。因此，正确选用异步电动机使其额定容量与它所带的负荷相配合，对于改善功率因数是十分重要的。

为了避免"大马拉小车"的不合理运行方式，最好是更换配用适当容量的电动机。如果一时无适当的小容量的电动机可供更换，可改变电动机定子绕组接线来降低其运行电压。最常用的降低运行电压的方法是"△—Y"法，适用于定子绕组为三角形接线并有六个接线端、平均负荷在40%以下的轻载电动机。

2. 电力变压器不宜轻载运行

电力变压器一次侧功率因数不仅与负荷的功率因数有关，而且与负荷率有关。若变压器满载运行，一次侧功率因数仅比二次侧降低 $3\sim5\%$ 左右，若变压器轻载运行，当负荷率小于0.6时，一次侧的功率因数就显著下降，可达 $11\sim18\%$。所以电力变压器在负荷率为0.6以上运行时才较经济，一般应在 $75\sim80\%$ 比较合适。为了充分利用设备和提高功率因数，电力变压器不作轻载运行。变压器负荷率小于30%时应更换容量较小的变压器。

3. 合理安排和调整工艺流程，改善电机设备的运行状况，限制电焊机和机床电动机的空载运转（可采用空载自动延时断电装置）。

4. 异步电动机同步化运行

对于负荷率不大于0.7及最大负荷不大于90%的绕线式异步电动机，必要时可使其同步化。即当绕线式异步电动机在起动完毕后，向转子三相绕组中送入直流励磁，即产生转矩把异步电动机牵入同步运行，其运转状态与同步电动机相似，在过励磁的情况下，电动机可向电力网送出无功功率，从而达到改善功率因数的目的。

（二）提高功率因数的补偿法

采用供应无功功率的设备来补偿用电设备所需的无功功率，以提高其功率因数的措施，称为提高功率因数的补偿法。采用补偿方法来提高功率因数，须增加新设备，增加有色及黑色金属的需用量，以致增加投资。此外补偿设备本身亦有功率损耗，所以从整体来看，应首先采用提高用电设备的自然功率因数的方法。但当功率因数还不能达到《电力设计技术规范》所要求的数值时，则需采用专门的补偿设备来提高功率因数的方法。

应用人工补偿无功功率的方法通常有：

1）采用移相电容器（即静电电容器）；

2）选用同步电动机；

3）采用同步调相机。

在工业企业中，一般采用移相电容器来补偿无功功率，而不采用同步调相机。同步调相机是无功功率发电机，大容量的同步调相机主要是用在电力系统的变电所里，供改进功率因数和调整电力网电压水平之用。工业企业采用同步调相机是很少的，因为容量小于5000千伏安的同步调相机，无论在基建投资方面或是在有功功率损耗方面都是不经济的。只有在某些特殊情况下，例如无功功率特别大或者带有频繁冲击时，才采用同步调相机。

同步电动机在过励磁方式运行（0.8～0.9超前）时，就向电力系统输送无功功率，提高了工业企业的功率因数。一般在满足工艺条件下，采用或不采用同步电动机来提高企业的功率因数，应进行技术经济比较。通常对低速恒速且长期连续工作的容量较大的电动机，宜采用同步电动机，如轧钢机的电动发电机组、球磨机、空压机、鼓风机、水泵等设备。这些设备采用同步电动机为原动机时，其容量一般在250千瓦以上，环境和启动条件均可满足同步电动机的要求，而且停歇时间较少，因此对改善功率因数能起很大作用。但是同步电动机结构复杂，并都附有一套启动控制设备，维护工作量大，价格较异步电动机贵，而且目前高压移相电容器价格普遍降低，相应地提高了"异步电动机加移相电容器补偿方案"的优越性，所以采用小容量的高速同步电动机一般是不经济的。

移相电容器由于有下述的优点而在工业企业中被广泛用作人工补偿装置：

1）移相电容器的有功功率损耗小，约为0.25～0.5%，而同步调相机约为1.5～3%，要大5～10倍；

2）移相电容器没有旋转部分，因此运行维护方便；

3）移相电容器可随系统中无功功率容量的需要，方便地增加或减少安装的容量和安装的地点；

4）个别移相电容器的损坏并不影响整个装置的运行，而在同步调相机里，即使损坏不太严重，也要完全停止供给无功功率；

5）在短路情况下，同步调相机增加了短路电流，因而增大用户开关的断流容量，而电容器无此缺点。

但事物总是一分为二的，移相电容器有以下缺点：

1）只能有级调节而不能随无功功率的变化进行平滑的自动调节；

2）当通风不良、运行温度过高时，易发生漏油、鼓肚、爆炸等故障。

三、几个功率因数的计算

工业企业的功率因数通常随着负荷的变化与电压的波动而经常变化，而供电部门又要求工业企业的均权功率因数不低于0.9～0.85。所以在提高工业企业的功率因数进行无功功率补偿容量的计算之前，首先要了解有关的几个功率因数的概念：

（一）均权功率因数$\cos\varphi_J$

按有功电能和无功电能为参数计算而得的功率因数称为均权功率因数，其计算公式如下：

$$\cos\varphi_J=\frac{W_P}{\sqrt{W_P^2+W_Q^2}}=\frac{1}{\sqrt{1+\left(\dfrac{W_Q}{W_P}\right)^2}} \qquad（2-32）$$

式中　W_P——有功电能[千瓦·小时]；

　　　W_Q——无功电能[千乏·小时]。

当上式中W_P、W_Q为工业企业一个月中从有功电度表与无功电度表所记录的读数，代入上式计算所得的均权功率因数，即供电部门用来调整电费的月平均功率因数。一般是对已经进行生产的工业企业计算功率因数用的，对于正在进行设计的工业企业则采用下述的计算方法。

（二）最大负荷时的功率因数$\cos\varphi_1$、$\cos\varphi_2$

根据功率因数的定义：

$$\cos\varphi=\frac{P}{S}$$

可以分别写出：

1）补偿前最大负荷时的功率因数$\cos\varphi_1$：

$$\cos\varphi_1=\frac{P_j}{S_j}=\frac{P_j}{\sqrt{P_j^2+Q_j^2}} \qquad（2-33）$$

2）补偿后最大负荷时的功率因数$\cos\varphi_2$：

$$\cos\varphi_2=\frac{P_j}{S_j'}=\frac{P_j}{\sqrt{P_j^2+(Q_j-Q_c)^2}} \qquad（2-34）$$

上两式中　　　P_j——全企业的有功计算负荷[千瓦]；

　　　　　　　Q_j——全企业的无功计算负荷[千乏]；

　　　　　　　Q_c——全企业的无功补偿容量[千乏]；

　　　　S_j,S_j'——全企业补偿前、后的视在计算负荷[千伏安]。

（三）总平均功率因数$\cos\varphi_P$

1）补偿前总平均功率因数（亦称自然总平均功率因数）$\cos\varphi_{1P}$

$$\cos\varphi_{1P}=\frac{P_P}{S_P}=\frac{\alpha\cdot P_j}{\sqrt{(\alpha\cdot P_j)^2+(\beta\cdot Q_j)^2}}=\sqrt{\frac{1}{1+\left(\dfrac{\beta\cdot Q_j}{\alpha\cdot P_j}\right)^2}} \qquad（2-35）$$

2）补偿后总平均功率因数$\cos\varphi_{2P}$

$$\cos\varphi_{2P}=\frac{P_P}{S_P'}=\frac{\alpha\cdot P_j}{\sqrt{(\alpha\cdot P_j)^2+(\beta\cdot Q_j-Q_c)^2}}$$

$$= \sqrt{\cfrac{1}{1 + \left(\cfrac{\beta \cdot Q_j - Q_c}{\alpha \cdot P_j}\right)^2}} \qquad (2\text{-}36)$$

上两式中　　P_j、Q_j、Q_c——所代表的意义同前；

$\qquad\qquad P_P = \alpha \cdot P_j$——全企业的有功平均计算负荷〔千瓦〕；

$\qquad\qquad Q_P = \beta \cdot Q_j$——全企业的无功平均计算负荷〔千乏〕；

$\qquad\qquad \alpha$、β——有功及无功的月平均负荷系数；

$\qquad\qquad S_P$，S_P'——全企业补偿前、后的视在平均计算负荷〔千伏安〕。

现在我们来讨论补偿后的总平均功率因数 $\cos\varphi_{2P}$，它是全企业的有功平均计算负荷与视在平均计算负荷之比，如果考虑到全企业一个月实际工作小时数，则 $\cos\varphi_{2P}$ 亦可用如下形式来表达：

$$\cos\varphi_{2P} = \frac{P_P}{S_P'} = \frac{P_P \cdot t}{S_P' \cdot t} = \frac{\alpha \cdot P_j \cdot t}{\sqrt{(\alpha \cdot P_j)^2 \cdot t^2 + (\beta \cdot Q_j - Q_c)^2 \cdot t^2}}$$

$$= \frac{W_P}{\sqrt{W_P^2 + W_Q^2}} = \frac{1}{\sqrt{1 + \left(\cfrac{W_Q}{W_P}\right)^2}} \qquad (2\text{-}37)$$

式中　　　　　　　　t——全企业一个月实际工作小时数；

$\qquad\qquad W_P = \alpha \cdot P_j \cdot t$——全企业一个月的有功电能消耗量（千瓦·小时）；

$\qquad W_Q = (\beta \cdot Q_j - Q_c) \cdot t$——全企业一个月的无功电能消耗量（千乏·小时）。

因此，用平均有功功率和平均无功功率计算的总平均功率因数 $\cos\varphi_{2P}$ 与供电局用有功电能和无功电能计算的均权功率因数 $\cos\varphi_j$ 是统一的。所以在设计时，应以补偿前、后的总平均功率因数是否达到设计规范要求值来计算补偿容量，而不是以补偿前、后的最大负荷时功率因数是否达到设计规范要求值来计算补偿容量。如果设计时所计算的无功补偿容量偏小，则当企业变电所投入运行后，在计算电费时将要经常受到罚款。

四、移相电容器补偿容量的计算

移相电容器的补偿容量可按下式确定：

$$Q_c = P_P(\text{tg}\varphi_1 - \text{tg}\varphi_2) = \alpha \cdot P_j(\text{tg}\varphi_1 - \text{tg}\varphi_2)$$

$$= \alpha \cdot P_j \cdot q_c \qquad (2\text{-}38)$$

式中　　　　P_j——最大有功计算负荷（千瓦）；

$\qquad\qquad \alpha$——月平均有功负荷系数；

$\text{tg}\varphi_1$、$\text{tg}\varphi_2$——补偿前、后均权功率因数角的正切值；

$q_c = \text{tg}\varphi_1 - \text{tg}\varphi_2$——称为补偿率或比补偿功率〔千乏/千瓦〕，可直接查表2-13。查表时，$\cos\varphi_2$ 值按供电部门的要求，$\cos\varphi_1$ 为补偿前总平均功率因数。

注意：在计算移相电容器容量和个数时，应考虑到由于实际运行电压可能与额定电压不同，电容器能补偿的实际容量将低于额定容量，须考虑对额定容量的修正。由电工原理可知：

$$Q_c = U^2 \cdot \omega C$$

电容器技术数据中的额定容量是指额定电压时的无功容量。因此，当电容器实际运行电压不等于额定电压时，应按下式进行换算（显然，实际运行电压只能低于额定电压）：

補償率（q_c）（千乏/千瓦）　　　　表 2-13

$\cos\varphi_1$ ＼ $\cos\varphi_2$	0.8	0.82	0.84	0.85	0.86	0.88	0.90	0.92	0.94	0.96	0.98	1.00
0.40	1.54	1.60	1.65	1.67	1.70	1.75	1.81	1.87	1.93	2.00	2.09	2.29
0.42	1.41	1.47	1.52	1.54	1.57	1.62	1.68	1.74	1.80	1.87	1.96	2.16
0.44	1.29	1.34	1.39	1.41	1.44	1.50	1.55	1.61	1.68	1.75	1.84	2.04
0.46	1.18	1.23	1.28	1.31	1.34	1.39	1.44	1.50	1.57	1.64	1.73	1.93
0.48	1.08	1.12	1.18	1.21	1.23	1.29	1.34	1.40	1.46	1.54	1.62	1.83
0.50	0.98	1.04	1.09	1.11	1.14	1.19	1.25	1.31	1.37	1.44	1.52	1.73
0.52	0.89	0.94	1.00	1.02	1.05	1.10	1.16	1.21	1.28	1.35	1.44	1.64
0.54	0.81	0.86	0.91	0.94	0.97	1.02	1.07	1.13	1.20	1.27	1.36	1.56
0.56	0.73	0.78	0.83	0.86	0.89	0.94	0.99	1.05	1.12	1.19	1.28	1.48
0.58	0.66	0.71	0.76	0.79	0.81	0.87	0.92	0.98	1.04	1.12	1.20	1.41
0.60	0.58	0.64	0.69	0.71	0.74	0.79	0.85	0.91	0.97	1.04	1.13	1.33
0.62	0.52	0.57	0.62	0.65	0.67	0.73	0.78	0.84	0.90	0.98	1.06	1.27
0.64	0.45	0.50	0.56	0.58	0.61	0.66	0.72	0.77	0.84	0.91	1.00	1.20
0.66	0.39	0.44	0.49	0.52	0.55	0.60	0.65	0.71	0.78	0.85	0.94	1.14
0.68	0.33	0.38	0.43	0.46	0.48	0.54	0.59	0.65	0.71	0.79	0.88	1.08
0.70	0.27	0.32	0.38	0.40	0.43	0.48	0.54	0.59	0.66	0.73	0.82	1.02
0.72	0.21	0.27	0.32	0.34	0.37	0.42	0.48	0.54	0.60	0.67	0.76	0.96
0.74	0.16	0.21	0.26	0.29	0.31	0.37	0.42	0.48	0.54	0.62	0.71	0.91
0.76	0.10	0.16	0.21	0.23	0.26	0.31	0.37	0.43	0.49	0.56	0.65	0.85
0.78	0.05	0.11	0.16	0.18	0.21	0.26	0.32	0.38	0.44	0.51	0.60	0.80
0.80	—	0.05	0.10	0.13	0.16	0.21	0.27	0.32	0.39	0.46	0.55	0.73
0.82	—	—	0.05	0.08	0.10	0.16	0.21	0.27	0.34	0.41	0.49	0.70
0.84	—	—	—	0.03	0.05	0.11	0.16	0.22	0.28	0.35	0.44	0.65
0.85	—	—	—	—	0.03	0.08	0.14	0.19	0.26	0.33	0.42	0.62
0.86	—	—	—	—	—	0.05	0.11	0.17	0.23	0.30	0.39	0.59
0.88	—	—	—	—	—	—	0.06	0.11	0.18	0.25	0.34	0.54
0.90	—	—	—	—	—	—	—	0.06	0.12	0.19	0.28	0.49

$$Q'_e = Q_e \left(\frac{U}{U_e}\right)^2 \qquad\qquad (2-39)$$

式中　Q_e——电容器的额定容量[千乏]；

　　　Q'_e——电容器在实际运行电压时的容量[千乏]；

　　　U_e——电容器的额定电压[千伏]；

　　　U——电容器的实际运行电压[千伏]。

例如将 YY10.5-10-1 型高压电容器代用于 6 千伏工厂变电所作补偿设备，则每个电容器的无功容量由 10 千乏额定值降为：

$$Q'_e = 10 \times \left(\frac{6}{10.5}\right)^2 = 3.27 \text{（千乏）}$$

故应予避免。

五、移相电容器的补偿方式

移相电容器的补偿方式可分为个别补偿、分组（分散）补偿和集中补偿三种：

（1）个别补偿：电容器直接安装在用电设备附近。

（2）分组（分散）补偿：电容器组分散安装在各车间配电母线上。

（3）集中补偿：电容器组集中安装在总降压变电所二次侧（6～10千伏侧）或变配电所的一或二次侧（6～10千伏或380伏侧）。

在工业企业中吸取无功功率的用电设备较分散，其最佳补偿方式是在吸取无功功率的用电设备就近安装移相电容器，进行个别补偿。这样不但可减少供配电线路和变压器中的无功负荷，降低线路和变压器中的有功电能损耗，有时还可减小车间线路的导线截面以及车间变压器的容量，仅就补偿无功负荷这一点来说，是较完善的。但是，其利用率低，投资大，所以个别补偿只适用于运行时间长的大容量用电设备，其所需补偿的无功负荷很大及由较长线路供电的情况。根据《电力设计技术规范》要求："采用移相电容器补偿时，应尽量靠近吸取无功功率大的地方。低压移相电容器组宜分布在环境正常的车间内；高压移相电容器组布置在各配变电所内集中补偿"。对于补偿容量相当大的工厂，宜采用高压侧集中补偿和低压侧分散补偿相结合的方式。对于用电负荷分散及补偿容量较小的工厂，一般仅采用低压补偿。低压移相电容器组分散在车间内补偿，虽然能减小电气设备及线路的容量，降低电能损耗，但分散操作不够方便，初投资增大，同时有爆炸危险的车间及有腐蚀性气体的车间也不允许安装电容器。故目前设计中低压移相电容器柜亦有集中装设在低压配电间内，且和低压配电屏并列安装。鉴于目前高低压移相电容器每千乏差价逐渐降低，以及低压移相电容器可装自动调节装置等，故在设计中一般均考虑将量电侧均权功率因数补偿到规定的标准。

第六节 全厂负荷计算示例

现仍以例3中的工厂为例，按需要系数法确定全厂计算负荷。

通过工艺提供的原始资料和调查研究，收集了全厂各车间用电设备的特性和参数，一般在应用"需要系数法"进行负荷计算前，必须搜集的原始资料应有：工厂各车间用电设备清单（列表登记各种用电设备的额定电压、额定容量、功率因数、相数、备用机组、使用情况等），了解生产流程的顺序、自动线，各车间、各工段的工艺布置概况及生产操作特点，全厂总平面图等，就可以开始进行负荷计算。

××厂有金工车间、圆线车间、扁线车间、压延车间、水泵房、锅炉房、办公楼等，除了压延车间有4台6千伏高压轧机与连轧机（设备容量共计2410千瓦）之外，均为低压380伏的电力负荷（表2-14）。380/220伏照明的设备容量，按不同性质建筑物的单位面积照明容量法来估算。

一、确定用电设备的设备容量及计算负荷

二、确定车间各用电设备组的计算负荷

以上计算方法及步骤均见第二节例3。根据用电设备的工作性质，按需要系数表中的分类法将具有相近 K_x 的用电设备归并成组，选用合适的 K_x 值，根据 $P_j=K_x·\Sigma P_e$ 和 $Q_j=P_j·\mathrm{tg}\varphi$ 两式进行用电设备组的负荷计算。现将各车间低压负荷计算结果的数据列表于下，计算内容从略。

三、确定全厂低压侧总计算负荷

根据全厂低压负荷的大小和分布情况，全厂设置一个变配电所，全厂低压侧总计算负

××厂各车间低压负荷计算结果　　　　表 2-14

车间名称	电　力　负　荷			照明负荷
	P_e(千瓦)	P_j(千瓦)	Q_j(千乏)	（千瓦）
金工车间	231.1	43.7	76.7	3.6
圆线车间	801.9	337.2	337.1	6.5
扁线车间	714.7	340.8	256.1	6.5
压延车间	537.9	234.2	190.0	12.0
水泵房	165.0	140.3	105.2	0.2
锅炉房	10.7	9.1	6.8	0.5
办公楼	—	—	—	1.3

荷应等于全厂各车间低压用电设备的计算负荷相加后乘以最大负荷同期系数，计算结果列于表2-15。

全　厂　总　负　荷　计　算　表　　　　表 2-15

序　号	车间或用电设备名称	设备容量（千瓦）	计　算　负　荷			备　　注
			P_j(千瓦)	Q_j(千乏)	S_j(千伏安)	
1	金工车间	231.1	43.7	76.7		
2	圆线车间	801.9	337.2	337.1		
3	扁线车间	714.7	340.8	256.1		
4	压延车间	537.9	234.9	190.0		
5	水泵房	165.2	140.5	105.2		
6	锅炉房	11.2	9.6	6.8		
7	办公楼	1.3	.1	0		
	小　计	2463	1107	972		
	全厂低压侧（小计×同期系数）（K_P、K_Q取0.8）		885.6	777.5	1178	最大负荷时$\cos\varphi = 0.752$
	变压器功率损耗		23.6	117.8		
	变压器高压侧		909.2	895.3		
	压延车间高压电动机	2410	361.5	368.7		
	小　计		1270	1264		
	补偿前全厂高压侧（小计×同期系数；K_P、K_Q取1.0）		1270	1264	1792	补偿前最大负荷时功率因数 $\cos\varphi_1 = 0.709$
	高压移相电容器补偿			−600		
	补偿后全厂高压侧		1270	664.0	1433	补偿后总平均率因数 $\cos\varphi_{2P} = 0.922$

四、变压器额定容量的初步选择

变压器额定容量是根据全厂低压侧总计算负荷来选择的，现全厂低压侧总计算负荷 $S_j = 1178$ 千伏安，根据变压器额定容量的等级可选用两台 750 千伏安的变压器，该厂在设计中选用了两台额定容量为1000千伏安的变压器，主要是考虑了以后发展用电的需要。

五、变压器功率损耗的估算

变压器的有功损耗

$$\Delta P_b = 0.02 S_j = 0.02 \times 1178 = 23.6 (千瓦)$$

变压器的无功损耗

$$\Delta Q_b = 0.10 S_j = 0.10 \times 1178 = 117.8 (千乏)$$

式中 S_j 为变压器低压侧的计算负荷（千伏安）。

六、全厂高压侧总计算负荷

（一）补偿前

变压器高压侧计算负荷加车间高压用电设备计算负荷后，再乘以最大负荷同期系数即得补偿前全厂高压侧计算负荷。

（二）补偿后

补偿前全厂高压侧计算负荷加高压移相电容器容量即得补偿后全厂高压侧负荷。

计算结果均列于表2-15。

七、功率因数的提高（无功功率的补偿）

（一）补偿前

全厂低压侧最大负荷时功率因数

$$\cos\varphi_1' = \frac{P_j}{S_j} = \frac{885.6}{1178} = 0.752$$

全厂高压侧最大负荷时功率因数

$$\cos\varphi_1'' = \frac{P_j}{S_j} = \frac{1270}{1792} = 0.709$$

全厂高压侧总平均功率因数

$$\cos\varphi_{1P} = \sqrt{\frac{1}{1+\left(\frac{\beta \cdot Q_j}{\alpha \cdot P_j}\right)^2}} = \sqrt{\frac{1}{1+\left(1.1 \times \frac{1264}{1270}\right)^2}}$$

$$= 0.675$$

上式中取 $\alpha = 0.7$；$\beta = 0.77$ 进行计算。

因为全厂总平均功率因数没有达到供电部门要求的数值，所以需要装设补偿设备。在工业企业中补偿设备一般均用移相电容器，低压侧功率因数补偿到0.75～0.85，高压侧补偿到0.9左右。现在该厂低压侧功率因数已为0.752，所以考虑全部采用高压移相电容器补偿，便于集中管理。

（二）补偿后

1.将全厂总平均功率因数 $\cos\varphi_{2P}$ 提高到0.9时，需补偿的容量为：

$$Q_c = \alpha \cdot P_j (\text{tg}\varphi_1 - \text{tg}\varphi_2)$$

$$= 0.7 \times 1270 \times (1.141 - 0.484) = 584 (千乏)$$

2.现该厂实际装置 2×300 千乏高压移相电容器，作无功功率补偿之用，补偿后的总平均功率因数 $\cos\varphi_{2P}$ 为：

$$\cos\varphi_{2P} = \sqrt{\frac{1}{1+\left(\frac{\beta \cdot Q_j - Q_c}{\alpha \cdot P_j}\right)^2}} = \sqrt{\frac{1}{1+\left(\frac{0.77 \times 1264 - 600}{0.7 \times 1270}\right)^2}} = 0.922$$

补偿后最大负荷时的功率因数为：

$$\cos\varphi_2 = \frac{P_j}{S_j} = \frac{1270}{1433} = 0.886$$

现将全厂高压侧在无功功率补偿前后的功率因数变化，列表如下：

$Q_c=600$千乏	补　偿　前	补　偿　后
最大负荷时的功率因数	0.709	0.886
总平均功率因数	0.675	0.922

第三章　工厂供配电系统

本章讨论的内容有电力网向工业企业总变电所供电的系统、由总变电所向车间变电所或高压用电设备配电的系统，及提出供电方案和结线方式。供配系统的设计应以负荷重要性等级、用电容量大小及地区供电条件为依据，同时必须贯彻党的各项建设方针和政策。此外，在设计供配电系统时还要考虑工业企业的总体布置和发展规划、电力系统的具体情况、当地的自然条件等因素。因此，在制定供配电系统时，必须全面分析上述有关因素，予以合理解决。

对供配电系统的基本要求：

（1）应能保证生产，并满足用电设备对供电可靠性和电能质量的要求。

（2）结线方式应力求简单可靠、操作安全、运行灵活和检修方便。

（3）投资少、运行费用低。

（4）便于适应工业企业的发展。

第一节　负荷分级及其供电方式

为了使供配电系统达到技术上合理和经济上节约，即既能满足供电可靠性和运行维修的安全、灵活、方便的要求，又能使供配电系统投资少的要求，在确定供配电系统之前，要正确地划分电力负荷的等级。根据用电设备对供电可靠性的要求，将工业企业电力负荷分为三个等级：

（1）一级负荷：突然停电将造成人身伤亡危险，或重大设备损坏且难以修复，或给国民经济带来重大损失者。

（2）二级负荷：突然停电将产生大量废品、大量原材料报废、大量减产，或将发生重大设备损坏事故但采取适当措施能够避免者。

（3）三级负荷：所有不属于一级及二级负荷的用电设备。

工业企业各级负荷的供电方式，应按照其对供电可靠性的要求，允许停电的时间及用电单位的规模、性质和用电容量，并结合地区的供电条件全面地加以选定。一般按下列原则：

（1）一级负荷的供电方式：应由两个独立电源❶供电，按照生产需要和允许停电时间，采用双电源自动或手动切换的结线，或双电源对多台一级用电设备分组同时供电的结线。对特殊重要的一级负荷应考虑由两个独立电源点供电的问题。

---

❶ 独立电源是指若干电源中任一电源发生故障或停止供电时，不影响其它电源继续供电。同时具备下列两个条件的发电厂或变电所的不同母线段，均属独立电源：

　　1）每段母线的电源来自不同发电机；

　　2）母线段之间无联系，或虽有联系但在其中一段发生故障时，能自动将其联系断开；不影响另一段母线继续供电。

如一级负荷不大时，可采用蓄电池、自备发电机等设备，也可自邻近单位取得第二个独立电源。

（2）二级负荷的供电方式：应由二回线路供电，当取得二回线路有困难时，允许由一回专用线路供电。

（3）三级负荷的供电方式：对供电方式无特殊要求。

第二节　工业企业的供配电系统

工业企业的供配电系统可分为两个部分：

（1）电源系统（或称外部供电系统）是指从电源至工业企业总降压变电所（或总配电所）的供电系统，包括高压架空线路或电缆线路。

（2）配电系统（或称内部配电系统）是指从总降压变电所（或总配电所）至各车间变电所及高压用电设备的配电系统，包括厂区内的高压线路、车间变电所和高压用电设备等。

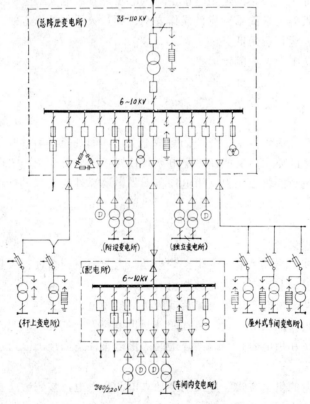

图 3-1　工业企业供配电系统示意图

图3-1是由35～110千伏电力网进线供电的工业企业供配电系统示意图，从图中可以看到它是由以下几个部分组成：1）总降压变电所；2）配电所；3）车间变电所；4）厂区内的高压线路；5）高压用电设备。

总降压变电所在供配电系统中的作用，是将35～110千伏的电源电压降至6～10千伏的电压，然后分别送至各个车间变电所或其它6～10千伏的高压用电设备。

配电所的作用是在靠近负荷中心处集中接受6～10千伏电源供来的电能，重新分配送至附近各个车间变电所或其它6～10千伏的高压用电设备。

车间变电所的作用是将6～10千伏的电源电压降至380/220伏的使用电压，并送至车间各个低压用电设备。

工业企业中是否要设置总降压变电所或总配电所，是由地区供电电源的电压等级和工业企业负荷的大小及分布情况而定。

一般负荷大的大、中型工业企业要设置总降压变电所。在总降压变电所内，一般设有1～2台主变压器，其容量自几千到几万千伏安，供电范围在几公里之内。当地区供电电源电压为6～10千伏时，中、小型的工业企业一般是设置总配电所或独立式变电所。如工业企业中车间变电所较多，或有三、四台以上电力变压器及高压电动机时，宜选择其中一个车间变电所扩充为变配电所，所内设有1～2台电力变压器，和高压配电装置。当工业企业中只有低压用电设备且配电变压器不超过2台时，可仅设车间变电所。

总降压变电所的位置应符合下列要求：

（1）接近负荷中心或网络中心；

（2）进出线方便。高压架空进出线走廊的位置应与变电所位置同时确定。高压架空线路走廊宽度见表3-1；

高压架空线路走廊宽度（米）　　　　　　　　　表 3-1

线 路 的 杆 塔 结 构 布 置	6～10千伏	35 千伏	110千伏
单回路三角形排列，单杆，无拉线	6	—	—
双回路三角形排列，双杆，无拉线	9	—	—
单回路水平排列，双杆，无拉线	—	15	18
单回路上字型排列，单杆，无拉线	—	12	—

注：表中走廊宽度适用于居民区及厂区。

（3）不应妨碍企业的发展，要考虑有扩建的可能性；

（4）具有适宜的地质、地形、水文条件和足够的用地面积，但应注意节约用地；

（5）运输条件好，靠近厂区公路，便于主变压器等大型设备的运输；

（6）尽量避开有腐蚀性气体和污秽地段，如无法避免时，应位于污源的上风侧；

（7）应有生产和生活用水的水源，适当考虑辅助建筑的面积；

（8）变电所屋外配电装置与其它建筑物、构筑物之间的防火间距不应小于表3-2的规定；

（9）变电所建筑物、变压器及屋外配电装置与附近的冷却塔或喷水池之间的距离不应小于表3-3的规定；

（10）位于厂区内的变电所，其地面相对标高一般比室外标高高出15厘米。位于厂区外的变电所，其地面标高应考虑不受洪水（或山洪）的威胁，地面相对标高一般比暴雨洪水位高出20厘米。

建　筑　物　或　构　筑　物　名　称				屋外配电装置的防火间距（米）	
				总油量 ≤50吨	总油量 >50吨
厂房、仓库、工业辅助建筑	耐火等级	一、二级	火灾危险类别	甲、乙、	20	25
		一、二级		丙、丁、戊	15	20
		三　级		丙、丁、戊	20	25
		四、五级（原有建筑）		丙、丁、戊	15	30
居住、公共建筑		一、二级		—	20	25
		三　级		—	15	30
		四、五级（原有建筑）		—	30	40
液化，可燃气体贮罐		≤1～30米²			40	
		31～200米²			50	
		201～500米²			60	
		>500米²			70	
可燃气体贮罐		≤500米²			30	
		501～10000米²			40	
		>10000米²			50	
易燃液体露天、半露天（敞棚）堆场、贮罐		1～10米²			30	
		11～500米²			40	
		501～5000米²			50	
		5001～20000米²			60	
可燃液体露天、半露天（敞棚）堆场、贮罐		5～50米²			30	
		51～2500米²			40	
		2501～25000米²			50	
		>25000米²			60	

注：1.屋外配电装置的间距从构架算起；
　　2.地下易燃、可燃液体贮罐其防火间距可按表中规定减少50%。

变电所建筑物、变压器及屋外配电装置与冷却塔、喷水池的最小间距（米）　　表 3-3

建　筑　物、构　筑　物　名　称	冷　却　塔	喷　水　池
变电所建筑物	23	30
主变压器及屋外配电装置设在上风侧时	40	80
主变压器及屋外配电装置设在下风侧时	60	120

总配电所的位置应符合下列要求：

（1）接近负荷中心并靠向电源侧；

（2）进出线方便；

（3）不应妨碍工厂或车间的发展，根据需要考虑扩建的可能性；

（4）应尽量设在污源的上风侧；

（5）避免设在有剧烈震动的场所。

配电所兼作车间变电所时，与该车间建筑物间无防火间距的要求，尽量和变电所或有大量高压用电设备的厂房合建。

车间变电所按变压器安装的位置分为下列几种型式：

（1）附设变电所——变压器室一面或几面墙与生产车间或建筑物的墙共用，变压器室的大门向生产车间外开或建筑物外开[如图3-2（1）、（2）、（3）所示]，适用于一般工厂的生产车间。

（2）车间内变电所——位于生产车间或建筑物内部的单独房间内，变压器室的大门向生产车间内开，或建筑物内开[如图3-2（4）所示]。此种变电所适用于负荷大而集中的多跨生产车间，可以节省有色金属材料和降低线路功率损耗。但它占用车间的生产面积，通风装置的要求提高，因而增加基建投资，当技术经济比较合理时可采用。

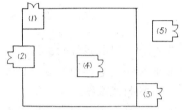

图 3-2　车间变电所型式示意图

（3）独立变电所——离开车间，与生产车间或建筑物在建筑上无直接联系的单独建筑物[如图3-2（5）所示]。一般只在需远离易炸易燃的场所，或向多个车间供电时才采用。此外在车间面积小而又分散的、用电负荷不大的中小型工厂里，也有用来作为全厂性变电所，但投资大，经济性较差。

（4）屋外变电所——变压器位于屋外的地面上，周围设围墙或围栅，而低压配电设备装于屋内。屋外变电所不宜用于有火灾危险的生产车间附近，不宜用于大气中含有损害电气设备的气体或严重损坏绝缘的物质的场所。

（5）杆上变电所（台）——将变压器安装于电杆上。因投资最为经济，所以生活区的变电所应尽量采用杆上变电所（台），当有特殊要求时，才宜采用其他的形式。

车间变电所的位置应符合下列要求：

（1）尽量靠近负荷中心；

（2）进出线方便；

（3）靠近电源侧；

（4）运输方便并避免向相连的露天仓库开门；

（5）变压器室的大门应尽量避免朝西开设。

将车间变电所尽量靠近负荷中心这是供电设计的一项基本原则。这样可以使有色金属的消耗量和线路上的电能损耗量降到最低，这是确定车间变电所位置时矛盾的主要方面。然而这种情形不是固定的，矛盾的主要和非主要的方面可以互相转化，如果车间的生产工艺过程经常变动（例如金属加工车间等），那么负荷中心亦随之经常变动，此时将车间变电所靠近电源侧可能是有利的。

车间变电所的数量主要决定于负荷的大小、车间之间距离和经济效果。车间负荷较小时可考虑几个车间建立一个车间变电所，车间负荷较大时可考虑每个车间建立一个车间变电所，车间负荷很大时可考虑一个车间建立几个车间变电所。车间变电所一般采用一台容量不大于1000千伏安的变压器，如用电设备的容量大、负荷集中、运行亦合理时，可选用更大容量的变压器，但单台变压器最大的容量不应超过1800千伏安，以免低压侧短路电流过大。如符合下列条件之一时，宜采用两台变压器：1）从供电的可靠性考虑，无条件采用低压联络或采用联络线不经济时；2）从供电的经济性考虑，因季节性或昼夜负荷变化较大，需在低峰负荷时切除一台变压器，以减少变压器的电能损耗时；3）从运行和检修的灵活性考虑，作为全厂性的车间变电所当容量超过1000千伏安时，选用2台变压器为有利。具体设计时，车间变电所数量往往可以有几个不同方案，应作技术经济比较，确定一个最合理的方案。

第三节　工业企业配电系统的接线方式

工业企业配电系统的接线方式原则上有三种类型：放射式、树干式及环状式。下面以工业企业高压配电系统的这三种接线方式为例，简单地介绍一下它们的特点。

一、放射式系统

放射式又分为单回路放射式（图3-3）、双回路放射式（图3-4和图3-5）和具有公共备用线的放射式（图3-6）。

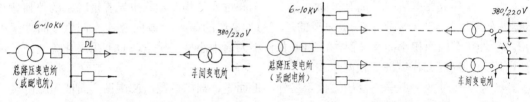

图 3-3　单回路放射式　　　　　　　图 3-4　单电源双回路放射式

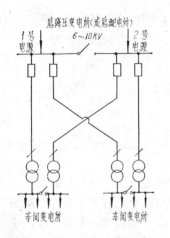

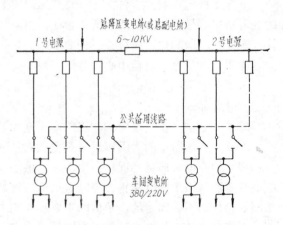

图 3-5　双电源双回路交叉放射式　　　　图 3-6　具有公共备用线放射式

所谓单回路放射式，就是由工业企业总降压变电所（或总配电所）6～10千伏母线上引出一回线路直接向一个车间变电所或车间高压用电设备配电，沿线不支接其它负荷，各车间变电所之间也无联系。这种型式的优点是：线路敷设简单，操作维护方便，保护简单。其缺点是：由于总降压变电所的出线较多，需用的高压设备（开关柜）数量亦多，投资较大；另外也将造成架空出线困难。特别是当任一线路或开关发生故障时，由该线路供电的负荷就要断电，故单回路放射式的供电可靠性不高。近年来对这种接线在6～35千伏电源进线回路有采用自动重合闸装置的[安装在电源端与开关DL配合的一种自动化装置,当线路发生暂时性故障时,在继电保护的作用下开关 DL 自动跳闸,但经过极短时间后开关又自动合闸,如果暂时性故障已消除,则能继续送电,这一整套装置称为自动重合闸装置(ZCH)],可以提高供电可靠性,但如果线路发生的是永久性故障,则开关重合后又立即跳闸,可靠性仍然较差,不能保证不中断的供电。

为提高供电可靠性可采用双回路放射式接线系统。双回路放射式接线按电源数目又可分为单电源双回路放射式和双电源双回路放射式两种。在单电源双回路放射式系统中(图3-4),当一条线路发生故障时,另一条线路可以继续供电,并担负全部重要负荷,每回线路及每台车间变压器的容量,即按照此原则选择;但当电源发生故障时,则仍要停电。在双电源双回路放射式系统中(又称双电源双回路交叉放射式,见图3-5),两路放射式线路联接在不同电源的母线上,不仅在任一线路发生故障时,而且在任一电源发生故障时,均能保证供电的不中断。双回路交叉放射式系统通常从电源到负载都是双套设备,均投入工作,并互为备用,其可靠性是很高的,适用于一级负荷;但其投资很大,出线和维护都将更为困难和复杂。

具有公共备用线路的放射式系统(图3-6),能保证在某一线路发生故障时,经短时间停电"倒闸操作"后,使备用电源代替工作电源而恢复供电。但此系统线路投资和有色金属消耗量均大,供电可靠性虽然有所提高,仍不能保证供电的连续性,因投入公共备用线路的操作过程中,仍要短时停电。

此外,为提高单回路放射式系统的供电可靠性,也可采用具有低压联络线的方式(图3-7),如图中#1车间变电所有重要负荷,由#2车间变电所引来低压联络备用电源。这样与图3-5相比可节省一套高压线路、变压器和开关设备,减少土建面积,因此能大量节约投资。低压联络线一般采用电缆线路,以提高运行可靠性。但备用容量因受线路容量的限制而不能太大。低压联络开关LK,可采用自动投入或电动操作,视重要负荷的允许停电时间而定。

二、树干式系统

树干式可分为直接联接树干式(图3-8)和链串型树干式(图3-9)两种。

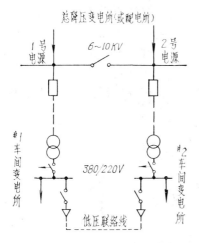

图 3-7 采用低压联络的单回路放射式

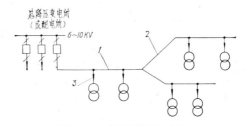

图 3-8 直接联接树干式
1—干线;2—分干线;3—支线

所谓直接联接树干式,就是由总降压变电所(或总配电所)引出的每路高压配电干线沿厂区道路架空敷设,每个车间变电所或负荷点都从该干线上直接接出分支线供电。分支线数目不宜太多,通常 $n \leqslant 6$,并要根据故障停电的影响、负荷大小、和干线在系统中的地位而定。这种型式的优点是:总降压变电所6~10千伏的高压配电装置数量减少,投资相应减少；出线减少，敷设简单，可节省有色金属，降低线路损耗。而其缺点是供电可**靠**性差，只要线路上任一线段（l_1、l_2、l_3等）发生故障，则由该线路供电的全部车间变电所均断电，影响生产的面较大。因此，一般要求每回高压线路直接引接的分支线限制在6个回路以内，配电变压器总容量不宜超过3000千伏安。这种直接联接树干式系统只适用于三级负荷。

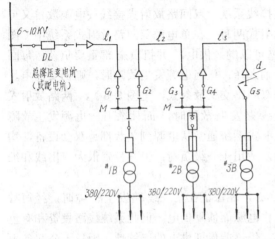

图 3-9　链串型树干式

为了充分发挥树干式线路的优点，尽可能地减轻其缺点所造成的影响，可以采用链串型树干式系统（图3-9）。这种改进后的树干式特点是：干线要引入到每个车间变电所的高压母线（M）上，然后再引出走向另一个车间变电所的高压母线，干线进出两侧均安装隔离开关（如图3-9中的G_1、G_2、G_3、G_4等，均装于高压开关柜内）。链串型树干式可以减少某一线段故障而引起停电的范围，对供电可靠性有所提高。例如图3-9中l_3线段电缆头上发生故障时，干线总断路器DL断开，当找到故障段l_3并拉开隔离开关G_4，再合上断路器DL后，则#1和#2车间变电所可以恢复供电，这两个车间变电所停电的时间为寻找故障线段和进行开关操作的时间；若在l_1线段上发生故障时，则由该线路供电的所有车间变电所均要停电。

三、环状式系统

在配电网中应用的环状式系统（图3-10）可认为是链串型树干式系统的改进，只要把两路链串型树干式线路联络起来就构成了环状式。环状式系统的优点是运行灵活，供电可靠性较高，当线路的任何线段发生故障时，在短时停电后经过"倒闸操作"，拉开故障线段两侧的隔离开关，将故障线段切除后，全部车间变电所均可恢复供电。

环状式系统的运行方式有两种：一为开环运行，另一为闭环运行。闭环运行时形成两

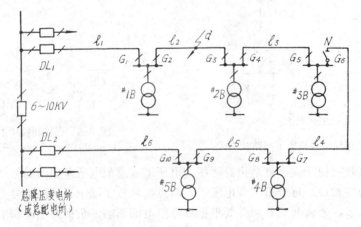

图 3-10　环状式系统

端供电，当任一线段（$l_1 \sim l_6$）故障时，将使两路进线端的断路器（DL_1和DL_2）均跳闸，造成全部停电。因此，一般均采取开环运行方式。设开环点N在隔离开关G_6处（即G_6是断开的），当任一线段发生故障时，则仅使一路出线断路器（DL_1或DL_2）断开。例如l_2线段发生故障，则装于线路始端的断路器DL_1自动断开，仅使线段l_1、l_2、l_3停电，在找到损坏的故障线段l_2之后，将故障线段两侧的隔离开关G_2、G_3断开，然后闭合开环点的隔离开关G_6，再由两路干线向全部车间变电所供电。因此，环状式供电的恢复要比树干式快，因为树干式系统要在故障线段修理好以后，才能恢复供电。环状式系统一般适用于容许停电30～40分钟的二、三级负荷。开环运行时，正常的开环点N选择在什么地点最合理，判断的原则是使正常配电时开环点的电压差为最小。通常宜使两路干线所担负的容量尽可能地相接近，所用的导线截面相同。

在选择环状式供电系统的导线截面时还应考虑如下原则：在不正常情况下能担负环网内全部车间变电所的负荷，电压损失不超过10～12％。因此有色金属消耗量较大，这是环状式供电系统的一个缺点。

以上介绍了工业企业高压配电系统的三种基本结线方案，从一分为二的观点来看，各有优缺点。总的说来，树干式系统投资较省，但负荷支接点多，检修和事故时停电面大，一般适于对三级负荷供电。放射式系统投资较大，但线路没有分支接点，特别是多回路放射式系统的供电可靠性较高，适于对一级负荷供电。但多回路的平行树干式系统也可给一级负荷供电。如近来发展的双T型结线，即从总降压站或配电所引出二个回路，以平行树干式向2～3个车间变电所供电（均装有2台变压器，低压母线容许解列运行），就具有经济、可靠、自有备用的优点。单回路放射式系统只在具有低压联络线时才能满足对一、二级负荷供电的要求。所以在选择配电系统时，应根据负荷的等级、容量和分布情况作具体分析，对不同的方案作技术经济比较后，才能确定合理的配电系统。

低压380/220伏配电系统的基本形式仍然是放射式和树干式两种，而实际上采用的多数是这两种形式的组合，或称为混合式。

第四节　工厂供配电电压选择和电压调整

一、我国额定电压的分类

由于电气设备生产的标准化，电气设备的额定电压就必须统一，发电机、变压器和受电设备的额定电压必须分成若干等级，送电线路（包括输电线路和配电线路）的额定电压亦须相应地分成若干等级。

我国的额定电压分三类（国家电压标准）：

第一类额定电压是100伏以下的电压（表3-4），主要用于安全照明、蓄电池及开关设备的直流操作电源。

第二类额定电压是大于100伏、小于1000伏的电压（表3-5），主要用于电力及照明设

第一类额定电压　　表 3-4

直　流（伏）	交　　流（伏）	
	三相(线电压)	单　　相
6	—	—
12	—	12
24	—	—
—	36	36
48	—	—

注：三相36伏电压只作为潮湿工地和房屋的局部照明及电力负荷之用。

备。

第三类额定电压是1000伏及以上的电压（表3-6），主要用于发电机、送电线路、变压器及受电器。

第 二 类 额 定 电 压　　表 3-5

受 电 设 备			发 电 机		变 压 器				
直 流	交流三相		直 流	交流三相	交 流（伏）				
	（伏）			（伏）	三 相		单 相		
（伏）	线电压	相电压	（伏）	线 电 压	一次线圈	二次线圈	一次线圈	二次线圈	
110	—	—	115	—	—	—	—	—	
—	(127)	—	—	(133)	(127)	(133)	(127)	(133)	
220	220	127	230	230	220	230	220	230	
—	380	220	—	400	380	400	380		
440	—	—	480	—	—	—	—	—	

注：本表列入括弧内的电压，只用于矿井下或其它保安条件要求较高之处。

第 三 类 额 定 电 压　　表 3-6

受电设备电压（千伏）	交流发电机线电压（千伏）	变压器线电压		受电设备电压（千伏）	交流发电机线电压（千伏）	变压器线电压	
		一次线圈	二次线圈			一次线圈	二次线圈
3	3.15	3及3.15	3.15及3.3	60	—	60	66
6	6.3	6及6.3	6.3及6.6	110	—	110	121
10	10.5	10及10.5	10.5及11	154	—	154	169
—	15.75	15.75		220	—	220	242
35	—	35	38.5	330	—	330	363

所谓额定电压，就是受电器、发电机和变压器正常运行并具有最经济效果时的电压，也就是在正常工作情况下所规定的电压。

受电器的额定电压若与所接入电力网的电压相差愈小时，就能运行得愈好。因此，就规定受电器的额定电压等于该级电力网的额定电压。而电力网由于有电压降落，其线路始端电压比末端电压要高些，而把各级线路始端与末端电压的算术平均值，定作各级电力网的额定电压。

发电机的额定电压较受电设备的额定电压高5％，用以补偿线路上产生的电压损失。并当线路电压损失不超过10％时，能保证各受电器得到满意的运行。

变压器具有发电机和受电设备的双重地位，它的一次线圈是接受电能的，相当于受电设备；而它的二次线圈是送出电能的，相当于一个电源。因此，变压器一次线圈的额定电压等于受电设备的额定电压(但直接与发电机连接的变压器，其一次线圈的额定电压应等于发电机的额定电压)；变压器二次线圈的输出电压应较受电器的额定电压高5％。由于变压器的二次线圈的额定电压定义为空载时的电压，变压器在额定负荷下其内部的电压损失约为5％，所以，为使正常工作时保持变压器二次线圈的输出电压较受电设备的额定电压高5％，就必须规定变压器二次线圈的额定电压较受电器的额定电压高10％。当变压器的短路电压值较小或供电的线路很短时，可以采用变压器二次线圈的额定电压较受电设备的额定电压高5％。

二、工业企业供电、配电电压的选择

工业企业供配电电压主要决定于地区供电电源电压、工厂用电设备的总容量和高压用电设备的容量。

线路在输送功率和距离为一定的条件下，电压愈高则电流愈小，导线截面和线路中的功率损耗也就减小。但另一方面，电压愈高，线路的绝缘就要加强，杆塔的尺寸也要随导线间及导线对地距离的增加而加大，变电所的变压器和开关设备的价格也要随电压的增高而增加。一般说来，输送的功率小、距离短时用较低的电压；输送的功率大、距离长时用较高的电压。为了确定线路的最合适的电压，通常根据设计经验和采用方案的技术经济比较相结合的方法，即先根据设计经验，利用表3-7拟定几个电压等级的方案，然后对这几个不同电压等级的方案进行技术经济比较。比较方案时的主要技术经济指标是：保证供电的安全性和可靠性；选用的电压要符合工业企业中高低压设备的额定电压；发展的可能性；初投资和年运行费用的经济性；有色金属消耗量少等等。在计算和比较的基础上确定最合理的供电电压。但应指出：工业企业的供电电压常常是被地区电源电压所决定的，特别是当地区电源电压只有一种时，工业企业的供电电压就没有可选择的余地。

各级电压电力线路合理的输送功率和输送距离 表 3-7

额定线电压(千伏)	线　路　结　构	输　送　功　率（千瓦）	输送距离（公里）
0.22	架 空 线	50以下	0.15以下
0.22	电 缆 线	100以下	0.20以下
0.38	架 空 线	100以下	0.25以下
0.38	电 缆 线	175以下	0.35以下
6	架 空 线	2000以下	10～5
6	电 缆 线	3000以下	8以下
10	架 空 线	3000以下	15～8
10	电 缆 线	5000以下	10以下
35	架 空 线	2000～10000	50～20
110	架 空 线	10000～50000	150～50
220	架 空 线	100000～150000	300～200

在一般情况下，工业企业供配电电压可作如下考虑：

（1）对于小型工业企业，因为供配电距离较短，用电设备容量较小，无高压用电设备，广泛采用380/220伏三相四线制的低压供电。

380/220伏三相四线制低压系统在工业企业中被广泛地采用，其主要优点是：电力和照明可合用同一台配电变压器。

但如果考虑生产过程的特点，从安全的角度看，有时采用380/220伏是不合适的。根据我国有关部门的规定：在潮湿的工地和车间内或高度危险的厂房内，如蒸汽锅炉、储油槽及类似的设备处工作时的局部照明负荷，宜用36伏或12伏三相交流电。此外，矿井下的动力负荷则用中性点不接地的660伏三相交流电。

（2）对于中型工业企业，因供配电距离较长，用电设备总容量较大，有时可能有高压用电设备，一般采用10千伏或6千伏高压供电，主要是由地区供电电源电压来决定。

工厂中大型空气压缩机、水泵等一般都采用6千伏的高压电动机。如地区供电电源电压为6千伏，则厂区高压配电系统就采用6千伏。而目前新建的地区供电电网，一般都采用10千伏电压等级，此时可采用10/6千伏的变压器把电源电压从10千伏降到6千伏，向高压电动机供电。当高压电动机较多时，10/6千伏的变压器可放在变电所，厂区高压配电系统采用6千伏电压等级；当高压电动机较少时，10/6千伏的变压器可放在靠近高压电动机处，厂区高压配电系统采用10千伏电压等级。这样在投资增加不多的情况下，可节省大量有色金属，提高运行的经济性。厂区低压配电系统仍采用380/220伏电压等级。

（3）对于大型工业企业，就用电设备总容量而言，当计算负荷超过5600千伏安时，供电电压可采用35千伏及以上的电压等级。工厂内部的高压配电系统电压一般采用10千伏，但当工厂有较多的6千伏用电设备时，则高压配电宜采用6千伏。因为当工厂没有或仅有少量的高压用电设备时，采用10千伏作为高压配电电压，可以节省有色金属、减少电能损失和电压损失等，显然是合理的；但当工厂有一定数量的6千伏用电设备时，如果用10千伏配电，则其6千伏用电设备必须经过10/6千伏中间变压器供电。当6千伏用电设备较多时，则该方案中所需的中间变压器容量及其损耗就较大，开关设备和投资也增多，结果采用10千伏配电反而不经济。故企业内部的高压配电系统应采用6千伏，还是采用10千伏？主要取决于6千伏用电设备所占的比重。由于各类工厂的性质、规模及用电情况不一，对于6千伏用电设备究竟占多大比重时宜采用6千伏配电电压，很难得出一个界限，这的确给配电系统的设计带来了复杂性。例如有色冶金企业6千伏用电设备的负荷占总负荷的30～40%及以上时，一般采用6千伏配电电压是合理的；又如氮肥厂的6千伏用电设备容量一般占总容量的60%以上，因而采用6千伏配电电压是合理的。在具体设计工作中，可视各类工厂的特点，并根据有关设计部门过去积累的成熟经验或技术经济比较而确定之。

3千伏配电电压与10千伏配电电压相比，由于送电能力和距离都要小得多，而有色金属和电能损耗又大，一般是要用6～10/3千伏中间变压器降压的方法对其供电。这一电压等级目前在我国应用不广。

（4）当地区供电电压为35千伏时，对某些工厂可直接将35千伏电压作为配电电压深入厂区，并直接降压为380/220伏对车间低压用电设备进行配电。这种方式可节省一级中间变压器及其配电装置，简化供配电系统，节省大量有色金属，降低电能损耗，提高供电质量，在一定条件下是值得推荐的供电方式。但在选用此种供电方式时，如果由于厂区高压走廊的限制不能采用架空线路，以及由于设备切断容量条件的限制不能采用简单的保护设备（如35千伏熔断器），而要采用高压电缆和高压断路器等，则其优越性就不显著。此外，若有下列情况者，宜采用35千伏线路深入厂区直接配电的方式：

1）厂区和负荷都不大的用户（50～1000千伏安），当地没有6～10千伏电源，而取得35千伏电源很方便时；或用户距离地区变电所较远，而附近只有35千伏电源线路经过时；

2）厂区十分分散，而分区负荷又较集中的大矿区；

3）采用35千伏直接配电方式，经论证在技术经济上有显著优越性时。

三、电压调整

电力网中的负荷是昼夜变化的。当最大负荷时，电力网内的电压损失增大，因而在用户处的电压降低。在最小负荷时，电力网内的电压损失减少，因而在用户处的电压升高。

因此，用电设备的端电压是随电力网中的负荷而变化，此种变化过程比较缓慢，其实际电压 U 与额定电压 U_e 之差称为电压偏移 ΔU，即

$$\Delta U = U - U_e$$

或用额定电压百分数表示：

$$\Delta U\% = \frac{U - U_e}{U_e} \times 100$$

　　用电设备所受的实际电压如与额定电压有偏移时，其运行特性即恶化。例如，白炽灯在90％额定电压下运行时，其使用期限有所增加，但其光通量降低为额定电压时的68％左右。反之，在110％额定电压下运行时，其光通量增加40％左右，但使用期限大大缩短。对感应电动机而言，其转矩与电压平方成正比，当电压降低10％，转矩则降低到81％，使电动机难以起动；对于重载电动机，电压偏低时，负荷电流增大，温升增高，绝缘老化加速，从而降低了电动机的使用期限。电焊机的电压偏移也仅允许在有限范围内（5～10％），否则将影响焊接质量。所有工艺用电，为了保证质量指标，都对电压偏移提出了严格要求。

　　在电力网的所有运行方式中，要维持用电设备的端电压恒定不变并等于它们的额定电压，实际上是非常困难的。因此，在设计电力网及供配电系统时，必须规定用电设备端的电压偏移允许值。按《电力设计技术规范》供电篇的规定，电压偏移允许值为：

　　（1）电动机的端电压

　　　　正常情况下：+5％；-5％。

　　　　特殊情况下：+5％；-（8～10）％。

　　（2）照明灯的端电压

　　在一般工作场所（包括生活区住宅照明）：+5％；-5％。

　　在视觉要求较高的屋内场所：+5％；-2.5％。

　　事故照明、道路照明、警卫照明：+5％；-10％。

　　（3）其他用电设备端电压

　　当无特殊规定时：+5％；-5％。

　　为了满足用电设备对电压偏移的要求，首先要求在电力网的电压控制点采用电压调整装置，必要时在电压为35千伏及以上的降压变电所，也可采用电压调整装置。

　　为了减少用电设备的电压偏移，供配电系统的设计应符合下列要求：

　　（1）正确选择变压器的变比和电压分接头。变压器一次线圈额定电压应合理选择，例如离电源很近的用户变压器一次线圈的额定电压可选10.5千伏或6.3千伏，离电源远的用户则可选10千伏或6千伏，以使二次电压接近额定值。如果一次线圈额定电压选择不当，势将造成二次线圈电压偏高或偏低，即使调整分接头也不能解决问题。变压器的高压线圈除了额定电压档之外，还有电压分接头档，一般变压器电压分接头可调整的总范围是10％，可按±5％、±2×2.5％或+0％、-2×5％等制造。因此，利用变压器的不同的电压分接头，可使变压器二次线圈电压相对于额定电压而言有不同程度的增加，用以补偿在低压侧线路上的电压损失，保证用电设备端的电压偏移不超过允许值。

　　（2）合理减少供配电系统的阻抗。系统阻抗是造成电压偏移的因素之一，合理选择导线截面以减少系统阻抗，可在负荷变动的情况下使电压水平保持稳定。在某些情况下，

用电缆代替架空线供电也是合理的。

（3）尽量使三相负荷平衡。三相负荷分布不均匀将产生不平衡电压，从而加大了电压偏移。

有载调压变压器是工厂供配电系统中有效的调压设备，但它的采用除了增加基建投资外，还增加了维护和检修费用，有时还降低了供电可靠性。因此目前只能对某些设备或车间采用有载调压变压器作局部调整。应该指出：6～10千伏供配电系统上大量分散装设有载调压变压器是不经济的。在110千伏或35千伏降压变电所采取逆调压方式（母线电压随负荷增大而调高，随负荷减少而调低），是比较有效和合理的措施，它可使一个地区内大部分负荷的电压偏移符合规定要求。对个别电压质量要求高而供电质量差的设备或车间，则可考虑采取局部调压措施。

第四章 变配电所的主结线

第一节 对主结线的基本要求及主要电器的作用

变配电所的主结线（或称一次结线）是指由各种开关电器、电力变压器、母线、电力电缆、移相电容器等电气设备依一定次序相连接的接受和分配电能的电路。电气主结线图通常画成单线图的形式（即用一根线表示三相对称电路）。在个别情况下，当三相电路中设备显得不对称时，则部分地用三线图表示。主结线的确定对变配电所电气设备的选择、配电装置的布置以及运行的可靠性和经济性有很密切的关系。所以主结线是变配电所电气部分设计的一个很主要的问题。由于主结线图中采用了各种不同的电气设备，而它们之间又要求有一定的连接顺序，故在确定变配电所的主结线之前，应先明确主结线的基本要求和主结线中各种电器设备的作用。

一、对主结线的基本要求

主结线设计的基本要求如下：

（1）可靠性——根据用电负荷的等级，保证在各种运行方式下提高供电的连续性，力求可靠供电。

（2）灵活性——主结线应力求简单、明显、没有多余的电气设备；投入或切除某些设备或线路的操作方便。这样就可以避免误操作，又能提高运行的可靠性，处理事故也能简单迅速。灵活性还表现在具有适应发展的可能性。

（3）安全性——保证在进行一切操作切换时工作人员和设备的安全，以及能在安全条件下进行维护检修工作。

（4）经济性——应使主结线的初投资与运行费用达到经济合理。

以上的基本要求，实际上反映了主结线的可靠性与经济性这两个主要矛盾方面。

安全可靠的要求是首要的。运行检修时绝不允许发生人身事故和重大设备事故。停电必然造成停产损失，尤其是对国民经济有影响的工业企业停电损失更大。在考虑主结线的可靠性时，应该辩证地看待以下几个问题：1）可靠性的客观检验标准是运行实践。主结线的故障率是它的各组成元件在运行中的故障率的总和，过多地增加主结线中的电气设备，会降低主结线的可靠性（增加了故障率）；2）可靠性并不是绝对的。同样的主结线对二、三级负荷来说是可靠的，而对一级负荷来说就可能不够可靠，因此分析和估价主结线的可靠性时，不能脱离负荷等级和供电电源的具体条件；3）主结线的可靠性是发展的。由于电力系统的发展，技术的进步，主结线的可靠性也是会改变的。

经济性也是设计主结线的重要原则。考虑经济问题时，必须从整个工业企业的全局出发，而不是片面地只考虑变电所的局部经济利益。特别需要注意到一个工厂的变配电所是生产的重要部门，而其总投资所占的比重是不大的。此外，经济性还必须表现为投资与运行费用的总效果最为经济。

可靠性与经济性二者之间，既有矛盾的一面，也有统一的一面。如果过分强调可靠性，势必造成设备增多，投资增大，结线系统复杂，其结果可能造成操作复杂，易产生误操作，增大故障率，反而降低了主结线的可靠性；如果过分强调经济性，减少设备，简化结线，必然又会影响可靠性，造成事故和停电停产，反而不经济。所以在处理这些矛盾时，应当首先满足可靠而后再求经济。因此，确定主结线时应深入调查分析用电负荷的性质和大小、对供电电源的要求、自动化装置的采用、发展的远景等等，找出主要矛盾，才能设计出高质量的主结线。

二、主结线中主要电器的作用

（1）高压断路器（或称高压开关）：在电路正常工作时，用来接通或切断负荷电流；在电路发生故障时，用来切断巨大的短路电流。

断路器具有可靠的灭弧装置，其灭弧能力很强。常用的高压断路器是利用绝缘油作为灭弧介质的，称为高压油开关。也有利用压缩空气作为灭弧介质的，称为高压空气开关。油开关的触头（包括固定触头和活动触头）都浸在绝缘油里，依靠电弧的热量使灭弧装置内的绝缘油产生压力，去吹灭触头之间的电弧。按油量的多少，可分成多油式和少油式两种高压油开关。少油式高压开关只利用绝缘油作灭弧介质，而利用空气和电瓷作为带电体的绝缘介质，故用油量少，但设备外壳带电。多油式高压开关既利用绝缘油作灭弧介质，又用它作绝缘介质，故用油量多，但设备外壳不带电。

（2）负荷开关：在电路正常工作时，用来接通或切断负荷电流；但在电路短路时，不能用来切断巨大的短路电流。

负荷开关只具有简单的灭弧装置，其灭弧能力有限，仅能熄灭断开负荷电流及过负荷电流时产生的电弧，而不能熄灭短路时产生的电弧。在断开后，有可见的断开点，这是它的特点。

（3）隔离开关（或称高压闸刀）：隔离开关实质上就是一把耐高电压的刀开关，没有特殊的灭弧装置，所以只有微弱的灭弧能力。故一般只用来隔离电压，仅将已由断路器切断、没有负荷电流流过的电路接通或断开，而不能用来接通或切断负荷电流。隔离开关的主要用途是当电气设备需停电检修时，用它来隔离电源电压，并造成一个明显的断开点，以保证检修人员工作的安全。

为了实现6～10千伏变配电所的经济性，有关设计规范允许下列情况下可采用隔离开关进行操作：

1）开合电压互感器及避雷器回路；

2）开合励磁电流不超过2安的空载变压器；

3）开合电容电流不超过5安的空载线路；

4）开合电压为10千伏及以下、电流为15安以下的线路；

5）开合电压为10千伏及以下、环路均衡电流为70安及以下的环路。

（4）高压熔断器：在短路或过负荷时能利用熔丝的熔断来断开电路，但在正常工作时不能用它来切断和接通电路。

将断路器、负荷开关、隔离开关和高压熔断器等的价格相比较，断路器是各种开关电器中最贵的，而熔断器的价格最便宜。所以，在一定的条件下，用高压熔断器和负荷开关或隔离开关配合使用以代替价格贵的高压断路器，对节约工程投资起到一定的作用。

（5）电流互感器（或称为CT）：将电路中流过的大电流变换成小电流（额定值为5安），供给测量器表（如电流表、电度表、功率表）和继电器的电流线圈，这样就可以用小电流的仪表间接测量大电流。

电流互感器通常有一个原线圈（匝数少）和一个或二个副线圈（匝数多）。原线圈是串联在电路中的。原、副线圈互相绝缘并且绕在同一个铁芯之上，通过电磁感应，把原线圈的大电流按一定比例变换成副线圈的小电流。特别要注意：在使用中CT的二次侧不允

变电所主结线的主要电气设备符号表 表 4-1

电气设备名称及文字符号	图形符号	简化图形	电气设备名称及文字符号	图形符号	简化图形
电力变压器 B			母线及母线引出线 M		
断路器 DL			电流互感器（单次级流变）LH		
负荷开关 F			电流互感器（双次级流变）LH		
隔离开关 G			电压互感器（单相式压变）YH		
熔断器 RD			电压互感器（三线圈压变）YH		
跌落式熔断器 DR			阀型避雷器 FZ		
自动空气断路器（低压空气开关）ZK			电抗器 DK		
刀开关 DK			移相电容器 C		
刀熔开关 RK			电缆及其终端头 L		

许开路。

（6）电压互感器（或称为PT）：将高电压（6、10、35千伏等）降为低电压（一般额定值为100伏），供给测量仪表（电压表、电度表、功率表）和继电器的电压线圈，这样就可以用低压仪表间接测量高压。

电压互感器的基本结构是由两个或三个互相绝缘的线圈绕在同一铁芯上所组成，原线圈匝数多，副线圈匝数少，通过电磁感应，把高电压按一定比例变换成低电压。电压互感器的原线圈是与高压电路并联的。特别要注意：在使用中PT的二次侧不允许短路。

此外尚有避雷器、电抗器、移相电容器等电气设备，现将变电所主结线的主要电气设备的图形符号和文字符号列于表4-1。

第二节　单母线结线

一、母线

变电所的变压器与馈电线之间采用什么方式连接，以保证工作可靠、灵活是十分重要的问题。

解决的措施是采用母线制。应用不同的母线结线方式，可使在变压器数量少的情况下也能向多个用户的馈电线供电，或者保证用户的馈电线能从不同的变压器获得供电。母线又称汇流排，在原理上它是电路中的一个电气节点，它起着集中变压器的电能和给各用户的馈电线分配电能的作用。所以，若母线发生故障，将使配电装置工作全遭破坏，用户供电全部中断，故在设计、安装、运行中，对母线工作的可靠性应给以足够的重视。

二、单母线不分段结线

在主结线中，单母线不分段电路是比较简单的接线方式，如图4-1所示，每条引入线和引出线的电路中都装有断路器和隔离开关。断路器作为切断负荷电流或故障电流之用。隔离开关有两种：靠近母线侧的称为母线隔离开关，作为隔离母线电源，检修断路器之用；靠近线路侧的称为线路隔离开关，是防止在检修断路器时从用户侧反向送电，或防止雷电过电压沿线路侵入，保证维修人员安全之用。故有关设计规范规定，对6～10千伏的引出线，在下列情况时应装线路隔离开关：

　　　　　　　1）有电压反馈可能的出线回路；

　　　　　　　2）架空出线回路。

单母线不分段结线的优点是：电路简单，使用设备少，配电装置的建造费用低。其缺点为可靠性和灵活性差。当母线或母线隔离开关故障或检修时，必须断开所有回路的电源，而造成全部用户停电。所以单母线不分段结线，适用于用户对供电连续性要求不高的情况。

三、单母线分段结线

单母线分段主结线（图4-2），是克服不分段母线存在的工作不够可靠、灵活性差的有效方法。单母线分段是根据电源的数目和功率，电网的结线情况来决定。通常每段接一个或二个电源，引出线分别接到各段上，并使各段引出线电

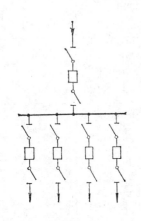

图 4-1　单母线不分段结线

能分配应尽量与电源功率相平衡，尽量减少各段之间的功率交换。

单母线有用隔离开关分段，也有用断路器分段。由于分段的开关设备不同，其作用也有差别。

（一）用隔离开关分段的单母线结线

母线检修可分段进行，当母线故障时，经过倒闸操作可切除故障段，保证其他段继续运行，这样始终可以保证50%左右容量不停电，故比单母线不分段结线的可靠性有所提高。

为了克服分段隔离开关故障或检修时使整个配电装置停电，可用两个隔离开关分段，这样，分段隔离开关可以分别检修，而分段隔离开关的故障或然率是很少的。

用隔离开关分段的单母线结线，适用于由双回路供电的、允许短时停电的具有二级负荷的用户。

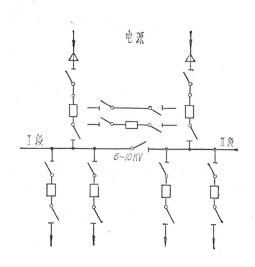

图 4-2　单母线分段结线

这种结线可以作分段运行，也可作并列运行。

采用分段运行时，各段相当于单母线不分段状态，各段母线的电气系统互不影响，但也互相分列，母线电压按非同期考虑。任一段母线故障或检修时，仅停止对该段母线所带的负荷供电。当任一电源线路故障或检修时，如其余运行电源功率充足能负担全部引出线的负荷时，则可经过"倒闸操作"恢复对全部引出线的供电，否则由该电源所带的负荷仍应停止运行或部分停止运行。

采用并列运行时，若遇电源检修，无需母线停电，只须断开电源的断路器及其隔离开关，调整另外电源的负荷就行。但是当母线故障或检修时，将会引起正常母线段的短时停电，所以各有优缺点。

在实际运行中，视具体情况而采用不同运行方式。

（二）用断路器分段的单母线结线❶

分段断路器除具有分段隔离开关的作用外，该断路器还装有继电保护，除能切断负荷电流或故障电流外，还可自动分、合闸。母线检修时不会引起正常母线段的停电，可直接操作分段断路器，拉开隔离开关进行检修，其余各段母线继续运行。在母线故障时，分段断路器的继电保护动作，自动切除故障段母线，所以用断路器分段的单母线结线，可靠性提高。

但是，单母线分段结线，不管是用隔离开关分段或用断路器分段，在母线检修或故障时，都避免不了使接在该段母线的用户停电。

另外，单母线结线在检修引出线断路器时，该引出线的用户必须停电（双回路供电用户除外）。为了克服这一缺点，可采用单母线加旁路母线（图4-3），当引出线断路器检

---

❶ 《电力设计技术规范》规定6千伏或10千伏母线的分段处，一般装设隔离开关。但属于下列情况应装设断路器：（1）事故时需要切换电源；（2）需要带负荷操作；（3）继电保护要求；（4）出线回路较多。

修时，用旁路母线断路器代替引出线断路器，给用户继续供电。例如：当需检修引出线 L_4 的断路器 DL_4 时，先将 DL_4 断开（涂黑表示断开），再断开隔离开关 G_4、G_7，合上隔离开关 G_6、G_5、G_8，再合上旁路母线断路器 DL_6，就可以给线路 L_4 继续供电。对其他各引出线，在断路器检修时，都可采用同样方法，保证用户不停电。但带旁路母线的单母线结线，因造价较高，仅在引出线数目很多的变电所中采用。

须强调指出：正确执行"倒闸操作"程序是避免发生事故保证主结线安全运行十分重要的措施。"倒闸操作"的原则是：

接通电路：先闭合隔离开关，后闭合断路器。

切断电路：先断开断路器，后断开隔离开关。

综上所述，对单母线分断的结线，由于电力系统的发展、技术的改进、备用容量的增加、带电快速检修输电线路的经验，以及自动重合闸的采用，可以满足

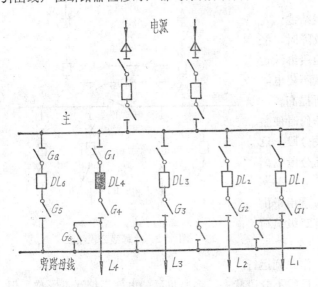

图 4-3 带旁路母线的单母线结线

对各种类型负荷的供电要求。因此单母线分段主结线，已被广泛用在变电所的供电系统中。

《电力设计技术规范》要求工业企业中10千伏及以下的变配电所，高、低压母线一般应采用单母线或分段单母线的结线方式。但是，单母线分段的结线在理论上还不是一个完善的结线方式。目前，在一些大型工业企业变电所中，为改善单母线分段结线的性能，而采用双母线结线系统。

第三节 双 母 线 结 线

双母线结线一般用在对供电可靠性要求很高的大型工业企业总降压变电所的 35～110 千伏母线系统中，和有重要高压负荷或有自备发电厂的6～10千伏母线系统。

图4-4为不分段的双母线结线系统图。任一电源或引出线都有一台断路器，和两组母线隔离开关。不分段的双母线结线有两种正常的运行方式。第一种正常运行方式是：只有一组母线工作，在图4-4中母线 M-1是工作母线。连接在工作母线 M-1 上的所有母线隔离开关是闭合的，另一组母线 M-2 是备用母线，连接在备用母线上所有的母线隔离开关均是断开的。两组母线之间装有母线联络断路器 MDL（简称母联开关），在正常运行时是断开的，（MDL 涂黑表示断开），在 MDL 两侧的隔离开关也都是闭合的。在双母线结线中，两组母线均可互为工作状态或备用状态，不是固定的。例如母线 M-2 作为工作母线，则母线 M-1 就作为备用母线。

第二种正常运行方式是：两组母线同时工作，也互为备用。电源进线和引出线按可靠

性要求和电力平衡这两项原则分别接到两组母线上，母联开关在正常时是接通的。

在第一种运行方式时，双母线系统仅作为单母线运行。如工作母线发生故障，则变电所将丧失全部的电源功率，并引起全部用户的暂时停电。但经过"倒闸操作"，将备用母线投入工作，很快恢复对全部用户的供电。它和分段的单母线相比，故障停电的范围反而扩大了，但供电连续性却大大提高(利用备用母线恢复供电)。在第二种正常运行方式时，双母线系统相当于作分段单母线运行，但它克服了回路无法转移（改变连接）的缺点。当任一组母线发生故障时，则仅丧失接在该组母线上的电源功率和仅对该组母线引出线的停电。同理，经过"倒闸操作"，将全部电源和引出线均接于另一组母线上，仍可继续正常工作。它和分段的单母线相比，故障停电范围相同，但供电连续性却大大提高，故比前者优越。

此外，由于双母线中有了备用母线，所以提高了主结线工作的灵活性，可以完成单母线分段结线所不能完成的工作。如需检修母线时，可轮流进

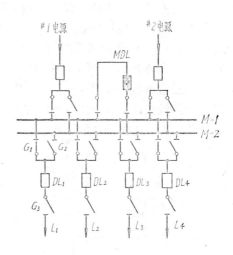

图 4-4 不分段的双母线结线

行：经"倒闸操作"，改变连接，转移功率，接于母线M-2工作，可检修母线M-1；接于母线M-1工作，可检修母线M-2。不引起对用户供电的中断。当工作母线发生故障时，如前所述仅使部分负荷造成短时的停电，不会因故障处理而造成用户长时间停电。在检修引出线上任何一组母线隔离开关时，仅使该引出线的用户停电，不影响其他引出线的用户正常供电。如图4-4中，当需要检修引出线L_1的隔离开关G_1时，首先使G_2所连接的母线M-2投入工作状态，将G_1所连接的母线M-1转入备用状态，此时就可对G_1进行检修。所以双母线结线具有一些单母线分段结线所没有的优点，特别是向无备用电源的用户供电时更为明显。双母线结线比较适用于电源和引出线数目较多的系统，并便于发展扩大。但是，也存在"倒闸操作"复杂、易产生误操作的问题。为了克服这一问题，可采用分段的双母线结线，此时两组分段母线同时工作，而另一组母线固定作备用母线，这样可简化"倒闸操作"程序，并不易引起误操作。当出线断路器发生机械故障需进行检修时，为不造成长时间停电，也可利用母联开关和采取临时措施，以代替出线断路器送电。

就双母线系统的结线原理而言，最完善的、可靠性最高的双母线系统，是每条引出线采用两台断路器分别接到两组母线的结线。但它只应用于电压为 220 千伏及以上的电力系统中的枢纽变电站，在大型工厂企业的总降压变电所中是不采用的。

第四节 桥 式 结 线

对于具有二回电源进线、二台降压变压器终端式的工厂总降压变电所，可采用桥式结线。它实质上是连结两个35～110千伏"线路——变压器组"的高压侧，其特点是有一条横连跨接的"桥"。桥式结线要比分段单母线结线简化，它减少了断路器的数量，四回电路只采用三台断路器。根据跨接桥横连位置的不同，又分为内桥结线（见图4-5）和外

桥结线（见图4-6）两种。

图4-5为内桥结线，跨接桥靠近变压器侧，桥开关QDL装在线路开关（DL_1和DL_2）之内，变压器回路仅装隔离开关，不装断路器。采用内桥结线可提高改变输电线路（L_1和L_2）运行方式的灵活性。例如当线路L_1检修时，断路器DL_1断开，此时变压器B_1可由线路L_2经过横连桥继续受电，而不致停电。同理，当检修线路开关DL_1或DL_2时，借助于横连桥的作用，两台变压器仍能始终维持正常运行。但当变压器回路（如B_1）发生故障或检修时，须断开DL_1、DL_3及QDL，经过"倒闸操作"，拉开5G，再闭合DL_1和QDL，方能恢复正常供电。根据这些特点，内桥结线适用于：（1）向一、二级负荷供电；（2）供电线路较长；（3）变电所没有穿越功率；（4）负荷曲线较平稳，主变压器不经常退出工作；（5）终端型的工业企业总降压站。

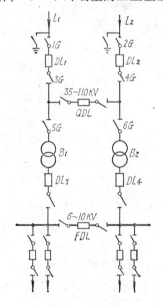

图 4-5　内桥结线

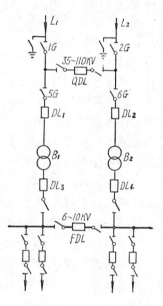

图 4-6　外桥结线

图4-6为外桥结线，跨接桥靠近线路侧，桥开关QDL装在变压器开关（DL_1和DL_2）之外，进线回路仅装隔离开关，不装断路器。故外桥结线对变压器回路的操作是方便的，而对电源进线回路是不便的。当电源线路L_2发生故障或检修时，须断开DL_2及QDL，经过"倒闸操作"，拉开2G，再闭合DL_2和QDL，方能恢复正常供电。分析以上特点，可知外桥结线适用于：（1）向一、二级负荷供电；（2）供电线路较短；（3）允许变电所有较稳定的穿越功率；（4）负荷曲线变化大，主变压器需要经常操作；（5）中间型的工业企业总降压站。采用外桥结线系统的总降压变电所，宜于构成环形电网，它可使环网内的电源不通过受电断路器，这对减少受电断路器（DL_1和DL_2）的事故及对变压器继电保护装置的整定，均属有利。

第五节　工业企业变电所常用的主结线

目前各工业企业变配电所常用的主结线，一般为高压侧无母线、高压侧单母线或分段单母线及桥式结线等几种型式。下面分别介绍工业企业总降压变电所、总配电所和变电所的主结线。

一、总降压变电所的主结线

1.桥式结线

属于一级及二级负荷的化工厂、合成氨厂、炼油厂等大型工业企业采用35～110千伏的线路供电时，一般多采用双回路电源进线和两台主变压器组成的内桥结线，如图4-5所示。进线可以是两个独立电源或者是单电源的双回路。它的特点是当一条电源线路有故障或检修时，通过桥开关，不影响两台变压器的运行。在供电要求可靠、负荷曲线较平稳、变压器不需经常切除和投入的情况下，宜采用内桥接线。内桥结线也有多种正常运行方式：（1）高压侧桥开关QDL闭合，低压侧分断开关FDL闭合。这时两回电源线路和两台主变压器均作并联运行，可靠性高，但短路电流大，继电保护装置复杂；（2）高压侧桥开关QDL断开，低压侧分段开关FDL闭合。可靠性较前者逊色，但短路电流得到限制，宜用于来自同一电源的双回路；（3）高压侧桥开关QDL断开，低压侧分断开关FDL亦断开。这适用于两个未经同期的独立电源。它的运行性能相当于两个互为备用的"线路——变压器"组。

少数用电量很大而变压器台数多于两台的工业企业（如大型钢铁厂）的总降压变电所，也有采用扩大内桥结线方式，如图4-7所示。

2.高压侧无母线的结线

属于二级及三级负荷的大型机械厂等可采用一回路电源进线和一台变压器的接线方式，如图4-8所示。若线路不长，变压器高压侧可不装设断路器，而由电源侧出线断路器承担任务。这种接线的优点是简单、设备少、基建快、投资费用低。但当线路或变压器发生故障或检修时，就需停电，故供电可靠性较差。

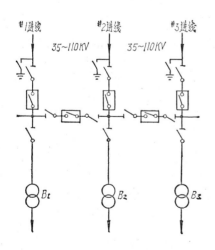

图 4-7　扩大内桥结线

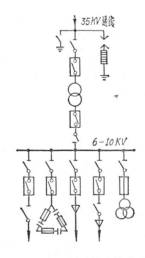

图 4-8　高压侧无母线的结线

二、总配电所的主结线

以同级电压集中受电，再分配电能的叫配电所。6～10千伏配电所一般采用单母线或单母线分段的接线方式。

1. 单母线结线

这种结线方式如图4-1所示，一般为一路电源进线，而引出线可以有任意数目，供给几个车间变电所或高压电动机等。这种结线的优点是简单、运行方便、投资费用低、发展便利。缺点是供电可靠性较差，当检修电源进线断路器或母线时，全所都要停电，因此只适用于对三级负荷供电。

2. 单母线分段结线

对于供电可靠性要求较高、用电容量较大的6～10千伏配电所，可采用二回电源进线、母线分段运行的方式，如图4-2所示，它只适用于大容量的二、三级负荷。如二回电源进线为两个独立电源时，两组母线分裂运行，可用于向一、二级负荷供电。

三、车间变电所的主结线

1. 高压侧无母线的结线（图4-9～图4-13）

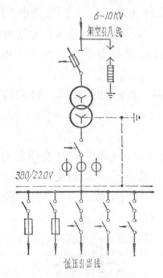

图 4-9　630千伏安及以下露天
变电所的结线

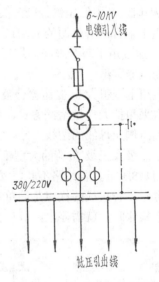

图 4-10　320千伏安及以下车间
变电所的结线

这种结线最简单、运行便利、投资费用低，当中小型工业企业的变电所只有一台变压器时最为适宜。但当高压侧电气设备发生故障时，将造成全部停电，因此只适用于小容量的三级负荷。当低压侧与其他变电所有联络线时也可用来向一、二级负荷供电。这种结线高压侧开关电器类型的选择，主要是决定于变压器的容量及变电所的结构型式，现分别叙述如下。

（1）变压器容量在630千伏安及以下的露天变电所：对于屋外变电所或柱上变电所，高压侧可选用户外高压跌开式熔断器（又称跌落保险丝），如图4-9所示。跌开式熔断器可以接通和断开630千伏安及以下的变压器的空载电流（变电所停电时，须先切除低压侧负荷）。在检修变压器时，拉开跌开式熔断器可起隔离开关的作用；在变压器发生故障时，又可作为保护元件自动断开变压器。根据《电力设计技术规范》供电篇的规定，对不经常操作且负荷不重要的容量为630千伏安及以下的户外变压器，允许采用跌开式熔断器作为保护元件。

66

（2）变压器容量在320千伏安及以下的内、外附车间变电所：对户内结构的变电所，当变压器容量在320千伏安及以下时，高压侧可选用隔离开关和户内式高压熔断器，如图4-10所示。隔离开关用在检修变压器时切断变压器与高压电源的联系，但隔离开关仅能切断320千伏安及以下的变压器的空载电流，故停电时要先切除变压器低压侧的负荷，然后才可拉开隔离开关。高压熔断器能在变压器故障时熔断而断开电源。

为了加强变压器低压侧的保护，变压器低压侧出口总开关应尽量采用自动空气断路器。

（3）变压器容量在560～1000千伏安时的车间变电所：变压器高压侧选用负荷开关和高压熔断器，如图4-11所示。负荷开关作为正常运行时操作变压器之用，熔断器作为短路时保护变压器之用。当熔断器不能满足继电保护配合条件时，高压侧要选用高压断路器，如图4-12所示。

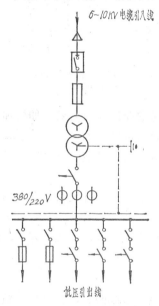

图 4-11　560～1000千伏安车间变电所的结线

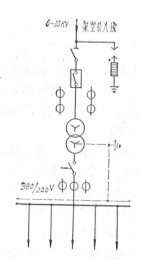

图 4-12　1000千伏安及以上工厂变电所的结线

（4）变压器容量在1000千伏安以上时的车间（或全厂性）变电所：变压器高压侧选用隔离开关和高压断路器，如图4-12所示。高压断路器作为正常运行时接通或断开变压器之用。并作为故障时切除变压器之用。隔离开关作为断路器、变压器检修时隔离电源之用，故要装设在断路器之前。

为了防止电气设备遭受大气过电压的袭击而损坏，上述几种结线中的6～10千伏电源当为架空线路引进时，在入口处需装设避雷器，并尽可能地采用不少于30米的电缆引入段。

对一、二级负荷或用电量较大的车间变电所（或全厂性的变电所），应采用两回路进线两台变压器的结线，如图4-13所示。

2.高压侧单母线的结线（图4-14）

对供电可靠性要求较高、季节性负荷或昼夜负荷变化较大、以及负荷比较集中的车间

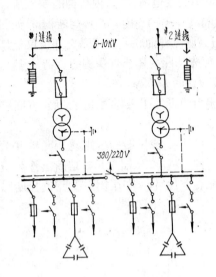

图 4-13 高压侧无母线结线图（两回路进线两台变压器）

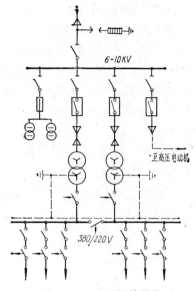

图 4-14 高压侧单母线结线图

（或中、小企业），其变电所设有二台以上变压器，并考虑今后发展需要（如增加高压电动机回路），则应采用高压侧单母线、低压侧单母线分段的接线方式。

在确定变配电所的主结线时，除了应满足对主结线所提出的基本要求之外，还要注意以下几个问题。

（1）备用电源：对需要双电源供电的一级负荷，变配电所的进线必须有备用电源；对二级负荷，应设法取得低压备用电源。

（2）功率因数补偿：应考虑在变配电所中集中装设高压或低压移相电容器，以保证高压母线上均权功率因数不低于0.9（对高供高量用户），或低压母线上均权功率因数不低于0.85（对高供低量用户）。

（3）电源进线方式：电源进线方式有架空进线和电缆进线两种，根据目前情况，有条件的都宜采用架空进线加电缆引入段。

（4）量电方式：高压供电用户原则上应采用高压量电（高供高量）。变压器容量在560千伏安及以下者可采用低压量电（高供低量）。容量在750～1000千伏安者，根据具体情况，经供电部门同意亦可采用低压量电，但以高压量电为多。

（5）设备选择原则：对变配电所主结线的设计，应在满足安全可靠供电的前提下，力求简化线路，选用最经济的设备。如在熔断器能满足继电保护配合条件时，1000千伏安及以下的变压器尽量采用负荷开关加熔断器作为断路设备。并贯彻"以铝代铜"的技术政策，尽量采用铝母线。

根据《电气装置国家标准图集》（1966年出版），现将有关露天变电所高压系统选择表（表4-2），内、外附车间变电所高压系统选择表（表4-3），6（10）/0.4千伏变电所高低压侧电器及母线选择表（表4-4）摘列于后，供设计时参考。

3.双电源的车间变电所的低压母线分段方式

根据车间负荷的大小和性质，车间的供电电源可由本车间变电所或邻近车间变电所供给，常用的电源方式有单电源和双电源两种。对双电源的车间变电所，其工作电源可引自本车间6～10/0.4～0.23千伏变电所低压母线，也可引自邻近车间变电所低压母线。备用电源则引自邻近车间380/220伏配电网。如要求带负荷切换或自动切换时，在工作电源和备用电源的进线上，均需装设自动空气开关。对于装有两台变压器的车间变电所，低压380/220伏母线的分段方式及分段开关设备，可根据车间负荷的重要性而有所不同，详见图4-15。

双电源的车间变电所，其电源皆引自6(10)千伏供电系统，低压母联开关不允许停电操作时采用自动开关；允许停电操作时采用刀开关或隔离开关	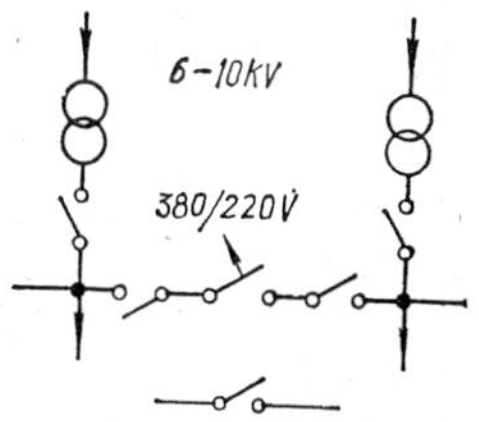
同上，低压设有备用电源自动合闸装置。如果容量小，可以采用接触器构成自动合闸装置	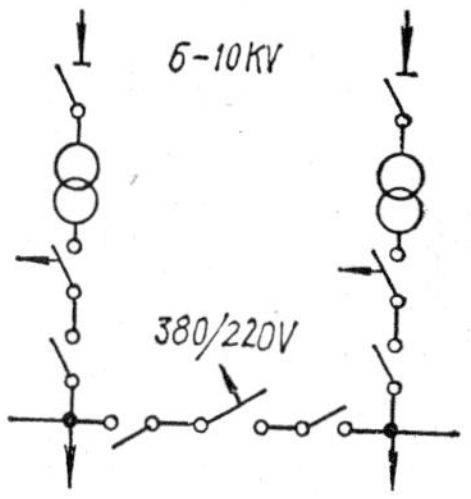
双电源的车间变电所，其电源皆引自6(10)千伏供电系统。母线分为三段，要求供电可靠性高的负荷一般引自中间段。二台工作一台备用的用电设备，可将三台用电设备分别接于各段母线	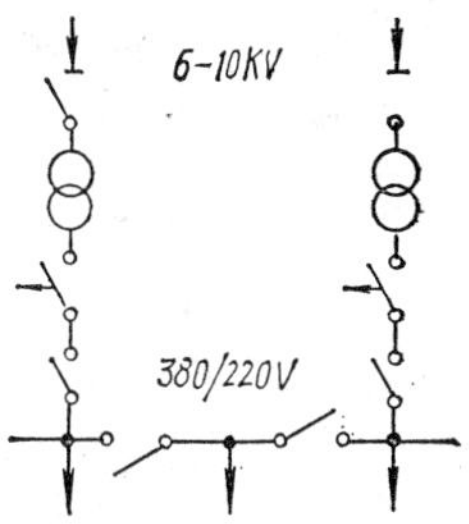

图 4-15　双电源的车间变电所的低压母线分段方式

四、变电所主结线施工图的绘制

施工设计阶段的6～10千伏变电所电气主结线图（或称变电所配电系统图）是按部署图形式来绘制的，它要与高压开关柜及低压配电屏的实际布置状况相对应，故有回路位置编号和排列次序问题。通常是将母线画在上端，回路画在下部，所有电气设备均表示处于不带电状态。

变电所配电系统图应说明的内容有：（1）供电电源电压，供电方式，进线回路数，线路结构、截面、长度、敷设方式；（2）高压侧系统采用的结线方式及运行方式；（3）低压侧系统采用的结线方式及运行方式；（4）低压负荷分配问题和引出线回路排列；（5）高压开关柜一次电路方案和二次接线方案；（6）低压配电屏和低压电容器屏的型号；（7）所用电系统；（8）备用电源：方式、容量、自动装置；（9）高低压母

露天变电所高压系统选择表

表 4-2

名　称	型　号	Ⅰ	Ⅱ	Ⅲ	Ⅳ	Ⅴ	Ⅵ	Ⅶ	Ⅷ	Ⅸ
进线方式		电缆进线			电缆进线外附		架空进线		架空进线外附	
变电站型别		Ⅰ型	Ⅱ型	Ⅲ型	Ⅳ型	Ⅴ型	Ⅵ型	Ⅶ型	Ⅷ型	Ⅸ型
接线系统		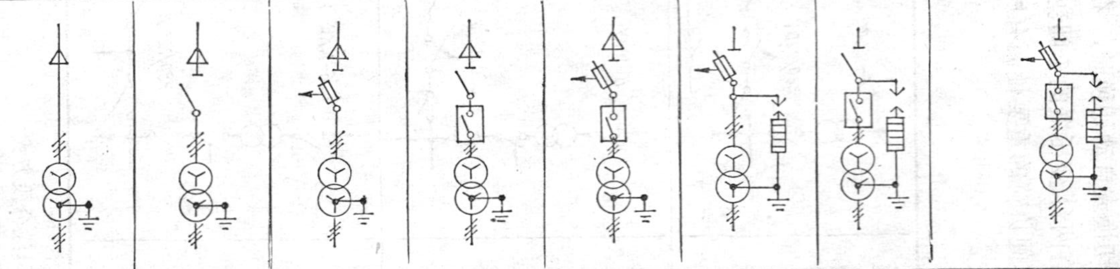								
容量范围（千伏安）		180~1000		180~560	560~1000		180~560	180~320		560~1000
配置特点		车间电气设备数量（主要）								
		车间内			线外附		设附	独立式	车间外附	
电力变压器	SJ-，SJ₁-，SJL-	1	1	1	1	1	1	1	1	1
跌开式熔断器	RW₄-10型			3		3	3	3		3
隔离开关	GW₁-6,10型200A GW₄-10				1		1		1	
操动机构	CS₈-1型CS₁₁-1型		1		1		1			
柱上油断路器	DW5-10G型 DW7-10		1		1			1		
油浸式负荷开关	FW₂-10G型200A FW₄-10					1				
阀型避雷器	FS₁₋₄-6(10)型						3			3

注：1. Ⅲ、Ⅵ型可扩大至750千伏安；
2. 车间外附系指变压器在室外，低压配电室附在车间内。

表 4-3

内、外附车间变电所高压系统选择表

进线方式		电缆进线					架空进线			
单线系统										
容量（千伏安）		320～1000	320	320	560～1000	560～1000	320	320	560～1000	560～1000
主要电气设备数量										
名称	型号									
变 压 器	SJ、SJL、SJL$_1$	1	1	1	1	1	1	1	1	1
隔离开关	GN$_2$或GN$_6$	1	1	1	1	1	1	1		
负荷开关	FN$_2$-10或FN$_3$-10				1				1	
负荷开关	FN$_2$-10R或FN$_3$-10R					1				1
高压熔断器	RN$_1$		3	3			3	3		
隔离开关操动机构	CS$_{6-1}$			1				1		
负荷开关操动机构	CS$_4$-T 或CS$_3$-T、CS$_4$-T				1	1			1	1
避 雷 器	FS$_{1\sim4}$-6(10)	3	3	3	3	3	3	3	3	3

注：FN$_3$型负荷开关可带热脱扣器。

6（10）/0.4 千伏变电所高低压侧电器及母线选择表

表 4-4

编号	名称	电压（千伏）	变压器额定容量（千伏安）														
			100	125	160	180	200	250	315	320	400	500	560	630	750	800	1000
	高压侧的额定电流（安）	6	9.6	12	15.4	17.3	19.2	24	30.2	31	38.4	48	54	60.5	72	76.8	96
		10	5.8	7.2	9.3	10.4	11.6	14.4	18.2	18.5	23	29	32.4	36.5	43.4	46.2	58
1	架空引入线（毫米²）	6	LJ型不小于16														
		10	LJ型不小于16														
2	电缆引入线（毫米²）	6						3×10						3×16		3×25	3×35
		10							3×16								3×25
3	隔离开关或负荷开关	6				GN_6-6/200, CS_6-1								FN_2-10,CS_4；FN_3-10, CS_3			
		10				GN_6-10/200, CS_6-1								FN_2-10,CS_4；FN_3-10, CS_3			
4	RN_1型熔断器熔管电流/熔丝电流（安）	6	20/20				20/20		75/30		75/40	75/50		75/75	100/100	100/100	200/150
		10	20/15				20/20		50/30		50/50		50/50		100/75	100/100	200/150
5	RW_4型跌开式熔断器，熔管电流/熔丝电流（安）	6	50/20			50/20			50/30					100/100	100/75	200/150	100/100
		10	50/15			50/20		50/20	50/40			50/40	50/50		100/75		100/100
6	高压母线	6						AO-3(25×3)								AO-3(40×4)	
		10							AO-3(25×3)								
7	低压侧的额定电流（安）	0.4	152	190	243	274	304	380	480	486	610	760	850	960	1140	1220	1520
	DW_{10}型万能式自动开关额定电流（安）	0.4		—				400	600				1000			1500	
		0.4			AO-1(30×4)				AO-3(25×3)		AO-1(40×4)						
8	隔离开关及操动机构	0.4			GN_6-10/400 CS_6-1				GN_6-10/600 CS_6-1			GN_6-10/1000 CS_6-2			CS_6-2	GN_2-10/2000	
9	电流互感器（安）	0.4	200/5	300/5		400/5		500/5	600/5		800/5	1000/5			1500/5		2000/5
10	低压母线	0.4	LMY-3(30×4)					LMY-3(50×5)			LMY-3(60×6)+1(30×4)		LMY-3(80×6)+1(30×4)		LMY-3(80×8)+1(30×4)		LMY-3(100×10)+1(40×5)

注：1.本表应与表4-2，表4-3配合使用；2.母线线材料：AO—扁钢母线，LMY—铝母线；3.DW_{10}型自动开关的瞬时过电流及延时过电流脱扣器整定值可按《工厂常用电气设备手册》（中册）选择。

线上及 高低压各 回电路中仪 表配置情况；（10）供电局对本所 电能计费方式的 要求；（11）电力变电器和所有高低压配电设备的型号和规格；（12）高低压母线、导线、电缆的型号和截面等。在表示高压开关柜和低压配电屏的下端，采用设备表的形式来表明柜内设备规格和柜（屏）的编号、型号，并注明回路名称、设备容量、计算电流，及选用的导线或电缆的规格。现举例示于图4-16及图4-17。

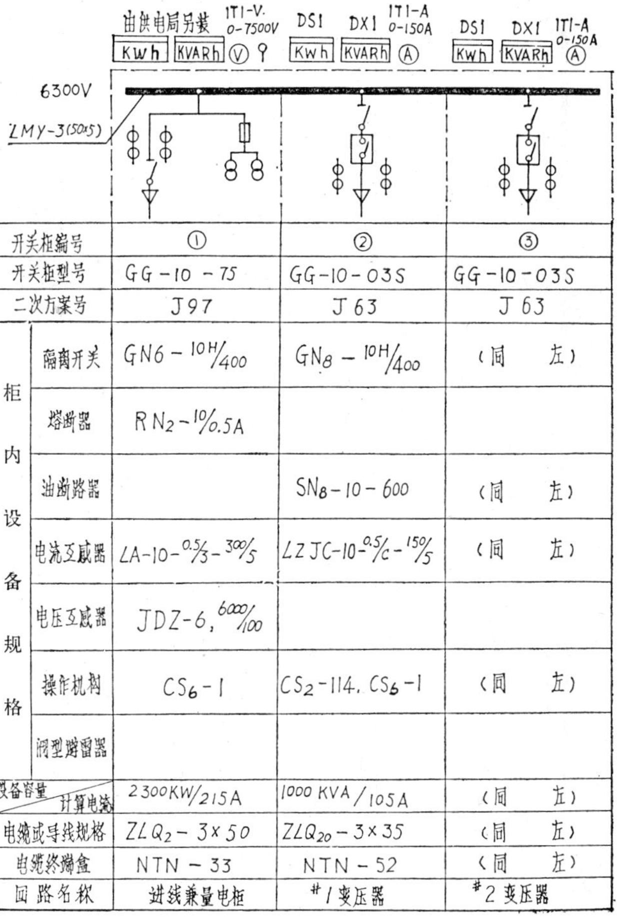

开关柜编号		①	②	③
开关柜型号		GG-10-75	GG-10-03S	GG-10-03S
二次方案号		J97	J63	J63
柜内设备规格	隔离开关	GN6-10H/400	GN8-10H/400	（同 左）
	熔断器	RN2-10/0.5A		
	油断路器		SN8-10-600	（同 左）
	电流互感器	LA-10-0.5/3-300/5	LZJC-10-0.5/C-150/5	（同 左）
	电压互感器	JDZ-6, 6000/100		
	操作机构	CS6-1	CS2-114. CS6-1	（同 左）
	阀型避雷器			
设备容量 计算电流		2300KW/215A	1000KVA/105A	（同 左）
电缆或导线规格		ZLQ2-3×50	ZLQ20-3×35	（同 左）
电缆终端盒		NTN-33	NTN-52	（同 左）
回路名称		进线兼量电柜	#1变压器	#2变压器

图 4-16 高压开关柜设备表

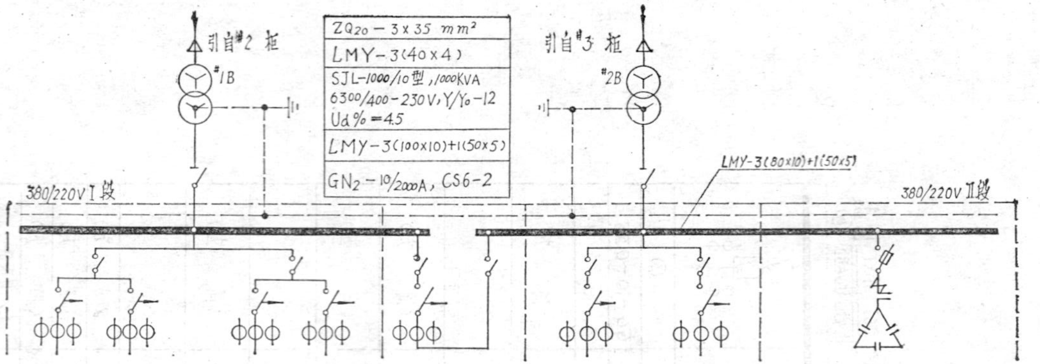

图上部为单线系统图，文字标注如下：

- 380/220V Ⅰ段
- 380/220V Ⅱ段
- 引自#2屉　#1B
- 引自#3屉　#2B
- LMY-3(80×10)+1(50×5)

说明框：
```
ZQ20-3×3.5 mm²
LMY-3(40×4)
SJL-1000/o型  1000kVA
6300/400-230V·Y/o-12
Uₐ%=4.5
LMY-3(100×10)+1(50×5)
GN2-10/220A, CS6-2
```

低压屏编号	1				2	3		4
低压屏型号	BSL-10-12(B)				BSL-10-02(A)	BSL-10-04(A)		JB-3-02
刀(熔)开关 / 自动空气开关	HDB-1000/31 DZ10-600/334 $I_{eD}=350$	HDB-600/31 DZ10-600/330 $I_{eD}=400$	DZ10-250/330 $I_{eD}=225$	DZ10-250/337 $I_{eD}=170$	HDB-1500/31 DW10-1500/3 $I_{eD}=1500$	HDB-600/31 DW10-600/3 $I_{eD}=500$	HDB-600/31 DW10-400/3 $I_{eD}=300$	HR3-600/34
交流接触器								CJ12-600/3,380V
电流互感器	LQG2-0.5 400/5	LQG2-0.5 630/5	LQG2-0.5 300/5	LQG2-0.5 300/5	LM-0.5 1500/5	LQG-0.5 600/5	LQG-0.5 400/5	LQG-0.5 400/5
电压表					|T|-V, 0~450V			|T|-V, 0~450V
电流表	|T|-A,CT 0-400A	|T|-A,CT 0-600A	|T|-A,CT 0-300A	|T|-A,CT 0-300A	|T|-A,CT 0-1500A	|T|-A,CT 0-600A	|T|-A,CT 0-400A	|T|-A,CT 0-400A
电压换相开关					LW₂-5, 5/F₄-X			LW₂-5, 5/F₄-X
有无功电度表	DT₂-5A,CT 380/220V	(同左)	(同左)	(同左)	DT₂-5A,CT 380/220V	DT₂-5A,CT 380/220V	(同左)	DX₂-5A,CT,380V
电力电容器								YY-0.4-12-3
设备容量/计算电流 / 电缆或导线规格	197/290 碱站 BBLX-3×150 +1×50	250/350 三车间 BBLX-3×185 +1×70	140/200 三车间 BLV-3×95 +1×35	备用	母线联络	330/410 冷冻 BBLX-3×240 +1×95	175/250 机修 BLV-3×120 +1×50	100Kvar/188A
回路名称 / 回路编号	碱站 N₁	三车间 N₂	三车间 N₃	备用 N₄	母线联络 N₅	冷冻 N₆	机修 N₇	Ⅱ段电容器 N₈

图 4-17 低压配电屏设备表

74

第五章　短路电流的计算

在工厂供电系统的设计和运行中，不仅要考虑正常运行的情况，而且要考虑发生故障的情况，最严重的是发生短路故障。所谓短路故障是指电网中不同相的导线直接金属性的连接或经过小阻抗连接在一起。在一般情况下，最严重的短路故障是三相短路。此外，尚有两相短路和单相短路等故障种类。其中单相短路的形成是与电源（电力系统）的中性点接地方式有密切的关系。

与现代大容量电力系统相联的工业企业供配电系统中，如发生短路故障，能使短路电流达到几万安尽至几十万安的数值。巨大的短路电流将对供配电系统中的电气装置和人身安全带来极大的危害和威胁。为了预防这种情况，电路中电源、电网、负载这三个组成部分中的所有与载流部分有关的设备、装置、元件，都必须经受得起可能最大的短路电流所产生的热效应和电动力效应的作用而不致损坏，以及必须装设相应的保护装置来迅速消除短路故障。为此而需要对供电系统中可能产生的短路电流数值预先加以计算。

在短路电流计算中通常将高压电网区分为"由无限容量系统供电的短路计算"及"由有限容量系统供电的短路计算"两类。前者适用于电源功率相对地显得很大，或短路点距电源的电气距离很远的电网，这时系统母线的电压能保持不变的；后者适用于电源功率相对地并不很大，或短路点距电源的电气距离很近的电网，这时发电机母线电压就不能认为是恒定不变的。所谓"无限容量系统"是相对的概念，即相对于用户供电电网来讲，电力系统的电源容量 S_{xt} "很大"，而系统电源的每相电抗 X_{xt} 和电阻 r_{xt} "为零"。实际上，电力系统的容量和阻抗总是具有一定数值，但是由于供电电网的阻抗比起电力系统的阻抗大得多，所以在实际计算中，如果电力系统的阻抗 (Z_{xt}) 不超过短路时总阻抗值 $(Z_\Sigma = Z_{xt} + Z)$ 的 5～10% 时，就可忽略不计，或认其为零，而按"无限容量系统"考虑。一般短路发生在工业企业内部均属于此种情况。而确切的定义是指当负载变化时，系统母线电压维持不变，即 U_{xt} = 常数；当系统短路时，系统母线电压值也变化很少。这种系统则称为无限大容量系统，用 $S_{xt} = \infty$ 表示。

关于短路电流计算的方法，对"无限容量系统"，工程上应用标幺电抗法及短路功率法进行计算，前者是我国目前沿用的，后者是新近应用的。对"有限容量系统"，工程上向来应用运算曲线法，它广泛用来计算系统电网中的短路电流。近来欧美各国流行采用有名单位制计算法，用于计算装有自备发电机的用户电网中的短路电流。本章限于工厂供电的具体研究范围，而着重讨论标幺电抗法和短路功率法，以及 1 千伏以下低压电网的短路电流计算。

第一节　短路的发生原因、种类和危害

一、短路的发生原因和后果

供电系统发生短路的原因，大致是由于电气设备的绝缘因陈旧老化而损坏，或电气设

备受机械损伤而使绝缘损坏，或因过电压而使电气设备的绝缘击穿等所造成；也由于未遵守安全操作规程的误操作，如带负荷拉闸、检修后未拆除接地线而送电等造成短路；以及鸟兽跨接裸露的导电部分而发生短路。

供电系统发生短路后将产生以下破坏性的后果：

（1）短路电流的热效应：短路电流通常要超过正常工作电流的十几倍至几十倍，这将使电气设备过热，绝缘受到损伤，甚至可能把电气设备烧毁。

（2）短路电流的电动力效应：巨大的短路电流将在电气设备中产生很大的电动力，可引起电气设备的机械变形、扭曲、甚至损坏。

（3）短路电流的磁效应：当交流电流通过线路时，在线路周围的空间就建立起交变电磁场，而交变电磁场将在邻近的导体回路中产生感应电势。当系统正常运行时，三相电流是对称的，其在线路周围空间各点所造成的磁场均彼此抵消，故在邻近导体回路中不会产生感应电势；当系统发生不对称短路时，不对称短路电流产生不平衡的交变磁场，对送电线路附近的通讯线路、铁路信号集中闭塞系统、可控硅触发系统及其他自动控制系统就可能产生干扰。

（4）短路电流产生的电压降：很大的短路电流通过线路时，在线路上产生很大的电压降，使用户处的电压突然下降，影响电动机的正常工作（转速降低，甚至停止运转），影响照明负荷的正常工作（白炽灯骤暗，气体放电灯熄灭等）。

由于在短路时会产生上述严重的后果，故在供电系统的设计和运行中，首先应设法消除可能引起短路的一切原因，此外，为了减轻短路的严重后果和防止故障的扩大，就需要计算短路电流，以便正确地选择和校验各种电气设备，进行继电保护装置的整定计算以及选用限制短路电流的电器（电抗器）。

二、短路的种类

短路的种类主要有三种：

（1）三相短路：是指供电系统中三相导线间发生对称性的短路，用 $d^{(3)}$ 表示。

（2）两相短路：是指三相供电系统中任意两相间发生的短路，用 $d^{(2)}$ 表示。

（3）单相短路：是指供电系统中任一相经大地与电源中性点发生短路，用 $d^{(1)}$ 表示。

各种短路故障如表5-1所示。

三相短路是对称短路，其他短路均为非对称短路。发生单相接地时是否会形成单相短路，显然是与电力系统中性点的接地方式有密切的关系。下面对电力系统的中性点的接地方式作扼要的介绍。

三、电力系统中性点的运行方式

在工业企业的供电系统中，对称的三相电源是通过三相电力变压器获得。当电力变压器的三相绕组联结成星形时，就具有中性点，即是三相电力系统的中性点，确切地说是该级供电电网系统的中性点。中性点的运行方式，世界各国不尽相同，较多采用的有以下三种方式：

（1）中性点不接地的系统（或称中性点绝缘）。

（2）中性点经消弧线圈接地的系统（或称中性点补偿）。

（3）中性点直接接地的系统（或称中性点固定）。

短 路 故 障 种 类		符 号	图 例
相间短路	三 相 短 路	$d^{(3)}$	
	两 相 短 路	$d^{(2)}_{(B.C)}$	
接地短路	中性点接地系统		
	两 相 接 地 短 路	$d^{(1.1)}_{(B.C)}$	
	单 相 短 路	$d^{(1)}_{(C)}$	
	中性点不接地系统		
	两 相 短 路 接 地	$d^{(1.1)}_{(B.C)}$	
	两 相 接 地 短 路	$d^{(1.1)}_{(A.C)}$	

此外，电力系统中变压器和发电机的中性点尚有经过小阻抗、高电阻、电压互感器或阀型避雷器与接地装置相连的，但较少采用。在我国，电力系统中性点的运行方式（接地方式）按电网电压的不同而分为以下几种情况：

（1）380/220伏三相四线制电网，它的中性点是直接接地的。

（2）6～10千伏三相三线制电网，它的中性点一般均采用不接地的方式。当系统的单相接地故障电流超过30安时，应采用消弧线圈接地。

（3）35～60千伏三相三线制电网，它的中性点通常均采用消弧线圈接地，以提高供电可靠性。若系统的单相接地故障电流在10安以下，可不装消弧线圈。

（4）110～154千伏三相三线制电网，一般采用中性点直接接地方式。在雷电活动较强的山岳丘陵地区，杆型简单的电网，如采用直接接地方式不能满足安全供电的要求和对电网影响不大时，也可采用中性点经消弧线圈接地的方式。

（5）220～330千伏三相三线制电网，应采用中性点直接接地方式，并配合采用分相自动重合闸装置，以提高供电可靠性。

上述不同电压等级电网中性点接地方式的选择，应当结合具体条件，综合考虑各方面的要求。如对供电连续性，系统的稳定性，过电压与绝缘水平，继电保护装置，以及对通讯和信号系统的干扰，保证人身和设备的安全等方面，都能获得技术上和经济上的合理兼顾。

顺便指出：上述中性点直接接地的 380/220 伏的三相四线制配电系统，可以对动力和照明混合供电，在不增加变电设备情况下，能直接获得两种使用电压；当三相负载严重不对称时亦不会产生负载中性点漂移，能保证负载端各相电压大小相等，可以防止导线对地电压的严重不对称。并可限制对地电压不超过 250 伏，但此电压并非安全电压。这种系统正常运行时，如果人身接触任一相导线就要发生触电危险，所以要采用保安措施（详见接地、接零有关章节）。

第二节 由无限容量系统供电时三相短路电流的变化规律

一般工厂电源都是由电力系统供电的，图5-1表示简单的供电系统单线图，图5-2表示相应的三相等值电路图。本节就是讨论如图 5-1 由"无限容量系统"供电情况下，发生三相短路时的电流变化规律。

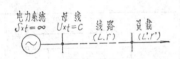

图 5-1　供电系统单线图

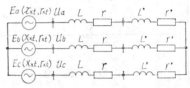

图 5-2　三相等值电路图

图5-1和图5-2中各物理量的含义如下：

E_a、E_b、E_c——分别为三相电源的各相电势；

u_a、u_b、u_c——分别为三相电源母线的各相电压；且有：

$$u_a = U_m \sin(\omega t + \alpha)$$
$$u_b = U_m \sin(\omega t + \alpha - 120°)$$
$$u_c = U_m \sin(\omega t + \alpha - 240°)$$

X_{xt}、r_{xt}——电力系统电源每相的电抗、电阻；

　　L、r——线路每相的电感、电阻；

　　L'、r'——负载每相的电感、电阻。

一、三相短路电流 i_d 的变化规律

对图5-2所示的电路，因电源母线电压是三相对称的，负载亦是三相对称的，且 $X_{xt} = 0$，$r_{xt} = 0$；所以可以用一相的母线电压代替电势来进行分析，作单相等值电路图如图5-3所示。

设电源的相电压为 $u = U_m \sin(\omega t + \alpha)$，$\alpha$ 为相电压的初相角；线路的阻抗(一相)为 $Z = r + j\omega L$；负载的阻抗(一相)为 $Z' = r' + j\omega L'$；总阻抗 $Z_\Sigma = \sqrt{(r+r')^2 + (\omega L + \omega L')^2}$；根据电工基础可知：当电源电压 u 以正弦规律 $u = U_m \sin(\omega t + \alpha)$ 变化时，正常工作电流 i 亦以正弦规律 $i = I_m \sin(\omega t + \alpha - \varphi)$ 变化，但比电压滞后一个相位角 φ。现设负载端发生三相短路，因三相短路是一个对称短路，三相短路回路中每相的阻抗相等，三相短路电流与三相电压仍保持对称，因此，我们仍然可以用一相来进行分析，见单相等值电路图

78

（图5-3）。

当电路发生三相短路时，将由正常工作状态经过过渡过程，再进入短路的稳定状态，现在讨论过渡过程中电流的变化规律。短路发生后，电流要短时间内增大，但由于电路内存在电感，通过电感的电流不能突变，在感性电路中就产生感应电动势。因此，当回路中的电流从正常工作电流增大到短路电流的周期分量幅 值 I_{zqm} 的同时，电路内必然存在着另一个由感应电势所产生的非周期分量电流 i_f，i_f 的大小及相位应使短路瞬间的电流保持不变。这个过渡过程就是电工基础中 R、L 电路接到恒定的正弦交变电源上的过渡过程。对图5-3所示的电路，每相短路电流 i_d 应满足以下微分方程式：

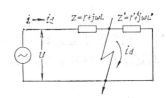

图 5-3 三相短路时的单相
等值电路图

$$u = r i_d + L \frac{d i_d}{d t} \tag{5-1}$$

式中的电压 u 是系统电源的相电压，取一相（A 相）分析，上式可以写成：

$$\frac{d i_d}{d t} + \frac{r}{L} i_d = \frac{U_m}{L} \sin(\omega t + \alpha) \tag{5-2}$$

这是一个具有标准形式 $\frac{dy}{dt} + P(t) \cdot y = Q(t)$ 的非齐次一阶线性微分方程。解此微分方程式，就可得短路电流 i_d 的数学表示式：

$$i_d = \frac{U_m}{Z} \sin(\omega t + \alpha - \varphi_d) + C e^{-\frac{r}{L} t}$$

$$= I_{zqm} \sin(\omega t + \alpha - \varphi_d) + C e^{-\frac{r}{L} t}$$

$$= i_{zq} + i_f \tag{5-3}$$

式中　i_{zq}——三相短路电流周期分量，$i_{zq} = I_{zqm} \sin(\omega t + \alpha - \varphi_d)$；

I_{zqm}——三相短路电流周期分量的幅值，$I_{zqm} = \frac{U_m}{Z}$；

i_f——三相短路电流非周期分量，$i_f = C e^{-\frac{r}{L} t}$；

α——电源电压的初相角；

φ_d——三相短路周期分量电流与电压间的相位角，一般情况下，高压电网的电抗远

远大于电阻（$X = \omega L \gg r$）。所以可以近似认为：　$\varphi_d = \mathrm{tg}^{-1} \frac{\omega L}{r} \approx 90°$；

Z——电路中每相的阻抗，$Z = \sqrt{r^2 + (\omega L)^2}$；

C——积分常数，由初始条件决定。

上式说明三相短路电流（i_d）可看成由两个分量组成：一个是按正弦规律变化的周期分量电流（i_{zq}），另一个是按指数规律衰减的非周期分量电流（i_f）。相应地又把短路电流（i_d）称为短路全电流。

现来确定积分常数 C。

已知短路前回路中有正常工作电流 i，设 $t = 0$ 时，回路突然发生三相短路，可将短路前瞬间正常工作电流的瞬时值用 $i_{|0|}$ 表示，由 $i = I_m \sin(\omega t + \alpha - \varphi)$ 可得：

$$i_{|0|} = I_m \sin(\omega t + \alpha - \varphi \mid_{t=0} = I_m \sin(\alpha - \varphi) \tag{5-4}$$

又因短路发生瞬间的短路电流的瞬时值i_{d0}可由式（5-3）令$t=0$求得：

$$i_{d0}=I_{zqm}\sin(\omega t+\alpha-\varphi_d)+Ce^{-\frac{r}{L}t}\Big|_{t=0}$$

$$=I_{zqm}\sin(\alpha-\varphi_d)+C \tag{5-5}$$

根据通过电感的电流不能突变的原理，即短路前瞬间的正常工作电流的瞬时值(i_{i0_1})应与短路发生瞬间的短路电流的瞬时值(i_{d0})相等，则有：

$$i_{i0_1}=id_0$$

或 $$I_m\sin(\alpha-\varphi)=I_{zqm}\sin(\alpha-\varphi_d)+C$$

$$\therefore \quad C=I_m\sin(\alpha-\varphi)-I_{zqm}\sin(\alpha-\varphi_d) \tag{5-6}$$

将C值代入式（5-3）中，可得：

$$i_d=I_{zqm}\sin(\omega t+\alpha-\varphi_d)+[I_m\sin(\alpha-\varphi)-I_{zqm}\sin(\alpha-\varphi_d)]e^{-\frac{r}{L}t} \tag{5-7}$$

式中第一项三相短路电流的周期分量(i_{zq})，它是由系统电源电压和短路回路阻抗所确定的一个按正弦规律作周期变化的电流。在无限大容量系统情况下，在整个短路过程中其幅值（或有效值）是不变的，故又称为稳态分量；因它是由电源电压所产生并须按它的规律变化，故又称为强迫分量。第二项三相短路电流的非周期分量(i_f)，它是由短路过渡过程中感应电势和短路回路阻抗所确定的一个按指数规律衰减变化的电流，因它只是在短路过渡过程中出现，并由电路中储藏的磁场能量转换而来的，故又称为过渡分量或自由分量。它的衰减速度由短路回路中的$\frac{r}{L}$的比值来确定。由于$\frac{L}{r}$具有时间的因次，称为非周期分量的衰减时间常数，用$T_f=\frac{L}{r}$表示，所以式（5-7）又可写成：

$$i_d=i_{zq}+i_f=I_{zqm}\sin(\omega t+\alpha-\varphi_d)$$

$$+[I_m\sin(\alpha-\varphi)-I_{zqm}\sin(\alpha-\varphi_d)]e^{-\frac{t}{T_f}} \tag{5-8}$$

我们知道微分方程$\frac{dy}{dt}+P(t)y=Q(t)$的定解$y=y_0+y_1$，y_0是非齐次方程的任意一个特解，相当于稳态分量i_{zq}，y_1是对应的齐次方程的通解，相当于过渡分量i_f。

图5-4表示短路电流的波形。

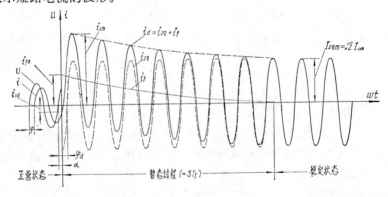

图 5-4　由无限容量系统供电的电路内发生短路时，短路电流的波形

二、最严重三相短路时的短路电流

（一）最严重三相短路全电流i_d的变化规律

对于高压电网来说，由于 $\omega L \gg r$，在短路计算中可以近似认为，$\varphi_d = \mathrm{tg}^{-1}\dfrac{\omega L}{r} = 90°$。将它代入式（5-8），可得

$$i_d = I_{zqm}\sin(\omega t + \alpha - 90°)$$
$$+ [I_m \sin(\alpha - \varphi) - I_{zqm}\sin(\alpha - 90°)]e^{-\frac{t}{T_f}}$$
$$= -I_{zqm}\cos(\omega t + \alpha)$$
$$+ [I_m \sin(\alpha - \varphi) + I_{zqm}\cos\alpha]e^{-\frac{t}{T_f}} \qquad （5\text{-}9）$$

分析上式可知，当 i_d 在下述情况下发生短路情况最为严重：

1）短路前的电路是空载的；即 $t = 0$ 时，
$$i = I_m \sin(\alpha - \varphi) = 0$$

2）短路发生于电压瞬时值经过零值时；即 $t = 0$ 时，$\alpha = 0$。将这两个条件代入式（5-9），则有：

$$i = -I_{zqm}\cos\omega t + I_{zqm}e^{-\frac{t}{T_f}} \qquad （5\text{-}10）$$

当 $t = 0$ 发生短路时，非周期分量的初始值 i_{f0} 的数值等于周期分量 i_{zq} 的幅值（I_{zqm}），而相位彼此相差 $180°$。图5-5表示最严重情况时短路全电流 i_d 的波形曲线图。

式（5-8）是短路全电流 i_d 的基本数学表达式，而式（5-10）是 i_d 的常用公式。

（二）.三相短路冲击电流 i_{ch}

在最严重短路情况下，三相短路电流的最大瞬时值称为冲击电流。即三相短路电流第一周期全电流的峰值。如图5-5中的 i_{ch}，这一电流在短路后第一个半周时出现。

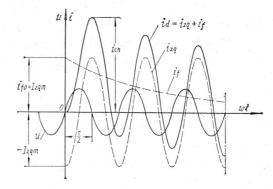

图 5-5 最严重情况时短路全电流的波形曲线图

当电源频率 $f = 50$ 赫时，则在 $t = \dfrac{T}{2} = \dfrac{1}{2f} = 0.01$ 秒时出现冲击电流 i_{ch}。将 $t = 0.01$ 秒代入最严重情况下短路全电流 i_d 的公式中，则有

$$i_{ch} = I_{zqm} + I_{zqm}\cdot e^{-\frac{0.01}{T_f}} = I_{zqm}(1 + e^{-\frac{0.01}{T_f}}) = \sqrt{2}\cdot K_c \cdot I_{zq} \qquad （5\text{-}11）$$

式中 K_c——短路电流的冲击系数，$K_c = 1 + e^{-\frac{0.01}{T_f}}$；

  I_{zq}——三相短路电流周期分量的有效值；

  I_{zqm}——三相短路电流周期分量的幅值。

冲击系数 K_c 的数值随 T_f 而变；当回路内仅有电抗时，则 $T_f = \dfrac{L}{r} = \infty$，故 $K_c = 2$，这就是说，短路电流的非周期分量不衰减；当回路内仅有电阻时，则 $T_f = 0$，故 $K_c = 1$，此时根本没有非周期分量；这是两个极端情况。由此可见，K_c 的变化范围是介于二者之间，即 $1 \leqslant K_c \leqslant 2$。在实际工程中，高压电网的电阻较小，$\dfrac{X}{R} \geqslant 16$，$T_f$ 的平均值为 $0.05''$，则 $K_c =$

1.8；低压电网的电阻较大，$\dfrac{X}{R} \geqslant 2.5$，$T_f$ 的平均值为 0.008″，一般取 $K_c = 1.3$（参见图 5-14 的 K_c 曲线）。

若取 $K_c = 1.8$，则有 $\qquad i_{ch} = \sqrt{2} \cdot K_c \cdot I_{zq} = 2.55 I_{zq}$ （5-12）

若取 $K_c = 1.3$，则有 $\qquad i_{ch} = \sqrt{2} \cdot K_c \cdot I_{zq} = 1.84 I_{zq}$ （5-13）

（三）三相短路电流最大有效值 I_{ch}

由于短路电流具有非周期分量，所以在过渡过程内短路全电流（i_d）不是正弦波，短路过程中任何时候短路全电流的有效值 I_t，是指以该时为中心的一周期内短路全电流瞬时值的方均根值，即

$$I_t = \sqrt{\frac{1}{T} \int_{t-\frac{T}{2}}^{t+\frac{T}{2}} i_d^2 \, dt} \qquad (5\text{-}14)$$

式中 $\quad i_d$——短路全电流的瞬时值；

$\qquad T$——短路全电流的周期。

短路全电流的一般算式很复杂。为了使 I_t 的计算简化起见，假设它的两个分量在计算所取的一周期内是恒定不变的。就是周期分量的振幅假定为常数，非周期分量的数值假定在该周期内恒定不变并等于在该周期中点的瞬时值。

在上述假定下，在一个周期 T 内周期分量的有效值按通常正弦曲线计算，即

$$I_{zqt} = \frac{I_{zqm}}{\sqrt{2}} \qquad (5\text{-}15)$$

而一个周期 T 内非周期分量的有效值，等于它在该周期中点的瞬时值，即

$$I_{ft} = i_{ft} \qquad (5\text{-}16)$$

作如上假设后，将式（5-15）和式（5-16）代入式（5-14），经过积分和代数运算，可得以下简单式子：

$$I_t = \sqrt{I_{zqt}^2 + I_{ft}^2} = \sqrt{I_{zqt}^2 + i_{ft}^2} \qquad (5\text{-}17)$$

由式（5-17）算出的近似值，在实用上已够准确。从图 5-5 可见，短路全电流的最大有效值 I_{ch} 出现在第一个周期中，又称为冲击电流的有效值。可以近似的用下式表示：

$$I_{ch} = \sqrt{I_{zq}^2 + i_{f\,t=0.01}^2{''}} \qquad (5\text{-}18)$$

式中 $\quad I_{zq}$——三相短路电流周期分量的有效值；

$\qquad i_{f\,t=0.01}{''}$——三相短路电流非周期分量在 $t = 0.01″$ 时的瞬时值。

因冲击电流 i_{ch} 发生在短路后 $t = 0.01″$ 时，由图5-5可知：

$$i_{ch} = I_{zqm} + i_{f\,t=0.01}{''} = \sqrt{2}\, I_{zq} + i_{f\,t=0.01}{''} = \sqrt{2} \cdot I_{zq} \cdot K_c$$

$$\therefore \quad i_{f\,t=0.01}{''} = \sqrt{2} \cdot K_c \cdot I_{zq} - \sqrt{2}\, I_{zq} = \sqrt{2}(K_c - 1) \cdot I_{zq}$$

将上式代入式（5-18）可得三相短路电流最大有效值 I_{ch}：

$$I_{ch} = \sqrt{I_{zq}^2 + i_{f\,t=0.01}^2{''}} = \sqrt{I_{zq}^2 + [\sqrt{2}(K_c - 1)I_{zq}]^2}$$

$$= I_{zq}\sqrt{1 + 2(K_c - 1)^2} \qquad (5\text{-}19)$$

当取 $K_c=1.8$ 时（在高压电网中），

$$I_{ch}=1.52I_{zq} \tag{5-20}$$

当取 $K_c=1.3$ 时（在低压电网中），

$$I_{ch}=1.09I_{zq} \tag{5-21}$$

我们在本节中分析短路过程的电流时，是假设系统为无限大容量的系统，即系统母线电压在短路过程中能维持恒定，所以在短路过程中短路电流的周期分量是一个幅值恒定，频率不变的正弦波。若系统母线电压不是维持恒定的数值，则短路电流的周期分量幅值将是随时间变化的，这种情况出现在由有限容量系统供电的电路内发生短路的时候，或者在短路点距离电源发电机很近的地方发生短路。由于短路电流的周期分量滞后于电源发电机电势 E_d 的相位差接近于 $90°$，表现出定子反应有强烈的祛磁作用。但是因为转子的激磁绕组、阻尼绕组以及转子钢体均具有电感，依楞次定律而感应出自由磁化电流，并产生附加磁通，共同补偿定子反应的祛磁作用。然而自由磁化电流将在几秒钟内就很快衰减，同时转子回路也存在着漏磁，所以实际上在短路开始时定子反应磁通是没有完全得到补偿的，故定子内的感应电势也稍许减少些。接着，电源发电机定子内的感应电势在短路暂态过程之中，均在发生变动。根据自动电压调整器和复式动磁装置的特性和动作情况，感应电势亦有不同的变动曲线，多数是起先迅速衰减，嗣后又开始增大。我们把短路发生后第一周的变动感应电势称为"次暂态电势"，其有效值用 E_d'' 表示。那末，最大的短路电流周期分量有效值，将是由次暂态电势 E_d'' 当它的瞬时值为零时发生短路所产生，称为"次暂态短路电流"，用 I'' 表示。此外在工程上为了校验高压断路器的切断短路电流的能力，常采用短路发生后 $t=0.2$ 秒时的三相短路电流有效值，用 $I_{0.2}$ 表示。由于此时短路电流的非周期分量已经衰减殆尽，故 $I_{0.2}$ 中只包括短路电流的周期分量。同理，三相短路电流的稳态分量，也只有周期分量电流，用 I_∞ 表示。当 $S_{xt}=\infty$，$U_{xt}=$ 常数 的情况下，$I_{0.2}=I_\infty=I_{zq}=I_d$。

以后，我们将用 I_d 表示三相短路电流周期分量的有效值。

为了便于复习，现将短路过程中遇到的几个短路电流符号的意义列出于下：

i_d——全短路电流，$i_d=i_{zq}+i_f$；

i_{zq}——短路电流的周期分量（又称稳态分量，强迫分量）；

i_f——短路电流的非周期分量（又称过渡分量，自由分量），它是按指数规律衰减变化的电流，它的衰减时间常数 $T_f=\dfrac{L}{r}$；

i_{ch}——三相短路冲击电流（即三相短路电流第一周全电流的峰值），是用来校验电器和母线动稳定的重要数据；

I_{ch}——三相短路电流最大有效值（或称三相短路冲击电流的有效值，即三相短路电流第一周期内全电流的有效值），是用来校验电器和母线动稳定的重要数据；

I_{zqm}——三相短路电流周期分量的幅值，当系统容量为无限大时，在整个短路过程中数值不变；

I_{zq}——三相短路电流周期分量的有效值，当系统容量为无限大时，在整个短路过程中数值不变；

i_{f0}——非周期分量的初始值，它的数值等于周期分量 i_{zq} 的幅值（I_{zqm}）；

I''——有限容量系统供电的三相短路电流周期分量第一周的有效值，通常称为次暂态短路电流或超瞬变短路电流，其值为：

$$I''=\frac{E_d''}{\sqrt{3}\,(X_d''+X_w)}=\frac{U_P}{\sqrt{3}\,(X_d''+X_w)};$$

式中 E_d'' 为发电机次暂态电势，在计算中 $E_d''=U_a=U_P$；X_d'' 为发电机次暂态电抗；X_w 为自发电机出口至短路点的电抗（外部电抗）。

I_t——在某一个时间 t 内短路全电流的有效值；

$I_{0.2}$——短路开始后 0.2 秒时的三相短路电流周期分量的有效值，是用来校验断路器额定切断容量的数据；

I_∞——三相短路稳态短路电流有效值，当电源电压 u 以正弦规律变化时，稳态电流亦以正弦规律变化，但比电压滞后一个相位角 $\varphi_d = 90°$；是用来校验电器和载流部分热稳定的重要数据。

I_d——当系统容量为无限大时，或在有限容量供电系统中的短路点距电源很远时，表示三相短路电流周期分量的有效值。此时有：

$$I'' = I_{0.2} = I_{zq} = I_\infty = I_d$$

第三节　短路回路中各元件阻抗的计算

为了计算短路电流，应先求出短路点以前短路回路的总阻抗。在计算高压电网中的短路电流时，一般只计算各主要元件（发电机、变压器、架空线路、电缆线路、电抗器等）的电抗而忽略其电阻，仅当架空线路、电缆线路较长并使短路回路总电阻大于总电抗的三分之一时，才需计及电阻。

计算短路电流时，短路回路中各元件的物理量可以用有名单位制表示，也可以用标么制表示。

在1000伏以下的低压系统中，计算短路电流常采用有名单位制，但在高压系统中，由于有多个电压等级，存在电抗换算问题，所以在计算短路电流时，通常均采用标么制，可以使计算简化。

一、标么制（或称相对单位制）[❶]

各元件的物理量用相对值（小数或百分数）表示时，称为标么制。任意一个物理量对基准值的比值称为标么值，注意它是同单位的两个物理量的比值，故没有单位。

有名单位表示的容量 S、电压 U、电流 I、阻抗 Z 等物理量，与相应有名单位表示的基准容量 S_j、基准电压 U_j、基准电流 I_j、基准阻抗 Z_j 之比值，代表上述各物理量的标么值（或相对值），即

容量标么值 $\qquad\qquad\qquad S_* = \dfrac{S}{S_j} \qquad\qquad\qquad$ （5-22）

电压标么值 $\qquad\qquad\qquad U_* = \dfrac{U}{U_j} \qquad\qquad\qquad$ （5-23）

电流标么值 $\qquad\qquad\qquad I_* = \dfrac{I}{I_j} \qquad\qquad\qquad$ （5-24）

阻抗标么值 $\qquad\qquad\qquad Z_* = \dfrac{Z}{Z_j} \qquad\qquad\qquad$ （5-25）

（各物理量的字母下注一个星号[*]表示标么值；下注一个[j]表示基准值）。

当基准容量 S_j 与基准电压 U_j 选定之后，根据电工原理，基准电流 I_j 与基准电抗 X_j（忽略电阻）便可由下式决定：

基准电流 $\qquad\qquad\qquad I_j = \dfrac{S_j}{\sqrt{3}\,U_j} \qquad\qquad\qquad$ （5-26）

[❶] 么字系幺的简化字，读作 yāo（夭）。

基准电抗
$$X_j = \frac{U_j}{\sqrt{3} I_j} = \frac{U_j^2}{S_j}$$
（5-27）

根据上述基准量的关系和标么值的定义，可求得以 S_j 与 U_j 表示的电流标么值 I_* 与电抗标么值 X_*：

电流标么值
$$I_* = \frac{I}{I_j} = I \cdot \frac{\sqrt{3} U_j}{S_j}$$
（5-28）

电抗标么值
$$X_* = \frac{X}{X_j} = X \cdot \frac{S_j}{U_j^2}$$
（5-29）

式中　S、U、I、X——分别为用有名单位表示的容量[兆伏安]、电压[伏]、电流[安]、电抗[欧]；

　　　S_j、U_j、I_j、X_j——分别为用有名单位表示的基准容量[兆伏安]、基准电压[千伏]、基准电流[千安]、基准电抗[欧]。

基准值是可以任意选择的。一般为了计算方便常取基准容量 $S_j = 100$ 兆伏安，基准电压用各级线路平均额定电压，即 $U_j = U_P$，所谓线路平均额定电压，就是指线路始端最大（额定）电压和线路末端的最小（额定）电压的平均值。例如额定电压为10千伏的线路，其平均额定电压 U_P 为：

$$U_P = \frac{11 + 10}{2} = 10.5 \text{千伏}$$

线路的额定电压和平均额定电压对照值见表5-2。

线路的额定电压和平均额定电压（千伏）　　　　表 5-2

额　定　电　压	0.22	0.38	3	6	10	35	60	110	154	220	330
平 均 额 定 电 压	0.23	0.4	3.15	6.3	10.5	37	63	115	162	230	345

此外，在短路电流计算时，要计算那一级的短路就取该级的线路平均额定电压为基准电压（例如计算10千伏线路的短路电流时就取10.5千伏作为基准电压）。

若以额定值（额定容量 S_e，额定电压 U_e）为基准值，则所得的标么值称为额定标么值：

容量额定标么值
$$S_{*e} = \frac{S}{S_e}$$
（5-30）

电压额定标么值
$$U_{*e} = \frac{U}{U_e}$$
（5-31）

电流额定标么值
$$I_{*e} = \frac{I}{I_e} = I \cdot \frac{\sqrt{3} U_e}{S_e}$$
（5-32）

电抗额定标么值
$$X_{*e} = \frac{X}{X_e} = X \cdot \frac{S_e}{U_e^2}$$
（5-33）

注意：在产品样本中，对发电机、变压器、电动机、电抗器等电气设备所给出的标么值，是指以它们的额定值为基准值的标么值，亦即额定标么值。在采用标么值进行短路回路的电抗计算时，应把所有电气设备归算到一个统一的基准情况，以 S_j、U_j、I_j 表示统一基准情况下的基准容量、基准电压、基准电流、以字母下注 [*j] 表示统一基准情况下的标么值，以字母下注［＊e］表示额定值为基准情况下的额定标么值，则不同基准值的标么值之间可用以下公式换算：

$$U_{*j} = U_{*e} \cdot \frac{U_e}{U_j} \qquad\qquad (5\text{-}34)$$

$$X_{*j} = X_{*e} \cdot \frac{S_j U_e^2}{S_e U_j^2} \qquad\qquad (5\text{-}35)$$

当 $U_j = U_e = U_P$ 时，上式简化为：

$$U_{*j} = U_{*e} \qquad\qquad (5\text{-}36)$$

$$X_{*j} = X_{*e} \cdot \frac{S_j}{S_e} \qquad\qquad (5\text{-}37)$$

工业企业的供电系统是由变压器和各种不同电压等级的线路所组成，因此在求短路回路总电抗时，就不能将回路内所有元件的电抗简单的相加，而应归算到同一个基准电压 U_j 下的等值电抗后再相加。通常取短路点的线路平均额定电压 U_P 作为基准电压。由于三相短路电流的计算可按一相进行，故各元件的阻抗也相应按一相来计算。

为了便于理解多级电压等级的网络内的电抗换算问题，现用单相变压器及其两侧供电线路为例来说明，见图5-6。

图5-6（a）是单相变压器的等值电路，其中 X_1 为变压器一次绕组的漏抗，X_2 为变压器二次绕组的漏抗；一次侧相电压为 $U_{P1}/\sqrt{3}$，二次侧相电压为 $U_{P2}/\sqrt{3}$，变压器的变比为 K。

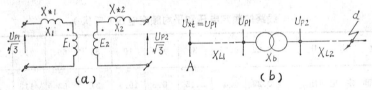

图 5-6　短路回路电抗归算原理图

（a）变压器；（b）多级电压的电网

虽然变压器一次和二次两个绕组是通过磁路互相联系着，但它们是互相独立的两个电路；在短路计算时需将它们归算成一个电路。我们已知：若将 X_2 欧姆值归算到一次侧去，需乘以 K^2；若将 X_1 欧姆值归算到二次侧去，需乘以 $\left(\dfrac{1}{K}\right)^2$，亦即：

如归算到 $U_{P1}/\sqrt{3}$ 侧，$X_b = X_1 + K^2 X_2$；

如归算到 $U_{P2}/\sqrt{3}$ 侧，$X_b = \left(\dfrac{1}{K}\right)^2 X_1 + X_2$；

但是，若采用标么值 X_{*1} 和 X_{*2} 来表示变压器两个绕组的电抗，则在归算时不需要乘 K^2 或 $\left(\dfrac{1}{K}\right)^2$，相当于变压器的变比已经变成 $K=1$ 一样，亦即无论归算到哪一侧，变压器电抗标么值均为：

$$X_{*b} = X_{*1} + X_{*2} \qquad\qquad (5\text{-}38)$$

同理，如图5-6（b）中，从 A 点到 d 点短路回路的总电抗 X_s 欧姆值，显然不能等于 $X_{L1} + X_b + X_{L2}$，需经过归算成等值电抗之后，才能相加。

若取短路点的线路平均额定电压 U_{P2} 作为基准电压，即 $U_j = U_{P2}$，则换算到基准电压

时的总电抗 X_Σ：

$$X_\Sigma = X'_{L1} + X''_b + X'_{L2} = X_{L1} \cdot \left(\frac{U_j}{U_{P1}}\right)^2 + X_b \cdot \left(\frac{U_j}{U_{P1}}\right)^2 + X_{L2} \cdot \left(\frac{U_j}{U_{P2}}\right)^2$$

若上式两边各乘以 $\frac{S_j}{U_j^2}$，则有：

$$X_\Sigma \cdot \frac{S_j}{U_j^2} = X_{L1} \cdot \left(\frac{U_j}{U_{P1}}\right)^2 \cdot \frac{S_j}{U_j^2} + X_b \cdot \left(\frac{U_j}{U_{P1}}\right)^2 \cdot \frac{S_j}{U_j^2}$$
$$+ X_{L2} \cdot \left(\frac{U_j}{U_{P2}}\right)^2 \cdot \frac{S_j}{U_j^2}$$

由式（5-29）得知，上式等号两边每一项就是以基准容量 S_j、基准电压 U_j 为基准值的电抗标么值，亦即：

$$X_{*\Sigma} = X_{*L1} + X_{*b} + X_{*L2} \tag{5-39}$$

因此，若采用标么值进行计算，短路回路中总电抗标么值就可以直接由各元件的电抗标么值相加而得，从而可使计算简化，这是采用标么值的优点之一。下面就来讨论供电系统中各主要元件的电抗标么值的计算。

二、线路的电抗标么值 X_{*L} 和电阻标么值 R_{*L}

以 S_j 与 U_j 为基准值时，线路电抗的标么值为：

$$X_{*L} = X_L \cdot \left(\frac{U_j}{U_P}\right)^2 \cdot \frac{S_j}{U_j^2} = X_0 \cdot L \cdot \frac{S_j}{U_P^2} \tag{5-40}$$

式中　X_0——线路每公里的电抗值［欧/公里］；

　　　L——线路长度［公里］；

　　　S_j——基准容量［兆伏安］，通常取 $S_j = 100$ 兆伏安；

　　　U_P——该段线路本身的平均额定线电压［千伏］。

从式（5-40）可知，以 S_j 与 U_j 为基准值时，线路电抗标么值与 U_j 无关，计算时仅与该线路本身的平均额定电压有关。

线路每公里的电抗值可查阅有关手册，在无资料情况下可采用表5-3所列平均值：

同式（5-40），以 S_j 与 U_j 为基准值时，线路电阻的标么值为：

$$R_{*L} = R_L \cdot \left(\frac{U_j}{U_P}\right)^2 \cdot \frac{S_j}{U_j^2} = R_0 \cdot L \cdot \frac{S_j}{U_P^2} \tag{5-41}$$

式中　　R_0——线路每公里的电阻值［欧/公里］，可查阅有关手册或第八章有关导线
　　　　　　　资料的附表；

　　　L、S_j、U_P——各符号的意义同式（5-40）所注。

三、变压器的电抗标么值 X_{*b}

变压器出厂时，在铭牌上没有给出变压器电抗 X_b 的有名值，但给出短路电压（阻抗电压）的百分数（$U_d\%$），我们可以用下述方法直接从短路电压的百分数求得变压器电抗的标么值。

由于变压器绕组的电阻 R_b 较电抗 X_b 小得多，因此变压器绕组的电阻压降可忽略不计，可近似认为变压器绕组的阻抗压降

线 路 电 抗 值　　　表 5-3

线　路　名　称	每相平均电抗值（欧/公里）
35～220千伏架空线路	0.40
3～10千伏架空线路	0.33
0.4/0.23千伏架空线路	0.36
35千伏三芯电缆	0.12
3～10千伏三芯电缆	0.08
1千伏三芯电缆	0.06

$$U_d = I_{eb} \cdot X_b, \quad 或$$

$$U_d\% = \frac{I_{eb} \cdot X_b}{U_{eb}/\sqrt{3}} \cdot 100$$

所以

$$\frac{U_d\%}{100} = \frac{I_{eb} \cdot X_b}{U_{eb}/\sqrt{3}} = \frac{S_{eb}}{U_{eb}^2} \cdot X_b = X_{*eb} \tag{5-42}$$

式中 X_{*eb}——变压器电抗额定标么值；

X_b——变压器绕组电抗的有名值；

$U_d\%$——变压器短路电压百分数（阻抗电压百分数）。

由式（5-42）求得的变压器电抗标么值是额定标么值，尚需换算为统一基准电压U_j与基准容量S_j时的标么值，根据式（5-37），可得换算为基准电压与基准容量情况下变压器标么值X_{*b}：

$$X_{*b} = X_{*eb} \cdot \frac{S_j}{S_{eb}} = \frac{U_d\%}{100} \cdot \frac{S_j}{S_{eb}} \tag{5-43}$$

式（5-43）就是我们计算变压器电抗标么值时常用的公式，当$S_j = 100$兆伏安时，式（5-43）尚可进一步简化为：

$$X_{*b} = \frac{U_d\%}{100} \cdot \frac{100}{S_{eb}} = \frac{U_d\%}{S_{eb}}$$

一般双绕组变压器的短路电压百分数$U_d\%$见表5-4。

双绕组变压器的短路电压百分数　　　　　　表 5-4

总 降 压 站 用 三 相 变 压 器			车 间 用 三 相 变 压 器		
额 定 容 量 (kVA)	一 次 电 压 (kV)	$U_d\%$	额 定 容 量 (kVA)	一 次 电 压 (kV)	$U_d\%$
100~2400	35	6.5	100~1000	10	4.5
3200~4200	35	7.0	100~630	6	4.0
5600~10000	35	7.5	750~1000	6	4.5

四、电抗器的电抗标么值

从计算等值电抗的观点来看，电抗器的电抗标么值与变压器电抗标么值的计算方法是一样的。因为电抗器的铭牌上也给出电抗的百分数 $X_k\%$，可看成是电抗器电抗的额定 标么值：

$$X_k\% = \frac{\sqrt{3}\, X_k I_{ek}}{U_{ek}} \cdot 100 = X_{*ek} \cdot 100$$

但不同的是电抗器的电抗比较大，起限制短路电流的作用也大，此外有的电抗器的额定电压与它所连接的线路平均额定电压并不一致（例如将额定电压为10千伏的电抗器装设在平均额定电压为6.3千伏的线路上），所以不能认为电抗器的额定电压等于线路的平均额定电压，故需根据式（5-35）来求换算为基准电压与基准容量情况下电抗器标么值X_{*k}：

$$X_{*k} = \frac{X_k\%}{100} \cdot \frac{U_{ek}^2}{U_j^2} \cdot \frac{S_j}{S_{ek}} \tag{5-44}$$

式中　$X_k\%$——电抗器的电抗百分数;

　　　　U_{ek}——电抗器的额定电压;

　　　　S_{ek}——电抗器的额定容量。

又因电抗器铭牌上直接给出的是电抗器的额定电压U_{ek}，额定电流I_{ek}和电抗百分数，故在计算电抗器标么值时常常把式（5-44）写成以下形式:

$$X_{*k}=\frac{X_k\%}{100}\cdot\frac{U_{ek}^2}{U_j^2}\cdot\frac{S_j}{S_{ek}}=\frac{X_k\%}{100}\cdot\frac{U_{ek}^2}{U_j^2}\cdot\frac{\sqrt{3}U_jI_j}{\sqrt{3}U_{ek}I_{ek}}=\frac{X_k\%}{100}\cdot\frac{U_{ek}}{U_j}\cdot\frac{I_j}{I_{ek}}$$

（5-45）

五、短路回路总阻抗标么值的确定

短路点以前到电源的总阻抗$Z_{*\Sigma}$应包括总电抗标么值$X_{*\Sigma}$和总电阻标么值$R_{*\Sigma}$两项在内。但是，当短路回路的总电阻$R_{*\Sigma}$小于总电抗$X_{*\Sigma}$的1/3时，电阻可忽略不计。一般只是在有较长的电缆线路或单回长架空线时，才需计及电阻的影响，即:

$$\left.\begin{array}{l}当\dfrac{R_{*\Sigma}}{X_{*\Sigma}}<\dfrac{1}{3}时，\ Z_{*\Sigma}=X_{*\Sigma}\\[2mm]当\dfrac{R_{*\Sigma}}{X_{*\Sigma}}>\dfrac{1}{3}时，\ Z_{*\Sigma}=\sqrt{R_{*\Sigma}^2+X_{*\Sigma}^2}\end{array}\right\}$$

（5-46）

式中$X_{*\Sigma}$为等值计算电路图中的系统及各元件电抗标么值之和，$R_{*\Sigma}$为各级线路电阻标么值之和。在无限容量供电系统中，系统电抗标么值$X_{*zt}=0$；而在有限容量供电系统中，当短路点以前的总电抗以电源容量为基准的标么值$X_{*\Sigma}>3$时（表示与电源的电气距离较远），短路电流的周期性分量随时间的变化很小，在全部短路过程中，它的数值实际上可以看作不变的，因此，可按无限大容量系统的计算方法来考虑，但还须计算有限容量系统的电抗标么值。应用式（5-22）及下节中式（5-50），可求得系统电抗的标么值X_{*zt}:

$$X_{*zt}=\frac{1}{S_{*d\cdot zt}}=\frac{S_j}{S_{d\cdot zt}}$$

（5-47）

当无法获得系统短路容量时，姑且将电源线路出线断路器的断流容量作为$S_{d\cdot zt}$值进行计算。

现通过下例说明其具体计算步骤。

【例1】　确定图5-7计算电路图中短路点d以前的总电抗标么值（计算所需数据已在图上注明，且电阻的影响可忽略不计）。

【解】　1）作等值电路图，如图5-7（b）所示。

2）选取基准容量$S_j=100$兆伏安，基准电压$U_j=6.3$千伏。

3）计算各元件的电抗标么值:

线路电抗标么值　$X_{*1}=X_0\cdot L\cdot\dfrac{S_j}{U_P^2}=0.4\times50\times\dfrac{100}{115^2}=0.152$

变压器电抗标么值　　$X_{*2}=X_{*3}=X_{*b}=\dfrac{U_d\%}{S_{eb}}=\dfrac{10.5}{20}=0.525$

电抗器电抗标么值　　$X_{*4}=X_{zk}=\dfrac{X_k\%}{100}\cdot\dfrac{U_{ek}}{U_j}\cdot\dfrac{I_j}{I_{ek}}=\dfrac{4}{100}\times\dfrac{6}{6.3}\times\dfrac{9.16}{0.3}=1.16$

式中基准电流$I_j=\dfrac{S_j}{\sqrt{3}\ U_j}=\dfrac{100}{\sqrt{3}\times6.3}=9.16$千安。

4）简化等值电路

因 $X_{*2}=X_{*3}$，并联后的电抗 X_{*3} 为：

$$X_{*3}=\frac{1}{2}X_{*2}=\frac{0.525}{2}=0.263$$

化简后的电路如图5-7（ c ）所示。

5）总电抗标么值

$$X_{*\Sigma}=X_{*xt}+X_{*1}+X_{*3}+X_{*4}=0+0.152+0.263+1.16=1.575$$

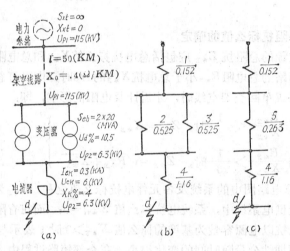

图 5-7　计算电路与等值电路图

（ a ）计算电路图；（ b ）等值电路图；（ c ）化简图

注：分子数字代表元件编号，分母数字代表电抗标么值。

第四节　无限容量系统供电的短路电流计算

多级电压高压系统用有名单位计算较复杂，一般均采用标么值进行计算。因为计算某一级的短路电流，就选该级的平均额定电压 U_P 作为基准电压 U_j，所以 $U_P=U_j$。则三相短路电流标么值 I_{*d} 为：

$$I_{*d}=\frac{I_d}{I_j}=\frac{\dfrac{U_P}{\sqrt{3}\,X_{\Sigma}}}{\dfrac{U_j}{\sqrt{3}\,X_j}}=\frac{\dfrac{U_P}{U_j}}{\dfrac{X_{\Sigma}}{X_j}}=\frac{U_P}{U_j}\cdot\frac{1}{X_{*\Sigma}}=\frac{1}{X_{*\Sigma}} \tag{5-48}$$

式（5-48）说明了短路电流标么值是短路回路总电抗标么值的倒数，这也是采用标么值的优点。

或有

$$I_d=I_{*d}\cdot I_j=\frac{I_j}{X_{*\Sigma}} \tag{5-49}$$

式中

$$I_j=\frac{S_j}{\sqrt{3}\,U_j}$$

所以，求得短路回路总电抗标么值 $X_{*\Sigma}$ 之后，就可由式（5-48）求出短路电流标么值 I_{*d}，再由式（5-49）求出短路电流有名值 I_d。由此可见，计算短路电流 I_d，关键在于求出短路回路总电抗标么值 $X_{*\Sigma}$。

同时，可由式（5-12）或式（5-13）求出三相短路冲击电流 i_{ch}；可由式（5-20）或式（5-21）求出三相短路电流最大有效值 I_{ch}。

三相短路容量 S_d 可由下式来定义：

$$S_d = \sqrt{3}\, I_d U_P$$

三相短路容量是用来选择高压断路器遮断容量的重要数据。

三相短路容量亦可用标么值求得，其标么值 S_{*d} 为：

$$S_{*d} = \frac{S_d}{S_j} = \frac{\sqrt{3}\, U_P I_d}{\sqrt{3}\, U_j I_j} = \frac{I_d}{I_j} = I_{*d} = \frac{1}{X_{*\Sigma}} \qquad (5\text{-}50)$$

式（5-50）表明短路容量标么值和短路电流标么值相等，这是采用标么值的优点之三。

或有：

$$S_d = S_{*d} \cdot S_j = I_{*d} \cdot S_j = \frac{S_j}{X_{*\Sigma}} \qquad (5\text{-}51)$$

在工程设计中，为了简化计算，对无限容量系统供电的网络，可利用"短路电流计算图"或"短路电流计算表"，直接查得短路电流、短路容量等数据。而这些计算图或计算表均是根据上述原理绘制的。

一、短路电流计算图

图5-8中的曲线 I_d、i_{ch}、I_{eh} 及 S_d 是根据以下公式绘制的：

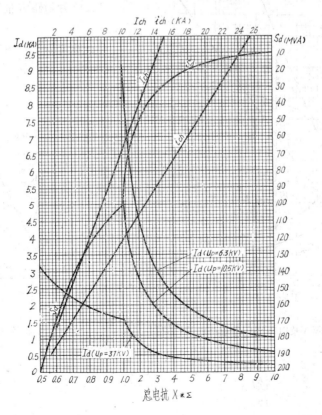

图 5-8　短路电流计算图

$$I_d = I_{*d} \cdot I_j = \frac{1}{X_{*\Sigma}} \cdot I_j;$$

$$I_j = \frac{S_j}{\sqrt{3}\,U_j};$$

$$i_{ch} = \sqrt{2}\,I_d \cdot K_c; \quad I_{ch} = I_d\sqrt{1 + 2(K_c - 1)^2};$$

$$S_d = S_{*dj} \cdot S_j = \frac{1}{X_{*\Sigma}} \cdot S_j.$$

其中基准容量$S_j = 100$兆伏安，基准电压$U_j =$线路平均额定电压U_P，而I_{ch}、i_{ch}曲线系按冲击系数$K_c = 1.8$绘出的，适用于一般情况；

图5-9的基准值同上，但其中I_{ch}、i_{ch}曲线系按冲击系数$K_c = 1.3$绘出的，适用于变压器容量为1000千伏安及以下的情况。

短路电流计算图的使用方法：

1.已知短路回路总电抗标么值$X_{*\Sigma}$（$S_j = 100$兆伏安，$U_j = U_P$千伏），求I_d、I_{ch}、i_{ch}、S_d

计算步骤（见图5-10）：

$1 \to 2 \to 3$　　读I_d

$3 \to 4 \to 5$　　读I_{ch}

$3 \to 6 \to 7$　　读i_{ch}

$1 \to 8 \to 9$　　读S_d

2.已知短路容量S_d，求I_d、I_{ch}、i_{ch}、$X_{*\Sigma}$

计算步骤（见图5-10）：

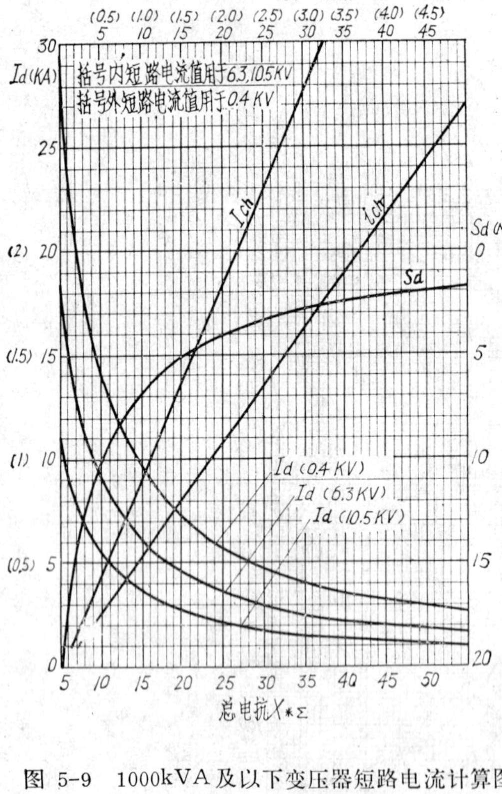

图 5-9　1000kVA及以下变压器短路电流计算图

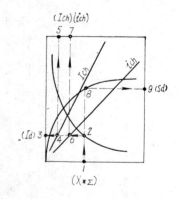

图 5-10　短路电流计算图用法

$9 \to 8 \to 2 \to 3$　　读I_d

$3 \to 4 \to 5$　　读I_{ch}

$3 \to 6 \to 7$　　读i_{ch}

$9 \to 8 \to 1$　　读$X_{*\Sigma}$

当计算回路总电抗$X_{*\Sigma}$比图上座标数值大n倍时，查得的I及S数值相应减小n倍；反之，当$X_{*\Sigma}$比图上座标数值小n倍时，查得的I及S数值相应增大n倍。

【例2】 供电系统如图5-7所示，求d点短路电流I_d、冲击电流有效值I_{ch}、冲击电流i_{ch}、及短路容量S_d。

【解】 （1）用标么值计算法求：

1）短路电路总电抗标么值，由第三节例题计算已知$X_{*\Sigma}=1.575$。

2）d点短路时，6.3千伏母线上各短路电流值：

$$I_{*d}=\frac{1}{X_{*\Sigma}}=\frac{1}{1.575}=0.634$$

$$I_j=\frac{S_j}{\sqrt{3}\ U_j}=\frac{100}{\sqrt{3}\times 6.3}=9.16（千安）$$

$$I_d=I_{*d}\cdot I_j=0.634\times 9.16=5.8（千安）$$

$$i_{ch}=2.55I_d=2.55\times 5.8=14.8（千安）$$

$$I_{ch}=1.52I_d=1.52\times 5.8=8.8（千安）$$

3）短路容量

$$S_d=\sqrt{3}\ I_d U_P=\sqrt{3}\times 5.8\times 6.3=63.2（兆伏安）$$

$$S_d=S_{*d}\cdot S_j=I_{*d}\cdot S_j=0.634\times 100=63.4（兆伏安）$$

（2）用短路计算图法求：

由$X_{*\Sigma}=1.575$查I_d（$U_P=6.3$千伏）曲线，得$I_d=5.8$（千安）；

由$I_d=5.8$（千安）查i_{ch}曲线，得$i_{ch}=14.8$（千安）；

由$I_d=5.8$（千安）查I_{ch}曲线，得$I_{ch}=8.8$（千安）；

由$X_{*\Sigma}=1.575$查S曲线，得$S_d=67$（兆伏安）。

二、短路电流计算表

短路电流计算表有各种形式，现举一例加以说明。表5-5是6(10)/0.4千伏变压器低压侧及换算至高压侧的短路电流计算表，当已知变压器的额定容量和短路电压$U_d\%$以及变压器高压侧短路容量时，由计算表直接可查得变压器低压侧短路电流I_d、冲击电流i_{ch}和冲击电流有效值I_{ch}，以及换算至高压侧的I_d、i_{ch}和I_{ch}。计算表是根据以下计算式而得：

$$I_d=\frac{1}{X_{*\Sigma}}\cdot I_j=\frac{I_j}{X_{*1}+X_{*b}}=\frac{I_j}{\dfrac{S_j}{S_{d1}}+X_{*b}}=\frac{I_j}{\dfrac{100}{S_{d1}}+\dfrac{U_d\%}{S_{eb}}} \qquad （5\text{-}52）$$

式中 I_j——基准电流，$I_j=\dfrac{S_j}{\sqrt{3}\ U_j}$〔千安〕；

S_j——基准容量，取100〔兆伏安〕；

U_j——基准电压，取0.4〔千伏〕；

X_{*1}——变压器高压侧电路电抗标么值；

X_{*b}——变压器电抗标么值；

S_{d1}——变压器高压侧短路容量〔兆伏安〕。

$$I_{ch}=1.09I_d（取K_c=1.3）$$

$$i_{ch}=1.84I_d（取K_c=1.3）$$

6(10)/0.4千伏变压器低压侧及换算至高压侧的短路电流计算表（千安）

表 5-5

| 变压器高压侧短路容量（兆伏安） | 短路电流名称 | 变压器容量（千伏安） | | | | | | | | | | | | | | |
| | | 315 | | | 400 | | | 500 | | | 630（$U_d\%=4$） | | | 800（$U_d\%=4.5$） | | |
		I_d	i_{ch}	I_{ch}	I_d	i_{ch}	I_{ch}	I_d	i_{ch}	I_{ch}	I_d	i_{ch}	I_{ch}	I_d	i_{ch}	I_{ch}
10	0.4kV侧	6.36	11.7	6.92	7.22	13.3	7.85	8.02	14.8	8.73	8.82	16.2	9.6	9.22	17.0	10.0
	6kV侧	0.404	0.743	0.44	0.458	0.845	0.498	0.51	0.94	0.555	0.56	1.03	0.609	0.585	1.08	0.635
	10kV侧	0.242	0.446	0.263	0.275	0.507	0.299	0.305	0.563	0.332	0.336	0.617	0.365	0.351	0.647	0.381
20	0.4kV侧	8.15	15.0	8.87	9.62	17.7	10.5	11.1	20.4	12.1	12.7	23.4	13.8	13.6	25.0	14.8
	6kV侧	0.517	0.953	0.563	0.611	1.12	0.667	0.705	1.30	0.768	0.807	1.49	0.876	0.863	1.59	0.94
	10kV侧	0.31	0.571	0.333	0.366	0.674	0.40	0.422	0.777	0.461	0.483	0.891	0.526	0.518	0.952	0.563
30	0.4kV侧	9.0	16.6	9.8	10.8	19.9	11.8	12.7	23.4	13.8	14.9	27.4	16.2	16.1	29.6	17.5
	6kV侧	0.572	1.05	0.622	0.686	1.26	0.75	0.807	1.49	0.876	0.946	1.74	1.03	1.02	1.88	1.11
	10kV侧	0.342	0.632	0.373	0.412	0.758	0.449	0.484	0.891	0.526	0.567	1.04	0.617	0.613	1.13	0.667
50	0.4kV侧	9.82	18.1	10.7	12.0	22.1	13.1	14.4	26.5	15.7	17.3	31.8	18.8	18.9	34.8	20.6
	6kV侧	0.623	1.15	0.68	0.762	1.41	0.832	0.914	1.69	1.0	1.1	2.02	1.19	1.20	2.21	1.31
	10kV侧	0.374	0.69	0.407	0.457	0.842	0.499	0.548	1.01	0.598	0.659	1.21	0.717	0.72	1.33	0.785
75	0.4kV侧	10.3	19.0	11.2	12.7	23.4	13.8	15.5	28.5	16.9	18.7	34.4	20.4	20.7	38.0	22.6
	6kV侧	0.654	1.21	0.711	0.806	1.49	0.876	0.984	1.81	1.07	1.19	2.18	1.30	1.32	2.41	1.44
	10kV侧	0.392	0.724	0.427	0.483	0.891	0.526	0.59	1.09	0.643	0.712	1.31	0.777	0.79	1.45	0.86
100	0.4kV侧	10.5	19.3	11.4	13.1	24.1	14.3	16.0	29.4	17.4	19.6	36.0	21.4	21.8	40.1	23.7
	6kV侧	0.667	1.23	0.724	0.832	1.53	0.907	1.02	1.87	1.11	1.25	2.29	1.36	1.39	2.55	1.51
	10kV侧	0.40	0.735	0.433	0.498	0.92	0.545	0.61	1.12	0.663	0.746	1.37	0.815	0.83	1.53	0.903
200	0.4kV侧	10.9	20.0	11.9	13.7	25.2	14.9	17.0	31.3	18.5	21.0	38.6	22.9	23.5	43.2	25.6
	6kV侧	0.692	1.27	0.756	0.87	1.60	0.946	1.08	1.99	1.18	1.33	2.45	1.46	1.49	2.74	1.63
	10kV侧	0.415	0.762	0.453	0.522	0.96	0.567	0.647	1.19	0.705	0.80	1.47	0.872	0.895	1.65	0.975

注: 本表摘自《工厂电气设计手册》（上册）。

计算表所根据的系统单线图与等值电路图 如图 5-11 所示。

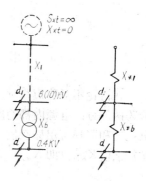

图 5-11　系统单线图与等值电路图

第五节　电动机对短路冲击电流值的影响

在靠近电动机处发生三相短路时，计算冲击短路电流应把电动机作为附加电源来考虑。因为三相短路时，电力系统的电压从电源到短路点依次下降。当电网发生短路时，如果电动机的反电势小于电网在该点的残余电压，则电动机仍能从电网取得电能并在低电压状态下运转；如果电动机的反电势大于电网在该点的残余电压，那么，电动机就有反馈电流送到短路点。同时电动机迅速受到制动，送到短路点的反馈电流亦迅速减小，所以电动机反馈电流一般只影响短路点的冲击电流。而且在实际计算中，只当靠近电动机引出线处发生三相短路时，对于接有高压电动机其总容量大于1000千瓦，或对于低压电动机其单机容量在20千瓦以上，才计及它的影响。

通常在下述情况可以不考虑电动机反馈冲击电流对短路电流计算的影响：

1）电动机的反馈冲击电流须通过变压器送到短路点时。

2）反馈冲击电流与系统的短路冲击电流方向和路径一致时。

3）计算靠近电动机处发生不对称短路的冲击短路电流时。

当电动机引出线处发生三相短路时，电动机供给的短路电流最大瞬时值（电动机反馈冲击电流）$i_{m \cdot D}$ 可用下式计算：

$$i_{m \cdot D}=\sqrt{2} \cdot \frac{E''_{*D}}{X''_{*D}} \cdot K_{c \cdot D} \cdot I_{eD}=C \cdot K_{c \cdot D} \cdot I_{eD} \qquad (5-53)$$

式中　E''_{*D}——电动机次暂态电势标幺值，见表5-6；

　　　　X''_{*D}——电动机次暂态电抗标幺值，见表5-6；

　　　　C——反馈冲击倍数，$C=\sqrt{2}\dfrac{E''_{*D}}{X''_{*D}}$，其值见表5-6；

　　　　$K_{c \cdot D}$——电动机短路电流冲击系数，对3~6千伏电动机可取1.4~1.6，对380伏电动机可取1。如需要准确计算，可查图5-12中的曲线。图中T''_f为电动机反馈电流的衰减时间常数；

　　　　I_{eD}——电动机额定电流。

因此，计入电动机影响后短路点的冲击短路电流为：

表 5-6

元件名称	E''_{*D}	X''_{*D}	C
异步电动机	0.9	0.2	6.5
同步电动机	1.1	0.2	7.8
同步补偿器	1.2	0.16	10.6
综合负载	0.8	0.35	3.2

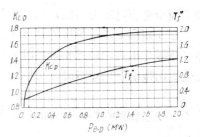

图 5-12　异步电动机容量与短路电流冲击系数的关系曲线

$$i_{ch\Sigma}=i_{ch}+i_{m.D}=\sqrt{2}\cdot K_{ch}\cdot I_{d}+C\cdot K_{c.D}\cdot I_{eD} \qquad (5-54)$$

第六节 两相短路电流的近似计算

在讨论不对称短路时，常将电源至短路点的总电抗 X_{Σ} 按照分析发电机的暂态过程而分为两部分：电源内部的次暂态电抗 X''_d 和发电机出口至短路点的外部电抗 X_w。这两部分电抗之和同样可用标么值来表示，当此标么值选用系统额定容量为基准时，则称为计算电抗标么值 X_{*js}，即 $X_{*js}=X''_{*d}+X_{*w}=X_{*\Sigma}$。计算电抗标么值 X_{*js} 的大小，反映了短路点至电源的电气距离的远近。

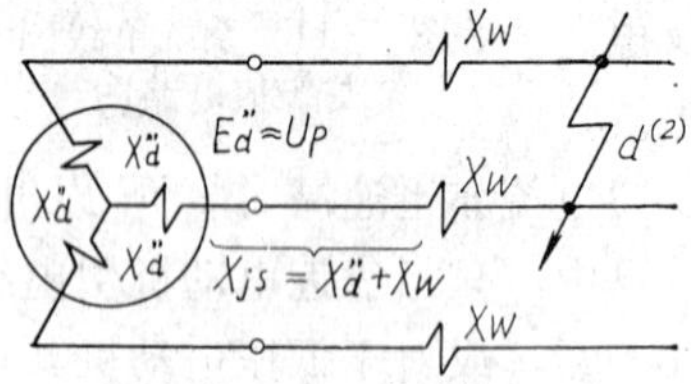

图 5-13 两相短路的等值电路

一、两相短路次暂态电流 $I''^{(2)}$ 与冲击电流 $i_{ch}^{(2)}$

三相短路时次暂态电流 $I''^{(3)}$ 按第二节的论述为：

$$I''^{(3)}=\frac{E''_d}{\sqrt{3}\,(X''_d+X_w)}$$

两相短路时次暂态电流 $I''^{(2)}$ 按图5-13的电路为：

$$I''^{(2)}=\frac{E''_d}{2(X''_d+X_w)}$$

所以

$$I''^{(2)}=\frac{\sqrt{3}}{2}I''^{(3)}=0.87I''^{(3)} \qquad (5-55)$$

又因

$$i_{ch}^{(3)}=\sqrt{2}\cdot K_c\cdot I''^{(3)};$$
$$i_{ch}^{(2)}=\sqrt{2}\cdot K_c\cdot I''^{(2)};$$

所以

$$i_{ch}^{(2)}=0.87i_{ch}^{(3)} \qquad (5-56)$$

二、两相短路稳态电流 $I^{(2)}_{\infty}$

各种短路时稳态短路电流的数值各不相同，主要决定于各种短路时发电机的暂态过程，按短路点距离电源的远近而分为三种情况：

（1）短路点远离电源时（$X_{*js}>3$），可认为发电机内不引起任何暂态过程，发电机端电压在短路过程中能保持不变，短路电流仅决定于该电路的外电抗 X_w，所以稳态短路电流 I_{∞} 等于次暂态短路电流 I''，因此

$$\frac{I^{(2)}_{\infty}}{I^{(3)}_{\infty}}=\frac{I''^{(2)}}{I''^{(3)}}=\frac{\sqrt{3}}{2}$$

故有

$$I^{(2)}_{\infty}=0.87I^{(3)}_{\infty} \qquad (5-57)$$

一般工业企业变电所发生的短路，均属此种情况。

（2）短路点距电源较近时（$X_{*js}<0.6$），因为三相短路时发电机电枢反应较两相短路时祛磁作用强，即三相短路时电压下降的程度较两相短路时严重，所以 $I^{(2)}_{\infty}>I^{(3)}_{\infty}$。当发电机出线端发生短路时，可以近似取为：

$$I^{(2)}_{\infty}=1.5I^{(3)}_{\infty} \qquad (5-58)$$

（3）当短路点距离电源的远近为 $X_{*js}=0.6$ 时，可近似取为：

$$I^{(2)}_{\infty}=I^{(3)}_{\infty} \qquad (5-59)$$

由以上简单分析可知，当 $X_{*js}<0.6$ 时，$I^{(2)}_{\infty}>I^{(3)}_{\infty}$；当 $X_{*js}=0.6$ 时，$I^{(2)}_{\infty}=I^{(3)}_{\infty}$；

当 $X_{*js} > 0.6$ 时，$I_\infty^{(2)} < I_\infty^{(3)}$。而一般工业企业变电所发生短路均属后一种情况，因此对电气设备作短路校验时，应用最大短路电流——三相短路电流；对继电保护作多相短路灵敏度校验时，应用最小短路电流——两相短路电流。

第七节 1千伏以下低压电网短路电流计算

一、1千伏以下低压电网短路电流计算的特点

（1）由于低压电网中降压变压器容量远远小于高压电力系统的容量，所以降压变压器阻抗和低压短路回路阻抗远远大于电力系统的阻抗，在计算降压变压器低压侧短路电流时，一般不计电力系统到降压变压器高压侧的阻抗，可认为降压变压器高压侧的端电压保持不变。

（2）计算高压电网短路电流时，通常仅计算短路回路各元件的电抗而忽略其电阻，但在计算低电压电网短路电流时，因低压回路中各元件的电阻值与电抗值之比较大而不可忽略，故一般要用阻抗计算，仅当短路回路总电阻不大于三分之一总电抗时，才可以不计电阻。

（3）由于低压电网的电压一般只有一级，而且在短路回路中，除降压变压器外，其它各元件的阻抗都是用毫欧表示的，所以在计算低压电网的短路电流时，采用有名制而不采用标么制。

二、低压电网短路回路中各元件阻抗

（一）变压器的阻抗

变压器的每相电阻和电抗可由下式计算：

$$R_b = \frac{R_{*b} \cdot U_e^2}{S_e} \text{[毫欧]} \tag{5-60}$$

$$X_b = \frac{X_{*b} \cdot U_e^2}{S_e} \text{[毫欧]} \tag{5-61}$$

式中　　R_{*b}——变压器电阻额定标么值，

$$R_{*b} = \frac{\Delta P_d}{S_e};$$

X_{*b}——变压器电抗额定标么值，

$$X_{*b} = \sqrt{\left(\frac{U_d\%}{100}\right)^2 - \left(\frac{\Delta P_d}{S_e}\right)^2};$$

ΔP_d——变压器的额定短路损耗[千瓦]；

$U_d\%$——变压器短路电压的百分数；

S_e——变压器的额定容量[千伏安]；

U_e——变压器低压侧的额定电压[伏]。

（二）母线的阻抗

母线的电阻可由下式计算：

$$R_m = \frac{l}{\gamma \cdot S} \times 10^3 \text{[毫欧]} \tag{5-62}$$

式中　　l——母线长度[米]；

γ —— 电导率 $\left[\dfrac{\text{米}}{\text{欧·平方毫米}}\right]$,

对铝母线 $\gamma = 32\left[\dfrac{\text{米}}{\text{欧·平方毫米}}\right]$,

对铜母线 $\gamma = 53\left[\dfrac{\text{米}}{\text{欧·平方毫米}}\right]$;

S —— 母线截面 [平方毫米]。

水平排列的矩形母线, 每相电抗的理论计算公式如下:

$$X_m = 0.145 \cdot l \cdot \lg \frac{4d_P}{b} \ [\text{毫欧}] \qquad (5\text{-}63)$$

式中　l —— 母线长度 [米];

　　　b —— 母线宽度 [毫米];

　　　d_P —— 母线相间几何均距 [毫米], 如各相母线间的中心距离分别为 d_{ab}、d_{bc}、d_{ca}, 则其几何均距 d_P 为:

$$d_P = \sqrt[3]{d_{ab} \cdot d_{bc} \cdot d_{ca}}$$

当三相母线作水平布置, 且相间距离相等时, 则 $d_P = 1.26d$;

　　　d —— 相邻母线间的中心距离 [毫米]。

但在实际计算工作中, 多采用如下数据:

对截面为500平方毫米以下的低压母线

$$X_m = 0.17l \ [\text{毫欧}]$$

对截面为500平方毫米以上的低压母线

$$X_m = 0.13l \ [\text{毫欧}]$$

(三) 其它元件的阻抗

自动空气断路器过流线圈的阻抗, 自动空气断路器及刀开关触头的接触电阻, 电流互感器原绕组的阻抗, 架空线及电缆的阻抗可查阅有关手册。

在低压电网的短路电流计算中, 常常遇到从变压器到短路点间由几种不同截面的电缆组成电路 (为 S_1、S_2、S_3), 此时应将它们归算到同一截面 (如为 S_1), 于是电缆线路的等效计算长度 l, 可近似地按下式确定:

$$l = l_1 + l_2 \frac{\rho_2 S_1}{\rho_1 S_2} + l_3 \frac{\rho_3 S_1}{\rho_1 S_3} \qquad (5\text{-}64)$$

式中　l_1、l_2、l_3 —— 不同截面电缆的长度 [米];

　　　S_1、S_2、S_3 —— 不同电缆的截面 [平方毫米];

　　　ρ_1、ρ_2、ρ_3 —— 不同材料电缆在 $t = 20°\text{C}$ 时的电阻系数 [欧·平方毫米/米];

　　　当材料为铜时　$\rho_{Cu} = \dfrac{1}{\gamma_{Cu}} = \dfrac{1}{53}$

　　　当材料为铝时　$\rho_{Al} = \dfrac{1}{\gamma_{Al}} = \dfrac{1}{32}$

三、低压电网短路电流计算

(一) 三相短路电流周期分量的计算

$$I_d = I'' = I_\infty = \frac{U_P}{\sqrt{3}\,Z_\Sigma} = \frac{U_P}{\sqrt{3}\,\sqrt{R_\Sigma^2 + X_\Sigma^2}} \ [\text{千安}] \qquad (5\text{-}65)$$

式中　U_P——平均额定线电压[伏]，对380伏网络，$U_P=400$伏，对220伏网络，$U_P=$
　　　　230伏；

　　　　Z_Σ——短路回路每相总阻抗[毫欧]；

　R_Σ、X_Σ——短路回路每相总电阻及总电抗[毫欧]。

　　如仅在一相或两相上有电流互感器而使短路电流不对称时，仍可按上式计算，但式中的R_Σ和X_Σ采用没有电流互感器那一相的总阻抗。

　　如低压电网由两台并联运行的变压器供电，若两台变压器的阻抗角接近相等，则等效电阻和等效电抗可按一般并联公式进行计算。

　　（二）短路冲击电流及冲击电流有效值

　　在低压电网中，由于电阻较大，短路电流非周期分量的衰减比高压电网快得多。在容量≤1000千伏安的变压器后短路时，短路电流非周期分量衰减的时间，实际上不超过0.03秒。如果电缆长度 l（米）与截面 S（平方毫米）的比值满足 $l/S > 0.5$ 时，在任何时间都可以不考虑非周期分量。即冲击系数 K_c 取 1。一般仅在变压器出口的母线、低压配电盘或其他很接近变压器的地方短路时，才在第一个周期内考虑非周期分量。低压电网短路冲击电流 i_{ch} 按下式计算：

$$i_{ch}=\sqrt{2}\,K_c I_d \qquad\qquad (5-66)$$

式中 K_c 为短路电流冲击系数，可根据回路中 X_Σ/R_Σ 的比值从图5-14中查得。

　　当短路点接有单位容量为20千瓦以上的异步电动机时，应考虑它的反馈冲击电流，见式（5-54）。

　　冲击电流的有效值（短路全电流最大有效值）I_{ch} 可按下式求得：

当 $K_{ch} > 1.3$ 时，

$$I_{ch}=\sqrt{1+2(K_{ch}-1)^2}\cdot I_d \qquad (5-67)$$

当 $K_{ch} \leqslant 1.3$ 时，

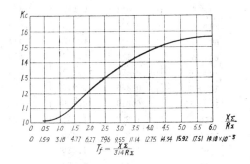

图 5-14　K_c 与 X_Σ/R_Σ（或 T_f）的关系曲线

$$I_{ch}=\sqrt{1+\frac{T_f}{0.02}}\cdot I_d \qquad\qquad (5-68)$$

　　（三）两相短路电流 $I_d^{(2)}$

　　由于距电源发电机的电气距离很远，降压变压器容量与电源容量相比，显得其小，因此两相短路电流可按下式计算：

$$I_d^{(2)}=0.87 I_d^{(3)} \qquad\qquad (5-69)$$

　　（四）单相短路电流 $I_d^{(1)}$

　　在工厂低压380/220伏供配电电网中，较多发生相线和零线之间的单相短路。在工程上，利用短路电流迫使线路上的保护装置迅速动作而切除故障，缩短故障存在时间，对于人身及设备的安全都非常重要。因此讨论低压电网的单相短路电流的计算方法，也往往与实际问题紧密联系。因此根据欧姆定律，并引入"相—零"回路阻抗 Z_{x_0}，可进一步化简低压电网中单相短路电流的计算。$I_d^{(1)}$ 可按下式计算：

$$I_{d}^{(1)}=\frac{U_{xg}}{\frac{1}{3}(Z_{1\Sigma}+Z_{2\Sigma}+Z_{0\Sigma})}=\frac{U_{xg}}{Z_{x0}+Z_{b}}[\text{安}] \qquad (5-70)$$

式中 　　　　U_{xg}——电源相电压[伏]；

　　$Z_{1\Sigma}$、$Z_{2\Sigma}$、$Z_{0\Sigma}$——从电源中性点至短路点的总的正序阻抗、负序阻抗、零序阻抗❶ [欧]；

　　　　Z_{x0}——"相—零"回路的阻抗[欧]；

　　　　Z_{b}——降压变压器的单相阻抗[欧]。

为了计算方便，对不同导线的"相—零"回路，以及变压器的阻抗都制定表格备查。表5-7和表5-8列出了车间常用的"相—零"回路单位长度的阻抗值；表5-9列出了换算到低压侧的变压器单相阻抗值。

车间内架空敷设的"相—零"回路的单位长度阻抗值　　　　表 5-7

相 线 截 面 (平方毫米)	当零线为下列导体时的单位阻抗值(欧/公里)							
	钢轨＋1 ×16(铝)	钢 轨	1×70 (铝)	1×50 (铝)	1×35 (铝)	1×25 (铝)	1×16 (铝)	40×4 扁 钢
30×4	1.245	1.47	0.990	1.072	1.318	1.6	2.340	2.54
40×4	1.114	1.169	0.930	1.045	1.238	1.490	2.20	2.218
50×5	1.048	1.112	0.875	0.987	1.180	1.456	2.058	2.07
50×6	0.990	1.055	0.858	0.968	1.152	1.431	2.028	1.905
60×6	0.978	1.042	0.844	0.952	1.138	1.420	2.005	1.885
80×6	0.870	0.962	0.815	0.940	1.110	1.390	1.980	1.61
100×6	0.854	0.950	0.792	0.900	1.090	1.368	1.955	1.59
100×8	0.846	0.945	0.785	0.890	1.078	1.352	1.945	1.58
100×10	0.810	0.916	0.772	0.850	1.070	1.342	1.933	1.48
150	1.230	1.251	0.964	1.078	1.275			2.42
120	1.285	1.325		1.170	1.325			2.7
95	1.392	1.430		1.184	1.392	1.680		2.86
70	1.540	1.578			1.505	1.795		3.18
50	1.760	1.820				1.970	2.580	3.62
35	1.970	2.220					2.860	3.86
25	2.390	2.541					3.210	4.7
16	3.30	3.220					3.826	5.68

注：表内所列相线全部为铝母线或铝芯线；相线温度按70℃计算，零线温度按40℃计算。

如前所述，计算低压单相短路电流的目的主要是验证发生故障情况下，保护装置能否迅速动作，故需要了解保护装置的类型和短路时与动作电流的配合。对于380/220伏的低压线路，通常采用熔断器和自动空气开关作保护装置。对熔断器，规定要求单相短路电流数值为熔丝电流的4倍以上。对于自动开关，由于其保护性能好，瞬动机构动作快，一般只要短路电流为自动开关瞬时（或短延时）动作过电流脱扣器整定电流的1.1倍时，就能可靠动作。考虑到短路电流的计算误差，规定单相短路电流大于自动空气开关瞬时（或短延时）动作过电流脱扣器整定电流的1.25倍。

---

❶ 关于序阻抗的概念和计算，详见第九章附录。

导 线 截 面 （平方毫米）	电线管直径 （毫米）	电　阻 （欧/公里）	电　抗 （欧/公里）	阻　抗 （欧/公里）
1.5	15	24.24	4.3	24.6
2.5	20	15.24	4.28	15.8
4	20	10.49	4.27	11.3
6	25	7.17	3.47	7.97
10	25	5.05	2.84	5.79
16	32	3.24	1.99	3.8
25	32	2.55	1.85	3.15
35	40	1.643	1.19	2.03
50	50	1.068	1.002	1.47
70	50	0.888	1.00	1.34
95	70	0.69	0.77	1.03
120	80	0.54	0.75	0.92
150	80	0.48	0.74	0.88

注：相线温度按70℃计算，零线温度按40℃计算。

变 压 器 单 相 阻 抗 表　　表 5-9

变压器容量（千伏安）	50	63	80	100	125	160	200
阻抗（欧）	0.128	0.1	0.0806	0.064	0.051	0.041	0.032
电抗（欧）	0.1056	0.0840	0.0680	0.0550	0.0448	0.0370	0.0285
电阻（欧）	0.0736	0.0557	0.0425	0.0330	0.0246	0.0181	0.0144

变压器容量（千伏安）	250	315	400	500	630	800	1000
阻抗（欧）	0.0243	0.0203	0.0156	0.0128	0.01	0.0091	0.0073
电抗（欧）	0.0220	0.0186	0.0148	0.0120	0.0096	0.0086	0.0069
电阻（欧）	0.0105	0.0081	0.0060	0.0044	0.0034	0.0029	0.0022

　　这就是说，从安全角度考虑，单相短路电流 $I_d^{(1)}$ 与熔断器的额定电流 I_{Re} 和自动开关瞬时（或短延时）动作过电流脱扣器整定电流 $I_{K \cdot zd}$ 之间应满足下列关系：

$$\left. \begin{array}{l} I_d^{(1)} \geqslant 4 I_{Re} \\ I_d^{(1)} \geqslant 1.25 I_{K \cdot zd} \end{array} \right\} \tag{5-71}$$

　　一般按长期允许负荷、按机械强度、按电压损失等项要求设计的配电线路都有较大的截面，在绝大多数情况下都能满足短路电流的要求。只是在线路很长的少数情况下，才有必要进行单相短路电流的验算。验算的方法是实用性的，即从满足式（5-71）的条件出发，反求相零回路的允许阻抗（因变压器阻抗已不能改变），再利用有关表格求出在不同保护装置时的相零回路的截面和允许长度。当短路点到变压器的距离不超过允许长度时，就认为能产生足够大的单相短路电流，达到设计的要求。

第八节 用"短路功率法"计算短路电流

在供电系统的短路计算中，都需要先求出短路回路的总等值阻抗，然后再求短路电流。目前计算短路回路总等值阻抗的方法均采用前述的有名制或标么制。这两种方法都需要把短路回路中用变压器连接的各不同电压级中元件阻抗，根据同一基准值进行换算，才能得出短路回路总的等值阻抗。然后再计算短路电流和短路容量。根据具体情况，低压电网采用有名制计算，高压电网采用标么制计算，当采用标么制时，还需要把标么电流和标么容量分别换回到以千安和兆伏安为单位的有名值。因此，计算较复杂，并包括许多较难记忆的公式。本节介绍的"短路功率"法，在一定情况下具有计算简便、可以直接得出计算点的短路容量的特点。

现将标么电抗法和短路功率法作一简单的比较：

1）采用标么电抗法计算短路电流

步骤：计算系统中各元件的标么电抗 X_*→短路点总 $X_{*\Sigma}$→短路电流 $I_d\left(I_d=\dfrac{1}{X_{*\Sigma}} \cdot I_j\right)$ →短路容量 S_d 及冲击电流 i_{ch}。

特点：适用于各种结构的电力系统，物理概念易懂，计算结果比较精确，有关参考数据和资料丰富，但计算复杂。

2）采用短路功率法计算短路电流

步骤：计算系统中各元件的短路功率 M_d→短路点 $M_{d\Sigma}$→短路容量 S_d（$S_d=M_{d\Sigma}$）→短路电流 $I_d\left(I_d=\dfrac{S_d}{\sqrt{3} \cdot U_P}\right)$→冲击电流 i_{ch}。

特点：特别适用于无限大容量电网系统，物理概念易懂，能直接求得 S_d 和 I_d 的有名值，计算精度符合工程要求。只需记两个计算元件短路功率的简单公式，计算过程简便。

一、短路功率法的基本原理和计算公式

短路功率法的基本原理和有名制相同，它是把元件的阻抗 Z 变换为元件的导纳 Y，再把元件的导纳变换为元件的短路功率 M_d，最后用元件短路功率直接求出短路点的短路容量 S_d。此法对元件引入一个新的物理参数——短路功率，用 M_d 表示，它与元件的阻抗 Z 或元件的导纳 Y 有如下关系：

$$M_d=\sqrt{3} \cdot U_P \cdot I_d=\sqrt{3} \cdot U_P \cdot \frac{U_P}{\sqrt{3}Z}=\frac{U_P^2}{Z}=U_P^2 Y \qquad (5\text{-}72)$$

式中 M_d——元件的短路功率[兆伏安]；

$\quad\quad U_P$——元件所在线路的平均额定线电压[千伏]；

$\quad\quad I_d$——通过元件的短路电流[千安]；

$\quad\quad Z$——元件一相的阻抗[欧姆]；

$\quad\quad Y$——元件一相的导纳[西]；

如果元件的阻抗不是用有名值表示，而用额定标么值给出的，则计算元件的短路功率宜用下式：

$$\because Z_{*e}=\frac{1}{I_{*d}}=\frac{1}{\left(\dfrac{I_d}{I_e}\right)}=\frac{I_e}{I_d}=\frac{\sqrt{3}\cdot U_p\cdot I_e}{\sqrt{3}\cdot U_p\cdot I_d}$$

$$=\frac{\sqrt{3}\cdot U_e\cdot I_e}{\sqrt{3}\cdot U_p\cdot I_d}=\frac{M_e}{M_d}$$

$$\therefore\quad M_d=\frac{M_e}{Z_{*e}}\approx\frac{M_e}{X_{*e}}\qquad\qquad（5\text{-}73）$$

式中　M_e——元件的额定功率[兆伏安]；

$\quad\ \ I_e$——元件的额定电流[千安]；

$\quad\ \ Z_{*e}$——元件以额定值为基准值的一相阻抗标么值；

$\quad\ \ X_{*e}$——元件以额定值为基准值的一相电抗标么值，当元件的$R\ll X$时，可用X_{*e}代替Z_{*e}。

公式（5-72）适用于计算架空线路和电缆线路的M_d，而公式（5-73）适用于计算变压器、电抗器、电动机的M_d。

在采用有名值时，接在不同电压等级电网中的元件阻抗，要经过归算方能保持等值。归算的原则就是使归算前后元件的短路功率保持相等。而在短路功率法中，已直接用短路功率来表示，因此就不需要再作归算，这也是该法优点之一。此外，从公式（5-72）可见元件的短路功率M_d这个量，在计算公式中具有容量的因次和数值，但实质上是代表元件的导纳，因而它具有导约的物理特性。故在进行等值综合计算求$M_{d\Sigma}$时，它的计算方法也与导纳相同，而与阻抗相反。如几个元件串联时，求$M_{d\Sigma}$按阻抗并联的公式；如几个元件并联时，求$M_{d\Sigma}$按阻抗串联的公式。即：

1）元件并联求总的等值短路功率

$$M_{d\Sigma}=M_{d1}/\!/M_{d2}/\!/\cdots\cdots/\!/M_{dn}=M_{d1}+M_{d2}+\cdots\cdots+M_{dn}\qquad（5\text{-}74）$$

2）元件串联求总的等值短路功率

$$M_{d\Sigma}=M_{d1}\mathbf{+}M_{d2}\mathbf{+}\cdots\cdots\mathbf{+}M_{dn}$$

$$=\frac{1}{\dfrac{1}{M_{d1}}+\dfrac{1}{M_{d2}}+\cdots\cdots+\dfrac{1}{M_{dn}}}\qquad（5\text{-}75）$$

式中粗体$\mathbf{+}$号表示串联，平行斜线$/\!/$表示并联。

可见，由无限容量系统供电时，短路点的短路量S_d，就是从电源至短路点总的等值短路功率$M_{d\Sigma}$，即

$$S_d=M_{d\Sigma}\qquad\qquad（5\text{-}76）$$

短路点三相短路电流周期分量$I_{zq}=I_\infty=I_d$，由下式求出：

$$I_d=\frac{S_d}{\sqrt{3}\ U_p}\qquad\qquad（5\text{-}77）$$

冲击短路电流i_{ch}及短路全电流有效值I_t等均可按第二节中有关公式求得。

二、短路功率法的计算步骤

（1）画出计算用的单线系统图，并标明计算电路中各级的电压（千伏）、各元件的参数。

（2）画出等值电路图，将计算回路中各元件（单独存在时）的短路功率M_d填于方框中，并进行编号。

（3）根据各阻抗元件在回路中的连接关系和逐步化简，在综合化简时应特别注意一点，即要按导纳的串联、并联或星形和三角形变换公式进行运算，如电网元件均只是串联或并联连接时，按式（5-74）和式（5-75）进行化简，最后求得从电源至短路点的$M_{d\Sigma}$。

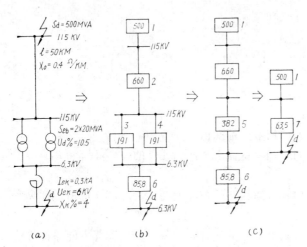

图 5-15　计算用短路功率图及其等值电路图的化简
（a）单线系统图；（b）等值电路图；（c）电路化简图

（4）按式（5-76）及式（5-77）求出各个短路点的S_d和I_{d}。

（5）按有关公式求出i_{ch}，I_{ch}，I_t的数值。

三、短路功率计算法举例

【例 3】 仍用第三节中例（1）的电路，并设系统115千伏母线的短路容量为500兆伏安，如图5-15（a）所示，求电抗器后d点短路时各参数值。

【解】 1）作出计算用单线系统图，并注明各元件的参数（见图5-15）。

2）作等值电路图并计算电路中各元件的短路功率：

系统的短路功率M_{d1}：
$$M_{d1}=500（兆伏安）$$

线路的短路功率M_{d2}：
$$M_{d2}=\frac{U_P^2}{Z}=\frac{115^2}{50\times0.4}=660（兆伏安）$$

单台变压器的短路功率$M_{d3}=M_{d4}$：
$$M_{d4}=\frac{S_{eb}}{Z_{*e}}=\frac{20}{0.105}=191（兆伏安）$$

二台并联运行变压器总的短路功率M_{d5}：
$$M_{d5}=M_{d3}/\!\!/M_{d4}=2\times191=382（兆伏安）$$

电抗器的短路功率M_{d6}：

考虑到额定电压和使用电压不符时应作的修正，有：
$$M_{d6}=\frac{M_e}{X_{*e}}\left(\frac{U_P}{U_e}\right)^2=\frac{\sqrt{3}\times6\times0.3}{0.04}\left(\frac{6.3}{6}\right)^2$$
$$=85.8（兆伏安）$$

将上述元件的短路功率填入等值电路图的方框中。

3）计算短路点综合短路功率$M_{d\Sigma}$
$$M_{d\Sigma}=M_{d1}+M_{d2}+M_{d3}/\!\!/M_{d4}+M_{d6}$$
$$=M_{d1}+M_{d2}+M_{d5}+M_{d6}=M_{d1}+M_{d7}$$
$$=\frac{M_{d1}\cdot M_{d7}}{M_{d1}+M_{d7}}=\frac{500\times63.5}{500+63.5}$$
$$=56.5（兆伏安）$$

4 ）求短路点d的S_d、I_d、i_{ch}、I_{ch}各参数值：

$$S_d=M_{d\Sigma}=56.5（兆伏安）$$

$$I_d=\frac{S_d}{\sqrt{3}\cdot U_P}=\frac{56.5}{\sqrt{3}\times 6.3}=5.1（千安）$$

$$i_{ch}=2.55I_d=2.55\times 5.1=13（千安）$$

$$I_{ch}=1.52I_d=1.52\times 5.1=7.75（千安）$$

从上述计算例题中可知：

1 ）当短路回路串联阻抗元件等于或大于三个时，由各元件的短路功率M_d求综合短路功率$M_{d\Sigma}$宜从电源到短路点逐步两两综合，或采用阻抗并联的作图法使其化简。

2 ）求$M_{d\Sigma}$采用M_{d1}与M_{d7}串联步骤，有利于计算系统为最大运行方式（$S_{d\cdot max}$）时及最小运行方式（$S_{d\cdot min}$）时的短路电流。

3 ）如系统容量数值为无限大，则只需将等值电路图中的方框 1 取掉即可。因为：

$$M_{d1}=\infty，\quad 则\frac{1}{M_{d1}}=0，$$

所以：

$$M_{d\Sigma}=M_{d1}+M_{d7}=\frac{1}{\frac{1}{M_{d1}}+\frac{1}{M_{d7}}}=\frac{1}{0+\frac{1}{M_{d7}}}=M_{d7}$$

如上例中系统的短路容量假设为无限大，$M_{d1}=\infty$，则短路点的短路容量$S_d=M_{d\Sigma}=M_d=63.5$兆伏安，而与第三节图5-7例题的计算结果相同。

第九节　短路电流的电动力效应

配电装置中的电气设备和载流导体，当电流流过时相互间存在作用力，称为电动力。正常时因工作电流不大，所以电动力也不易察觉。当短路时，特别是流过冲击电流的瞬间，产生电动力最大，可能导致导体变形或破坏电气设备，所以必须要求电气设备有足够承受电动力的能力，即动稳定性，才能可靠地工作。

对于形状比较简单的导体所受到电动力，按下式求得：

$$F=BIl\sin\alpha[牛顿] \tag{5-78}$$

式中　l——导线长度[米]；

B——磁感应强度[韦伯/平方米]；

I——通过导体的电流[安]；

α——导体与磁感应强度间的夹角[度]。

导体所受电动力的方向按左手定则确定。

以下就应用式（5-78）来计算两根平行的载流导体和三相母线在短路时电动力的大小。

一、两平行导体间的电动力

平行导体的长度为l，中心距离为a（$a\ll l$），导体的截面尺寸很小（导线截面半径$r\ll a$），分别流过电流i_1、i_2。导体 1 中电流i_1在导体 2 处产生的磁感应强度为：

$$B_1=\mu_0\mu_r\frac{i_1}{2\pi a}=2\times 10^{-7}\frac{i_1}{a}[韦伯/平方米]$$

式中 $\mu_0=4\pi\times10^{-7}$——真空导磁率[亨/米]；

$\qquad\mu_r\approx1$——空气相对导磁率。

因两导体平行，故导体 2 与磁感应强度 B_1 相垂直，当导体 2 中有电流 i_2 通过时，便受到电动力 F_2 的作用，其大小由式（5-78）求得，其方向由左手定则确定，如图5-16所示。

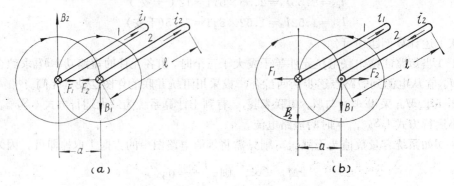

图 5-16　两条平行载流导体间的电动力
（a）电流同向；（b）电流反向

$$F_2=B_1i_2l\sin90°$$
$$=2\times10^{-7}\frac{i_1i_2}{a}l\,[\text{牛顿}]$$

同理得：

$$F_1=B_2i_1l\sin90°$$
$$=2\times10^{-7}\frac{i_2i_1}{a}l\,[\text{牛顿}]$$

又因 1 牛顿＝0.102公斤力，F_1 与 F_2 大小是相等的，故上式可写成：

$$F_1=F_2=2.04i_1i_2\frac{l}{a}\cdot10^{-8}[\text{公斤}] \tag{5-79}$$

式中　l ——受电动力作用导体长度[厘米]；

$\qquad a$ ——两导体间中心距离[厘米]；

i_1、i_2——通过导体 1、导体 2 的电流[安]。

导体 1 和导体 2 所受的电动力相等，但方向相反。并且当 i_1、i_2 同向时两力相吸，电流反向时两力相斥。

实践证明，用式（5-79）来计算圆形实心或空心导体间的作用力时比较正确。如果对非圆形截面，如矩形截面，而且截面尺寸与导体间距离相比又不可忽略时，应用上式计算将产生较大误差，需乘形状系数加以修正，即：

$$F=2.04Ki_1i_2\frac{l}{a}\cdot10^{-8}[\text{公斤}] \tag{5-80}$$

K 称为母线的形状系数，它与母线的形状及相互位置有关，可从图 5-17 中 的 曲线求得，K 为 $\dfrac{a-b}{b+h}$ 的函数，此处 b 和 h 是导体的尺寸，a 是导体中心轴间的距离。从图5-17可见，K 值在 0～1.4 范围内变化，当 $\dfrac{a-b}{b+h}\geqslant2$ 时，即当母线间距离等于或大于母线周长时，系数实际上约等于1，就是说在这种情况下，可不考虑对形状的修正，直接用式（5-79）计算两母线间的作用力。

二、三相平行母线短路时的电动力

在变电所中，大多数是三相导体布置于同一平面内，如图5-18所示。在这种情况下，边缘相和中间相的导体所受的力并不相同，下面我们通过分析以确定那一相受到电动力最大。

当三相短路电 i_A、i_B、i_C 通过三相母线时，因短路电流周期分量的瞬时值不会同时方向相同，至少有一相电流方向与其余两相相反，如图5-18所示的两种情况：（1）边相电流与其余两相方向相反；（2）中间相电流与其余两相方向相反。根据平行导体间电流同向两力相吸，电流反向两力相斥的关系，可画出三相母线中每条母线的受力情况。

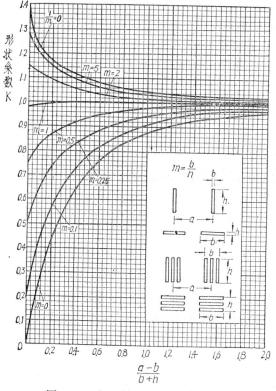

图 5-17　矩形母线的形状系数曲线

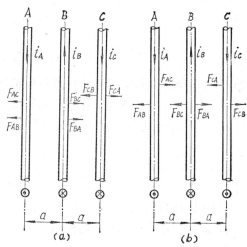

图 5-18　水平或垂直布置的三相
母线受力情况

（a）边相电流反向时三相电动力分布；
（b）中间相电流反向时三相电动力分布

（1）在图5-18（a）中，C相受两个电动力作用，但两力方向相反而相抵消。A相和B相也都受两个电动力作用，因两力方向相同而增大。比较结果，是B相受力最大。

$$\because \quad F_{BA}=F_{AB}$$

$F_{BC}>F_{AC}$（因A～C相间距离为2a，而B～C相间距离为a）

$$\therefore \quad \text{B相总受力} F_{BA}+F_{BC}>\text{A相总受力} F_{AB}+F_{AC}$$

（2）在图5-18（b）中，每相都受到两个电动力作用，但两力方向相反而互相部分抵消，而不可能出现受力最大的情况。

显然，母线间产生电动力最严重的时刻是通过冲击电流的瞬间，这虽然仅是短路过程某一瞬间所出现的最大电动力 F_{max}，但变电所中一切电气设备都必须按照能够承受 F_{max} 为条件来校验其机械强度的稳定性。

根据上述对三相短路电流瞬时值的大小和方向的分析结果，我们可以确定：最大的电动力F_{max}发生在中间（B相）通过最大冲击电流的时候。应用式（5-80）可求得：

$$F_{max}=F_{BA}+F_{BC}=2.04K(i_{ch \cdot B} \cdot i_{ch \cdot A})\frac{l}{a} \cdot 10^{-8}+2.04K(i_{ch \cdot B} \cdot i_{ch \cdot C})\frac{l}{a} \cdot 10^{-8}$$

$$=2.04K \cdot i_{ch \cdot B}(i_{ch \cdot A}+i_{ch \cdot C})\frac{l}{a} \cdot 10^{-8}$$

在上式中$i_{ch \cdot A}$、$i_{ch \cdot B}$、$i_{ch \cdot C}$分别为通过各相导体中的冲击短路电流。众所周知，最大的冲击短路电流只可能发生在一相内，如$i_{ch \cdot B}$，则$i_{ch \cdot A}+i_{ch \cdot C}$合成值将比$i_{ch \cdot B}$略小。采用系数0.87来估计其余两相冲击短路电流中周期分量的不同相和非周期分量的不同值。此外，从公式（5-80）中不难看出，如交变电流i的角频率为ω，则电动力F中将有角频率为ω及2ω的周期分量出现，此电动力分量将引起母线共振。当母线的自振频率无法限制在共振频率范围以外时（对于单条的母线及母线组中各单条母线，共振频率范围为35～135赫），计算母线的受力必须乘以振动系数β。β值从有关手册中振动系数曲线查得。于是三相平行母线短路时的电动力用下式计算：

$$F_{max}=2.04K \cdot i_{ch}(0.87i_{ch})\frac{l}{a} \cdot \beta \cdot 10^{-8}$$

$$=1.76 \cdot K \cdot i_{ch}^2\frac{l}{a}\beta \cdot 10^{-8}[公斤] \tag{5-81}$$

式中　　l和a——载流导体的跨距和相间中心距离，同时采用[厘米]为单位；

　　　　K和β——母线的形状系数和振动系数，查有关曲线；

　　　　i_{ch}——三相短路冲击电流[安]；当i_{ch}以[千安]为单位时，式（5-81）可改写成：

$$F_{max}=1.76 \cdot K \cdot \frac{l}{a}i_{ch}^2 \cdot \beta \cdot 10^{-2}[公斤] \tag{5-82}$$

当校验硬母线和绝缘子在短路时的动态稳定时，需要进行短路电流电动力计算。对于开关电器，一般直接用冲击电流i_{ch}表示其动稳定性，而可以不计算电动力，详见电器选择与校验有关章节。

第十节　短路电流的热效应

当系统发生短路故障时，通过导体的短路电流要比正常工作电流大很多倍。虽然有继电保护装置能在很短时间内切除故障，但导体的温度仍有可能被加热到很高的程度，导致电气设备的破坏。如果导体在短路时的最高温度不超过设计规程规定的允许温度（见表5-10），则认为导体对短路电流是热稳定的，否则就不满足热稳定的要求。所以短路时热计算的目的即为决定导体在短路时的最高温度，再与该类导体在短路时的最高允许温度相比较。

一、确定导体短路时的最高温度θ_d

短路时发热计算的特点是：

（1）导体的加热过程时间很短，温度上升速度很快，可以认为短路电流在导体中产生的热量全部用来提高导体本身的温度，可不计及散入周围介质中的热量（绝热过程）。

导体在短路时的最高允许温度

表 5-10

导 体 种 类 和 材 料	最 高 允 许 温 度(℃)
1.硬导体：铜	300
铝	200
钢(不和电器直接连接时)	400
钢(和电器直接连接时)	300
2.油浸纸绝缘电缆：铜芯，10千伏及以下	250
铝芯，10千伏及以下	200
铜芯，20、30千伏	175
3.充油纸绝缘电缆：60～330千伏	160
4.橡皮绝缘电缆	150
5.聚氯乙烯绝缘电缆	130
6.交联聚乙烯绝缘电缆：铜芯	230
铝芯	200
7.有中间接头的电缆：锡焊接头	120
压接接头	150

（2）由于导体温度上升得很高，不能把导体的电阻和比热都看作常数，而是随温度而变化的。

（3）短路电流瞬时值变化规律复杂。

考虑上述特点，短路时的热平衡微分方程式应为：

$$I_{dt}^2 \cdot R_\theta \cdot dt = C_\theta \cdot G \cdot d\theta \qquad (5-83)$$

式中　I_{dt}——短路全电流的有效值，因非周期分量随时间而衰减，所以 I_{dt} 也随时间而变化[安]；

　　　R_θ——温度为 θ℃时的导体电阻，

$$R_\theta = \rho_0 (1+\alpha\theta) \frac{l}{S} \quad [欧姆]；$$

　　　C_θ——温度为 θ℃时的导体材料比热，

$$C_\theta = C_0(1+\beta\theta)[瓦\cdot秒/克\cdot℃]；$$

　ρ_0、C_0——0℃时导体材料的电阻系数和比热；

　α、β——是 ρ 和 C 的温度系数[1/℃]；

　l、S——导体的长度和截面[米]和[平方毫米]；

　　　G——导体的重量，$G = \gamma \cdot S \cdot l$[克]；

　　　γ——导体材料的密度[克/立方厘米]；

把以上R_θ、C_θ、G代入式（5-83），经整理后得：

$$\frac{1}{S^2} I_{dt}^2 dt = \frac{C_0\gamma}{\rho_0} \cdot \frac{1+\beta\theta}{1+\alpha\theta} \cdot d\theta$$

将上式积分，则有：

$$\frac{1}{S^2} \int_0^t I_{dt}^2 dt = \frac{C_0\gamma}{\rho_0} \int_{\theta_g}^{\theta_d} \frac{1+\beta\theta}{1+\alpha\theta} d\theta \qquad (5-84)$$

式（5-84）左边从 0 积分到 t（切断短路的时间），代表了与由短路电流所产生的热量成比例的数值。右边从导体短路前温度 θ_e 积分到短路时最高温度 θ_d，它代表了与导体吸收的热量成比例的数值。

式（5-84）右边积分后得：

$$\frac{C_0\gamma}{\rho_0}\int_{\theta_e}^{\theta_d}\frac{1+\beta\theta}{1+\alpha\theta}\mathrm{d}\theta=A_d-A_e \tag{5-85}$$

式中　$A_d=\dfrac{C_0\gamma}{\rho_0}\left[\dfrac{\alpha-\beta}{\alpha^2}\ln(1+\alpha\theta_d)+\dfrac{\beta}{\alpha}\theta_d\right]$;

$A_d=\dfrac{C_0\gamma}{\rho_0}\left[\dfrac{\alpha-\beta}{\alpha^2}\ln(1+\alpha\theta_e)+\dfrac{\beta}{\alpha}\theta_e\right]$;

为了使 A_d、A_e 计算简化，工程上按铜、铝、钢的 C_0、ρ_0、γ、α、β 的平均值作出 $A_e=\mathrm{f}(\theta)$ 的曲线。如图5-19所示，由此曲线可以求得：①已知某种材料导体温度 θ，则可从相应的曲线上查出 A；②若已知的是 A，可以反过来查得该导体的温度 θ。

式（5-84）左边积分因短路电流随时间变化的规律复杂而有困难。故在实际计算时是用等效的方法来解决。如果作出 $I_{dt}^2=\varphi(t)$ 的曲线，如图 5-20 所示为有自动电压调整器的发电机的 $I_{dt}^2=\varphi(t)$ 曲线。

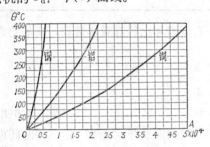

图 5-19　确定导体短路时发热温度的曲线

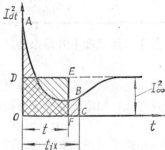

图 5-20　决定假想时间的图解（发电机有自动电压调整器）

在此曲线与横座标及纵座标 BC（相当于短路切除的时间 t 秒）间的面积 $OABC$ 表示 $\int_0^t I_{dt}^2\mathrm{d}t$ 的大小，取适当的比例后，就等于在短路时间 t 的短路电流所产生的热量；如果假设在导体中流过的电流等于短路稳态电流 I_∞，使它产生相等的热效应，则需要另一时间 t_{jx}，此时间称为假想时间。t_{jx} 之值应使高为 I_∞^2 的矩形 $ODEF$ 面积与 $OABC$ 面积相等。因此式（5-84）的左边可写成：

$$\int_0^t I_{dt}^2\mathrm{d}t=I_\infty^2\cdot t_{jx} \tag{5-86}$$

上式阐明假想时间 t_{jx} 的概念是：在此时间内短路稳态电流所产生的热量等于短路变化电流在实际短路时间内所产生的热量。根据式（5-84～86），我们可得反映载流导体热平衡关系的方程如下：

$$\frac{I_\infty^2}{S^2}\cdot t_{jx}=A_d-A_e \tag{5-87}$$

如果已求得假想时间 t_{jx}，则不难按已知条件求出 $\dfrac{I_\infty^2}{S^2}t_{jx}$ 值。再在图5-19的 $A_e=\mathrm{f}(\theta)$

的曲线上，根据θ_e查出对应的A_e，于是按式（5-87）求出：

$$A_d = \frac{I_\infty^2}{S^2} \cdot t_{jx} + A_e$$

再次在$A_e = f(\theta)$的曲线上，根据A_d值仅求导体被加热的最高温度θ_d。若θ_d小于或等于表5-10所列的导体在短路时的最高允许温度，则认为满足热稳定性，否则，导体在短路时不能保证热稳定，需要重选设备或采取相应对策，使满足以上条件。

二、短路时热稳定的校验

对于一般电器设备，在出厂前都经过试验，规定了设备在 t 秒时间内允许通过热稳定电流I_t数值，根据短路电流热效应的等效方法，可以得到如下关系：

$$I_t^2 \cdot t \geqslant I_\infty^2 t_{jx} \tag{5-88}$$

或

$$I_t \geqslant I_\infty \sqrt{\frac{t_{jx}}{t}} \tag{5-89}$$

所以只要求出 t_{jx} 并能满足式（5-88）或式（5-89）的要求，即说明电器设备在短路时是热稳定的，否则得重选设备。

我们将式（5-87）变换，可求得校验母线或电缆在短路时热稳定的计算公式：

$$S_{min} = \frac{I_\infty}{\sqrt{A_d - A_e}} \cdot \sqrt{t_{jx}} = \frac{I_\infty}{C} \sqrt{t_{jx}} \tag{5-90}$$

上式说明：当导体通过短路电流 I_∞、假想时间为 t_{jx} 情况下，与导体最高允许加热温度θ_d相对应的有一个A_d值，与此A_d值相对应的截面称为最小允许截面S_{min}，此截面是导体满足短路热稳定条件所必需的。而实际采用的截面S_e应大于或等于最小允许截面。式中热稳定系数C是与导体材料、结构及最高允许温度θ_d、长期工作额定温度θ_e均有关的数值，粗略计算时，一般均采用表5-11中的C值。

考虑到交变电流在载流导体中的集肤效应，使导体外表部分的电流密度增高，因发热不均匀而使加热温度提高。为保证相等的热稳定性，则必须增大最小允许截面。故需用集肤效应系数K_f对公式（5-90）进行修正。K_f值见表5-12，故有：

热 稳 定 系 数 C		表 5-11
导体种类和材料	最高允许温度 $\theta_d(\text{℃})$	C
1. 母　线		
铜	300	165
铝	200	95
钢（和电器非直接连接）	400	70
钢（和电器直接连接）	300	60
2. 油浸纸绝缘电缆		
铜芯，10kV及以下	250	165
铝芯，10kV及以下	200	95
铜芯，20～35kV	175	—

集肤效应系数K_f		表 5-12
矩形母形截面	K_f	
mm²	TMY	LMY
600	1.0	1.0
800	1.14	1.0
1200	1.18	1.10
1600	1.30	1.14
2000	1.44	1.22
2400	1.60	1.28
3000	1.70	1.40
4000	2.00	1.62

$$S_{min} = \frac{I_\infty}{C} \sqrt{t_{jx} \cdot K_f} \tag{5-91}$$

三、假想时间t_{jx}的计算

假想时间与短路电流的变化特性有关。短路电流起始值与稳态短路电流之比越大，则

假想时间越长。在发电机无自动电压调整器时，假想时间 t_{jx} 常大于短路电流实际通过的时间 t；在发电机有自动电压调整器时，t_{jx} 之值可小于 t（见图5-20）。

短路全电流的有效值，根据式（5-17）可表示如下：

$$I_{dt}^2 = I_{zqt}^2 + i_{ft}^2$$

代入式（5-86），便有：

$$\int_0^t I_{dt}^2 \mathrm{d}t = \int_0^t (I_{zqt}^2 + i_{ft}^2)\mathrm{d}t$$

$$= \int_0^t I_{zqt}^2 \mathrm{d}t + \int_0^t i_{ft}^2 \mathrm{d}t$$

$$= I_\infty^2 \cdot t_{jx}$$

设将假想时间亦分为相应的周期分量与非周期分量的两个部分：

$$t_{jx} = t_{jx \cdot z} + t_{jx \cdot t} \tag{5-92}$$

则有：

$$\int_0^t I_{zqt}^2 \mathrm{d}t + \int_0^t i_{ft}^2 \mathrm{d}t = I_\infty^2 \cdot t_{jx \cdot z} + I_\infty^2 \cdot t_{jx \cdot t}$$

式中　　$t_{jx \cdot z}$——短路电流周期分量的假想时间；

　　　　$t_{jx \cdot t}$——短路电流非周期分量的假想时间。

或将周期分量和非周期分量两部分分开，而有：

$$\int_0^t I_{zqt}^2 \cdot \mathrm{d}t = I_\infty^2 \cdot t_{jx \cdot z} \tag{5-93}$$

$$\int_0^t i_{ft}^2 \cdot \mathrm{d}t = I_\infty^2 \cdot t_{jx \cdot t} \tag{5-94}$$

通过以上两式即可确定假想时间。

（一）周期分量的假想时间 $t_{jx \cdot z}$ 的确定

由式（5-93）我们可以作出曲线，按 t 求 $t_{jx \cdot z}$ 的近似值，如图5-21所示，它以 $\beta'' = \dfrac{I''}{I_\infty}$ 为横坐标，以 $t_{jx \cdot z}$ 为纵坐标，根据装有自动电压调整器汽轮发电机及水轮发电机的短路电流周期分量变化曲线的平均值作成。

在装有自动电压调整器发电机供电的线路中发生短路，有可能 $I'' = I_\infty (\beta'' = 1)$，即使是在这种情况下，周期分量假想时间与实际时间仍有差异，应按图5-21中的曲线来确定。

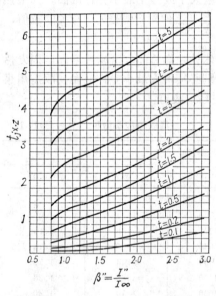

图 5-21　有自动电压调整器的发电机供电时，短路电流周期分量的假想时间曲线

在远距离发生短路时（通常是短路点到电源间的计算电抗 $X_{js} \geqslant 3$ 时），认为整个短路过程中短路电流的周期分量不衰减（$I'' = I_{zqt} = I_\infty$）。因此周期分量假想时间等于短路延续实际时间（$t_{jx \cdot z} = t$）。

短路延续实际时间 t 等于距离短路点最近的主要保护装置的动作时间 t_b（秒）和断路器分闸时间 t_{fd}（秒）之和。当主保护装置为速动时，且缺乏断路器分闸时间具体数据，短路延续实际时间 t 大致如下：

对于快速及中速断路器：$t = 0.11 \sim 0.16$秒，或取0.15秒；

对于低速断路器：$t = 0.18 \sim 0.26$秒，或取0.20秒。

当短路时间较长时（$t > 1$秒），导体发热主要由短路电流周期分量决定。故在此种情况下，可以不计短路电流非周期分量的影响。当短路时间较短时（$t < 1$秒），需要计算非周期分量对导体发热的影响。

（二）非周期分量的假想时间 $t_{jx \cdot f}$ 的确定

在式（5-94）中，将 $i_{ft} = i_{ft0} \cdot e^{-\frac{t}{T_f}}$ 及 $i_{ft0} = \sqrt{2}\,I''$ 代入，可得：

$$\int_0^t i_{ft}^2\, \mathrm{d}t = \int_0^t (i_{ft0} \cdot e^{-\frac{t}{T_f}})^2 \mathrm{d}t$$

$$= T_f \cdot (I'')^2 \cdot (1 - e^{-\frac{t}{0.5\,T_f}})$$

所以
$$t_{jx \cdot f} = T_f \cdot (\beta'')^2 \cdot (1 - e^{-\frac{t}{0.5\,T_f}}) \tag{5-95}$$

在平均值 $T_f = 0.05$ 秒及 $t = 0.1$ 秒时，可近似地认为：

$$e^{-\frac{t}{0.5\,T_f}} = 0$$

则式（5-95）可简化为：

$$t_{jx \cdot f} = 0.05(\beta'')^2 \tag{5-96}$$

（三）全部假想时间 $t_{jx} = t_{jx \cdot z} + t_{jx \cdot f}$

先算出 $\beta'' = \dfrac{I''}{I_\infty}$，根据 β'' 和 t 从图5-21查出 $t_{jx \cdot z}$，最后求出 t_{jx}：

$$t_{jx} = t_{jx \cdot z} + t_{jx \cdot f} = t_{jx \cdot z} + 0.05(\beta'')^2$$

第六章 电气设备选择

第一节 电弧的产生及灭弧方法

开关电器是供电系统中重要的电气设备之一。各种开关电器由于其灭弧装置的不同，而引起了其外形和结构的较大差异，故有必要了解开关设备中电弧的产生及其灭弧方法。

当开关切断电路时，在其触头之间便出现电压并形成电场。触头间电压越高距离越小则电场强度也越大。开始由于强电场发射，嗣后又因热电发射而在触头间产生大量的电子和离子，并在强电场的作用下加速运动，使触头间介质的气体分子产生碰撞游离，从而形成了电弧。由于电弧的温度很高，使弧隙间气体发生热游离，因而加剧了气体分子的游离作用，并维持电弧的继续燃烧，于是增加了开关电器灭弧的困难。

为了使开关电器能迅速地熄灭电弧而切断电流，常用的灭弧方法有下列几种：

（1）冷却灭弧法：降低电弧的温度，使离子运动速度减慢，这样不但使热游离作用减弱，同时离子的复合作用也增强，有利于电弧的熄灭。在交流电弧中，当触头间电压过零时，复合现象特别强烈。复合的速度也与电弧的温度有关，温度愈低，复合作用就愈强烈，因此电弧就愈易熄灭。

（2）速拉灭弧法：电弧的燃烧必须有一定的电弧电压来维持。如在开关触头断开时，加速触头分离，将电弧迅速拉长，从而降低了开关触头之间的电场强度，或者说电弧电压不足以维持电弧的燃烧，而使电弧熄灭。

（3）短弧灭弧法：将长电弧切成几个短电弧是有利于灭弧的。一般均采用绝缘夹板夹着许多金属栅片组成灭弧栅，罩住开关触头的全行程。当开关触头分离时，长电弧在电动力和磁场力的作用下迅速移入灭弧栅，结果长电弧被灭弧片切割成一连串的短电弧，使触头间的电压不足以再击穿所有栅片间的气隙，而使这些短电弧同时熄灭，并且不再复燃。

（4）狭缝灭弧法：利用狭缝窄沟灭弧是使电弧与固体介质接触，将电弧冷却，加强去游离。同时电弧在狭缝窄沟中燃烧，压力增大，特别是有产气材料时使去游离作用更加强烈，有利于电弧的熄灭。

（5）气吹灭弧法：利用任何一种较冷的绝缘介质的气流来纵吹电弧（气流方向与弧柱平行）或横吹电弧（气流方向与弧柱垂直），可使电弧迅速扩散，加强冷却，从而达到熄弧目的。

（6）真空灭弧法：真空具有较高的绝缘强度，如将开关触头置于真空容器中，则当电流过零时即能熄灭电弧。为防止产生过电压，应当不使触头分开时电流突变为零。为此，宜在触头间产生少量金属蒸汽，以便形成电弧通道。当交流电流自然下降过零前后，这些等离子态的金属蒸汽便在真空中迅速飞散而熄灭电弧。

上述灭弧方法，在各种开关电器中采用不同的具体措施来实现，这将在后面结合各种电器来叙述。在这些灭弧方法中，冷却灭弧是基本的，再配合其他灭弧方法，形成各种开关电器的灭弧装置。如在高压隔离开关和低压快分开关中，是采用冷却灭弧加速拉灭弧的。在充填石英砂的管形熔断器中，利用狭缝灭弧加冷却灭弧。在低压自动空气开关、接触器和带灭弧罩的刀开关中，应用短弧灭弧加冷却灭弧的方法。在压缩空气断路器、油断路器及负荷开关中，广泛利用气吹灭弧的方法，近年来还采用SF$_6$作为灭弧介质，使灭弧能力提高几十到几百倍。而真空灭弧应用于真空断路器中，取得了良好的效果。

第二节　电气设备选择的一般原则

工业企业中所采用的主要电气设备，一般是指高压断路器（包括操作机构）、隔离开关、负荷开关、熔断器、仪用互感器、母线、绝缘子，低压空气开关(自动空气断路器)，以及成套配电装置（高压开关柜和低压配电屏）等。虽然它们各有特点，它们的工作环境，装置地点和运行要求亦各不相同，但在设计和选择这些电气设备时，应遵守以下几项共同的原则：

（1）按正常工作条件选择电气设备的额定值。

（2）按短路电流的热效应和电动力效应来校验电气设备的热稳定和动稳定。

（3）按装置地点的三相短路容量来校验开关电器的断流能力（遮断容量）。

（4）按装置地点、工作环境、使用要求及供货条件来选择电气设备的适当形式。

一、按正常工作条件选择额定电压和额定电流

电气设备的额定电压U_e应符合电器装设点的电网额定电压，并应大于或等于正常时可能出现的最大的工作电压U_g，即

$$U_e \geqslant U_g \qquad (6-1)$$

电气设备的额定电流I_e应大于或等于正常工作时的最大负荷电流I_g，即

$$I_e \geqslant I_g \qquad (6-2)$$

我国目前生产的电气设备，设计时取周围空气温度40℃作为计算值，若装置地点日最高气温高于+40℃，但不超过+60℃，则因散热条件较差，最大连续工作电流应适当降低，即额定电流应乘以温度校正系数K。

温度校正系数K由下式确定：

$$K = \sqrt{(\theta_e - \theta)/(\theta_e - 40)} \qquad (6-3)$$

式中θ为最热月平均最高气温（℃），θ_e为电气设备的额定温度或允许的最高温度（℃）。对于断路器、负荷开关和隔离开关，根据触头的工作条件，当在空气中时取θ_e为70℃。不与绝缘材料接触的载流和不载流的金属部分，取θ_e为110℃。若周围气温低于+40℃，则对于高压电器当每降低一度，容许电流可比额定值增加0.5%，但增加总数不得超过20%。

二、按短路情况来校验电气设备的动稳定和热稳定

断路器、负荷开关、隔离开关及电抗器等的动稳定性由满足式（6-4）得到保证：

$$I_{max} \geqslant I_{ch}^{(3)} \quad 或 \quad i_{max} \geqslant i_{ch}^{(3)} \qquad (6-4)$$

式中　I_{max}, i_{max}——制造厂规定的电气设备极限通过电流的有效值和峰值；

$I_{ch}^{(3)}$, $i_{ch}^{(3)}$——按三相短路情况计算所得的短路全电流的有效值和冲击值。

断路器、负荷开关、隔离开关及电抗器等的热稳定性由满足式（6-5）得到保证：

$$I_t^2 \cdot t \geqslant I_\infty^2 \cdot t_{jz} \text{或} I_t \geqslant I_\infty \sqrt{\frac{t_{jz}}{t}} \qquad (6-5)$$

式中　I_t——制造厂规定的电气设备在时间 t 秒内的热稳定电流，这电流是在指定时间内（通常是1秒、5秒、10秒）不使电器各部分加热到超过所规定的最大允许短时温度的电流；

　　　I_∞——短路稳态电流；

　　　t——与 I_t 相对应的时间；

　　　t_{jz}——假想时间（见第五章）。

对电气设备作短路校验时，应根据最严重的短路情况选择短路点，并考虑系统今后的发展，但不考虑仅在操作切换时才作并列运行的电源和线路。

校验动稳定时，以三相短路作为计算的类型。

校验热稳定时，应选择两相短路和三相短路中最严重的一种作为计算依据。

短路电流作用的计算时间，取离短路点最近的继电保护装置的主保护动作时间与断路器动作时间之和。如主保护装置有未被保护的死区，则须根据保护该区短路故障的后备保护装置的动作时间校验热稳定。

三、按三相短路容量校验开关电器的断流能力

断路器、自动空气开关、熔断器等设备必须具备在最严重的短路状态下切断故障电流的能力。制造厂一般在产品样本中提供在额定电压下允许的开断电流 I_{dk} 和允许的遮断容量 S_{dk}。所以在选择此类电气设备时，必须使 I_{dk} 或 S_{dk} 大于开关电器必须切断的最大短路电流或短路容量，亦即

$$\left. \begin{array}{l} I_{0.2} \text{或} I_d < I_{dk} \\ S_{0.2} \text{或} S_d < S_{dk} \end{array} \right\} \qquad (6-6)$$

式中 $I_{0.2}$、$S_{0.2}$ 为短路发生后0.2秒时的三相短路电流及三相短路容量。

为确保在切断故障时安全可靠，对设备铭牌规定的遮断容量值应注意其使用条件。如将普通断路器用于高海拔地区，用于矿山井下，或用于电压等级较低的电网中时，都要降低其铭牌遮断容量。此外，当采用手动操作机构及自动重合闸装置时，因灭弧能力的下降，其遮断容量亦下降为额定值的60～70%。

四、电气设备型式的选择

选择电气设备时还须考虑设备的装置地点和工作环境。由于户外条件比户内恶劣，故在制造上就把设备分成户内与户外两种型式。当户外装置处于特别恶劣的环境中，例如煤矿、化学工厂等，就需采用特殊绝缘构造的加强型或高一级电压的设备。为了适应各种不同的工作环境，电气设备制造成普通型、防爆型、湿热型、高原型、防污型、封闭型等多种。根据施工安装的要求，或运行操作的要求，或维护检修的要求，电气设备又有不同的型式可供选择。此外，在选择电气设备型式时，还应对该种设备供应的可能性有所估计，否则将引起设计修改并影响工期。

为便于读者在选择电气设备时查阅，现将各种电气设备的校验项目汇总列于表6-1。

根据设计及运行经验，对于一般的35千伏及以下的供电系统，通常在下列情况时电气设备可不进行动、热稳定校验，即

选择电气设备时应校验的项目　　　　　　　　表 6-1

序号	项目 设备名称	额定电压 (kV)	额定电流 (A)	额定断流容量 (MVA)	短路电流校验		备注
					动稳定	热稳定	
1	断路器 负荷开关 隔离开关 熔断器	√ √ √ √	√ √ √ √	√ √	√ √ √	√ √ √	低压熔断器还需考虑回路起动情况
2	电流互感器 电压互感器	√ √	√		√		
3	支柱绝缘子 套管绝缘子	√ √	√		√ √		
4	母　线 电　缆	√	√ √			√ √	
5	自动空气断路器	√	√	√			还需按回路起动情况选择
6	开关柜	√	√	√			是指柜内开关校验项目，其他设备都可免于校验
7	说　明	设备额定电压和线路工作电压相符	设备额定电流大于工作电流	断流容量应大于短路容量(S_d)	按三相冲击电流(i_{ch}或I_{ch})校验	按三相稳态短路电流(I_∞)校验	

（1）断路器：当断流容量符合要求时。

（2）负荷开关：当供电变压器容量 10000千伏安及以下时。

（3）隔离开关：在以下四种情况时，即：①35千伏的户内及户外式隔离开关；②10千伏及 6千伏的户内式隔离开关，当供电变压器容量 10000千伏安及以下时；③10千伏的户外式隔离开关在短路容量不大于100兆伏安时；④6千伏的户外式隔离开关在短路容量不大于60兆伏安时。

（4）绝缘子、母线。

（5）电流互感器：当变比较大时（如在75/5以上）。

（6）电缆：当截面较大时（如截面为70平方毫米以上）。

又按技术规范规定，对下列情况不必进行短路校验：

（1）用熔断器保护的电气设备。

（2）用限流电阻保护的电器及导体（如电压互感器的引线）。

（3）架空电力线路。

第三节　高压断路器及其操作机构的选择

一、高压断路器结构与原理简介

高压断路器也称高压开关，是高压供电系统中最重要的电器之一。高压断路器能在有负荷的情况下接通或者断开电路；在系统发生短路故障时能迅速切断短路电流。

按灭弧介质的不同可分为：多油断路器、少油断路器、电磁式空气断路器、六氟化硫（SF_6）断路器、真空断路器等。

（一）多油断路器

多油断路器是利用绝缘油作为灭弧介质，同时也用油作为相间及相对地绝缘介质之用的一种断路器。其主要组成部分为油箱、盖、套管绝缘子、传动机构和触头。电压不超过10千伏的多油断路器，三相均放在一个圆形或方形箱内。油箱内充以绝缘油（变压器油）。电压为35～110千伏的多油断路器，均用分相油箱，通过连杆操作三相联动。

断路器的油面既不能过高也不能过低。因为在电弧发生时要产生大量气体，若油面过高则缓冲空间太小，使油箱压力过大而发生爆炸；反之，若油面过低，则油冷却气体的程度不够，使高温氢气与缓冲空间的空气接触引起燃烧直至爆炸。因此，在运行中的油断路器应特别注意油面指示，并应定期取样品作试验，以检查油的品质是否符合规范要求。

多油断路器需要使用大量的变压器油，因此其体积和重量都比较大，而且有爆炸和引起火灾的危险，除了在35千伏电网中采用多油断路器有一定优点外（因35千伏多油断路器在其各相电容式套管下端装有套管式电流互感器，可减少安装电流互感器的位置，并节约投资），在工业企业的供电系统中一般均采用少油断路器。

（二）少油断路器

少油断路器中的油只作灭弧介质之用，载流部分是借空气和陶器绝缘材料或有机绝缘材料来绝缘。因油量较少，油箱可造得很坚固，使用安全，安装也简单。一般采用金属油箱，母线直接连于盖或油箱本身，油箱是带电的，故须装在支柱绝缘瓷瓶上。少油断路器的每一断口需一单独油箱，故三相就需三个油箱。油箱内装有灭弧装置，广泛采用横向油吹灭弧室。

下面介绍两种典型的6～10千伏少油断路器：

1. SN_2-10型少油断路器

图6-1为SN_2-10型少油断路器的结构图。电流经导电连接体5引至可动接触柱4，在

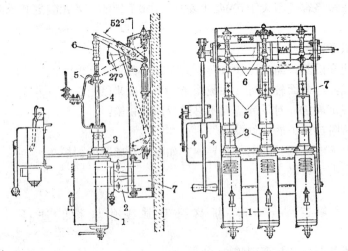

图 6-1　SN_2-10型少油式断路器结构图

1—油箱；2—绝缘瓷瓶；3—穿心瓷套管；4—可动接触柱；5—导电连接体；6—绝缘拉杆；7—底座角铁架

每相油箱底上装有插座式的固定触头，这样就造成了整个油箱带电，为此每相的金属油箱都用绝缘瓷瓶 2 安装在钢架上，可动接触柱 4 也用绝缘瓷拉杆 6 隔开，以达到带电部分与操作机构绝缘的目的。油箱内装有灭弧室，灭弧室内的气体横向吹动电弧，使电弧强烈的去游离，以加速灭弧作用。

2.SN_8-10、SN_{10}-10型少油断路器

SN_8-10和SN_{10}-10型为改进后的产品（其技术性能见附录6-1）。图6-2是SN_8-10型的结构图。断路器的导电回路如下：上出线端 3 经过瓣形静触头 2、导电杆 6、滚动触头 4 到下出线端 5。

断路器采用纵横气吹和机械油吹联合作用的灭弧装置。其灭弧原理大致如下：当断路器开断时，动、静触头分离而产生电弧，在电弧高温作用下，油分解成气体，灭弧室内压力增高。这时首先使静触座内钢球迅速上升堵住中心孔，电弧开始在近于封闭的空间内燃烧，使灭弧室内压力迅速提高，随即开始气吹。随着动触杆（导电杆）向下运动，分别打开几个横吹道及纵吹口，油和气体的混合体强烈吹冷电弧，同时，由于动触杆向下运动，在灭弧室内形成附加油流，射向电弧，在这两方面的联合作用下，使电弧在短时间内有效熄灭。

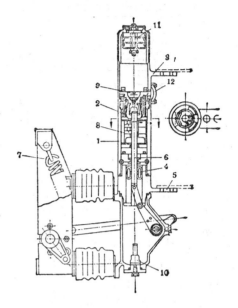

图 6-2　SN_8-10型少油式断路器
结构图

1—绝缘筒（油箱）；2—瓣形静触头；3—上出线端；4—滚动触头；5—下出线端；6—导电杆；7—分闸弹簧；8—灭弧室；9—小钢球；10—油缓冲器；11—油气分离器；12—油位指示器

在导电杆的头部和瓣形静触头的靠近吹弧口处的触片上均镶有铜钨合金，以防止开断时电弧灼伤触片内表面。

少油断路器的优点是：体积小、重量轻，可以节省大量钢材，并且爆炸和失火的危险性较少。因此多数用在工业企业6～10千伏的室内变配电装置中，但是不适于作频繁操作。

（三）真空断路器

真空断路器是近二十年来发展和应用的一种新型断路器。众所周知，油断路器是把触头放在一个灌有油的灭弧室里，靠油作为灭弧和绝缘介质。真空断路器，是把触头放在一个真空容器中，靠真空作为灭弧和绝缘介质。这里所谓的真空，是指真空度在10^{-5}毫米汞柱以上的空间，因而具有较高的绝缘强度（$E=10\sim45$千伏/毫米）。在真空中因为没有气体的游离作用故不能产生电弧，随着开关触头的分离即能灭弧，但如此高速灭弧必将引起电路产生过电压，这是不利的。理想的灭弧应让电弧产生并在第一次自然过零时将其熄灭，所以真空断路器的灭弧原理与空气断路器和油断路器都不同，主要取决于触头的阴极现象和等离子体的扩散，燃弧时间短（与开断电流大小无关），一般只有半个周波。

真空断路器采用的真空灭弧室见图6-3所示。

在灭弧室的中部有一对圆盘状铜-铋-铈合金触头（1、2），由于电流收缩现象，使触头接触表面出现炽热的阴极斑。

当相互接触的一对触头在真空中带电分离时，在炽热的阴极斑作用下，触头表面发射

出一些金属离子，使得触头之间形成弧光放电，称为真空电弧。电弧温度很高，使触头材料蒸发，在触头之间形成很多金属的蒸气，电弧正是在这样的金属蒸汽中燃烧的。触头间

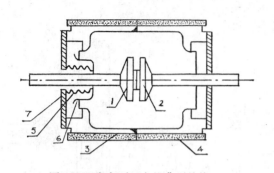

图 6-3　真空灭弧室的典型结构

1、2—动、静触头；3—屏蔽罩；4—灭弧室绝缘外壳，用玻璃、陶瓷或微晶玻璃制成；5—波纹管；6—波纹管屏蔽罩；7—与外壳封接的金属法兰

隙中的蒸气压不高，等离子体也是非常稀薄的。电弧电流逐渐减小时，触头间隙间的金属蒸气密度也逐渐变小，当电流过零时，由于触头周围燃弧时存在着的稀薄等离子体（金属蒸气）迅速扩散，凝聚在触头周围的屏蔽罩上（屏蔽罩 3 的首要作用是凝聚燃弧时由触头间隙喷出的金属蒸气和炽热的金属液滴，以防止绝缘外壳的脏污；另一方面也防止这些金属蒸气、离子和金属微粒返回触头间隙中去），以致在电流过零后极短时间内（几微秒）触头间隙内已基本上没有金属蒸气了，触头间隙

又恢复了原有的高真空度。所以当电流过零后很快加上高电压（恢复电压）时，触头间隙也不会重新击穿。这就是说，真空电弧在第一次电流过零时就熄灭了，所以燃弧时间只有半个周波。

真空断路器动作迅速、体积小、重量轻、寿命长(比油断路器触头寿命长50～100倍)，维护工作量小、噪音和震动小，还有防火、防爆等优点，对于切断容性负载电流，要求迅速动作及操作频繁的场所尤为适合，故工厂企业中常采用真空断路器作为操作开关。

（四）六氟化硫（SF_6）断路器

六氟化硫断路器是用 SF_6 气体作绝缘和灭弧介质的断路器。SF_6 是一种化学性能非常稳定的惰性气体(在常态下无色、无臭、无毒、不燃、无老化现象)，绝缘强度高，灭弧性能好。

目前生产的断路器多数都采用单压式。所谓单压式即断路器在灭弧室内、外壳里的 SF_6 气体压力是相等的，一般为 $2～7$ 公斤/平方厘米。灭弧室具有汽缸和活塞的结构，相当于泵的原理，在开断过程中，灭弧室内局部的气体被压缩，提高了压力，然后经过喷嘴喷向电弧，以达到灭弧的目的。

二、高压断路器的操作机构

高压断路器必须配以操作机构才能使用。操作机构是用以进行断路器合闸、保持合闸位置和分闸的。当断路器进行合闸时，操作机构必须克服断路器开断弹簧的阻力和断路器运动部分的重量以及摩擦阻力等，所以合闸操作所需做的功很大；断路器进行分闸时，只要使保持断路器合闸位置的操作机构闭锁装置脱扣，断路器即可在分闸弹簧的作用下切断电路。断路器的操作机构可分为：（1）手动操作机构；（2）电磁式操作机构；（3）弹簧储能操作机构；（4）压缩空气操作机构。

1.手动（力）操作机构

常用的手动操作机构为CS_2型，它是以手动操作来进行合闸的，除可手动脱扣外，还可用瞬时过电流脱扣器、失压脱扣器、分励脱扣器来进行远距离脱扣。可用来闭合和断开 SN_6-10型少油断路器、DW_6-35型多油断路器及FN_3-10型负荷开关等。

手动操作机构构造简单，适用于中小型变电所中。它的主要缺点是不能进行远距离合

闸操作。

2.电磁操作机构

CD$_2$型操作机构为常用的直流电磁操作机构，用于远距离控制6～10千伏户内式少油断路器。操作机构电磁系统主要部分为一个合闸线圈和一个安装在合闸线圈中间的动铁芯。当合闸线圈通以直流电时，动铁芯被吸上，带动传动机构而使断路器合闸。合闸回路接通和断开由直流接触器来完成。操作机构附装有电磁脱扣线圈，当供电系统发生故障时，继电保护装置动作，接通电磁脱扣线圈电源，使断路器自动分闸；此种装置亦可用手动脱扣。该型机构本身具有机械"防跳"装置，因此控制回路接线不需电气"防跳"装置。图6-4是CD$_2$型电磁操作机构用于具有一般灯光位置信号的断路器控制回路时的接线原理图。断路器正常合、分闸位置利用红、绿信号灯指示，兼作监视操作电源及跳合闸回路的完整性。事故跳闸回路由控制开关KK的接点与断路器辅助开关的常闭接点DL_1按不对应原理构成，用平光白灯或闪光绿灯指示。如果在合闸线圈HQ的两端并联一个放电电阻R，则可在合闸接触器C释放时，可使其触头的消弧状况得到改善，不会因灭弧能力不够而引起烧坏合闸线圈的事故。

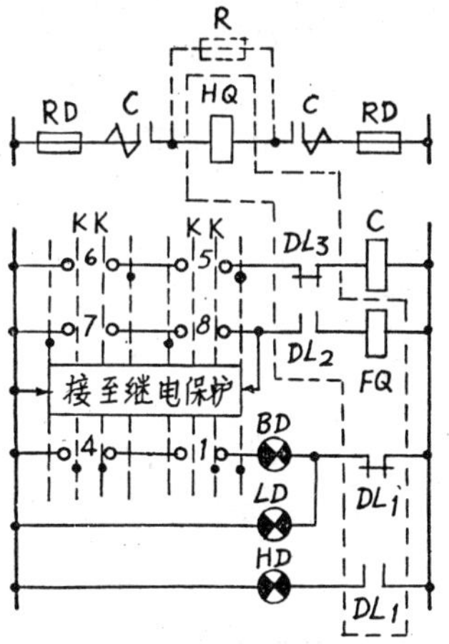

符 号	名 称	型 号
HQ	合闸线圈	CD$_2$内附220V，97.5A
FQ	分闸线圈	CD$_2$内附220V，2.5A
C	直流接触器	CZ$_0$或CZ$_9$
DL_1	辅助开关	F$_1$
DL_2	切断开关	F$_2$
DL_3	切断开关	F$_2$
KK	控制开关	LW$_2$或LW$_5$
BD	白色信号灯	XD$_5$，220V附R=2500Ω
LD	绿色信号灯	XD$_5$，220V附R=2500Ω
HD	红色信号灯	XD$_5$，220V附R=2500Ω
RD	熔断器	RM10-60/25

图 6-4 CD$_2$型电磁操作机构接线原理图

3.弹簧储能操作机构

CT6-X型操作机构为常用的弹簧储能操作机构，是由交直流两用的串激电动机使弹簧储能（或用人力储能），利用弹簧释放的能量将断路器合闸。适用于操作6～10千伏及小容量的35千伏的断路器。它能使断路器进行一次快速自动重合闸（或延时多次自动重合闸）及备用电源自动投入等自动化操作。

凡是一切配用CD$_2$和CS$_2$的断路器均可配用CT6-X型操作机构，每台操作机构可附装瞬时过电流脱扣器、分励脱扣器和失压脱扣器。

各种操作机构的技术数据见附录6-2。

三、断路器的选择

断路器选择应按本章第二节所述的原则进行，即按正常工作条件进行选择，然后按短路情况进行断流容量（遮断容量）及热稳定和动稳定的校验，两方面都满足要求时，才能保证断路器可靠地工作，具体内容如下：

（1）额定电压、额定电流。

（2）装置类别（户内、户外、少油、多油等）。

（3）短路动、热稳定的校验（见本章第二节）。

（4）开断能力的校验：产品样本中阐明了电器在额定电压下的开断电流 I_{dk}，为了满足这一要求，应使 $K \cdot I_{dk} \geqslant I_d$。若给出的不是 I_{dk} 而是其切断容量 S_{dk}，那么此时所选择的断路器应满足条件：

$$K \cdot S_{dk} \geqslant S_d \quad (S_{dk} = \sqrt{3} U_e I_{dk}) \tag{6-7}$$

式中 I_d 及 S_d 为断路器安装地点发生三相短路时的短路电流及短路容量；K 是根据产品说明对断路器额定切断容量的修正系数，采用手动操作机构时 $K = 0.7$，采用电动操作机构时 $K = 1$。

若 $S_d > S_{dk}$，则短路时断路器不能可靠地灭弧，就会造成更严重的故障。

【例1】 选择容量为5600kVA、电压为35/6kV变压器的6kV侧的断路器，见图6-5所示。已知短路时 $I_d = 11.41$kA、$I_{0.2} = 11.41$kA、$I_{ch} = 17.5$kA、$i_{ch} = 28.9$kA、$S_{0.2} = 128.5$ MVA，继电保护装置动作时间 $t_b = 3.2$秒，断路器动作时间 $t_{fd} = 0.2$秒，采用 CD_2 型电动操作机构。

【解】 根据变压器额定容量计算变压器最大工作电流（按变压器的额定电流考虑）：

$$I_g = \frac{5600}{\sqrt{3} \times 6} = 530 \text{安}$$

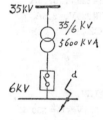

图 6-5 例1示意图

短路电流通过的时间为：

$$t = t_b + t_{fd} = 3.2 + 0.2 = 3.4 \text{秒}$$

根据已知条件，可选择户内式 $SN_8\text{-}10$ 型或 $SN_{10}\text{-}10$ 型少油断路器，其技术数据及计算值对比如下：

计 算 数 据		断路器的技术数据	$SN_8\text{-}10$型	$SN_{10}\text{-}10$型
工作电压	6.3千伏	额定电压	10千伏	10千伏
最大工作电流	530安	额定电流	600安	1000安
$I_{0.2}$	11.41安	额定开断电流	11.6千安	28.9千安
$S_{0.2}$	128.5兆伏安	额定断流容量	200兆伏安	500兆伏安
		修正断流容量	$200 \times \frac{6}{10} = 120$兆伏安	$500 \times \frac{6}{10} = 300$兆伏安
i_{ch}	28.9千安	极限通过电流的峰值	33千安	74千安
I_∞	11.41千安	4秒热稳定电流	11.6千安	28.9千安
$I_d^2 \cdot t_j = 11.4^2 \times 3.4$		热稳定容量 $I_t^2 \cdot t$	$11.6^2 \times 4$	$28.9^2 \times 4$

由上面比较可以看出：若选 $SN_8\text{-}10$ 型断路器其他各项技术数据都大于计算值，唯有断流容量不能满足计算要求，故此断路器不能长期安全可靠地工作，只得选用 $SN_{10}\text{-}10$ 型少油断路器。

第四节　隔离开关和负荷开关的选择

一、隔离开关

隔离开关（俗称令克）的主要用途是保证高压装置中检修工作的安全。用了隔离开关，可以将高压装置中需要修理的设备与其他带电部分可靠地断开，并构成明显的断开点，故隔离开关的触头是暴露在空气中的。

隔离开关无灭弧装置，所以不容许切断负荷电流和短路电流，否则电弧不仅使隔离开关烧毁，而且可能发生严重的短路故障，同时电弧对工作人员也会造成伤亡事故。因此，在运行中必须严格遵守"倒闸操作"的规定。

在某些情况下，隔离开关也可断开或接通小功率电路，但必须满足隔离开关触头上不发生电弧的条件。例如，容许隔离开关接通和断开电压互感器和避雷器回路；电压在10千伏以下，容量在320千伏安以下无负载运行的变压器等。

隔离开关按其装置种类可分为户内式和户外式；按极数可分为单极和三极。目前我国生产的户内型有 GN_2、GN_6、GN_8 系列，户外型有GW系列。户内隔离开关多数采用 CS_6 型手动（力）操作机构。

一般隔离开关的选择，应根据其额定电压、额定电流、装置环境来考虑，并作短路时动、热稳定的校验。

二、负荷开关

负荷开关具有简单的灭弧装置，用来熄灭切断负载电流时所发生的电弧，但不能熄灭切断短路电流时所产生的电弧。在构造上除灭弧装置外，很象隔离开关。

我国生产的FN2-10型、FN2-10R型、FN3-10R型和FN3-10RT型负荷开关，采用了由开关传动机构带动的压气装置，分闸时喷出压缩空气将电弧吹灭。因此灭弧性能好，断流容量大，安装调整均较方便，使用寿命长。

由于负荷开关灭弧装置较简单，所以不能切断短路电流。为保证在使用负荷开关的线路上对短路故障也能起保护作用，采用带熔断器的负荷开关（如FN2-10R和FN3-10R型），用负荷开关切断负载电流，用熔断器切断短路时的故障电流，以代替价格贵的高压断路器。

FN3-10RT型负荷开关是带有熔断器和热脱扣器的，所以既能保护短路故障又能保护过载，它的保护性能较完善。

负荷开关采用CS型手动（力）操作机构。

负荷开关结构简单、外形尺寸较小、价格较低，常在容量不大或不重要的馈电线路中用作电源开关设备。

负荷开关的选择，应根据其额定电压、额定电流来选择，并作短路时动稳定和热稳定的校验。

隔离开关和负荷开关因不能切断短路电流，所以在选择时不需要校验切断电流或切断容量。

第五节 熔断器的选择

熔断器是用来防止电气设备长期通过过载电流和短路电流的保护元件。它由金属熔件（又称熔体、熔丝）、支持熔件的接触结构和外壳组成。分高压熔断器与低压熔断器两种。

一、高压熔断器

我国目前生产的用于户内的高压熔断器有RN1系列、RN2系列；用于户外的有RW4系列等。

RN1系列熔断器是将熔丝装在瓷管内，瓷管中充满石英砂，使熔断器熔丝熔断时所发生的电弧受到石英砂的充分冷却而迅速地熄灭。RN1系列供高压线路和设备的短路及过载保护之用。

RN2系列户内高压熔断器专门作为电压互感器保护之用。

RW4系列户外跌落式熔断器，用于10千伏及以下的配电网络中作为配电变压器和配电线路的保护。直接用分、合熔丝管的方法来分、合配电线路或变压器，切断变压器的空载电流或小负荷电流。根据上海、西安等地区运行经验，可以用10千伏跌落式熔断器安全可靠地拉开750千伏安的空载变压器。

RW4系列户外跌落式熔断器按动作方式分为：（1）单次式；（2）单次重合式〔单次重合式的熔断器在第一根熔丝管跌落后，间隔一定时间（不低于0.3秒），借助于重合机构而自动重合，用来减少停电事故〕。

我国生产的6～35千伏熔丝额定电流等级规定为3，5，7.5，10，15，20，30，40，50，75，100，150，200（安）。各种熔丝都具有反时限的"安-秒保护特性"。

选择熔断器时应按额定电压、发热情况、切断能力（开断能力）和保护选择性等四项条件来进行。

根据保护动作选择性的要求来校验熔件额定电流，以保证装设回路中前后保护动作时间的配合。供电网络中靠近电源处的熔断器应比远离电源的熔断器迟熔断，可以起后备保护的作用。

校验熔断器切断能力的方法与高压断路器相仿，即熔断器的极限断开电流应大于所要切断的最大短路电流。但由于其切断特性与断路器不同，故选择时所用的计算短路电流值也不同，在选择一般没有限流作用的高压熔断器时，采用最大短路冲击电流的有效值（I_{ch}）；选择有限流作用的高压熔断器时，则采用三相短路次暂态电流有效值（I''）。

保护电压互感器的高压熔断器只须按工作电压与开断能力两项进行选择。

二、低压熔断器

我国目前生产的低压熔断器主要有下列型号：

（1）RM10系列无填料管式熔断器。这种熔断器必须配用特制的熔丝，极限断流能力较高，熔体更换方便，适用于对断流容量要求不很高的场所，装于动力箱中。

（2）RM7系列无填料管式熔断器。除导电部分用铜外，管帽均用玻璃丝粉压制而成，具有强度高、省铜、工艺简单、成本低、断流容量大和熔体更换方便等优点，是今后发展产品。

（3）RTO系列有填料管式熔断器。断流容量高、性能稳定、运行可靠，但熔体更换不方便。

（4）RC1A系列瓷插式熔断器。这种熔断器安装和更换方便，安全可靠，价格最便宜。

熔断器的选择，除按额定电压、环境要求等外，主要是选出熔体和熔管的额定电流，现分述如下：

（一）熔断器熔体（丝）额定电流的确定应同时满足下列两个条件：

1.正常运行情况：熔体额定电流I_{er}应不小于回路的计算负荷电流I_j，即

$$I_{er} \geqslant I_j \qquad\qquad (6-8)$$

2.起动情况：正常的短时过负荷。

（1）单台电动机回路：

$$I_{er} \geqslant \frac{I_{Dq}}{\alpha} \qquad\qquad (6-9)$$

（2）链式供电给数台电动机的支线：

$$I_{er} \geqslant \frac{I_{Dq_1} + I_{eD(n-1)}}{\alpha} \qquad\qquad (6-10)$$

（3）引至用电设备组的线路（即配电干线回线）：

1）其中一台起动 $\qquad I_{er} \geqslant \dfrac{I_{Dq_1} + I_{j(n-1)}}{\alpha} \qquad\qquad (6-11)$

2）集中起动（即全部自起动） $\quad I_{er} \geqslant \dfrac{I_{zq_2}}{\alpha} \qquad\qquad (6-12)$

在式（6-8）至式（6-12）中

$\qquad I_{er}$——熔体额定电流[安]；

$\qquad I_{Dq}$——电动机起动电流[安]；

$\qquad I_{Dq_1}$——回路中最大一台电动机的起动电流[安]；

$\quad I_{eD(n-1)}$——除去起动电流最大的一台电动机外，其余正常运行电动机的额定电流之和[安]；

$\quad I_{j(n-1)}$——回路中除去起动电流最大的一台电动机外的计算电流[安]；

$\qquad I_{zq_2}$——由干线供电的所有自起动电动机起动电流之和[安]；

$\qquad \alpha$——熔丝躲过起动电流的安全系数，决定于起动状况和熔断器特性的系数（见表6-2）。

（4）吊车供电回路：

$$I_{er} \geqslant \frac{I_{Dq_1}}{\alpha} + (I_j - K_z I_{eD \cdot max}) \qquad\qquad (6-13)$$

式中 $\qquad I_j$——吊车供电回路中的计算电流[安]；

$\quad I_{eD \cdot max}$——容量最大的一台电动机的额定电流[安]；

$\qquad K_z$——综合系数。是以利用系数（见负荷计算部分）为基础，并根据吊车的工作情况来确定。K_z值可查表6-3。

（5）电焊机供电回路：

熔断器型号	熔体材料	熔体电流	α 值	
			电动机轻载起动	电动机重载起动
RTO	铜	50安及以下 60～200安 200安以上	2.5 3.5 4	2 3 3
RM10	锌	60安及以上 80～200安 200安以上	2.5 3 3.5	2 2.5 3
RM1	锌	10～350安	2.5	2
RL1	铜、银	60安及以下 80～100安	2.5 3	2 2.5
RC1A	铅、铜	10～200安	3	2.5

注：1.上表系根据熔断器特性曲线分析而得；
　　2.轻载起动时间按6～10秒考虑，重载起动时间考虑15～20秒。

1）单台电焊变压器回路　$I_{er} \geqslant K_\alpha \cdot K_f \cdot I_g$　　　　　　　（6-14）

式中　K_α——安全系数，取1.1；

　　　K_f——负荷尖峰系数，取1.1；

　　　I_g——计算工作电流[安]，可按式（6-15）进行计算：

$$I_g = \frac{P_e}{U_e \cos\varphi} \cdot \sqrt{JC} \cdot 1000 \qquad （6\text{-}15）$$

式中　　　P_e——电焊机额定功率[千瓦]；

　　　　　U_e——一次侧额定电压[伏]；

　　　　　JC——电焊机的额定暂载率；

　　　$\cos\varphi$——功率因数，如无铭牌，一般可取0.5。

2）接于单相线路上的多台电焊机　$I_{er} \geqslant K \cdot \Sigma I_g$　　　（6-16）

式中　K为一系数，三台及三台以下时取1.0，三台以上取0.65。

为了保证动作的选择性，一般要求前一级熔体电流应比下一级熔体电流大2～3级。

（二）熔断器（熔管）额定电流的确定

综合系数K_z值　　表 6-3

吊车额定暂载率 JC	吊车台数	综合系数 K_z	计算电流I_{js} ($\cos\varphi=0.5$)
25%	1	0.4	$1.2P_{JC}$
	2	0.3	$0.9P_{JC}$
	3	0.25	$0.75P_{JC}$
40%	1	0.5	$1.5P_{JC}$
	2	0.38	$1.15P_{JC}$
	3	0.32	$0.95P_{JC}$

（1）按熔体的额定电流及产品样本所列的数据即可确定熔断器的额定电流（应大于或等于熔体的额定电流）。

（2）按短路电流校验切断能力。

不同额定电流的熔管其最大切断能力也不同，故应进行校验。熔断器的最大开断电流应大于熔断器安装处的冲击短路电流有效值I_{cho}。不用冲击短路电流的峰值而用有效值来校验，是由于熔断器经受电网的冲击短路电流时，不是立刻熔断，而有一段时间

（0.01秒）。对于接自1000千伏安及以下变压器的低压线路，则按式（6-6）用短路电流周期分量有效值来校验，可满足要求。

规程规定用熔断器保护线路时，熔体的额定电流应不大于导体允许载流量的250%（从躲开电动机起动电流考虑）；但对明敷绝缘导线应不大于150%（否则对导线不能起到保护作用）。

第六节 仪用互感器的选择

仪用互感器分为电流互感器和电压互感器两种，在高压供电装置中，使用仪用互感器的目的是：

1）可使测量仪表和继电器标准化。如电流互感器副绕组的额定电流都是5安；电压互感器副绕组的电压通常都规定为100伏。

2）可使测量仪表和继电器与高压系统隔离，降低仪表及继电器的绝缘水平，简化仪表构造，同时保证工作人员的安全。

3）可以避免短路电流直接流过测量仪表及继电器的线圈。

互感器由于磁路的影响，在使用时有一定的误差，此误差是与互感器的结构、铁芯的质量、原电压（电流）的变动以及副电路的负荷（仪表、导线的阻抗）有关。因此在使用时，当原电压（电流）在规定范围内变动的情况下，应力求互感器的原、副电压（电流）之比值恒定以及其相位差近乎不变，互感器的副电路的阻抗值不应超过规定的范围，才能保证其准确度（各种互感器副电路允许的阻抗值在产品样本上有规定）。

互感器的准确度一般分为0.2、0.5、1、3等几级。准确度的选择按互感器的应用而定，一般0.2级作实验室精密测量用，0.5级作计算电费测量用，1级用来供发电厂、变电所配电盘上的仪表，一般指示仪表及继电保护则采用3级。

一、电流互感器

（一）电流互感器的原理与结构型式

电流互感器的原线圈是串接于被测量的电路中，副线圈则与量电仪表及继电器的电流线圈相串联，其副电路的阻抗非常小，在正常工作情况下，接近于短路状态，这是与电力变压器和电压互感器的主要区别。电流互感器的副边不允许开路，否则将由于铁芯损失过大，温升过高而烧毁，或副绕组电压升高而将绝缘击穿，发生高压触电的危险。所以在拆除仪表和继电器之前要将副绕组短路，并不允许在副电路中使用熔断器。

电流互感器的种类繁多，按原线圈匝数分单匝式和多匝式；按安装方法而分支持式和穿墙式等。

多匝式电流互感器原线圈有一匝以上的线圈，又称为线圈式；而单匝式电流互感器原线圈只有一根直导线（利用母线穿过铁芯作为原线圈称为母线式），结构简单，尺寸较小，短路时的稳定度较高，巨大的短路电流通过原线圈时，线圈不致产生很高的匝间过电压，但主要缺点在于当被测电流很小时，准确度很低，因此仅在较大的原电流时，才宜制造单匝式电流互感器。

电流互感器一次侧（原边）额定电流分为5、10、15、20、30、40、50、75、100、150、200、300、400、600、750、1000、1500、2000、3000、4000、5000安等种。

常用的高压电流互感器有：

（1）LQJ-10型电流互感器，适用于50或60赫10千伏及以下的线路上，在各种配电设备中供测量电流、电能及继电保护之用。这种电流互感器不得装置于户外，一次额定电流为5～400安。

（2）LMJ-10型是母线式电流互感器，适用范围同LQJ-10型，不同之处为结构型式不同，且额定一次电流值较大，为600～1500安。

常用的低压电流互感器有：

（1）LQG-0.5型电流互感器，是线圈式户内用的电流互感器，使用于0.5千伏及以下交流线路中，适于安装在低压配电屏及低压配电设备中，作为测量电流、电能及继电保护之用。

（2）LM1-0.5型、LMK-0.5型电流互感器全铝户内用电流互感器，供0.5千伏及以下交流线路上测量电流、电能及继电保护之用。

（3）LMZ1-0.5型为户内用的母线式浇注绝缘的电流互感器，可取代LQG-0.5型电流互感器。

（二）电流互感器的接线

电流互感器与仪表的联接如图6-6所示，图（a）为测量一相电流，适用于负荷平衡的三相系统，图（b）和（c）用以测量负荷平衡或不平衡的三相系统中的三相电流。

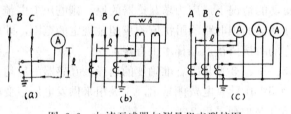

图 6-6　电流互感器与测量仪表联接图
（a）单相联接；（b）两相式不完全星形联接；
（c）三相式星形联接

（三）电流互感器的选择

电流互感器的选择按下列条件：

（1）原线圈额定电压。

（2）原线圈额定电流，一般为线路最大工作电流的1.2～1.5倍（或等于变压器额定电流的1.2～1.5倍）。

（3）副线圈的额定电流，规定为5安。

（4）准确度等级和副边负荷选择：电流互感器副绕组是与测量仪表和继电器相联，这些测量仪表或继电器就成为电流互感器的负荷（单位为瓦），通常其数值很小，只有十几瓦或几十瓦；有时也用欧姆表示，其值一般只有零点几欧。由于负荷欧姆数甚小，同时副方的电流又不大，故一般均以小截面的导线联接电流互感器和测量仪表，这样，导线欧姆数相对地讲就不算小。因此，为使电流互感器的二次负荷不超过其额定值，对联接导线的截面选择就要有一定的范围，为此：

$$S_e \geqslant I_2^2 (\Sigma Z_b + R_x + R_h) \qquad (6\text{-}17)$$

式中　I_2——电流互感器二次侧额定电流（5安）；

Z_b——仪表或继电器阻抗；

R_x——联接导线的电阻；

R_h——接触电阻（可近似地取0.1欧）；

S_e——电流互感器额定容量。

从产品技术说明书中可知保证某一定准确度时的S_e，所要联接的仪表选定后，上式中的ΣZ_b也已知，那么满足准确等级的导线电阻为：

$$R_x = \frac{S_e - I_2^2(\Sigma Z_b + R_h)}{I_2^2}$$ （6-18）

而导线的计算截面为：

$$S_{xj} = \frac{L}{\gamma \cdot R_x}$$ （6-19）

式中　γ——导线材料的导电率；

　　　L——联接导线的计算长度。

连接导线的计算长度L，与电流互感器的接线方式有关。在图6-6(a)中，用来测量一相电流连接导线的计算长度$L = 2l$，其中l为一根连接线的长度。图6-6(c)是星形接线，因流过中性线的电流不大，可取$L = l$。图6-6(b)是不完全星形接线，应取$L = \sqrt{3}\,l$。

所选导线的截面要大于计算值S_{xj}，才能保证准确度等级。

（5）动稳定和热稳定的校验：电流互感器的热稳定是用热稳定倍数表示的，其值为在一定时间t内的热稳定电流与额定电流之比，即

$$K_t = \frac{I_t}{I_e}$$

按照热稳定的一般公式：

$$\left. \begin{array}{c} (K_t \cdot I_e)^2 \cdot t \geqslant I_\infty^2 \cdot t_j \\ K_t \cdot I_e \geqslant I_\infty \sqrt{\dfrac{t_j}{t}} \end{array} \right\}$$ （6-20）

式中　K_t——产品样本已给定的热稳定倍数；

　　　t——产品样本已给定的热稳定电流的时间（一般$t = 1$秒）；

　　　I_e——产品原线圈额定电流［安］；

　　　I_∞——短路稳态电流值［安］；

　　　t_j——假想时间［秒］。

电流互感器的动稳定是用动稳定倍数表示的，即允许最大电流与原线圈额定电流之比，即

$$K_d = \frac{i_{max}}{\sqrt{2}\,I_e}$$

按照动稳定的一般公式：

$$\sqrt{2}\,K_d \cdot I_e \geqslant i_{ch}^{(3)}$$ （6-21）

式中　K_d——电流互感器的动稳定倍数（由制造厂提供）；

　　　i_{max}——电流互感器的允许最大电流峰值［安］；

　　　I_e——电流互感器一次侧的额定电流［安］；

　　　$i_{ch}^{(3)}$——三相短路冲击电流［安］。

（6）继电保护装置中用的电流互感器（特别是交流操作的继电保护装置）应按电流互感器的10％误差曲线进行校验，目的是在保护装置动作时，使其误差不超过10％。

在继电保护中，允许电流互感器的变流比有10％以下的误差。所谓电流互感器的10％

误差曲线，它代表电流误差为10%时的一次电流最大倍数与二次负载阻抗Z_2间的关系。在选择时，根据该型电流互感器的10%误差曲线，决定该电流互感器所允许的与保护装置的起动电流倍数相对应的负载阻抗Z_2。针对所采用的电流互感器的结线方式及Z_2的值，选用使互感器二次侧计算负荷为最大的短路形式来决定有效负载的允许值Z_H。当实际负载的有效值（外电路的有效阻抗）小于允许的负载值Z_H时则表示电流互感器的误差不会超过10%。

二、电压互感器

（一）电压互感器的工作原理与应用

在测量高压装置的电压时，要使用电压互感器。其原线圈与高压电路并联，副线圈与测量仪表或继电器的线圈并联，副线圈电压通常规定为100伏。

电压互感器的结构与变压器相似，不同的只是电压互感器采用矩形整体卷铁芯，尺寸小，重量轻，不需专门的冷却装置。

电压互感器按冷却方式不同而分为干式和油浸式；按相数可分为单相和三相；按安装地点则有屋内式和屋外式。

常用的电压互感器有：

（1）JDJ型电压互感器——是单相双线圈、油浸式，户内使用。

（2）JDZ型电压互感器——是单相双线圈、环氧树脂浇注绝缘，户内使用。

用一只单相电压互感器（JDZ型或JDJ型）接在三相线路上，只能测量某两相之间的电压，即某一个线电压，如图6-7所示。

用两只单相电压互感器（JDZ型或JDJ型）接在三相线路上，可以测量三个线电压，但不能测量相电压，如图6-8所示。

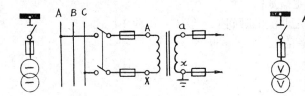

图 6-7 电压互感器接线之一　　　　　图 6-8 电压互感器接线之二

（3）JSJW型电压互感器——是三相三线圈、油浸式，五铁芯柱的户内用电压互感器。其一次线圈及基本二次线圈的连接组为Y_0/Y_0-12，辅助二次线圈接成开口三角形。一次线圈加额定平衡电压情况下，当一次线圈中的一相与中点短接时，辅助二次线圈开口三角形两端间的电压为90～110伏；未短接时不大于9伏（不平衡电压）。

（4）JDZJ型电压互感器——是单相三线圈、环氧树脂浇注绝缘、户内用电压互感器，可供中性点不接地系统中作电压、电能测量及单相接地保护之用。

JDZJ型电压互感器不能作单相运行，而用三台互感器接成三相组使用。在接成三相组时，其一次线圈与二次线圈为Y_0/Y_0-12连接，辅助二次线圈接成开口三角形，当互感器在运行时，必须通过负荷而形成三角形联接。在一次线圈加上额定平衡电压的情况下，当一次线圈中的一相和中性点短接时，辅助二次线圈开口三角形两端电压为95～105伏。

用三只JDZJ型电压互感器或一只JSJW型三相五柱式电压互感器接在三相线路上，可以测量三个线电压、三个相电压，并可用来监察电网对地的绝缘情况和作成单相接地的继电保护，如图6-9所示。现今都采用三台JDZJ型接成三相组，以取代JSJW型老产品。

一般不采用三相三柱式电压互感器是由于：三相三柱式电压互感器一次绕组的中性点不允许接地，故只能适用于测量三相线电压的测量仪表和继电器，而不能用来监察电网对地的绝缘情况。

假如把三相三柱式电压互感器一次绕组中性点接地，则在系

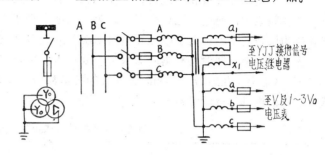

图 6-9　电压互感器接线之三

统中发生接地时就会有零序电流I_0通过接地点而流入大地，I_0在磁导体的铁芯柱中产生零序磁通Φ_0，Φ_0三相同相在铁芯中没有通路而以漏磁通的形式出现，当持续时间长时，就可能引起电压互感器过热，甚至烧坏，即使不烧坏，互感器工作在这种状态下，其误差也大到不能允许的程度。

图6-7至图6-9示出电压互感器的二次线圈都要接地，这是为了防止由于绝缘损坏使高电压窜入低压侧对运行人员造成危险。

因电压互感器一次侧及二次侧都不允许短路，故均应装设熔断器。一次侧的隔离开关用于检修互感器时与电源隔开，形成一个明显的断开点。

（二）电压互感器的选择

按下列条件选择电压互感器：

（1）额定电压应等于供电系统的电压。

测 量 仪 表 的 技 术 数 据　　　　　表 6-4

测量仪表名称	型　式	每相消耗功率（VA）电流线圈/电压线圈	测量仪表名称	型　式	每相消耗功率（VA）电流线圈/电压线圈
电压表	1T1-V	—/5	三相三线无功电度表	DX1 DX2 DX2-T	0.5/1.5
电流表	1T1-A	3/—			
三相有功功率表	1D1-W	1.5/0.75	频率表	1D1-HZ	线圈电压100V时/2
三相无功功率表	1D1-VAR	1.45/0.75			
功率因数表	1D1-cosφ 1D5-cosφ	3.5/0.75	自动记录电流表	LD5-A (LD7-A)	6/—
三相三线有功电度表	DS1 DS2 DS2-T	0.5/1.5	自动记录有功功率表	LD6-W (LD8-W)	6/6
			自动记录无功功率表	LD6-VAR (LD8-VAR)	6/6
三相四线有功电度表	DT1 DT2 DT2-T	1.5/1.5	自动记录电压表	LD5-V (LD7-V)	—/13

（2）合适的装置类型（户内，户外）。

（3）准确度等级和副边负荷选择。实际运行中，由于电压互感器二次回路的电流产生电压降等原因，使电压比产生误差。为了保证准确度（根据测量要求而定），电压互感器联接的仪表功率不可大于电压互感器二次侧的额定容量。

因电压互感器两侧均有熔断器保护，故不需作短路校验。

表6-4给出了互感器二次侧测量仪表的技术数据，表6-5给出了计算电压互感器二次负载的公式，供具体校验时参考。

计算电压互感器二次负载公式　　　　　　表 6-5

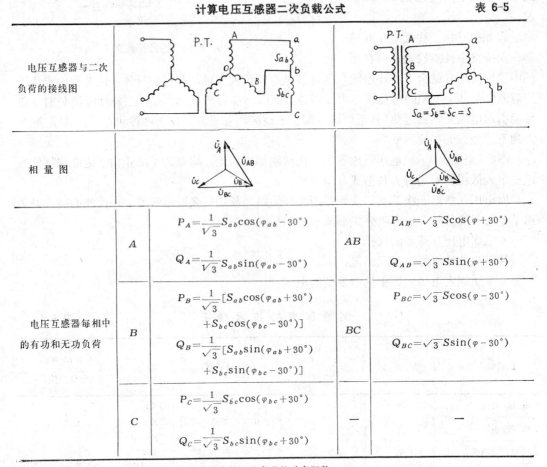

电压互感器与二次负荷的接线图		
相量图		
电压互感器每相中的有功和无功负荷	A	$P_A = \dfrac{1}{\sqrt{3}} S_{ab}\cos(\varphi_{ab}-30°)$ $Q_A = \dfrac{1}{\sqrt{3}} S_{ab}\sin(\varphi_{ab}-30°)$	AB	$P_{AB} = \sqrt{3}\,S\cos(\varphi+30°)$ $Q_{AB} = \sqrt{3}\,S\sin(\varphi+30°)$
	B	$P_B = \dfrac{1}{\sqrt{3}}[S_{ab}\cos(\varphi_{ab}+30°) + S_{bc}\cos(\varphi_{bc}-30°)]$ $Q_B = \dfrac{1}{\sqrt{3}}[S_{ab}\sin(\varphi_{ab}+30°) + S_{bc}\sin(\varphi_{bc}-30°)]$	BC	$P_{BC} = \sqrt{3}\,S\cos(\varphi-30°)$ $Q_{BC} = \sqrt{3}\,S\sin(\varphi-30°)$
	C	$P_C = \dfrac{1}{\sqrt{3}} S_{bc}\cos(\varphi_{bc}+30°)$ $Q_C = \dfrac{1}{\sqrt{3}} S_{bc}\sin(\varphi_{bc}+30°)$		—

注：表中 $\cos\varphi$、$\cos\varphi_{ab}$、$\cos\varphi_{bc}$ 均为相应的二次负载的功率因数。

第七节　母线及绝缘子的选择

一、母线的选择

母线截面的选择方法是按持续工作电流（或经济电流密度）来选择，按保证动稳定性和热稳定性条件来校验。在选择母线材料时，应认真贯彻"以铝代铜"的技术政策，除了有关规程允许采用铜的特殊环境和场所之外，应采用铝。在负荷电流很小或正常时无电流通过的母线，在校验电压损失允许的情况下，可采用钢质材料。

（一）按持续工作电流选择母线截面 S

要求能使 $$I_{xu} \geqslant I_g \qquad (6-22)$$

式中　　　　I_g——通过母线的最大长期负载电流（计及电路的过载）[安]；

$\qquad\qquad I_{xu}$——相应于某一周围环境温度与母线放置方式（如矩形母线竖放或平放）下，所选母线截面 S 的长期允许电流值[安]，可查附录6-3。

当实际环境温度不是25℃时，应乘以温度校正系数 K_θ，当母线为螺栓连接时，母线最高温度为70℃，其校正系数可按式（6-3）计算，或由附录6-3查得。

当母线接头是利用超声波搪锡搭接时，母线的最高允许温度可由70℃提高到85℃，母线载流量即相应提高，经计算，母线在相同的环境温度下，其载流能力可比螺栓连接增加13%。

（二）按经济电流密度选择母线截面 S

对于全年平均负荷较大、母线较长、传输容量也较大的回路（如发电机、主变压器回路等）均应按经济电流密度选择，而对汇流主母线则不按此选择，详见第八章第四节。

（三）母线热稳定的校验

按短路热稳定校验的实质在于：短路时导体最高温度 θ_d 不应超过其短时最大允许加热温度 θ_{dy}。参考第五章第十节的论述，应使 $S \geqslant S_{min}$，通常按下列公式校验：

$$S \geqslant \frac{I_\infty}{C} \sqrt{t_{jx} \cdot K_f} \qquad (6-23)$$

式中　S——所选母线截面[平方毫米]；

$\qquad C$——与导体材料及发热温度有关的系数，见表5-11；

$\qquad t_{jx}$——短路电流作用的假想时间（见第五章第十节）；

$\qquad K_f$——集肤效应系数，见表5-12。

通常我们把式（6-23）的右边称为母线所允许的热稳定最小截面 S_{min}。

（四）母线动稳定的校验

当短路冲击电流通过母线时，势必产生电动力使母线弯曲和振动，故需检验固定于支柱绝缘子上的每跨母线是否满足动稳定性。要求在发生短路时，每跨母线中产生的最大应力计算值 σ_j，不大于母线材料所允许的抗弯应力 σ_{xu}，故有：

$$\sigma_j \leqslant \sigma_{xu} \qquad (6-24)$$

式中　σ_j——短路时母线中的最大计算应力[公斤/平方厘米]；

$\qquad \sigma_{xu}$——母线允许抗弯应力[公斤/平方厘米]，其值见表6-6。

按材料力学的原理，计算应力 $\sigma_j = \dfrac{M}{W}$，M 是作用力产生的弯曲力矩，W 是垂直于作用力的截面上的抗弯矩。如果把母线看作一端固定另一端自由的梁，或中央固定两端自

母线允许抗弯应力 σ_{xu}　　　　　表 6-6

母 线 材 料	铜	铝	硬　　铝	钢
型　　　号	TMY	LMY	LMYY	AMY
允许抗弯应力 (kg/cm²)	1400	700	900	1600

由的梁，并当母线多于两跨时，则有：

$$M=\frac{F\cdot l}{10}=1.76\cdot K\cdot\frac{l^2}{a}\cdot i^2_{ch}\cdot\beta\cdot10^{-3}\quad[\text{公斤·厘米}]\qquad(6\text{-}25)$$

式中 F 是由短路冲击电流产生的电动力，由式（5-82）求得。由式（6-25）即可求得单条母线当三相位于同一平面时，母线中产生的最大计算应力为：

$$\sigma_j=\frac{M}{W}=1.76K\frac{l^2}{a\cdot W}i^2_{ch}\cdot\beta\cdot10^{-3}\quad\left[\frac{\text{公斤}}{\text{平方厘米}}\right]\qquad(6\text{-}26)$$

式中　i_{ch}——短路冲击电流[千安]；

　　　l——跨距（两个支持绝缘子之间的距离）[厘米]；

　　　a——相间距离[厘米]；

　　　W——母线截面系数（材料力学中称为抗弯矩，见表6-7～表6-9[立方厘米]；

　　　K——母线形状系数，见图5-17；

　　　β——振动系数。对于单条母线当其自振频率在35～135赫时，$\beta\approx1$。

当三相母线布置在同一平面上时，母线自振频率 f_m 可按下式算：

$$f_m=112\cdot\frac{r_i}{l^2}\cdot\varepsilon\quad[\text{赫}]\qquad(6\text{-}27)$$

式中　r_i——母线惯性半径，见表6-7～表6-9；

　　　ε——材料系数，铜为1.14×10^4；铝为1.15×10^4；钢为1.64×10^4。

单条母线当三相水平布置时的截面系数（抗弯矩）及惯性半径　　　表 6-7

布置方式及截面形状	截面系数 W	惯性半径 r_i	布置方式及截面形状	截面系数 W	惯性半径 r_i
	$\frac{bh^2}{6}$	$0.289h$		$\frac{\pi d^3}{32}$	$0.25d$
	$\frac{hb^2}{6}$	$0.289b$		$\frac{\pi}{32}\left(\frac{D^4-d^4}{D}\right)$	$\frac{\sqrt{D^2+d^2}}{4}$

矩 形 铜 母 线 计 算 用 数 据　　　表 6-8

$h\times b$ (mm×mm)	集肤效应系数 K_j	机械强度要求最大跨距 (cm) ⦀⦀⦀	机械强度要求最大跨距 (cm) ▬▬▬	机械共振允许最大跨距 (cm) ⦀⦀⦀	机械共振允许最大跨距 (cm) ▬▬▬	▬▬▬ 截面系数 W_x (cm³)	▬▬▬ 惯性半径 $r_{i(x)}$ (cm)	⦀⦀⦀ 截面系数 W_y (cm³)	⦀⦀⦀ 惯性半径 $r_{i(y)}$ (cm)
60×6		$537\cdot\sqrt{a}/i_{ch}$	$1683\cdot\sqrt{a}/i_{ch}$	37	120	3.60	1.734	0.360	0.1734
60×8	≈1	$710\cdot\sqrt{a}/i_{ch}$	$1945\cdot\sqrt{a}/i_{ch}$	43	120	4.80	1.734	0.640	0.2312
60×10		$888\cdot\sqrt{a}/i_{ch}$	$2170\cdot\sqrt{a}/i_{ch}$	49	120	6.00	1.734	1.000	0.289
80×6		$614\cdot\sqrt{a}/i_{ch}$	$2240\cdot\sqrt{a}/i_{ch}$	37	138	6.40	2.312	0.480	0.1734
80×8	1.1	$820\cdot\sqrt{a}/i_{ch}$	$2581\cdot\sqrt{a}/i_{ch}$	43	138	8.55	2.312	0.853	0.2312
80×10	1.14	$1025\cdot\sqrt{a}/i_{ch}$	$2900\cdot\sqrt{a}/i_{ch}$	49	138	10.70	2.312	1.33	0.289
100×6	1.1	$687\cdot\sqrt{a}/i_{ch}$	$2810\cdot\sqrt{a}/i_{ch}$	37	154	10.00	2.890	0.600	0.1734
100×8	1.14	$920\cdot\sqrt{a}/i_{ch}$	$3240\cdot\sqrt{a}/i_{ch}$	43	154	13.40	2.890	1.070	0.2312
100×10	1.14	$1148\cdot\sqrt{a}/i_{ch}$	$3620\cdot\sqrt{a}/i_{ch}$	49	154	16.70	2.890	1.67	0.289
120×10	1.18	$1255\cdot\sqrt{a}/i_{ch}$	$4350\cdot\sqrt{a}/i_{ch}$	49	169	24.00	3.468	2.00	0.289

$h \times b$	集肤效应系数	机械强度要求最大跨距 (cm)		机械共振允许最大跨距 (cm)		---		⏐⏐⏐	
						截面系数	惯性半径	截面系数	惯性半径
$(mm \times mm)$	K_j	⏐⏐⏐	---	⏐⏐⏐	---	W_x (cm^3)	$r_{i(x)}$ (cm)	W_y (cm^3)	$r_{i(y)}$ (cm)
60×6		$378 \cdot \sqrt{a}/i_{ch}$	$1193 \cdot \sqrt{a}/i_{ch}$	44	140	3.60	1.734	0.360	0.1734
60×8		$504 \cdot \sqrt{a}/i_{ch}$	$1380 \cdot \sqrt{a}/i_{ch}$	51	140	4.80	1.734	0.640	0.2312
60×10		$630 \cdot \sqrt{a}/i_{ch}$	$1540 \cdot \sqrt{a}/i_{ch}$	57	140	6.00	1.734	1.000	0.289
80×6		$436 \cdot \sqrt{a}/i_{ch}$	$1590 \cdot \sqrt{a}/i_{ch}$	44	161	6.40	2.312	0.480	0.1734
80×8	≈ 1	$582 \cdot \sqrt{a}/i_{ch}$	$1840 \cdot \sqrt{a}/i_{ch}$	51	161	8.55	2.312	0.853	0.2312
80×10		$726 \cdot \sqrt{a}/i_{ch}$	$2060 \cdot \sqrt{a}/i_{ch}$	57	161	10.7	2.312	1.33	0.289
100×6		$488 \cdot \sqrt{a}/i_{ch}$	$1990 \cdot \sqrt{a}/i_{ch}$	44	180	10.0	2.890	0.600	0.1734
100×8		$651 \cdot \sqrt{a}/i_{ch}$	$2295 \cdot \sqrt{a}/i_{ch}$	51	180	13.4	2.890	1.070	0.2312
100×10	1.1	$814 \cdot \sqrt{a}/i_{ch}$	$2570 \cdot \sqrt{a}/i_{ch}$	57	180	16.7	2.890	1.67	0.289
120×10	1.1	$890 \cdot \sqrt{a}/i_{ch}$	$3085 \cdot \sqrt{a}/i_{ch}$	57	197	24.0	3.468	2.00	0.289

如不符合式（6-24）的条件时，则需减小σ_j，减小σ_j的措施有多种：限制短路电流；变更母线的放置方式，增大相间距离a；减小绝缘子间跨距l及增大母线的截面。其中减小跨距l效果较大（因σ_j与l的平方成正比），但支柱绝缘子的数目要增加。通常在设计时，常根据母线的机械强度条件反求出最大可能的跨距l_{zd}（又称最大允许跨距），以求简化计算。

母线最大允许跨距l_{zd}是按$\sigma_j = \sigma_{xu}$的条件用下式计算：

$$l_{zd} = \frac{23.8}{i_{ch}} \sqrt{\sigma_{xu} \cdot a \cdot W} \qquad (6-28)$$

式中各符号表示的意义同前。

对单条矩形母线，三相位于同一平面时，其l_{zd}值可查表6-8和表6-9得。

如计算所得的跨距很大，为避免水平布置的母线因本身重量而过分弯曲，选取的跨距仍不得超过1.5～2.0米，最好等于配电装置的间隔宽度。

二、母线绝缘子的选择

母线结构除确定其应力以作机械强度计算外，还应包括支柱绝缘子和穿墙套管的选择。

绝缘子用以支持载流部分，并使载流部分与地及装置中处于不同电压下的其余部分绝缘。故绝缘子应具有高度绝缘强度和机械强度，并能耐热和不忌潮湿。

高压绝缘子可分为电站用、电器用和线路用三种。电站绝缘子用以使电厂和变电所中屋内和屋外配电装置的母线固定并绝缘。此种绝缘子因装置场所的不同，可分为屋内型和屋外型；又可分为支柱式和套管式。套管绝缘子适用于母线在屋内穿墙和穿天花板，以及由屋内向外引出时之用。电器绝缘子用以支持电器的载流部分，亦分支柱式和套管式。套管式的用以从封闭电器（如油断路器、变压器等）中引出载流部分。线路绝缘子用以支持架空线路和屋外配电装置的母线，又分装脚式和悬挂式。

高压绝缘子及穿墙套管按下列要求进行选择：

（1）支持绝缘子：按工作电压选择，按短路动稳定校验。

（2）穿墙套管：按工作电压和允许持续电流选择，按短路动稳定和热稳定校验。

穿墙套管的允许持续电流是按周围环境温度为 $+40℃$ 给定的，若环境温度高于 $+40℃$ 但不超过 $+60℃$ 时，套管的允许持续电流应乘以温度修正系数。

母线型穿墙套管不按持续电流来选择，只需保证套管的型式与母线的尺寸相配合。

按短路动稳定校验支持绝缘子和穿墙套管的计算如下：

$$P_j \leqslant 0.6 P_{xu} \qquad (6-29)$$

式中　　P_{xu}——绝缘子抗弯破坏负荷[公斤]；

　　　　P_j——在短路时作用于绝缘子的计算力[公斤]。

P_j 可按下式计算：

$$P_j = KF \qquad (6-30)$$

式中　　K——受力折算系数，对 $6\sim10$ 千伏的绝缘子当绝缘子是水平布置且母线立放时 $K=1.4$，否则 $K=1$。

　　　　F——计算跨中的电动力，当三相母线布置在一个平面上时，可按第五章式（5-28）求得。

第八节　自动空气断路器的选择

低压自动空气断路器又称自动空气开关。这种开关具有良好的灭弧性能，它既能在正常工作条件下切断负载电流，又能在短路故障时自动切断短路电流，靠热脱扣器能自动切断过载电流，当电路失压时也能实现自动分断电路。因而这种开关被广泛用于低压配电装置中。

一、自动空气断路器的工作原理

自动空气断路器由触头、灭弧装置、保护装置和传动机构等组成，它的工作原理可用图6-10来说明。

图6-10中 1 为自动空气断路器的触头，共有三个，串联在三相主电路中。当自动开关操作手柄合闸后，触头1由锁键2保持在闭合状态，锁键2是由搭钩支持着，搭钩3可以绕轴4转动。如果搭钩3被杠杆5顶开，那么触头1就被弹簧6拉开，电路分断。搭钩3被杠杆5顶开这一动作，是由过电流脱扣器7和欠电

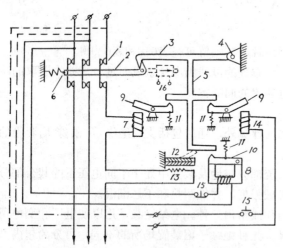

图 6-10　自动空气断路器原理图

1—触头；2—锁键；3—搭钩（代表自由脱扣机构）；4—转轴；
5—杠杆；6、11—弹簧；7—过流脱扣器；8—欠压脱扣器；
9、10—衔铁；12—热脱扣器双金属片；13—加热电阻丝；
14—分励脱扣器（远距切除）；15—按钮；16—合闸电磁铁
（DW型可装，DZ型无）

压脱扣器8来完成的。过电流脱扣器的线圈和主电路串联，当线路发生短路出现很大过电流时，过电流脱扣器的铁芯线圈所产生的电磁吸力才能将衔铁9吸合（正常电流产生的吸力不能使衔铁动作）。衔铁9吸合时撞击杠杆5，把搭钩3顶上去，使触头1打开。欠电压脱扣器8的线圈是并联在主电路上，当线路电压正常时，欠电压脱扣器产生的吸力能够将它的衔铁10吸合，如果线路电压降到某一定值时，欠电压脱扣器的吸力减小，衔铁10被弹簧11拉开，这时同样撞击杠杆5，把搭钩3顶开，也可使触头1打开。热脱扣器的作用和热继电器相同，当线路发生过载时，过载电流流过加热电阻丝13而使双金属片12发热弯曲，同样可将搭钩3顶开，使触头分断，起过载保护作用。分励脱扣器14是用来作远距离分闸（通过按钮15），或由继电保护装置动作来实现自动跳闸。

欠电压脱扣器电磁线圈的引线，应接到自动空气断路器的进线端，否则自由脱扣机构松动，不能完成合闸操作。分励脱扣器电磁线圈通常是接于外部操作电源。

自动空气断路器都装有操作手柄，作为正常情况下闭合和分断电路及故障后重新接通电路之用。

二、自动空气断路器的型式和主要性能

我国目前生产的自动空气断路器适用于交流380伏或直流220伏的电路中，作不频繁的操作，有以下几种型号。

（1）DW10型框架式：无外壳，额定电流最大可达4000安，有合闸电磁铁，能远距离电动合闸和分闸。分断能力大，具有过载保护、瞬时和延时过电流保护、失压保护等。一般用于变电所出线和车间的供电线路。

（2）DZ10型装置式：有塑料外壳，额定电流最大可达600安，通常只能手动合闸，但能远距离电动分闸。制造厂根据用户特殊需要，可加装电动操作机构作远距离控制之用。分断能力小，具有过载保护、短路保护、失压保护等。一般用于变电所出线和容易发生过载的用电设备配电线路中。

（3）DZ3、DZ4、DZ5小容量装置式自动空气断路器：适用于电流从0.15～20安的电路中，作为电动机及其他用电设备的过载及短路保护之用，可以代替铁壳开关。DZ3、DZ4可在墙上安装，DZ5-20及DZ5-50接线端子露在外面，适于安装在配电箱内，DZ5-10、DZ5-25单极自动开关可作照明及控制线路的过载和短路保护之用。

表示自动空气断路器性能的主要指标有二：

（一）通断能力（分断能力、转换能力）

通断能力是开关在指定的使用和工作条件下，能在规定的电压下接通和分断的最大电流值（交流以周期分量有效值表示）。制造厂通过型式试验确定极限通断能力，一般作为产品的技术数据给出的。DW10型的通断能力最大可达40千安；DZ10型直流最大可达25千安、交流最大可达50千安；DZ5型最大可达2.5千安。

（二）保护特性

分过电流保护、过载保护和欠电压保护等三种。

1. 过电流保护　低压自动空气断路器的过电流保护是其主要元件之一，它能满足低压电网进行有选择性的切除故障及对电气设备起到一定的保护作用。保护的动作，对DW10型由过电流脱扣器来实现，对DZ10型由复式脱扣器来实现。

2. 过载保护　自动空气断路器的过载保护是由长延时过流脱扣器或热脱扣器来实现。

当负荷电流超过断路器额定电流的1.1～1.45倍时，能调整使断路器于10秒到120分钟内自动分闸。

目前生产的用于短路保护和过载保护的脱扣器，有如下几种：

（1）瞬时脱扣器：即没有任何人为延时动作的脱扣器，其安-秒特性如图6-11，图中I_0为瞬时脱扣器整定值。此种瞬时特性的过电流保护通常能无选择性地迅速切除短路故障。

（2）三段保护特性脱扣器：具有长延时、短延时及瞬时脱扣器的过电流保护，是比较完整的保护方式，其安-秒特性见图6-12所示。图中I_0为瞬时脱扣器的电流整定值，其动作时间约为0.02秒；I_1为短延时脱扣器的电流整定值，其动作时间约为0.1～0.4秒；I_2为长延时脱扣器的电流整定值，其动作时间可以不小于10秒钟。

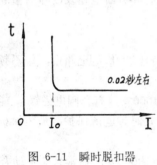

图 6-11　瞬时脱扣器
安-秒特性

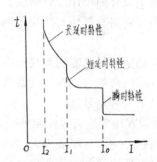

图 6-12　"三段保护式"脱扣
器安-秒特性

一般瞬时脱扣器用作短路保护；短延时脱扣器可作短路保护，也可作过载保护；长延时脱扣器只作过载保护。根据设计需要可以组合成二段保护（瞬时脱扣加短延时脱扣，或者瞬时脱扣加长延时脱扣），也可只有一段保护（瞬时脱扣或短延时脱扣）。我国目前生产的自动空气断路器其过电流保护的品种还不全，长延时和短延时过流脱扣器均还处于少量试用阶段。

（3）复式脱扣器：DZ10型自动空气开关中的电磁脱扣器加上热脱扣器合称为复式脱扣器。电磁脱扣具有瞬时特性，可保护短路；热脱扣器具有长延时特性，其延时可长达2～20分钟，可保护过载，故复式脱扣具有二段保护特性。

3.欠电压保护　分为欠电压延时脱扣器及瞬时脱扣器两种。当电压＜40％U_e时保证动作，当电压≥75％U_e时保证不动作。欠电压脱扣器的延时是利用钟表式机构或晶体管式机构来达到，延时时间对用钟表式机构能延时0.3～1秒，对晶体管机构能延时1～20秒。

三、自动空气断路器的选择和整定

（一）自动空气断路器的选择

自动空气断路器的选择应满足以下条件：

1.额定电压应与回路工作电压相符，即$U_e \geq U_g$。

2.额定电流应不小于回路的计算电流。

自动空气断路器有三个额定电流：一是断路器的额定电流（即是主触头的额定电流）

I_e，二是电磁脱扣器的额定电流（或瞬时脱扣器的额定电流）I_{ed}，三是热脱扣器的额定电流（或延时脱扣器的额定电流）I_{eR}，设回路的计算电流为I_j，导线的长期允许载流量（经温度校正后）为I_{xu}，则它们之间应满足如下关系：

$$I_e \geqslant I_{ed}; \quad I_{ed} \geqslant I_{eR}; \quad I_{eR} \geqslant I_j; \quad I_j \leqslant I_{xu}$$

3.分断能力应符合短路计算的要求。

对于瞬时动作的断路器（如DZ型动作时间约为0.02秒），应按冲击电流校验，故有：

$$I_{dk} \geqslant I_{ch} \tag{6-31}$$

对动作时间大于0.02秒的自动空气断路器（如DW型），可考虑冲击电流已经衰减，故有：

$$I_{dk} \geqslant I_d \tag{6-32}$$

4.自动空气断路器的型号应满足设计和运行的要求。

参考附录6-4或有关产品样本选择自动空气断路器的型号[特别要注意附表6-4(5)的用法]，完整的内容应有：

型式-额定电流/相数和附件种类，电磁脱扣器额定电流，线圈额定电压。

例如：DZ10-600/335，$I_{ed}=350$安，分励220伏、失压380伏。即表示所选用的自动空气断路器是三相装置式，复式脱扣器，并带有分励脱扣线圈和失压脱扣线圈两个附件。电磁脱扣器的额定电流为350安，分励线圈接交流220伏，失压线圈接交流380伏。

（二）自动空气断路器的电流整定

自动空气断路器中各种脱扣器的额定电流值，需要根据电流整定计算的结果，并考虑到各种保护间的互相配合，方能正确选定。在整定计算中将遇到多个电流符号，它们所代表的意义示于图6-13中。

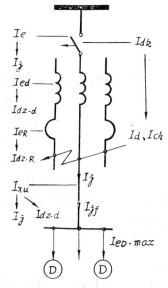

图 6-13 自动空气断路器电流关系图

1.瞬时或短延时过流脱扣器的整定

按躲过电路中的尖峰负荷来整定电流，并分别校验在最小运行方式下发生两相短路及单相短路时有足够的灵敏度。

（1）电流整定计算：所谓尖峰负荷是指单台或一组用电设备在持续1～2秒钟所通过的最大负荷电流I_{jf}，如电动机的起动电流。按上述原则，应有：

$$I_{dz \cdot d} \geqslant K_{k1} \cdot I_{jf} \tag{6-33}$$

式中 $I_{dz \cdot d}$——瞬时或短延时过电流脱扣器的整定电流[安]。按制造标准的规定，过电流脱扣器的整定电流调节范围应为：

DW型瞬时 $I_{dz \cdot d}=(1\sim23)I_{ed}$；

DW型短延时 $I_{dz \cdot d}=(3\sim6)I_{ed}$；

DZ型瞬时 $I_{dz \cdot d}=(2\sim12)I_{ed}$；

K_{k1}——可靠系数。对动作时间大于0.02秒的空气开关（如DW型），取$K_{k1}=1.3$

~1.35；对动作时间小于0.02秒的空气开关（如DZ型），取 $K_{k1}=1.7\sim2.0$；

I_{jf}——配电线路中的尖峰负荷[安]。

尖峰负荷可按公式（6-34 a）和式（6-34 b）计算。

如供单台电动机，则

$$I_{jf}=I_{Dq} \qquad (6-34a)$$

如供成组用电设备，则有

$$I_{jf}=\Sigma I_{eD}+(I_{*Dq}-1)\cdot I_{eD.max} \qquad (6-34b)$$

式中　　ΣI_{eD}——各台电动机额定电流之和[安]；

$I_{eD.max}$——起动电流最大的一台电动机的额定电流[安]；

I_{*Dq}——电动机的起动电流倍数（标么值）。

（2）灵敏度校验：要求同时满足下面式（6-35）和式（6-36）所示的灵敏度。

$$\frac{I_{d.min}^{(2)}}{I_{dz.d}}\geqslant K_L^{(2)} \qquad (6-35)$$

$$\frac{I_{d.min}^{(1)}}{I_{dz.d}}\geqslant K_L^{(1)} \qquad (6-36)$$

式中　　$I_{d.min}^{(2)}$和$I_{d.min}^{(1)}$——配电线路末端或电气距离最远的一台用电设备处发生两相短路或单相短路时短路电流[安]；

$K_L^{(2)}$——两相短路电流的灵敏系数，取$K_L^{(2)}=2$；

$K_L^{(1)}$——单相短路的灵敏系数。对DZ型空气开关，取$K_L^{(1)}=1.5$；对DW型空气开关，取$K_L^{(1)}=2$；对装于防爆车间的空气开关，取$K_L^{(1)}=2$。

2.长延时过流脱扣器或热脱扣器的整定

这种脱扣器的动作电流应等于或大于线路的计算负荷，应有：

$$I_{dz.g}\geqslant K_{k2}\cdot I_j \qquad (6-37)$$

$$I_{dz.R}=K_{k3}\cdot I_j \qquad (6-38)$$

式中　　$I_{dz.g}$——长延时过流脱扣器的整定电流[安]；

$I_{dz.R}$——热脱扣器的整定电流[安]；

K_{k2}——可靠系数，其值取1.1；

K_{k3}——可靠系数，其值取1.0~1.1。

热元件的额定电流与热脱扣器的整定电流按下式进行配合：

$$I_{dz.R}=(0.8\sim0.9)I_{eR} \qquad (6-39)$$

3.过电流脱扣器与导线允许载流量的配合

为了使自动空气断路器在配电线路过负荷或短路时，能可靠地保护电缆及导线不致于过热而熔断，应使过电流脱扣器的整定电流$I_{dz.d}$与导线或电缆的允许持续电流（经过温度校正后）I_{xu}按下式取得配合：

$$\frac{I_{dz.d}}{I_{xu}}\leqslant 4.5 \qquad (6-40)$$

从式（6-33）看$I_{dz.d}$选大些为好，从式（6-40）看$I_{dz.d}$选小些为好，这两者是有矛盾的。设计者必须选出一个最适宜的$I_{dz.d}$值，使能同时满足这两方面的要求。由$I_{dz.d}$值和对动作时间的要求，从安-秒特性曲线上便可确定$I_{dz.d}$对I_{ed}的倍数，又根据$I_{ed} \geqslant I_j$的条件，最后选定I_{ed}。

【例2】 已知供电回路的$I_j=320$安，采用导线的长期允许载流量$I_{xu}=335$安（已考虑温度修正）。回路中一台最大电动机的额定电流为80安，起动电流倍数$I_{*Dq}=6$。选出用于电源出线的自动空气断路器的型号（灵敏度校验可从略）。

【解】 1）按式（6-33）和式（6-34）求出尖峰电流和电磁过电流脱扣器的整定电流：

$$I_{dz.d} \geqslant K_{k1} \cdot I_{ff} = 1.35 \times [320 + (6-1) \times 80] = 1.35 \times [320 + 400] = 972安$$

2）保护过载的热脱扣器因制造厂会相应配合选好，装于开关中，故不必进行计算选择。

3）按式（6-40）校验与导线截面（反映于载流量）的配合：

$$\frac{I_{dz.d}}{I_{xu}} = \frac{972}{335} = 2.93 < 4.5（是符合要求的，否则要加大导线截面）$$

4）根据$I_{ed} \geqslant I_j$的条件，查产品技术数据，选出$I_{ed}=350$安。

5）采用 $DW10$-400/3型自动空气断路器，配带热脱扣器，不带其他附件。$I_e=400$安，$I_{ed}=350$安（符合$I_e \geqslant I_j$；$I_e \geqslant I_{ed}$条件）。

第九节 自复熔断器和限流线简介

近年来，随着配电设备容量的日趋增加，低压配电线路的短路电流愈来愈大，因此要求用于系统保护的开关元件具有较高的分断能力，为了实现系统的这一要求，相继出现了一些新的限流元件，如自复熔断器和限流线等。

一、自复熔断器

自复熔断器是一种自复限流元件，利用它可以实现理想的短路保护。理想的短路保护就是无损伤地保护串联系统中的电力机械和线路，缩小停电范围和时间。前者由"限流分断"来达到，后者由"选择分断"来达到。

自复熔断器的构造见图6-14。相互绝缘的两个端子（T_1、T_2）间用钠电路连接起来，正常工作时钠电路为固相，故障时由于短路电流通过使钠电路变为气相（钠的气化从狭小截面开始），为了给电路变相时所产生的压力以缓冲作用和给电路以高速自复性，通常采用高压氩气(Ar)，借助活塞对钠电路加外压。通过导热率与金属铝相同的陶瓷圆筒（BeO）同轴状包围钠电路四周，将钠电路中正常工作电流通过时产生的热量有效地传导到端子，以降低钠电路的热态电阻。在通过正常工作电流时，钠是低阻值（R_0）；故障电流通过时，钠被焦耳热急剧气化，形成高阻值（R_{ct}）的高温钠等离子气体。由于限流元件的阻值急增，故障电流就被限制到较低值。此时，钠电路活塞向外移动，缓和钠气压的上升。被限制了的故障电流就可以用串联在电路中的自动开关分断。然后，由于高压气体氩气作用于活

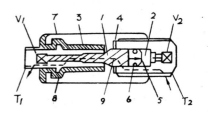

图 6-14 自复熔断器

T_1、T_2—端子；V_1、V_2—阀门；1—钠；
2—高压气体Ar；3—陶瓷圆筒（BeO）；
4—垫圈；5—活塞；6—环；7—金属外壳；
8—特殊陶瓷；9—电流通路

塞的还原力，使钠电路高速恢复原状，电阻值恢复到 R_0。

综上所述，自复熔断器的自复机能表现于两方面：（1）电路由 R_{c1} 高阻值恢复到 R_0 低阻值的机能；（2）能迅速恢复通电能力的机能（约在 5 毫秒内完成）。这两者是同时进行的。

目前在工程上是将自复熔断器与自动空气断路器互相配合，联合使用，可取得较好效果。

二、限流线

上述自复熔断器从原理上讲是先进的，但在实际生产中，由于固气二态的变换，使金属钠的纯度可能受到影响，从而引起性能改变。1971年日本东芝公司又研制了另一种限流元件——限流线。

限流线的具体结构为线芯，芯外包扎耐热编织层和绝缘层。

限流线的线芯是由铁、镍、钴材料，加入适量的添加元素，熔炼拉制而成。它具有极大的正温度系数和相当的机械、电气性能，在反复发热和冷却后，性能稳定，可以半永久性的使用。在常温下电阻较小，电压降很低，功率损耗不大；但当流过故障电流很大时，因自身发热温度上升，电阻剧增，从而限制了回路的故障电流。限流线本身只限流不断开，故障电路的开断应利用自动开关来完成。

限流线常温电阻较小（截面5.5平方毫米、长500毫米的限流线常温电阻约为 0.11 欧姆），在电动机短时反复起动时，限流线将积贮热量而不能立即释放出来，这就引起了电阻的增加，所以规定限流线在 6 倍额定电流间断通过时，其温升不应超过允许数值。考虑到个别重载起动或起动转动惯量大的机械，起动时间较长（可达30秒左右），此时限流线的温升和电阻值都将升高，因此应校核 6 倍额定电流持续通过时，限流线的电压降落不能超过允许数值。

限流线结构简单，维修方便，是较理想的限流元件。

第七章　变配电所的结构与布置

第一节　概　　述

本章讨论6～10千伏工业企业变配电所的结构与布置。对工业企业变电所而言，有屋内式、屋外式及组合式等几种型式。目前中小型工业企业6～10千伏变电所多数采用屋内式的结构。屋内式变电所主要由三个部分组成：（1）高压配电室；（2）变压器室；（3）低压配电室。此外，有的还有高压电容器室（需提高功率因数时）及值班室（需有人值班时）。6～10千伏工业企业变配电所的型式及尺寸如图7-1所示。

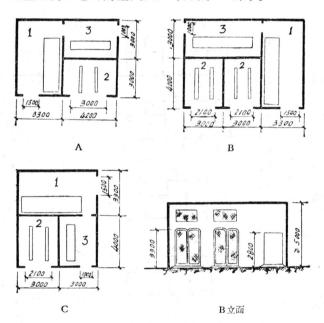

图 7-1　常用6～10千伏工业企业变配电所的型式及尺寸

（单位：毫米）

1—高压配电室；2—变压器室；3—低压配电室

A—单台变压器宽面推进；B—两台变压器，窄面推进；C—单台变压器，窄面推进

图7-1中的高压配电室1可装设GG-1A型或GG-10型高压开关柜4～5台，当数量更多时，可改为双列布置，此时应将宽度增为4.5～5米。变压器室2是按SJ、SJL、SJL₁等型式的750～1000千伏安变压器考虑的，当采用560千伏安以下时，尺寸可相应缩小。低压配电室3可装设BDL型或BSL型低压配电屏4～6台。图中没有考虑电容器室，当变电所中有提高功率因数的移相电容器时，1000伏以上的高压电容器一般应设有单独的高压电容器室，1000伏以下的低压电容器可设置在高、低压配电室内，其面积需相应扩大。当变电所需要值班时，值班室需另考虑增加。

对变压器容量在560千伏安及以下的屋内变电所，由于可在低压方面量电，同时高压方面只需要安装一副高压负荷开关或隔离开关，因此变电所只需要设置变压器室和低压配电室，而高压负荷开关或隔离开关可装设在变压器室的墙上，不必再设高压配电室。

6～10千伏变电所的布置可以有许多方案，表7-1中列出了《钢铁企业电力设计参考资料》中介绍的各种有6～10千伏配电装置的变电所布置方案，可供设计时参考。变电所一般设计成单层建筑物。在用地面积受到限制或布置有殊特要求时也可设计成多层建筑物，但变配电所不宜超过二层。

6～10千伏变电所布置方案 表 7-1

主 要 特 点		有 值 班 室	无 值 班 室
附设式	一台变压器		
	二台变压器		
独立式	一台变压器		
	二台变压器		

注：1—变压器室；4—高压配电室；3—电容器室；6—值班室。

变电所里高、低压配电室内装设有高、低压配电装置。所谓配电装置就是用来接受和分配电能的电气装置的总称，其中包括开关设备、保护电器、测量仪表、母线和其他辅助设备等。

配电装置基本上可分为三类：

（1）屋内配电装置：全部电气设备装设在屋内。多用于35千伏以下电压等级。

（2）屋外配电装置：全部电气设备装设在露天场地。大多用在35千伏以上电压等级，但在国防工程、农村、城市郊区的小容量6～10千伏变电所中，也广泛应用。

（3）成套配电装置：由制造厂将一个电路的设备装配在封闭或开启的金属柜中，构成各单元电路的"分间"，成套供应。使用时，将各种电路的"分间"互相连接，构成整个配电装置。大多用于6～10千伏及以下的电压等级，也逐渐用于35千伏电压等级。成套配电装置有屋内式和屋外式的两种。

配电装置设计是在电气主结线设计的基础上进行的。电气主结线设计中所选择的接线方式与电器是否合理，将通过配电装置的运行实践来证明。配电装置本身的可靠性与经济性，又是影响主结线设计的重要因素。所以配电装置的设计和电气主结线的设计关系十分密切。对配电装置的设计应满足以下的基本要求：

1.工作的可靠性

配电装置的可靠性是以发生故障的可能性和故障影响范围来衡量的。因此，配电装置的可靠性与电气设备的选择和使用以及带电部分的布置有关。如设备的规格是否合乎要求、是否保证带电部分至接地部分或带电部分之间的最小安全距离等。此外，对安全采取的措施也可提高可靠性，如将带电部分隔离或封闭起来，象成套配电装置，不但能保证人身安全，而且由于灰尘及小动物不易侵入，减少了故障的可能性，其联锁装置可把误操作的可能性减少到最低限度等。

2.维护、检修要方便

配电装置在设计时，必须考虑运行人员操作和设备检查的方便。因此，对各种通道必须保证最小的宽度。

3.工作人员的人身安全和防火要求

对于工作人员的人身安全和防火要求，可以用各种技术措施和组织措施来保证。技术措施体现在配电装置的设计中，如用金属网或金属板等将电器和载流部分遮蔽，以免偶然的接触；或者将电器和载流部分布置在人不易接触并隔有一定安全距离的地方。组织措施体现在加强对运行人员进行政治思想教育、岗位责任制教育和技术训练等方面。

4.经济上的合理性

配电装置在保证安全和可靠的条件下，还必须尽量降低造价。应尽可能节省设备和器材，尤其是绝缘材料、有色金属材料和钢材；节省占地面积和建筑工程量等。

5.有发展的可能性

设计配电装置时，还应考虑到在不影响正常生产和不需要经过大规模的改造条件下，有可能进行扩建。

第二节　高压配电室

高压配电室装设有高压配电装置，配电装置的布置应满足以下条件：

一、屋内高压配电装置的安全净距

所谓配电装置的安全净距是指带电部分至接地部分在空间所容许的最小距离，或不同相带电部分之间在空间所容许的最小距离。屋内配电装置的各项安全净距，依规程规定不应小于表7-2所列的数值（对照图7-2）。

围栏向上延伸线距地2.3米处与围栏上方带电部分的净距，不应小于表7-2中的A_1值。

当配电装置中相邻带电部分的额定电压不同时，应按较高的额定电压确定其安全净距。

在设计配电装置时，除了应保证在一切情况下均能保持最小安全净距之外，同时还应考虑到各种可能的意外情况而给一定的裕度。实际工程设计中，配电装置中各带电部分的间距一般为表7-2所列数值的2～3倍。

屋内配电装置的最小安全净距（毫米）　　　　　　表 7-2

名　　称	额　定　电　压　（千伏）								
	1～3	6	10	15	20	35	60	110J	110
带电部分至接地部分（A_1）	75	100	125	150	180	300	550	850	950
不同相的带电部分之间（A_2）	75	100	125	150	180	300	550	900	1000
带电部分至栅栏（B_1）	825	850	875	900	930	1050	1300	1600	1700
带电部分至网状遮栏（B_2）	175	200	225	250	280	400	650	950	1050
带电部分至板状遮栏（B_3）	105	130	155	180	210	330	580	880	980
无遮栏裸导体至地（楼）面（C）	2375	2400	2425	2425	2480	2600	2850	3150	3250
不同时停电检修的无遮栏裸导体之间的水平净距（D）	1875	1900	1925	1950	1980	2100	2350	2650	2750
出线套管至屋外通道的路面（E）	4000	4000	4000	4000	4000	4000	4500	5000	5000

注：1. 110J系指中性点直接接地电力网。

2. 海拔超过1000米时本表所列A值，应按每升高1000米增大1％进行修正，B、C、D值应分别增加A_1值的修正差值。

3. 本表所列各值不适用于制造厂生产的成套配电装置。

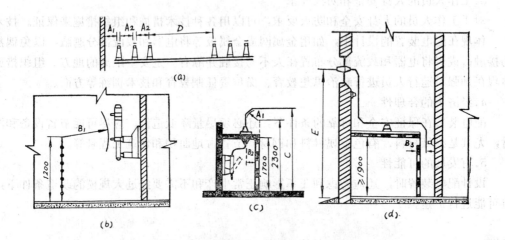

图 7-2　屋内配电装置最小安全净距的校验图

（a）带电部分至接地部分、不同相的带电部分之间和不同时停电检修的无遮栏裸导体之间的水平净距；
（b）带电部分至栅栏的净距；（c）带电部分至网状遮栏和无遮栏裸导体至地（楼）面的净距；（d）带电部分至板状遮栏和出线套管至屋外通道的路面净距

二、通道及围栏

配电装置的布置应考虑便于设备的操作、搬运、检修和试验。配电室内应设操作通道、维护通道和通往防爆间隔的通道。为了便于维护和搬运配电装置中的设备所设的通道称为维护通道。如通道中又装有断路器和隔离开关的操作机构时，则这种通道称为操作通道。

1～10千伏配电室内各种 通道的最小宽度（净距）依规程 规定不应 小于表7-3所列数值。

为了防止运行人员在维护和检修中在意外情况下接触带电部分，配电装置应设有固定的或可拆卸的围栏。屋内高压配电装置的围栏高度应不低于表7-4所列数值。

网状遮栏的网孔不应大于40×40毫米。栅栏的栅条间净距和栅栏最低栏杆至地面的净距不应大于200毫米。

当无遮蔽带电部分布置在通道上方而离地高度 小于表7-2中的C值时， 应设置遮栏保护以防触及，此时遮栏高度不应低于1.9米。

1～10千伏配电装置室内各种通道的最小宽度(净距)(毫米)   表 7-3

布置方式 \ 通道分类	维护通道	操作通道		通往防爆间隔的通道
		固定式	成套手车式	
一面有开关设备时	800	1500	单车长＋900	1200
两面有开关设备时	1000	2000	双车长＋600	1200

注：在建筑物的局部凸出部分如柱墩处，表中通道宽度允许缩小200毫米。

围 栏 的 高 度   表 7-4

名 称	网 状 遮 栏	无 孔 遮 栏	栅 栏
高 度 （米）	1.7	1.7	1.2

三、高压成套配电装置的布置与安装

高压配电室的配电装置分 为成套式和装配式的两类。 在工业企业的6～10千伏配电装置中一般均采用成套式的配电装置，由通常称为高压开关柜的成套式装置所组成。高压开关柜是把开关电器、测量仪表、保护电器和辅助设备等装设在封闭或半封闭的金属柜中，在制造厂中装配完成，或作好绝大部分的装配，仅留下少量的现场安装工作。每一台高压开关柜构成一条电路，制造厂生产各种不同电路方案的开关柜。我们可以按照所设计的变电所的主结线，选用各种电路的高压开关柜来构成整个的配电装置。

根据运行经验，成套配电装置可靠性高、运行维护安全。此外，采用成套配电装置可以缩短工期，减少房屋体积，简化建筑工程，并便于扩建和搬运，所以在工业企业变电所中常使用成套配电装置。

我国生产的高压开关柜有：（1）GG-10型、GG-1A型的固定式高压开关柜；（2）GFC-10型、GFC-1型的手车式高压开关柜。GG型与GFC型高压开关柜相比， GG型固定式高压开关柜使用的钢材较少、价格较便宜，目前工业企业变电所大多采用这种类型的高压开关柜；但GFC型手车式高压开关柜维护安全、工作可靠性更高、更换断路器迅速（如断路器故障可将小车拉出，换上备用的就可继续运行），适用于大型发电厂、枢纽变电所及向一级负荷供电的工业企业变电所。各种型式高压开关柜的结构、技术数据、一次结线

方案、外形及安装尺寸等详见有关产品样本。

根据变配电所的主结线，选定各种电路的（即各种一次线路方案的）高压开关柜组成整个配电装置之后，就可以根据高压开关柜的台数、外形尺寸和维护操作通道宽度等确定高压配电室的尺寸。在确定布置尺寸时应注意到高压开关柜外廓尺寸（加门钢板、侧封钢板、母线角铁架）比钢架尺寸略大，现列表说明于下。

尺　　　　寸	GG-1A型	GG-10型
	宽×深×高（mm）	宽×深×高（mm）
钢架尺寸	1200×1200×2800	1000×1200×2330
外廓尺寸	1218×1220×3140	1018×1225×2600
柜后离墙	要求≥25	要求≥130

在选择高压开关柜和确定高压开关柜的具体位置时，应考虑以下几点：

（1）根据进线方式及具体位置，结合高压开关柜的各种电路组合方案，将进线与避雷器、电压互感器进行适当的组合，可以节省高压开关柜。

（2）布置高压开关柜位置时，应根据变配电所和各用户间的相对位置，避免各高压出线互相交叉，尤其是架空高压出线，更应尽量避免交叉。

（3）当只有一段母线时，至同样生产机械或同一车间变电所的各台高压开关柜最好布置在一起；当有两段母线时，至同样生产机械或同一车间变电所的各台高压开关柜最好布置在相对应位置。

（4）经常需要操作、维护、监视或故障机会较多的电路的高压开关柜，最好布置在靠近值班人员的地方。

高压配电室的参考尺寸见图7-3，并说明如下：

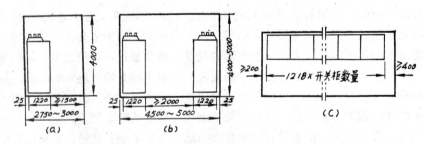

图 7-3 装有GG-1A型开关柜的配电室最小布置尺寸
（a）单列布置；（b）双列布置；（c）开关柜平面布置

（1）高压配电室的长度由高压开关柜的宽度和台数而定。台数少时采用单列布置，台数多时（至少有6台以上）采用双列布置。

考虑到母线在运行中因受热伸胀而影响安全净距，靠墙的开关柜与墙之间一般采用不小于200毫米的距离。为了便于安装时调整开关柜的位置，最后推进的开关柜与墙之间宜留有不小于400毫米的空隙。

于是高压配电室的内净长度≥柜宽×单列台数＋600（毫米）。

（2）高压配电室的深度由高压开关柜的深度加操作通道的宽度而定。固定式高压开关柜操作通道的最小宽度：单列布置时为1.5米，双列布置时为2米。但考虑到操作、维修工作的方便，一般把单列布置时放宽到2米，双列布置时放宽到2.5米。

（3）高压配电室的高度由高压开关柜的高度和离顶棚的安全净距而定，对GG-10型高压开关柜高度不得小于3.1米，对GG-1A型高压开关柜，一般设计中采用4米。当双列布置并有高压母线过桥时，一般将高度增加到4.6～5.0米。

（4）图7-3是采用GG-1A型高压开关柜的配电室最小布置尺寸，当采用GG-10型高压开关柜时，图中尺寸应作相应修改，参看有关产品样本或设计手册。

（5）高压配电室宜留有适当数量的开关柜发展位置。预留位置一般布置在配电装置的一端或两端。

（6）当高压开关柜数量较少时，允许将高、低压配电装置布置在同一室内。当高、低压配电装置为单列布置时，两者之间的距离应不小于1米。

（7）GG型高压开关柜的基础形式（电缆出线），可采用标准设计图纸。

（8）GG型高压开关柜的安装方式有靠墙安装和离墙安装两种。具体采用哪种方式，主要与变配电所是采用电缆或架空进出线有关。如果变电所采用架空出线，则采用离墙安装的方式；如采用电缆出线，则采用靠墙安装方式，可减少配电室的建筑面积。当变电所容量小时，出线回路不多，可考虑采用架空出线；当变电所出线回路较多或受地形限制无法采用架空出线时，则采用电缆出线。此外，当变电所馈电给附近的高压电机时，由于防雷的要求，架空线与旋转电机之间需接30～50米的电缆段，则亦宜采用电缆出线。

四、对高压配电室建筑的主要要求

高压配电室应设出入口数与配电装置的长度有关。长度不到7米时允许一个出入口；长度为7～60米时至少两端各一个出入口；长度超过60米时两端各一个、中间增加一个出口，使相邻两出口间不超过30米，以利于运行维护和安全疏散。其中有一个门是可以搬运设备的双扇门。

对于采用GG-1A型高压开关柜的配电室，一般大门门宽取1.5米、门高取2.5～2.8米。小门门宽取0.6～0.8米，门高取2.0～2.2米。门应向外开，并应装弹簧锁，即保证从室内向外走时，不用钥匙即可开门。相邻配电室之间如有门时，应能向两个方向开启。

高压配电室允许有天然采光和自然通风，但应采用防止雨、雪和小动物进入的措施。

高压配电室的耐火等级，不应低于二级。配电装置室内的顶棚和邻近带电部分的内墙面应刷白，其他部分应抹灰刷白。地（楼）面一般采用水泥抹面并压光。

高压配电室内不应有与配电装置无关的管道通过。

第 三 节　低 压 配 电 室

低压配电室装设有低压配电装置，配电装置的布置应满足以下条件：

一、屋内低压配电装置的安全净距

屋内低压配电装置的各项安全净距依规程规定不应小于表7-5所列的数值（对照图7-4）。

名　　称	额　定　电　压　（伏）	
	< 500	500～1000
带电部分至接地部分间（A_1）	15(30)	15(30)
不同相的带电部分间（A_2）	15(30)	15(30)
带电部分至栅栏（B_1）	100	100
带电部分至网状遮栏（B_2）	100	100
带电部分至无孔遮栏（B_3）	50	50
无遮栏裸导体至地（楼）板（C）	2200	2200
无遮栏裸导体与通道对面墙间的水平净距（D_1）	1500	2000
通道两边的无遮栏裸导体间的水平净距（D_2）	1000	1500

注：括弧中的数值为绝缘表面距离。

二、遮栏及通道

屋内低压配电装置的遮栏高度不应低于：网状遮栏1.7米；无孔遮栏1.7米；栅栏1.2米。

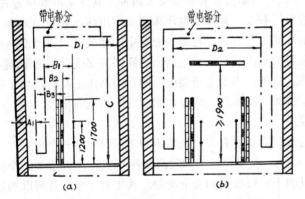

图 7-4　屋内低压配电装置最小安全净距的校验图

（a）单面布置；（b）双面布置

屋内低压配电装置的通道宽度依规程规定不应小于表7-6所列的数值。

无遮栏导电体布置在通道上方而离地高度小于表7-5中的 C 值时，应设置遮栏保护，遮栏的高度不应低于1.9米。

三、低压配电室的布置与安装

工业企业变电所的低压配电装置一般采用低压成套式配电置，由通常称为低压配电屏的成套式装置所组成。每一台低压配电屏可组成一条或多条电路（依电路容量而定），制造厂生产有各种不同电路方案的低压配电屏供用户选用。我们可以根据所设计的变电所的主结线，选用各种不同电路方案的低压配电屏来构成整个低压配电装置。

我国生产的在工业企业中常用的低压配电屏型号及结构简要特征，如表7-7所示。

BSL（或BDL）型与BFC型低压配电屏相比，BSL（或BDL）型使用钢材较少，价格较低，目前在工业企业变电所中大多采用这种类型的低压配电屏；BFC型抽屉式屏维护安全，工作可靠性更高，更换抽屉内元件迅速（可将故障抽屉拉出换上备用的就可继续运行），但价格贵，一般在化工、冶金等企业中采用。BSL-10型和BSL-11型产品，用以取代BSL-1型和BSL-6型产品。低

屋内低压配电装置的通道最小宽度（毫米）　　表 7-6

布　置　方　式	通　道　分　类	
	背面维护通道	正面操作通道
一面装有配电装置时	800	1300
两面装有配电装置时	800	1800

注：在建筑物的局部凸出部分如柱墩处，表中通道宽度允许缩小200毫米。

压配电屏的结构、主要技术数据、一次线路方案、外形及安装尺寸等详见有关产品样本或设计手册。

低压配电屏型号及结构简要特征   表 7-7

配 电 屏 型 号	结 构 简 要 特 征	备　　注
BSL-1	双面维护、离墙安装	过渡产品
BSL-6	双面维护、离墙安装	过渡产品
BSL-10	双面维护、离墙安装	改进设计产品
BSL-11	双面维护、离墙安装	改进技术产品
BDL-1	单面维护、靠墙安装	过渡产品
BFC-10A	封闭型抽屉式、离墙安装	新 产 品

低压配电屏根据主结线选定之后，就可以根据低压配电屏的台数、外形尺寸和维护操作通道宽度等确定低压配电室的尺寸。

低压配电室的参考尺寸见图7-5，并说明如下：

（1）低压配电室的长度由低压配电屏的宽度和台数而定。当双面维护时，还要考虑边屏两端离墙的维护通道宽度，一般取0.6～0.8米。确定低压配电室长度尺寸时，应注意到不同型号配电屏的宽度不相同，现列表于下：

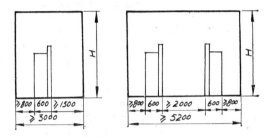

图 7-5　低压配电室参考尺寸

注：配电室高度H应和变压器室综合考虑，详见说明第（3）条。

型　　号	BSL-10型配电屏	BSL-11型一般屏	BSL-11型加宽屏	JB(F)-2X型电容器屏	其他各种型号电容器屏
宽　度(m/m)	900	800	1000	800	900

于是低压配电室的内净长度≥屏宽×单列屏数＋2×600（毫米）。

低压配电室的长度不到 6 米时允许设一个门；长度为 6～15 米时两端各一个出入口；长度超过15米时两端各一个出入口、中间增加一个出口，使两出口间不超过15米；当通道的净宽为 3 米及以上时，则不受上述限制。低压配电室的门宽一般取 1～1.2 米、门高取 2～2.2 米。

（2）低压配电室的深度由低压配电屏深度加维护、操作通道的宽度而定。图7-5的尺寸是按BSL-10型、BSL-11型离墙式低压配电屏考虑的。这种BSL型低压配电屏是双面维护，离墙安装，主要是屏前操作、屏后检修，目前为工业企业所广泛采用。根据运行经验，屏后离墙距离宜用1000毫米。当采用 BDL-1型、BDL-10 型靠 墙式低压配电屏时，可以靠墙安装，亦可以离墙安装，但根据运行经验，靠墙安装维修不方便，所以在可能条件下应尽量离墙安装，此时低压屏后离墙距离可减为600毫米。通常只有当低压配电屏的台数很少（1～2台）或受建筑面积限制的情况下，才选用 BDL 型配电屏直接靠墙安装，此时低压配电室的深度可相应减小。在图 7-5 中表示出：当单列布置时，低压配电室内净深度（宽度）应≥3000毫米；当双列布置时，内净深度（宽度）应≥5200毫米。

（3）低压配电室的高度应由低压配电屏的高度和毗连的变压器室综合考虑，一般有 4.0 米，3.5 米，3.0 米三种情况，详见图7-6中低压配电室高度与变压器室竖向布置的关系。

（4）低压配电室宜留有适当数量配电屏的发展位置。

（5）图7-6中低压配电屏下电缆沟深度600毫米，系指有户外电缆出线而言，若无户外电缆出线，沟的深度可适当减小。

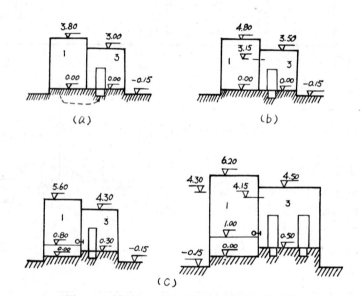

图 7-6　低压配电室高度和变压器室竖向布置

（a）电缆进线时，配电室H＝3 米；（b）和不抬高地坪的变压器室相邻时，H＝3.5 米；（c）和抬高地坪的
变压器室相邻时，配电室H＝4 米
1—变压器室；3—低压配电室

第四节　变　压　器　室

变压器室的尺寸主要决定于变压器的容量、型式（油浸式或干式冷却、迭积式或渐开线式铁芯）、进线方式（电缆进线或架空进线）和通风方式。

一、车间变电所变压器的容量、型式和台数的选择

国家标准GB1094-71规定新变压器容量等级采用国际电工会议确定的国际通用的 R_{10}。标准容量系列，变压器 R_{10} 容量系列是按 $\sqrt[10]{10}$ 倍数增加的。而老的变压器容量等级是采用 R_8 容量系列，变压器 R_8 容量系列是按 $\sqrt[8]{10}$ 倍数增加的。鉴于目前变压器处于新老容量系列交替阶段，所以在选用变压器时，可考虑相近的新老容量系列均能使用的条件。

电力变压器分为SJL型铝线圈变压器系列和SJ型铜线圈变压器系列。必须大力贯彻节约用铜、以铝代铜的技术政策，在设计中应优先采用铝线电力变压器。

电力变压器的铁芯一般均采用心式铁芯，其结构形式分为两种：SJL_3、SJ_4、SJL和SJ，型均采用传统的迭积式铁芯，而SJL₄型采用渐开线式铁芯。由于上述铁芯结构形式不同，相同容量电力变压器的外形尺寸与高低压出线位置亦有所不同，在设计变压器室时应考虑两种铁芯结构形式均能使用的条件。

车间变电所变压器的容量、台数是根据计算负荷来选择的。一般车间变电所变压器的选择有三种情况：一台容量为1000千伏安及以下；二台容量为1000千伏安及以下；一台容量为1800千伏安及以下。本章主要根据这三种情况讨论变压器室的结构与布置。

车间变电所变压器的型式，目前一般选用户内油浸自冷式电力变压器，布置于变压器室内；或选用户外油浸自冷式电力变压器，布置于露天。如对室内环境安全、防火要求高的场所或战备设施，可采用干式电力变压器。

二、变压器室的建筑结构和布置

（一）变压器室的最小尺寸

变压器室的最小尺寸根据变压器外形尺寸和变压器外廓至变压器室四壁应保持的最小距离而定，依规程规定不应小于表7-8所列的数值（对照图7-7）。

变压器外廓与变压器室四壁的最小距离　　　　　　表 7-8

变压器容量（千伏安）	320 及 以 下	400～1000	1250及 以 上
至后壁和侧壁净距 A（米）	0.6	0.6	0.6
至大门净距 B（米）	0.6	0.8	1.0

此外，变压器的安装方式对变压器室的布置尺寸也有影响。当变压器为宽面推进（K）安装时，最大优点是通风面积较大；其缺点是低压引出母线需要翻高，变压器底座轨距要与基础梁的轨距严格对准；其布置特点是开间大、进深浅，变压器的低压侧应布置在靠外边，即变压器的油枕位于大门的左侧。当变压器为窄面推进（Z）安装时，最大优点是不论变压器有何种形式底座均可顺利安装；其缺点是可利用的通风面积较小，低压引出母线需要多做一个立弯；其布置特点是开间小、进深大，但布置较为自由，变压器的高压侧可根据需要布置在大门的左侧或右侧。

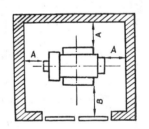

图 7-7　变压器室尺寸

（二）变压器室的高度和地坪

变压器室的高度是和变压器的高度、进线方式及通风条件有关。根据通风方式的要求，变压器室的地坪有抬高和不抬高两种。地坪不抬高时，变压器放置在混凝土的地面上，变压器室高度一般为3.5～4.8米；地坪抬高时，变压器放置在抬高地坪上，下面是进风洞，地坪抬高高度一般有0.8米、1.0米及1.2米三种。变压器室高度一般亦相应地增加为4.8～5.7米。变压器室的地坪要否抬高是由变压器的通风方式及通风面积所确定的。当变压器室的进风窗和出风窗的面积不能满足通风条件时，就需抬高变压器室的地坪。一般地说，"出风"影响变压器室的高度，"进风"影响变压器室的地坪。现根据通风计算条件、进风窗口所需的实际面积，求得变压器的安装方式与变压器室地坪相对标高的关系，列于表7-9中供设计时参考（表中系数见本节（三）的说明）。

750～1000千伏安变压器室

地 坪 的 相 对 标 高 （米）　　　　　　表 7-9

通 风 计 算 条 件	$\alpha = 1:1$ $t = 30°C$ $k = 1.25$	$\alpha = 1:1.5$ $t = 30°C$ $k = 1.25$	$\alpha = 1:1$ $t = 35°C$ $k = 1.25$	$\alpha = 1:1.5$ $t = 35°C$ $k = 1.25$
进风口所需实际面积	1.81m²	1.48m²	3.40m²	2.78m²
窄面推进时地坪标高	▽1.0	▽0.8	▽1.2 再加门下	▽1.0 再加门下
宽面推进时地坪标高	▽0.8	▽0.8	▽1.0再加门下	▽1.0

（三）变压器室的通风方式和通风面积计算

变压器室根据容量大小，进风温度的高低，而采用不同的通风方式。常用较好的自然通风方式有如下三种：

（1）不抬高地坪，门下进风，后墙出风——适用于变压器容量为560千伏安及以下，进风温度为＋35℃及以下，如图7-8（a）所示。

（2）抬高地坪，地下进风，门上出风——适用于变压器容量为750千伏安及以上，进风温度为＋35℃及以下，如图7-8（b）所示。

（3）抬高地坪，门下及地下进风，气楼出风——适用于变压器容量为1000～1800千伏安，进风温度为＋30℃及以上，当采用如图（b）方式达不到要求时，则用如图7-8(c)、（d）所示方式。

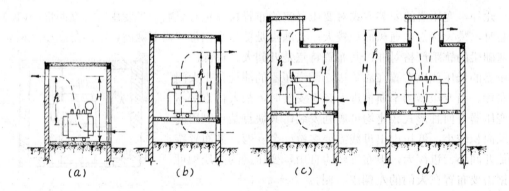

图 7-8　变压器室的通风方式

（a）门下进风，后墙出风；（b）地下进风，门上出风；（c）门下及地下进风，半气楼出风；（d）地下进风，全气楼出风

设计变压器室的通风系统应按自然通风考虑，并计及容量的发展，应保证变压器在一年四季内均能安全满载运行。在夏季最热月份，变压器室内温度应不超过＋45℃，进风与出风温差不超过15℃。进风与出风窗口所需的有效面积，按下式计算：

$$F_j = \frac{K \cdot \Delta P_b}{4 \cdot \Delta t} \sqrt{\frac{2(\xi_j + \alpha^2 \xi_c)}{h(\gamma_j^2 - \gamma_c^2)}} \tag{7-1}$$

$$F_c = \frac{K \cdot \Delta P_b}{4 \cdot \alpha \cdot \Delta t} \sqrt{\frac{2(\xi_j + \alpha^2 \xi_c)}{h(\gamma_j^2 - \gamma_c^2)}} \tag{7-2}$$

式中 F_j——进风窗口有效面积[平方米];

$\quad\quad\quad F_c$——出风窗口有效面积[平方米];

$\quad\quad\quad \alpha$——进、出风窗口面积之比,取 $\alpha=1:1\sim1:2$;

$\quad\quad\quad K$——因太阳辐射热而增加热量的修正系数;

$\quad\quad\quad \Delta t$——进风与出风温差[℃];

$\quad\quad \gamma_j$、γ_c——通过进出风口的空气容重$\left[\dfrac{公斤}{立方米}\right]$;

$\quad\quad \xi_j$、ξ_c——进出风口局部阻力系数,取 $\xi_j=1.44$,$\xi_c=2.30$;

$\quad\quad\quad \Delta P_b$——变压器的额定功率损耗,等于额定铜损和额定铁损之和[千瓦];

$\quad\quad\quad h$——变压器油箱中心至出风窗口中心的距离[米]。

按式(7-1)及式(7-2)计算出不同容量变压器室的通风窗口所需有效面积见表7-10。

由于在通风窗上加装阻挡雨雪和小动物进入的网栅,使窗口阻力系数增加,故进出风口的实际面积应为表中查得的有效面积乘以不同窗网型式的构造系数 k(用圆钢栅栏加铁丝网时(10×10mm)时 $k=1.25$;用金属百页窗时 $k=1.67$;用金属百页窗加铁丝网时 $k=2.0$)。

在一般建筑结构中,对进风窗只用圆钢栅栏加铁丝网,以防小动物进入;而对出风窗因位置高于变压器,故要考虑用百页窗来防挡雨雪,所以要采用不同的构造系数。进出风口的实际建筑面积利用表7-10及下式确定:

$$F_{j\cdot s}=1.25F_j \quad\quad\quad\quad\quad\quad\quad\quad (7\text{-}3)$$

$$F_{c\cdot s}=2.0F_c \quad\quad\quad\quad\quad\quad\quad\quad (7\text{-}4)$$

表7-10中的 h 值,是变压器油箱中心标高与出风口中心标高之差。为便于计算,变压器器身油箱中心距地按0.8米考虑。当变压器室尺寸是参考电气标准图集设计时,则 h 值有

750～1000千伏安变压器室通风窗有效面积表(净面积)　　　表 7-10

变压器中心标高至出风窗中心标高的距离 h(m)	进风窗出风窗面积之比 $F_j:F_c$	进风温度 $t_j=+30℃$		进风温度 $t_j=+35℃$	
		进风窗面积 F_j (m²)	出风窗面积 F_c (m²)	进风窗面积 F_j (m²)	出风窗面积 F_c (m²)
2.5	1:1	1.70	1.70	3.24	3.24
	1:1.5	1.39	2.08	2.65	3.95
3	1:1	1.56	1.56	2.95	2.95
	1:1.5	1.28	1.93	2.40	3.60
3.5	1:1	1.45	1.45	2.73	2.73
	1:1.5	1.18	1.76	2.22	3.35
4	1:1	1.35	1.35	2.57	2.57
	1:1.5	1.11	1.66	2.10	3.15
4.5	1:1	1.28	1.28	2.42	2.42
	1:1.5	1.04	1.56	1,97	2.95
5	1:1	1.20	1.20	2.30	2.30
	1:1.5	0.99	1.48	1.87	2.80

如表7-11所示。

表7-10中的有效面积，只算到变压器额定容量为1000千伏安。如欲求容量大于1000千伏安变压器室的进、出风口有效面积，则根据式（7-1）和式（7-2），在保持其他计算条件不变时，有效面积之比等于变压器额定功率损耗之比，故可用下式计算：

中 心 距 离 h 值 表 7-11

变压器容量（千伏安）	560以下	560	750	1000	1000以上
出风口中心标高 H（米）	2.8	3.3	3.8	4.25	>4.5
中心距离 h（米）	2.0	2.5	3.0	3.5	>3.5

$$\frac{F_{(x)}}{F_{(1000)}} = \frac{\Delta P_{b(x)}}{\Delta P_{b(1000)}} \qquad (7-5)$$

式中　　$F_{(1000)}$——变压器容量为1000千伏安时从表7-10中查得的进风有效面积F_j（或出风有效面积F_c）[平方米]；

$F_{(x)}$——当容量大于1000千伏安时所需的相应条件下的进风有效面积$F_{j(x)}$（或出风有效面积$F_{c(x)}$）[平方米]；

$\Delta P_{b(x)}$——所设计变压器的额定功率损耗[千瓦]；

$\Delta P_{b(1000)}$——与所设计变压器额定电压及型式相同的1000千伏安变压器的额定功率损耗[千瓦]。

然后再应用式（7-3）及式（7-4）计算通风窗口的实际建筑面积。

（四）变压器的基础梁

变压器的基础梁负重计算应满足容量发展的要求，一般按设计容量加大一级考虑。但当变压器容量大于1000千伏安时，最多按1800千伏安设计。车间用配电变压器连油总重量见表7-12。

三 相 铝 线 配 电 变 压 器 连 油 总 重 量 表 7-12

额定容量（千伏安）	560	750	1000	1250	1600	1800
连油总重（公斤）	2260	3075	3770	4000	5200	6015

屋外布置的变压器基础做成墩状，一般高于室外地面300毫米。

屋内布置的变压器基础做成梁状，当地坪不抬高时，则与屋内地面平齐；当地坪抬高时，则与抬高地坪平齐，以便于变压器的施工安装。

由于不同型号或不同制造厂生产的变压器的轨距不尽相同，故两根基础梁的中心距要考虑能适应两种轨距尺寸，以保证变压器顺利安装就位。各种变压器的轨距，详见变压器产品技术数据。

有关变压器室尺寸的确定和基础梁的布置，参考设计手册中《变压器室土建任务图》，及本章第六节变电所电气布置施工图。

（五）变电所有两台三相变压器时，每台三相变压器一般均安装在单独变压器室内，主要是防止一台变压器发生火灾时影响另一台变压器的正常运行。如果两台变压器安装于同一室内时，当一台需检修，则相邻一台亦需停电，否则不够安全。

变压器室允许开设通向电工值班室或高、低压配电室的小门，以便值班人员巡视，特别是严寒和多雨地区。此门材料要求采用非燃烧体或难燃烧体的建筑材料，门口应设非燃烧体的挡油设施（水泥挡油槛），以免变压器发生火灾后，把门烧毁使火焰延伸及燃油流散，使灾情扩大。

变压器室大门的大小一般按变压器外廓尺寸再加50厘米计算；当一扇门的宽度大于1.5米时，应在大门上开设小门，小门宽0.8米，高1.8米，以便日常维护人员进出的方便。

（六）当变压器容量≥750千伏安时，变压器室应预埋由$\phi20mm$圆钢做成的搬运钩（预埋位置示于图7-6（c）中）。

（七）变压器室应为一级耐火等级的建筑物。车间内变电所的门和通风窗应采用非燃烧体或难燃烧体的建筑材料，其他型式变电所的门、窗的燃烧性能不作规定。车间内变电所的门和通风窗采用非燃烧体或难燃烧体，是为了防止变压器发生火灾的情况下，不致使门、窗因辐射热和火焰而烧毁，引起灾情扩大到车间内部；对其他型式的变电所如附设变电所或独立变电所等，当周围场所正常时，万一变压器失火将变压器室大门烧毁，也不致引起灾情的严重扩大，因此门、窗的燃烧性不作规定，主要由周围环境对防火要求而定。在不易取得钢材和水泥的地区，可采用独立的、三级耐火等级的单层建筑，门、窗的燃烧性能亦不作规定，这是考虑到变压器发生火灾的几率很小，为了满足工厂基建和发展的需要，这样做是符合实际情况的；此外，对于独立的单层建筑，即使变压器发生火灾，影响不会太大。

（八）布置变压器室时，应避免大门朝西。

第五节　电　容　器　室

当工业企业中装有提高功率因数的移相电容器（静电电容器）时，原则上要尽量靠近吸取无功功率大的地方。低压移相电容器组宜分散布置在环境正常的车间内；高压移相电容器组宜布置在各变配电所内集中补偿。

1000伏及以下的电容器，可设置在环境正常的厂房、低压配电室或高低压配电室内。由于1000伏及以下电容器内部每个元件有熔丝保护，因此运行比较安全，从对很多使用单位的调查研究中，尚未发现有过爆炸事故，仅是一般性鼓肚、渗油现象，故可以不另行单独设置低压电容器室，而将低压电容器柜与低压配电屏连在一起布置。因低压电容器柜的深度和高度均与BSL型低压配电屏相同，故一起布置仍能整齐美观。1000伏及以下电容器靠近用电设备进行补偿是比较经济合理的，因此可直接安装在车间内，但车间环境条件应符合电容器制造厂提出的要求。

1000伏以上的电容器，为了保证运行人员的人身安全，一般是单独集中安装于变配电所中的高压电容器室内。电容器室通风散热不良，往往是造成电容器损坏的重要原因。故电容器室应有良好的自然通风，通常是将其地坪较室外提高0.8米，在墙的下部设进风窗，上部设出风窗。通风窗的实际建筑面积，对每100千乏电容器下部进风窗按0.3平方米、上部出风窗按0.4平方米计算。进出风窗应设有网孔不大于10×10毫米的铁丝网，以防小动物从窗进入而造成事故。如自然通风不能保证室内的温度不超过+40℃时，应增设机械通风装置。仅当电容器容量不大时，允许考虑设置在高压配电室或无人值班的高低压配电室内，不再另设单独的高压电容器室。

高压电容器室的大小主要由移相电容器的容量来确定。当采用 GR-1 型高压移相电容器柜时，只要确定了柜的台数，就不难确定高压电容器室的大小，因其中通道等要求是与高压配电室相同的。由于高压电容器不能随 GR-1 型柜供货，故工业企业变电所大多采用订购电容器到现场自行安装。如此则单列布置的高压电容器室，宽度宜采用 3.3 米（墙中尺寸），双列布置时的宽度宜采用 4.5 米（墙中尺寸）。高压电容器室所需的建筑面积，可按每 100 千乏约需 4.5 平方米估算。当采用现场装配式时，屋内电容器的布置不宜超过三层，下层电容器的底部距地应不小于 0.3 米，上层电容器底部距地一般不大于 2.5 米，电容器外壳相邻宽面之间的安装净距一般不小于 0.1 米，以利于电容器的散热、电气接线（对三相而言）、安装及巡视检修等；工程设计时可参考电气装置国家标准图集 D221《6～10千伏移相电容器安装结构图》。

电容器室建筑物的耐火等级，在采用矿物油浸渍的电容器时，当电压为 1000 伏以上时应不低于二级，当电压为 1000 伏及以下时应不低于三级；在采用氯化联苯浸渍的电容器时不作规定，因这种介质没有燃烧的可能，但应与其相连的高低压配电室或与它相邻的房屋结构相一致，以便土建施工和建筑美观，而二者均可采用木制门、窗。其他建筑要求（墙和地坪）同配电室。

电容器的额定电压与电网额定电压同级时，应将电容器的外壳和支架接地；单相电容器的额定电压等级低于电网额定电压等级时，应将其每相的安装支架与地绝缘，其绝缘水平不低于电网额定电压，例如 6 千伏电容器按星形接线接于 10 千伏电网时，电容器的安装支架应与地绝缘，以免单相接地故障时使电容器极板对地的电压升高，影响电容器的安全运行。

第六节　变电所电气布置施工图

变电所电气布置施工设计所考虑的内容主要有：

（1）高配间、低配间、变压器室、电容器室的合理布局，并考虑运行值班室及其他辅助建筑（当基建单位有提出建造要求时）的相互关系。应使建筑物在总体上实用、紧凑、整齐、美观，满足电气系统的设计要求，保证运行的安全与可靠。要便于施工，便于巡视，便于维修，便于发展。通常采用 1:50 比例尺绘制变电所平剖面布置图，注明建筑物布置采用"墙中尺寸"（两墙中心线间的距离），以［毫米］为单位。

（2）在变电所总平面图上应画出指北风玫瑰和通向变电所的厂区道路。

（3）变压器室在变电所的建筑上是主体，当采用通用尺寸来布置后，主要是考虑通风问题和运输问题。所谓变压器室的通用尺寸是指将不同规格型号的车间变压器分为三组，每组均采用最大容量最大外廓尺寸来考虑布置。变压器室的通用尺寸见表 7-13。

变压器室高低压侧的引接母线和角铁支架、角铁桥架，以及电缆头等的安装尺寸，详见施工图 7-9 和图 7-10。

（4）高压配电室的常用设备是 GG-1A 型或 GG-10 型高压开关柜。当单列布置时，宽度采用 3300 或 3500 毫米；当双列布置时，宽度采用 5500 毫米；高度采用 4000 毫米；如果

变压器额定容量 （千伏安）	推进方式	宽 × 深 （毫米）	高 （毫米）	高 度 采 用 条 件
180，200，250，315，320	窄　面	2300×3000	3500	一般电缆进线
			4200	当高压有FN时
	宽　面	3000×2300	4800	当高压是架空进线
400，420，500，560，630	窄　面	3000×3500	3800	宽面电缆进线
			4200	窄面或有FN时
	宽　面	3500×3000	4800	高压是架空进线
750，800，1000	窄　面	3300×4500	4800	宽面电缆进线
			5200	窄面电缆进线
	宽　面	4500×3300	5700	当架空进线时

母线过桥不是沿侧墙布置而是从柜的上部通过，则高度采用4600～5000毫米；长度视柜的单列数目 n 而定，即长度＝n×1220（1020）＋900毫米。

（5）低压配电室的常用设备是BSL-10型或BSL-11型低压配电屏，以及可与低压配电屏配合布置的低压电容器柜。当单列布置时，宽度采用3300毫米（后维护走廊宽900毫米，前操作走廊宽1500毫米）；当双列布置时，宽度采用5500毫米（后维护走廊宽1000毫米，前操作走廊宽2000毫米）；长度视屏的单列数目而定，即长度＝n×900（800）＋1900毫米；低压配电室的高度和相邻的变压器室地坪及进线方式有关，详见图7-6（图中是相对标高，以［米］为单位）。

（6）高压电容器室若是订购电容器作现场安装的，则当单列布置时，宽度采用3300毫米；当双列布置时，宽度采用4500毫米。若是订购GR-1型高压电容器柜来安装，则以和高压配电室相同原则处理。高压电容器室在布置上宜靠近高配间。

（7）低配间与变压器室是要毗连紧靠的，不仅使变压器低压引出母线到低压屏的距离可缩短，而且尽量要直，减少做母线弯头的施工困难。因此，低压配电屏位置与穿墙孔位置在设计中要对准对好。低配间的布置还要注意考虑引出线的方向，做到出线方便。

（8）高配间与变压器室是有联系的，但独立性较强，布置可灵活一些，与变压器室能有一墙相邻即可。主要是考虑进出线的方便。当电缆进线时，要使线路短；当架空进线时，要使线路直。

（9）值班室一般是靠近低配间，也可夹在高配与低配之间，同时门对主要道路。当变电所有高压电容器室时，必须设值班室，如无电容器室而且低配间面积较宽裕时，也可以取消值班室。

（10）对车间附设变电所宜用一字形布置，对独立式变电所宜用品字形布置。

图7-11列举八个工厂独立式变电所总平面布置常用方案，每台变压器容量为750～1000千伏安，供变电所施工图设计时的参考。图中 1 是变压器室，2 是高配间，3 是低配间，4 是电容器室，5 是值班室。图中尺寸以［毫米］为单位。

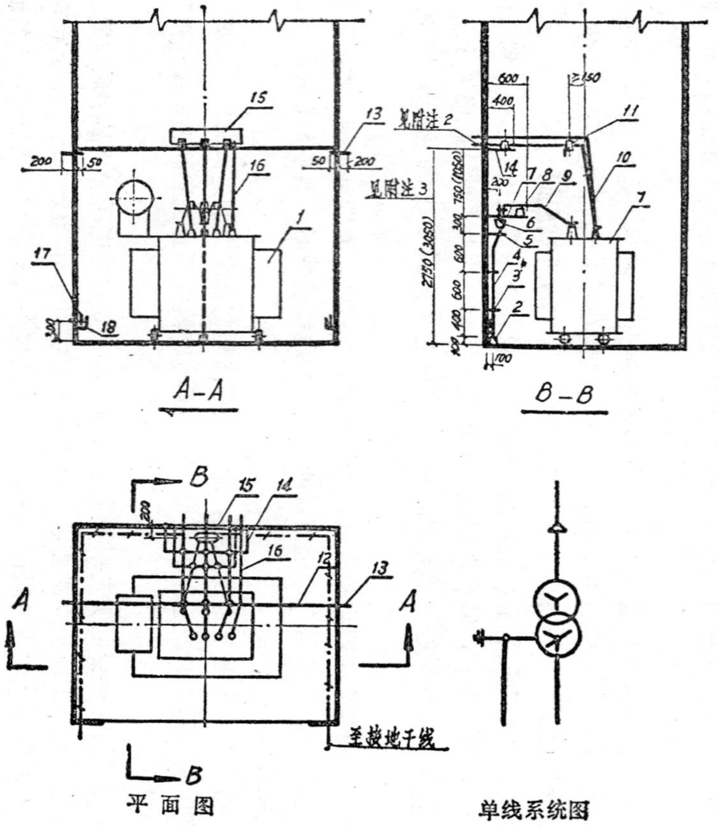

设 备 材 料 表

编号	名 称	型 号 及 规 格	单位	数 量	备 注
1	变 压 器	见工程设计	台	1	
2	电缆保护管	见工程设计	米	见工程设计	
3	电 缆 支 架	见工程设计	个	2	
4	电 缆	见工程设计	米	见工程设计	
5	电 缆 头 支 架	见工程设计	个	1	
6	电 缆 头	见工程设计	个	1	
7	高压母线支架	见工程设计	个	1	
8	支柱绝缘子	ZA-6(10)Y型	个	3	
9	高 压 母 线	见工程设计	米	见工程设计	
10	低 压 母 线	见工程设计	米	见工程设计	
11	电车绝缘子	Φ75×75,500伏	个	6	与零件13焊接
12	支 架	角钢50×5	米	2	
13	埋 件	角钢50×5 l=250	块	1	
14	低压母线支架	见工程设计	个	1	
15	低压母线穿墙板	见工程设计	米	见工程设计	
16	低压中性母线	见工程设计	米	见工程设计	
17	接 地 线	见工程设计	米	见工程设计	
18	接地线固定钩	见工程设计	个	见工程设计	

注: 1. 变压器中性点及外壳、金属构架、电缆头等均应接地,变压器室接地线的规格见工程设计。

2. 低压中性母线可以从墙洞与墙板之间的缝隙中穿过,也可以沿变压器室地面引出。

3. 括号中的尺寸,用于容量750～1000千伏安的变压器室。

4. 母线的安装方式为平放。

单线系统图

平面图

图 7-9 变压器室布置图（变压器宽面推进,高压电缆进线,高压侧无开关,低压母线在后墙出线）

160

设 备 材 料 表

编号	名 称	型 号 及 规 格	单位	数 量	备注
1	变压器	见工程设计	台	1	
2	架空引入线架及零件	见工程设计	组	1	
3	穿墙套管	CWB-6(10)/400-600	个	3	
4	避雷器	FS-6(10)型	个	3	
5	避雷器支架	见工程设计	个	1	
6	隔离开关	CN_2或GN_6型	个	1	
7	负荷开关	FN_1-10R 或 FN_2-10R	个	1	
8	高压熔断器	见工程设计	个	3	
9	隔离开关操动机构	CS_6-1或CS_5-2型	个	1	
10	负荷开关操动机构	CS_3或CS_1型	个	1	
11	高压母线支架	见工程设计	个	2	
12	高压母线支架	见工程设计	个	1	
13	支柱绝缘子	ZA-6(10)Y型	个	9	
14	支柱绝缘子	ZA-6(10)T型	个	3	
15	高压母线	见工程设计	米	见工程设计	
16	低压母线	见工程设计	米	见工程设计	
17	电车绝缘子	Φ75×75, 500伏	个	6	
18	低压母线支架	见工程设计	个	2	
19	低压母线穿墙板	见工程设计	块	1	
20	低压中性母线	见工程设计	米	见工程设计	
21	接地线	见工程设计	米	见工程设计	
22	接地线固定钩	见工程设计	个	见工程设计	

注: 1.2.3.4.同图7-9注 1.2.3.4。

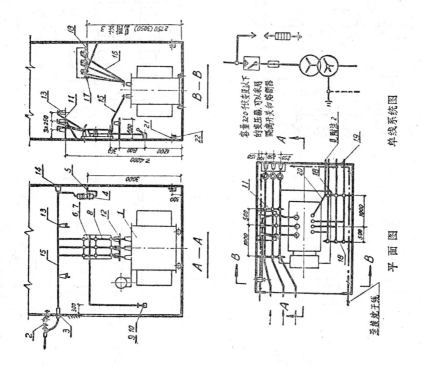

B—B

A—A

单线系统图

平面图

图 7-10 变压器室布置图（变压器箱面推进，高压架空线进线，高压侧开关和熔断器，低压母线在后墙出线）

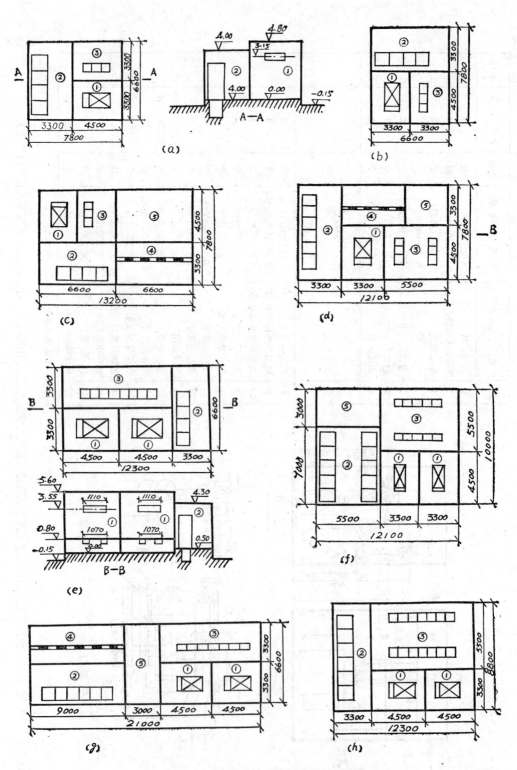

图 7-11 独立式工厂变电所平面布置图

(a)、(b)、(c)、(d)、(e)、(f)、(g)、(h)——依次为第一至第八布置方案

第一方案（a）是：1 台变压器，宽面推进，电缆进线，变压器室地坪不抬高，无值班室方案。该方案高配间可布置 GG-1A 柜 4 台或 GG-10 柜 5 台。柜下开电缆坑，坑深 1000，宽 1100×1100，每柜下有一坑，互不相通。低配间可装配电屏 3 台。屏下开电缆沟，沟深 600，宽 500，长 3×900，沟是连通各屏的。变压器室大门高 3300，当大门每扇宽度 ≥1.5 米时，应在大门上开小门，小门开在油枕侧，以便于巡视。巡视小门的 宽×高一般有三种尺寸：700×1800、750×1900、800×2000。低压母线穿墙洞在后墙正中，洞阔 280×1110，高程 3150。该种布置占地面积约 10×9 平方米。

（以下各个方案中高配间和低配间的开沟，变压器室的大门及穿墙洞等均与第一方案相同。占地面积均考虑房屋周围的散水坡在内）。

第二方案（b）是：1 台变压器，窄面推进，电缆进线，地坪不抬高，无值班室方案。该方案可布置的高低压柜屏台数，占地面积，竖向布置等，均与第一方案相同。

第三方案（c）是：1 台变压器，宽面推进，电缆进线，地坪不抬高，有电容器室及电工间方案。变电所布置同第二方案，毗连建造电工间兼作值班室，以便定时进行巡视。电容器室可布置高压电容器 420 千乏，此无功补偿容量能够将接有 1×1000 千伏安变压器和总计 650 千瓦高压电动机的高压母线自然功率因数，提高到 0.9 以上。电容器室和值班室的屋面标高为 3.5 米。该种布置占地面积约 15×10 平方米。

第四方案（d）是：1 台变压器，窄面推进，电缆进线，地坪不抬高，有电容器室及值班室方案。值班室的墙中尺寸为 3300×3300。高配间可单列布置 GG-1A 柜 5 台，或 GG-10 柜 6 台。低配间可双列布置 BSL-10 屏 6 台。高压电容器室可布置电容器 330 千乏，相当于将高压母线处的功率因数提高到 0.9 以上所需的无功补偿容量。该方案的优点是有足够的高低压回路数目，且结构尺寸整齐，可采用预制件施工。占地面积约 10×14 平方米。

第五方案（e）是：2 台变压器，宽面推进，电缆进线，变压器室地坪抬高，无值班室方案。考虑进风温度 t_j＝+30℃，地坪抬高 0.8 米。高配间系单列布置，可装 GG-1A 柜 4 台，低配间亦是单列布置，可装 BSL-10 屏 8 台。占地面积约 14×9 平方米。

第六方案（f）是：2 台变压器，窄面推进，电缆进线，地坪抬高，有值班室方案。该方案考虑进风温度 t_j＝+35℃，地坪抬高 1.0 米。高配间系双列布置，可装 GG-1A 柜 10 台，或 GG-10 柜 12 台。低配间亦是双列布置，可放 BSL-10 柜 10 台。本方案的特点是配电所有较多的高压进出线，宜用于有较多高压电动机或车间变压器的工厂企业，但无功补偿只考虑在低压侧装设电容器屏。占地面积约 14×12 平方米。

第七方案（g）是：2 台变压器，宽面推进，电缆进线，地坪抬高，有电容器室及值班室方案。考虑进风温度 t_j＝+35℃，地坪抬高 1.0 米。高配间可布置 GG-1A 柜 6 台或 GG-10 柜 7 台。低配间可布置 BSL-10 屏 7 台或 BSL-11 屏 9 台。高压电容器室可布置电容器 600 千乏，能将 2×1000 千伏安变电所高压母线上的功率因数提高到 0.9。占地面积约 23×9 平方米。

第八方案（h）是：2 台变压器，宽面推进，电缆进线，地坪抬高，在附近另造（或利用）辅助建筑方案。该方案考虑进风温度 t_j＝30～35℃，地坪抬高 1.0 米。高配间可布置 GG-1A 柜 6 台或 GG-10 柜 7 台。低配间为双列布置，故有足够的屏及低压出线回路，可放 BSL-10 屏 14 台，其中 10 台为动力屏，4 台为低压电容器屏。本方案为中型工业企业所广泛采用，6～10 千伏电源由地方电网引来，故需装量电柜 1 台，总开关柜 1 台，电压互感器及避雷器柜 1 台，变压器柜 2 台，出线柜有1～2台，可向其他车间变电所或高压电动机供电用。占地面积约14×11平方米。

第七节 组合式变电所

一、工业企业变电所的新发展

在国外，工业企业中广泛采用组合式变电所。在我国，组合式变电所的几种基本方案已经拟定，并由有关生产厂和设计院协作试制。根据对组合式变电所的分析研究，可以肯定它是工业企业变配电所今后的发展方向。

6～10千伏组合式变电所是由高压开关柜、干式或非燃性变压器和低压配电屏结合在一起的组合电气装置。它的主要优点有：

（1）采用一般干式、或环氧树脂浇注干式、或充惰性气体密封干式变压器，和采用充非燃性绝缘冷却液——菲罗克勒（Pyroclor）和埃司卡劳尔（Askarel）等的变压器。这种变压器具有优于油浸式变压器的性质，即它的绝缘冷却液体是非燃性的。这种绝缘液体在电流的作用下亦要分解出气体，并且是一种非氧化、非爆炸和有毒性的混合气体。同时，高压断路器亦要采用不充油的真空断路器或磁吹断路器。由于采用了不充油的变压器和断路器，就把引起火灾的危险性降低到消除的程度。

（2）组合式变电所不需建造变压器室和高低压配电室，并且可以把变配电设备直接安装在负荷中心，或是非常接近负荷点的场所。从而可以简化供电系统的设计，免去土建工程，节约建筑三材、有色金属及电缆线路，降低电能损耗，提高电压质量，加快变电所的建设速度。

（3）组合式变电所绝缘水平高，噪音水平低，安全可靠性高，维护工作量少。单元方案多样化，故可根据需要灵活组合，适应性强。由于单元设备是密封的，能防火防爆防尘防湿，故可在很不利的环境条件下使用。再加上可根据场地面积、地形、高差，将组合变电所的单元作单列布置、双列布置、直角布置、有高差的布置、分隔布置（用母线式干线联接分隔的两个部分），就使得组合变电所具有最广泛的应用范围，几乎能装置于工厂企业中的任何地方。

显然，组合式变电所各种单元的造价是昂贵的，但与常规的变电所相比，可节约土建投资和有色金属消耗，可降低年运行费用，在经济上也并非是不合理的。随着技术发展与制造水平的提高，系列生产的组合式变电所将是工业企业变电所的一个崭新发展方向。

二、组合变电所的一次电路

组合变电所的应用和发展，关键是制造较大容量的干式或非燃性配电变压器。目前，我国已制成额定电压为15.75千伏、容量为2000千伏安的通风干式变压器，在西北某水电站厂用电系统中投入运行。多年运行结果证明性能良好，但体积嫌大，不宜用于组合式变电所中。计划于1985年正式批量生产供应的组合式变电所中，采用电压为6～10/0.4～0.23千伏，容量为1000千伏安及以下的H级绝缘通常干式和环氧树脂浇注干式变压器。这种干式变压器体积较小，可以装于组合单元中，它的成本约比一般油浸自冷式变压器高10～20％。通常干式变压器只宜用于清净的工作环境，如无灰尘、无污秽、无潮汽的生产车间，高层建筑的供电层，负荷中心的地下室等处。在其他比较不利的工作环境，需要采用充惰性气体的密封干式变压器，它的成本要比同型油浸自冷式变压器大35～40%；只要有适当通风条件的生产车间，均可放置这种变压器。

在某些国家，组合变电所中已停止采用充有毒的埃司卡劳尔或菲罗克勒的变压器，而用充非燃性无毒的硅油变压器来代替。这种变压器的体积能够做得很小，以致容量达2000千伏安均能装设在配电柜中。它和已标准化的配电开关装置（通常采用负荷开关）、电动机控制装置、调压选择装置（可改变变压器高压侧电压分接头）、刀熔开关二次配电装置、功率因数改善装置，以及电源进线开关柜（采用高压断路器）等单元组件，按预定供电系统图联结成完整的组合装置。这种称为组合变电所的高压侧电气系统，是用单母线分段主结线，母线分段均用高压断路器。常见的组合装置高压有2×7条馈电线，加2×1000千伏安变压器。单台变压器的组合变电所，通常由三个单元组成：[高]—[变]—[低]。

[高]采用断路器兼作进线、量电及电压监视；

[变]通常有1×500，1×800，1×1000千伏安三种；

[低]具有各种额定值的刀熔开关控制16回低压引出线。

由上海有关制造厂和设计院负责协作试制的6～10千伏组合式变电所，其组合方案有两种：

1.[高]—[变]—[低]；

2.[变]—[低]。

高压组合单元（又称高压组合式柜）一次结线方案共有22种，柜中主要元件选型如下：（1）高压断路器采用ZN-10型600A，150MVA真空式断路器及CN_2-10型600A，150MVA磁吹式断路器；（2）变压器采用H级绝缘风冷干式，最大容量为1000千伏安，变压器为横向进出线；（3）组合柜采用小车式结构。

低压组合单元（又称低压组合式柜）一次结线方案共有18种，柜中主要元件选型如下：（1）低压断路器采用DW-94型800～1500A，三阶段保护式；（2）刀熔开关采用HH11型100～400A。电路功能有：进线、馈电、母联、分段、受电、限流线馈电、启动电抗馈电、接触器顺逆馈电、电容补偿、交流自切、硅整流、照明盘。

试制产品组合式变电所各种单元组件功能组合的例子有：（1）单电源进线有两台变压器及站用变压器；（2）同上例，但电源进线是分开布置的；（3）双电源两台变压器，低压单母线分段，而高压不设汇流母线；（4）双电源供三台变压器，并有低压联络；（5）双电源高压自动切换，并有高压馈电线，高压采用单母线分段结线方式。

第八章　导线、电缆的选择和线路敷设

导线、电缆的选择，是供电设计的重要内容之一，选择的合理与否直接影响到有色金属消耗量与线路投资，以及电力网的安全经济运行。选择导线、电缆必须贯彻以铝代铜的技术政策，尽量采用铝芯导线。而在易爆炸、腐蚀严重的场所，以及用于移动设备、监测仪表、配电盘的二次结线等，一般均不希望用铝线，而采用铜线。

本章主要讨论导线、电缆选择的原则和方法，而对其线路敷设只作一般性的介绍。

第一节　导线、电缆选择的一般原则

导线、电缆的型号应根据它们所处的电压等级和使用场所来选择，详见本章第五、六节所述。导线、电缆的截面应按下列原则进行选择：

（1）按发热条件选择：在最大允许连续负荷电流下，导线发热不超过线芯所允许的温度，不会因过热而引起导线绝缘损坏或加速老化。

（2）按机械强度条件选择：在正常工作状态下，导线应有足够的机械强度，以防断线，保证安全可靠运行。

（3）按允许电压损失选择：导线上的电压损失应低于最大允许值，以保证供电质量。

（4）按经济电流密度选择：应保证最低的电能损耗，并尽量减少有色金属的消耗。

（5）按热稳定的最小截面来校验：在短路情况下，导线必须保证在一定时间内，安全承受短路电流通过导线时所产生的热的作用，以保证安全供电。

通常厂区电网的导线截面按发热条件来选择，然后按允许电压损失加以校验；而工业企业6～10千伏的高压电源线路距离较长时（大于2公里），宜按电压损失条件来选择导线截面，再根据发热条件所允许的载流量来校验。对于高压架空线路，还应按机械强度要求不能小于最小允许截面。各种电压等级和敷设方式时的导线最小允许截面列于表8-1。对于1千伏以下的动力或照明线路，虽然线路不长，但因负荷电流较大，必须按允许电压损失来选择或校验导线截面。对于电缆线路，还应按短路时的热稳定来进行校验。校验电缆线路时的短路点，应这样选择：对短电缆应选在电缆的末端；长度在50米以上者应选在电缆的中点；有中间接线盒者，应选在靠近变压器的第一个中间接线盒处。

对于35千伏及以上的高压线路，可以按经济电流密度来选择。

除应用表8-1可以直接查出按机械强度要求的导线最小允许截面之外，按其它应满足的条件选择导线截面的方法，将分述于以下各节。

此外，在高压输电线中（例如110千伏以上的线路），往往因为线路电压很高，在导线的周围会发生电晕现象，因而产生了不容忽视的电能损耗——电晕损耗。在这种情况下，还应当根据临界电晕电压来选择导线，这是高压输电中的问题，本课不加讨论。

用　　　途	线芯最小截面（平方毫米）		
	铜芯软线	铜线	铝线
一、照明用灯头引下线：			
1.民用建筑屋内	0.4	0.5	1.5
2.工业建筑屋外	0.5	0.8	2.5
3.屋　　外	1.0	1.0	2.5
二、移动式用电设备			
1.生活用	0.2	—	—
2.生产用	1.0	—	—
三、架设在绝缘支持件上的绝缘导线，其 　　支持点间距为：			
1. 1米以下,屋内		1.0	1.5
屋外		1.5	2.5
2. 2米及以下,屋内		1.0	2.5
屋外		1.5	2.5
3. 6米及以下		2.5	4
4. 12米及以下		2.5	6
四、使用绝缘导线的低压接户线			
1.档距10米以下		2.5	4
2.档距10～25米		4	6
五、穿管敷设的绝缘导线	1.0	1.0	2.5
六、架空线路	钢芯铝线	铝及铝合金线	
1. 35千伏	25	35	
2. 6～10千伏	25	35	
3. 1千伏以下	16	16	

注：1.屋内照明器如采用链吊或管吊，其灯头引下线为铜芯软线时，可适当减少截面；
　　2.配电线路与各种工程设施交叉接近时，当采用铝绞线及铝合金线时要求最小截面为35mm²，当采用其他导线时要求最小截面为16mm²；
　　3.高压配电线路不应使用单股线，裸铝线及裸铝合金线也不应使用单股线；
　　4.采用铝绞线及铝合金线的高压配电线路通过非居民区时，或为引进建筑物的接户线时，最小允许截面为25mm²。

在按上述不同条件选出的截面中，择其最大值作为我们应该选取的导线截面。

第二节　按允许温升选择导线、电缆的截面

导线有电流通过就要发热，产生的热量中一部分散发到周围空气中，另一部分使导线温度升高。导线容许通过的最大电流（也称允许载流量或允许电流），通常由实验方法确定。把实验所得数据列成表格，在设计时利用这些表格来选择导线截面，这就叫做按发热条件选择导线，也叫做按允许载流量选择导线。

一、长期工作制负荷

按允许载流量选择导线或电缆截面时，应满足下式：

$$I_e = K \cdot I_{xu} \geqslant I_j \tag{8-1}$$

式中　I_{xu}——导线、电缆按发热条件允许的长期工作电流[安]（见附录8-1～附录8-3）；

　　　I_e——经校正后的导线、电缆允许载流量[安]；

　　　K——考虑到空气温度、土壤温度、土壤热阻系数、并列敷设、穿管敷设等情况与标准状态不符时的相应校正系数；

　　　I_j——线路计算电流[安]。

一般决定导线、电缆允许载流量时，周围环境温度在空气中取 $t_n=25℃$，在地下取 $t_n=15℃$ 作为标准。当敷设处的周围环境温度不是 t_n 时，其载流量应乘以温度校正系数 K_t。此温度校正系数 K_t 之值由下式确定：

$$K_t = \sqrt{\frac{t_1 - t_0}{t_1 - t_n}} \tag{8-2}$$

式中　t_0——敷设处实际环境的计算温度[℃]，详见附录8-10；

　　　t_1——导线、电缆线芯长期允许工作温度[℃]。

导线、电缆、母线温度校正系数见附录8-6。

此外，导线、电缆多根并列或穿管敷设时，以及在空气中或在土壤中敷设时，由于其散热条件与单根敷设时不同，其允许载流量也要用相应的校正系数进行校正；电缆埋地敷设时，由于土壤的热阻系数不同，影响电缆的散热条件也就不同，其允许载流量也要进行相应的校正。各种校正系数见附录8-7～附录8-8。

沿不同冷却条件的路径敷设导线和电缆线路时，如果冷却条件最坏段的路径长度超过10米，则应按该段条件选择导线和电缆截面。也可只对该段采用大截面的导线和电缆。

二、重复短时工作制负荷

重复短时工作制的周期 $T \leqslant 10$ 分钟、工作时间 $t_g \leqslant 4$ 分钟时，导线或电缆的允许电流按下列情况确定：

（1）截面小于或等于 $6mm^2$ 的铜线，以及截面小于或等于 $10mm^2$ 的铝线，其允许电流按长期工作制计算。

（2）截面大于 $6mm^2$ 的铜线，以及截面大于 $10mm^2$ 的铝线，其允许电流等于长期工作制允许电流乘以 $\dfrac{0.875}{\sqrt{JC}}$（此数大于1），JC 为用电设备的暂载率，用百分数代入计算。

这是从断续负荷电流所引起的发热与持续负荷电流所引起的发热相等来考虑的，且考虑到导体的发热时间常数较电动机为小，而引进了0.875这个系数（根据试验结果）。

三、短时工作制负荷

当其工作时间 $t_g \leqslant 4$ 分钟，并且停歇时间内导线或电缆能冷却到周围环境温度时，导线或电缆的允许电流按反复短时工作制确定。当工作时间超过4分钟或停歇时间不足以使导线、电缆冷却到环境温度时，则导线、电缆的允许电流按长期工作制来确定。

第三节　按允许电压损失选择导线、电缆的截面

一切用电设备都是按照在额定电压下运行的条件而制造的，当端电压与额定值不同时，

用电设备的运行就要恶化。电气设备端点的实际电压和电气设备额定电压之差称为"电压偏移"。保证电网内各负荷点在任何时间的电压都等于额定值是很困难的。电网各点的电压常常不等于额定电压，而是在额定电压上下波动。为了保证用电设备的正常运行，一般规定出允许电压偏移的范围（见表8-2），作为计算电网、校验用电设备端电压的依据。

各种用电设备端允许的电压偏移范围 表 8-2

用 电 设 备 种 类 及 运 转 条 件	允 许 电 压 偏 移 值 %	
	−	+
1.电动机		
（1）连续运转（正常计算值）	5	5
（2）连续运转（个别特别远的电动机）		
a）正常条件下	8～10	
b）事故条件下	10～12	
（3）短时运转（如在起动相邻大型电动机时）	20～30①	
（4）起动时的端子上		
a）频繁起动	10	
b）不频繁起动	15②	
2.感应电炉（用变频机组供电时）	同电动机	
3.电阻炉、电弧炉	5	5
4.吊车电动机（起动时校验）	15	
5.电焊设备（在正常尖峰焊接电流时持续工作）	8～10③	
6.照　　明		
（1）室内照明在视觉要求较高的场所		
a）白 炽 灯	2.5	5
b）气体放电灯	2.5	5
（2）室内照明在一般工作场所	6	
（3）露天工作地	5	
（4）事故照明、道路照明、警卫照明	10	
（5）12～36伏的照明	10	

① 对于根据转矩要求来选择的电动机，其电压偏移值应根据计算确定。
② 电压偏移值应满足起动转矩的要求。
③ 电焊设备一般指电压波动；对于电渣焊允许电压波动值为 −15%，+5%。

一、电力网中电压损失的计算

所谓电压损失是指线路始端电压与末端电压的代数差。工厂的电网的电压不太高，线路不太长，所以只要考虑电阻及电感所引起的电压损失。

导线的有效电阻因集肤效应使其数值比直流电阻大，但对一般工厂的架空线路，电缆线路及户内的电网，这些效应均极微小，故在计算时可令导线和电缆的有效电阻等于它的直流电阻。对于导线或电缆每种标准截面，每公里长度的有效电阻R_0的计算值（欧/公里），列在相应的表格中（见书末本章附录）。在计算长度为L（公里）的电缆或导线的有效电阻时，可用公式：

$$R = R_0 L \, [欧] \qquad (8-3)$$

电抗（感抗）是由于导线中通过交流电流，在其周围产生的交变磁场所引起的。各种架空线及电缆线每公里长度的电抗X_0（欧/公里），一般可查表（见书末本章附录）。计算长度为L（公里）的架空线或电缆线的电抗可由下式求得：

$$X=X_0L[\text{欧}] \tag{8-4}$$

在三相交流电路中，接以电动机或其它用电设备，当各相负荷平衡时，三相导线中的电流均相等，电流与电压间的相位差亦相等，故可计算其一相的电压损耗，再按一般方法换算到线电压。

（一）仅在线路末端接有一集中负荷的三相线路

如图8-1所示，设每相的电流为 I（安），线路的有效电阻为 R（欧），电抗为 X（欧），线路始端和末端的相电压为 U_{xg_1}、U_{xg_2}，负荷的功率因数为 $\cos\varphi_2$，则可以末端相电压为基准，作出一相的电压相量图，如图 8-2 所示。线路始端与末端间电压相量的几何差为 $ac=\dot{U}_{xg_1}-\dot{U}_{xg_2}=\dot{I}Z$，称为线路中的电压降落。而两电压相量 的代数差为 $ae=U_{xg_1}-U_{xg_2}$（因为 $oe=oc$），称为线路的电压损失。 对用电设备来说主要为保证电压数值，而不考虑相位的变化，因此，线路的电压计算，只计算电压损失而不计算电压降落。

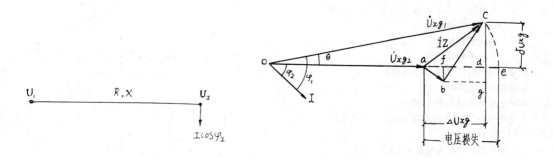

图 8-1　终端接有负荷的三相线路　　　图 8-2　终端接有负荷的线路的电压相量图

ΔU_{xg}—电压降的纵分量；δU_{xg}—电压降的横分量

线路的电压损失 ae 线段的计算比较复杂，在工程计算中， 往往以 ad 线段（ 称 为电压降的纵分量）来代替 ae 线段，由此引起的误差不超过实际电压损失的5%。 故每 相电压损失为：

$$\Delta U_{xg}=ad=af+fd=IR\cos\varphi_2+IX\sin\varphi_2$$

换成用线电压表示的电压损失为：

$$\Delta U_x=\sqrt{3}\,I(R\cos\varphi_2+X\sin\varphi_2) \tag{8-5}$$

如负荷以功率表示：

$$P=\sqrt{3}\,U_{ex}I\cos\varphi_2[\text{瓦}]$$

则

$$\Delta U_x=\frac{P}{U_{ex}\cos\varphi_2}(R\cos\varphi_2+X\sin\varphi_2)=\frac{PR}{U_{ex}}+\frac{QX}{U_{ex}} \tag{8-6}$$

式中　U_{ex} 为线路的额定线电压[伏]。

电压损失占额定电压的百分数为：

$$\Delta U\%=\frac{P}{U_{ex}^2\cos\varphi_2}(R\cos\varphi_2+X\sin\varphi_2)\cdot100$$

若负荷以千瓦表示，电压以千伏表示，电压损失用占额定电压的百分数表示时，则有

$$\Delta U\%=\frac{P}{10U_{ex}^2\cos\varphi_2}(R\cos\varphi_2+X\sin\varphi_2) \tag{8-7}$$

（二）线路各段接有负荷的树干式线路

当三相线路如图8-3所示时，电压损失的求法如下：

用电设备接于线路的1～3点，每个用电设备有一定值的电流和功率，各线段的电阻及电抗亦为已知，则不难根据式（8-6）求出各段线路的电压损失。显而易见，从线路始端到末端总的电压损失就等于各段电压损失的算术和。

在图8-3中，设P_1、Q_1；P_2、Q_2；P_3、Q_3……为通过各段干线上的有功和无功负荷。p_1、q_1；p_2、q_2；p_3、q_3……为各支线的有功和无功负荷。i_1、$\cos\varphi_1$；i_2、$\cos\varphi_2$；i_3、$\cos\varphi_3$……为各支线的电流和功率因数。r_1、x_1；r_2、x_2；r_3、x_3……为各段干线的阻抗。假设线路上的功率损耗可略去不计，各段干线始端电压与末端电压的相角差θ很小，也略去不计。在以上基本计算条件下，以终端电压为参考，并令其等于线路额定电压，则有：

第一段干线l_1中　$P_1 = p_1 + p_2 + p_3$，
　　　　　　　　　$Q_1 = q_1 + q_2 + q_3$；

第二段干线l_2中　$P_2 = p_2 + p_3$，
　　　　　　　　　$Q_2 = q_2 + q_3$；

第三段干线l_3中　$P_3 = p_3$，
　　　　　　　　　$Q_3 = q_3$。

线路上各段的电压损失，按式（8-6）求得：

$$\Delta U_{x1} = \frac{P_1}{U_{ex}} r_1 + \frac{Q_1}{U_{ex}} x_1 ;$$

$$\Delta U_{x2} = \frac{P_2}{U_{ex}} r_2 + \frac{Q_2}{U_{ex}} x_2 ;$$

$$\Delta U_{x3} = \frac{P_3}{U_{ex}} r_3 + \frac{Q_3}{U_{ex}} x_3 。$$

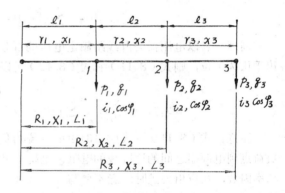

图 8-3　树干式线路的电压损失计算及负荷矩图

因此，如有n段干线，也可推出其总的电压损失计算公式为：

$$\Delta U_x = \sum_{i=1}^{n} \Delta U_{x1} = \sum_{1}^{n} \frac{P}{U_{ex}} r + \sum_{1}^{n} \frac{Q}{U_{ex}} x \tag{8-8}$$

如果将干线中的功率化为干线中的电流代入，则有：

$$\Delta U_x = \sqrt{3} \sum_{1}^{n} (Ir \cdot \cos\nu + Ix \cdot \sin\Phi) \tag{8-9}$$

按式（8-8）进行计算的方法称为干线功率法，按式（8-9）进行计算称为干线电流法（分段计算法）。注意式中的P、Q是各线段中的有功和无功功率，I是通过各段线路中的线电流，r、x是每段线路的电阻和电抗，$\cos\nu$是各线路电流的功率因数。

若以电压损失占线路额定电压的百分数来表示，且当功率用千瓦表示、电压用千伏表示时，式（8-8）和式（8-9）可写成下式：

$$\Delta U_x\% = \frac{\sqrt{3}}{10 U_{ex}} \sum_{1}^{n} (Ir\cos\nu + Ix\sin\Phi) = \frac{\sum_{1}^{n}(Pr + Qx)}{10 U_{ex}^2} \tag{8-10}$$

当然，也可以用负荷电流或各支线功率来计算电压损失，此时应用迭加原理，可以把一个多段线路分成若干单独的单一负荷线路来计算，然后迭加起来，写成公式为：

$$\Delta U_x = \sqrt{3} \sum_1^n (iR\cos\varphi + iX\sin\varphi) \qquad (8\text{-}11)$$

对应于式（8-11）的树干式供电线路的电压相量，见图8-4。

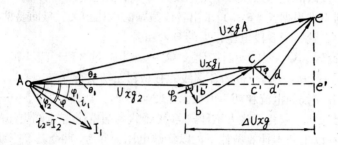

图 8-4　树干式供电线路电压相量图

若将式（8-11）中各支线的负荷电流用各支线的功率来表示，代入并经过整理后，式（8-11）可以写成下式：

$$\Delta U_x = \sum_1^n \frac{p}{U_{ex}} R + \sum_1^n \frac{q}{U_{ex}} X \qquad (8\text{-}12)$$

同理，若以电压损失占线路额定电压的百分数来表示，且当功率用千瓦为单位，电压用千伏为单位，则式（8-11）和式（8-12）可以写成下式：

$$\Delta U_x\% = \frac{\sqrt{3}}{10U_{ex}} \sum_1^n (iR\cos\varphi + iX\sin\varphi) = \frac{\sum_1^n (pR+qX)}{10U_{ex}^2} \qquad (8\text{-}13)$$

注意：式（8-11）～式(8-13)中的电流为负荷电流，功率为支线功率，R、X 为从各负荷点到电源端之间的这段线的电阻、电抗（用大写表示，以资区别）；$\cos\varphi$ 为负荷的功率因数，在应用公式时注意不要与式（8-8）～式（8-10）混淆。这种利用负荷电流计算电压损失的方法称为负荷电流（功率）计算法（重迭法）。

干线电流（功率）计算法适用于求各段干线的电压损失和任一供电点到电源之间的总电压损失；负荷电流（功率）计算法适用于求各种运行方式下总的电压损失和它变动情况（如某个支线负荷被切除或某个供电点负荷发生增减），应根据不同计算目的而采用。

（三）工程计算查表法

在实际的工程计算中，通常是根据干线电流（功率）计算法进一步制成按负荷矩计算电压损失的系数表，列于设计手册中供查阅，可简化计算步骤。这种电压损失系数表的编制原理和应用方法，说明如下：

应用式（8-10），以 $P\mathrm{tg}\varphi$ 代替 Q，并将式（8-3）和式（8-4）代入，可得：

$$\Delta U_x\% = \frac{\sqrt{3}}{10U_{ex}} \sum_1^n (Ir\cos\nu + Ix\sin\varPhi) = \frac{\sqrt{3}}{10U_{ex}} (r_0\cos\nu + x_0\sin\varPhi) \cdot \sum_1^n Il$$

$$= K_i \cdot \sum_1^n IL \qquad (8\text{-}14)$$

或

$$\Delta U_x\% = \frac{\sum_1^n (Pr+Qx)}{10U_{ex}^2} = \frac{(r_0 + x_0\mathrm{tg}\varPhi)}{10U_{ex}^2} \sum_1^n Pl = K_p \cdot \sum_1^n PL \qquad (8\text{-}15)$$

式中　U_{ex}——额定线电压[千伏]；

L——线路长度[公里]；

IL——电流负荷矩[安·公里];

PL——功率负荷矩[千瓦·公里]或[兆瓦·公里];

K_i——与负荷的 $\cos\varphi$ 相对应的每一[安·公里]电流负荷矩的电压损失，其值查表，[%];

K_p——与负荷的 $\cos\varphi$ 相对应的每一[千瓦·公里]或每一[兆瓦·公里]功率负荷矩的电压损失，其值查表[%]。

当负荷的功率因数与表中所列 $\cos\varphi$ 不相符时，K_i 和 K_p 的值可用表中相邻数值按插入法求得。

对于380/220伏低压网络，若整条线路的导线截面、材料、敷设方式都相同，且 $\cos\varphi \approx$ 1时，式（8-13）可简化为：

$$\Delta U_x\% = \frac{\sum_1^n Rp}{10U_{ex}^2} = \frac{R_0}{10U_{ex}^2}\sum_1^n pL = \frac{1}{10S\gamma U_{ex}^2}\sum_1^n pL = \frac{\sum M}{C \cdot S} \qquad (8\text{-}16)$$

式中 $\sum M = \sum pL$——总负荷矩[千瓦·米];

S——导线截面[平方毫米];

C——系数，根据电压和导线材料而定，可查表8-3。

计算线路电压损失公式中系数 C 值　　　　表 8-3

线路额定电压（V）	线路系统及电流种类	系数C的公式	系　数　C　值	
			铜　　线	铝　　线
380/220	三相四线	$10\gamma U_{ex}^2$	77	46.3
380/220	二相三线	$\dfrac{10\gamma U_{ex}^2}{2.25}$	34	20.5
220			12.8	7.75
110			3.2	1.9
36	单相或直流	$5\gamma U_{exg}^2$	0.34	0.21
24			0.153	0.092
12			0.038	0.023

注：1. U_{ex} 为线电压，U_{exg} 为相电压，单位为千伏；

　　2. γ 为导电系数，铜线 $\gamma = 53$，铝线 $\gamma = 32$（温度为25℃时值）。

对于直流线路或单相交流线路（ $\cos\varphi = 1$ ），电压损失可按下式计算：

$$\Delta U\% = \frac{2}{10S\gamma U_{exg}^2}\sum pL = \frac{\sum M}{C \cdot S} \qquad (8\text{-}17)$$

二、按允许电压损失选择导线截面

由公式（8-13）可知：

$$\Delta U\% = \frac{\sum_1^n pR + \sum_1^n qX}{10U_{ex}^2} = \Delta U_a\% + \Delta U_r\% \qquad (8\text{-}18)$$

可见，导线中的电压损失是由二部分组成：有功负荷在导线电阻中的电压损失 $\Delta U_a\%$ 及无功负荷在导线电抗中的电压损失 $\Delta U_r\%$。

导线截面对线路电抗的影响不大，对 6～10kV 架空线路一般取 $X_0 = 0.30\sim0.40$ 欧/公里，电缆线路 $X_0 \approx .08$ 欧/公里。因此可先假定线路电抗值（取平均值），计算出电抗部分中的电压损失，那么线路电阻部分中的电压损失由式（8-18）可得：

$$\Delta U_a \% = \Delta U \% - \Delta U_r \% \qquad (8\text{-}19)$$

式中 $\Delta U \%$——线路允许的电压损失值[%]；

$$\Delta U_a \% = \frac{R_0}{10 U_{ex}^2} \sum_1^n pL \quad \text{——由有功负荷及电阻引起的电压损失[\%]；}$$

$$\Delta U_r \% = \frac{X_0}{10 U_{ex}^2} \sum_1^n qL \quad \text{——由无功负荷及电抗引起的电压损失[\%]。}$$

$$\therefore \qquad \Delta U_a \% = \frac{\sum_1^n pR}{10 U_{ex}^2} = \frac{1000}{10 S \gamma U_{ex}^2} \sum_1^n pL$$

又因计算负荷矩时距离以公里为单位，计算电阻时长度以米为单位，所以换算后有：

$$S = \frac{\sum_1^n pL \cdot 100}{\gamma \cdot U_{ex}^2 \cdot \Delta U_a \%} \text{[平方毫米]} \qquad (8\text{-}20)$$

根据式（8-20）算出的截面 S，选一标称截面，然后再根据线路布置情况求出 X_0 的准确值。若 X_0 与所假设的值相差不大，则说明所选截面合理，否则应代入式（8-18）校验电压损失，或重新假定电抗值，进行复算。

第四节　按经济电流密度选择导线、电缆的截面

按经济观点来选择载流部分的截面，需从降低电能损耗、减少投资和节约有色金属两方面来衡量。从降低电能损耗着眼，导线截面越大越有利；从减少投资和节约有色金属出发，导线截面越小越有利。线路投资和电能损耗都影响年运行费。综合考虑各方面的因素而确定的符合总经济利益的导线截面积，称为经济截面。对应于经济截面的电流密度，称为经济电流密度。

我国现行的经济电流密度见表8-4。

对于全年平均负荷较大、距离较长的线路，应按经济电流密度选择截面，其公式如下：

$$S = \frac{I_g}{J_n} \qquad (8\text{-}21)$$

式中 S——经济截面[平方毫米]；

       I_g——工作电流[安]；

       J_n——经济电流密度[安/平方毫米]，见表8-4。

【例 1】 设有10千伏树干式架空配电线路，向二个负荷点供电。各负荷点的距离和负荷大小，已在图8-5中标明。架空线相间距离为0.6米，允许电压损失 $\Delta U \% = 5$，试选择线路的导线。

【解】

1.高压架空配电线应采用LJ型铝绞线。

经 济 电 流 密 度 J_n 值

（安/平方毫米）　　表 8-4

导 体 材 料	最大负荷年利用时间 T_{max}（小时）		
	3000以下	3000～5000	5000以上
铜裸导线和母线	3.0	2.25	1.75
铝裸导线和母线	1.65	1.15	0.9
铜芯电缆	2.5	2.25	2.0
铝芯电缆	1.92	1.73	1.54

2.因负荷点距离电源较远，宜按允许电压损失来选择，再用发热条件和机械强度要求来校验。

3.求$\Delta U_r\%$：电抗取平均值$X_0=0.35$欧/公里，按式（8-19）得

$$\Delta U_r\% = \frac{X_0}{10U_{ex}^2} \sum_1^n qL = \frac{0.35}{10\times10^2}(1000\times4+350\times6) = 2.14$$

4.求$\Delta U_a\%$：按式（8-19）有

$$\Delta U_a\% = \Delta U\% - \Delta U_r\% = 5-2.14 = 2.86$$

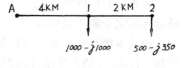

5.按式（8-20）计算导线截面：

$$S = \frac{\sum pL\cdot100}{\gamma\cdot U_{ex}^2\cdot\Delta U_a\%} = \frac{(1000\times4+500\times6)\times100}{32\times10^2\times2.86}$$

$$= 77\text{mm}^2$$

图 8-5　计算例题示意图

6.确定导线的标称截面：

当计算截面处于两级标称截面之间时，一般原则是选较大的一级标称截面，以求安全可靠。若计算结果很靠近下一级截面时，也可选较小的一级，以求节约投资，否则亦应选较大的一级标称截面。本例计算截面已超过截面级差的10%，故宜选95mm²，确定导线型号为LJ-95mm²。

7.线路实际电压损失校验：

查附录表8-11，可知LJ-95型导线当几何均距$d_p=1.26\times0.6$米时，$X_0=0.320$欧/公里；当线芯温度为65℃时，$R_0=0.374$欧/公里，应用式（8-18）计算：

$$\Delta U\% = \frac{\sum Rp + \sum Xq}{10U_{ex}^2} = \frac{R_0}{10U_{ex}^2}\sum pL + \frac{X_0}{10U_{ex}^2}\sum qL$$

$$= \frac{0.374}{10\times10^2}(1000\times4+500\times6) + \frac{0.320}{10\times10^2}(1000\times4+350\times6)$$

$$= 2.62 + 1.96 = 4.58 < 5$$

8.若按公式（8-15）采用查表法，可简化上述从3到7的计算步骤：

第一段干线中负荷为　$1500-j1350$；$\cos\varphi_1=0.75$；

$$M_1 = P_1L_1 = 1.5\times4 = 6 \quad \text{（兆瓦·公里）}。$$

第二段干线中负荷为　$500-j350$；$\cos\varphi_2=0.81$；

$$M_2 = P_2L_2 = 0.5\times2 = 1 \quad \text{（兆瓦·公里）}。$$

查附录表8-12（并应用插入法），查得$U_{ex}=10$千伏时的K_p值如右表。

宜将$\Delta U_x\%$的计算结果列下表比较，并按$\Delta U_x\%\leqslant5$的要求来确定导线截面（见表的备注栏）。

导线截面	$\cos\varphi=0.80$	$\cos\varphi=0.75$
LJ-70	0.766	0.816
LJ-95	0.628	0.676
LJ-120	0.548	0.595

导 线 截 面	$K_p\times M_1$	$K_p\times M_2$	$\Delta U_x\%$	备　　　注
LJ-70	$0.766\times6=4.60$	$0.816\times1=0.816$	5.42	不合要求
LJ-95	$0.628\times6=3.76$	$0.676\times1=0.676$	4.43	确定采用
LJ-120	$0.548\times6=3.29$	$0.595\times1=0.595$	3.88	截面太大

9.校验允许载流量和导线的机械强度：

查附录表8-1，LJ-95架空铝裸导线当周围气温t＝35℃时，I_{xu}＝286A；

计算负荷电流 $I_j = \dfrac{S}{\sqrt{3}\,U_{ex}} = \dfrac{\sqrt{(\Sigma p)^2+(\Sigma q)^2}}{\sqrt{3}\,U_{ex}} = \dfrac{\sqrt{(1500)^2+(1350)^2}}{1.73\times10}$

$$=117(A)$$

故完全能满足长期负荷电流的发热条件（$I_e = K \cdot I_{xu} \geqslant I_j$）。

又查表8-1，得6～10千伏铝导线架空线路，按机械强度要求的最小允许截面是35mm²，所选导线完全能满足要求。

通过本例可知：对于高压长线路导线截面主要由满足允许电压损失的条件来决定。通常按允许$\Delta U\%$值选出的导线截面，必能符合发热条件的要求。

此外，例中第二段干线中通过电流较小，为节约有色金属及投资，两段干线宜分别采用不同截面的导线。若此，应如何选择？留给读者思考。

【例2】 选择第五章图5-7中电抗器后的引出电缆（原始数据采用该例题的计算结果）。

【解】

1.按该图中参数及计算结果，已知：

$$U_e=6kV；\quad I_j=I_e=0.3kA=300A；\quad I''=I_\infty=I_d=5800A；$$

按照一般情况取用：主保护装置动作时间$t_b=1.5''$断路器分闸时间$t_{fd}=0.15''$；环境温度t＝35℃，因该电缆在空气中敷设，故应选用6千伏铝芯纸绝缘铝包钢带铠装无外护层的三芯电力电缆（参看本章第六节），型号为ZLQ₂₀。

2.按长期负荷允许载流量来选出电缆截面：

查附录表（8-2）中ZLQ₂₀型、6kV、t＝35℃一栏，当$S=95mm^2$时，$I_{xu}=164A$。因用一根电缆载流量不够，需采用二根电缆并联敷设来满足要求，故选用ZLQ₂₀-2[3×95]，$S_e=2\times95=190mm^2$。

因在空气中敷设的电缆，当电缆外皮间距离大于电缆外径时，可不考虑散热对电缆载流量的影响，即$K_t=1$，故有$I_e=K_t\cdot I_{xu}=2\times1\times164=328A$（$I_j=300A$，满足$I_e\geqslant I_j$条件）。

3.电缆线路长度很短，且电抗值较小，不必校验电压损失。

4.应进行热稳定的校验：

按 $S_e \geqslant S_{min} = \dfrac{I_\infty}{C}\sqrt{t_{jx}\cdot K_f}$ 公式验算（见第五章第十一节及第六章第六节）。

对6千伏铝芯电缆，$C=95$；

$$\because S_e \ll 600mm^2，\qquad \therefore K_f=1；$$

$$t_{jx}=t_{jxz}+0.05(\beta'')^2，\quad 而\beta''=\frac{I''}{I_\infty}=1；$$

短路实际延续时间$t=t_b+t_{fd}=1.5''+0.15''=1.65''$

查图5-21中的曲线得$t_{jxz}=1.5''$，代入上式后求出：

$$S_{min}=\frac{5800/2}{95}\sqrt{1.55\times1}=30.5\times1.22=37.5mm^2$$

而$S_e＝95＞S_{min}$，故所选电缆截面能满足热稳定要求。

第五节　厂区架空线路

因架空线路具有投资费用低$\left(较电缆线路省\dfrac{1}{2}\sim\dfrac{4}{5}\right)$、施工期短、易于发现故障地点等特点，故被广泛地采用。但与电缆线路比较它也有一定的缺陷：可靠性较差、受外界条件（冰、风、雷）的影响较大、不美观有碍市容和厂容、高压线路通过居民区有较大危险。故架空线路的使用范围也受限制。

架空线路是由导线、电杆、横担、绝缘子四部分组成，现分述如下：

一、导线

对导线材料的要求是电阻率小，机械强度大，质轻，不易腐蚀，价格便宜，运行费低和容易购买等。常用的导线有铝绞线、铜绞线、钢芯铝绞线、钢绞线等。

（1）铝绞线（代号LJ）：电阻率较小，但较铜线电阻率大；质轻，对风雨作用的抵抗力较强，但对化学腐蚀作用的抵抗力较差；机械强度较小；故多数用在10千伏以下线路上，其杆距不超过100～125米。

（2）钢绞线（代号GJ）：机械强度较大，但易生锈；电阻率大；所以只用作35千伏及以上高压架空线路的避雷线。为了防止生锈，目前采用镀锌钢线。

（3）钢芯铝绞线（代号LGJ）：它集中了铝线和钢线的优点，故在高压架空线路上广泛采用。而且现在能生产一种防腐型钢芯铝绞线，其导线外层涂以防锈剂，适用于沿海及有腐蚀地区，是比较理想的导线。

（4）铜绞线（代号TJ）：电阻率小，机械强度大，对风雨及空气中各种化学腐蚀作用的抵抗力强。因铜是战备物资，应尽量少用，目前只用在化学工业和国防工业部门。

架空线路的导线基本上都采用多股线，因多股线韧性比单股线好。

二、电杆

电杆是用来支持绝缘子和导线的，并保持导线对地面有足够的高度，以保证人身安全。为防止大风雨季节里电杆折断，要求电杆有足够的强度。常用的电杆有木杆、水泥杆和铁塔。35千伏及以下均采用水泥杆或木杆。

（1）木杆：价格低，质量轻，易于搬运，施工简便；木材是绝缘材料，能增强线路绝缘水平。其主要缺点是容易腐烂，特别是埋入土中部分，因此木杆使用年限较短（5～8年），采用防腐措施可以提高使用年限（可达15年）。木杆采用松木、杉木、榆木或其他笔直的杂木，梢径（木杆顶端直径）一般不要太小（低压不小于120mm，高压不小于140mm），梢径小了使登杆维修不安全，大风雨袭击时容易倒杆。当木杆长度不够或旧电杆根部腐烂时可采用木杆接腿或钢筋混凝土接腿。接腿应埋在线路两旁，不可沿着导线方向埋设。

（2）水泥杆（即钢筋混凝土杆）：主要优点是使用年限长，不受气候条件影响，机械强度较大，维护容易，运行费低，可以节省大量钢材木材。其缺点是笨重，增加了施工和运输的困难和费用。我国生产的水泥杆的标准规格，可在一般设计手册中查到，一般有6米、7米、8米、9米、10米、12米、15米几种；梢径有ϕ150mm，ϕ170mm，ϕ190mm

几种，可根据需要选用。以上各种电杆的锥度均为1/75（长度增加75厘米，直径增加1厘米）。

电杆的型式（按用途分）见表8-5。

电杆型式（按用途分）　　　　　　　　　　　表 8-5

型	式	特　　　　　　点
直 线 型	直 线 杆 （中 间 杆）	1. 正常情况下不承受沿线路方向较大的不平衡张力 2. 断线时不能限制事故范围 3. 紧线时不能用它来支持导线的拉力 4. 一般不能转角，有的能转大于5°的小转角
耐 张 型	耐 张 杆	1. 正常情况下能承受沿线路方向较大的不平衡张力 2. 断线时能限制事故范围 3. 紧线时能用以支持导线拉力 4. 能转不大于5°的小转角
	转 角 杆	特点同耐张杆，但位于线路的转角点，转角一般分30°、45°、60°、90°几种
	终 端 杆	特点同转角杆，但位于线路的起端和终端；有时因受地形、地面建（构）筑物的限制转角大于90°
	特 殊 杆	有跨超杆、换位杆、分支杆等

电杆的高度由下列四部分组成：

（1）杆顶与横担所占位置：顶部一般留100～300毫米，两个横担之间的距离决定于线路电压等级，如低压（380伏）横担之间的距离为400～600毫米，低压转角横担上下层距离为300～350毫米，高压10千伏横担之间距离为1200毫米，高压转角横担上下层之间距离为600～700毫米，高压10千伏与低压380/220伏横担之间的距离多取1200～1500毫米（详见图8-6）。高压35千伏横担间距离为2～4米。

（2）弧垂：即架空线下垂的距离。为了防止在刮风时导线碰线，弧垂不能过大；同时为了防止导线受拉应力过大而将导线拉断，弧垂也不能过小，故对各种架空线路的弧垂有一定要求，如表8-6所示。一般用最大弧垂来校验离地最小距离；用最低温度时的弧垂来计算机械应力。

（3）导线与地面、跨越物的距离：为了保证架空导线的安全运行，必须保证导线与地面和跨越物有一定安全距离，其要求见表8-7所示。

（4）埋地深度：电杆埋设深度与土质有关，对一般土壤的电杆，埋深可查表8-8所示。

将上述四部分的长度相加，即为电杆需要的长度。

电杆档距：两个电杆之间的水平距离称为电杆档距。在一耐张段内，当直线杆的档距不等时，我们取一种代表档距，称为规律档距。电杆档距决定于电杆高度，导线型号与截面。在城市和市郊的厂区内，为了兼顾路灯照明，减小弧垂，一般低压线路档距为30～50米，高压10千伏线路档距为50～80米。

三、横担

横担的主要作用是固定绝缘瓷瓶，并使每根导线保持一定距离，防止风吹摆动而造成

架空线路导线弧垂表

表 8-6

单位（米）

导线截面	环境温度（°C）	铝 线（LJ） 档 距（米）								钢芯铝线（LGJ） 档 距（米）							
（平方毫米）		50	60	70	80	90	100	110	120	50	60	70	80	90	100	110	120
10	−10									0.15	0.25	0.38	0.55	0.97	1.40	1.50	1.95
	0									0.18	0.31	0.48	0.78	1.16	1.57	2.10	2.60
	10									0.22	0.37	0.63	0.96	1.35	1.80	2.30	2.80
	20									0.30	0.50	0.80	1.15	1.60	2.00	2.50	3.00
	30									0.42	0.64	0.94	1.29	1.71	2.15	2.60	3.10
16	−10	0.20	0.38	0.65	1.05	1.48	2.00	2.55	3.18	0.13	0.20	0.28	0.37	0.49	0.61	0.82	1.50
	0	0.30	0.51	0.83	1.23	1.58	2.20	2.75	3.37	0.17	0.26	0.35	0.47	0.58	0.73	0.98	2.60
	10	0.40	0.68	1.02	1.43	1.85	2.32	2.90	3.50	0.22	0.33	0.43	0.57	0.71	0.88	1.18	2.80
	20	0.55	0.83	1.18	1.55	2.02	2.55	3.10	3.67	0.28	0.42	0.55	0.70	0.89	1.08	1.37	3.00
	30	0.68	0.97	1.32	1.71	2.16	2.70	3.24	3.85	0.39	0.55	0.69	0.88	1.04	1.30	1.60	3.10
25	−10		0.23	0.42	0.62	0.90	1.32	1.75	2.23	0.17	0.23	0.32	0.40	0.52	0.66	0.80	0.98
	0		0.35	0.55	0.80	1.15	1.55	1.96	2.40	0.18	0.28	0.37	0.50	0.63	0.80	0.97	1.18
	10		0.47	0.73	1.00	1.32	1.77	2.17	2.70	0.25	0.35	0.48	0.63	0.79	0.97	1.17	1.40
	20		0.63	0.90	1.18	1.55	1.95	2.40	2.85	0.35	0.48	0.63	0.80	0.95	1.14	1.36	1.57
	30		0.77	1.05	1.40	1.75	2.12	2.60	3.05	0.52	0.62	0.78	0.95	1.13	1.33	1.52	1.80
35	−10		0.26	0.36	0.50	0.72	0.98	1.33	1.73		0.23	0.32	0.41	0.52	0.66	0.81	1.00
	0		0.33	0.48	0.65	0.90	1.20	1.60	1.95		0.28	0.38	0.50	0.64	0.80	0.96	1.18
	10		0.46	0.63	0.85	1.10	1.45	1.80	2.22		0.36	0.48	0.63	0.78	0.96	1.15	1.39
	20		0.60	0.83	1.03	1.30	1.66	2.00	2.45		0.47	0.63	0.77	0.95	1.15	1.37	1.60
	30		0.78	1.01	1.20	1.50	1.85	2.23	2.65		0.60	0.77	0.95	1.15	1.35	1.57	1.85
50	−10		0.26	0.33	0.44	0.60	0.80	1.10	1.38		0.15	0.25	0.30	0.38	0.45	0.55	0.67
	0		0.34	0.45	0.57	0.75	1.00	1.35	1.60		0.27	0.30	0.37	0.43	0.49	0.66	0.80
	10		0.45	0.63	0.72	0.96	1.22	1.60	1.85		0.23	0.33	0.43	0.54	0.64	0.80	0.94
	20		0.60	0.75	0.90	1.06	1.33	1.73	2.10		0.30	0.42	0.55	0.67	0.80	0.95	1.10
	30		0.77	0.92	1.12	1.36	1.65	2.10	2.35		0.42	0.55	0.66	0.78	0.95	1.15	1.30

相间短路。目前采用的有铁横担、木横担、瓷横担等。

横担的长短决定于线路电压的高低、档距大小、安装方式和使用地点。一定电压等级的线路线间距离有一定要求，它除满足绝缘要求外，还要考虑导线在空中受风吹动而引起的摇摆幅度。35千伏以下电力线路的线间最小距离见表8-9。

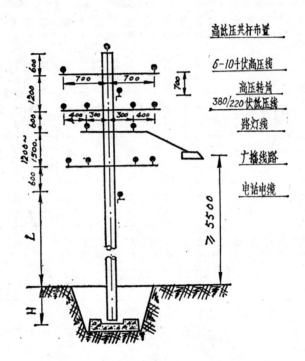

图 8-6 厂区线路电杆架设总安装示意图

图 8-6 中 的 L 值

最低一层线路对地面最小距离 L（米）	线 路 种 类	沿 路 平 行	跨 越 道 路
	广播或电话电缆线路	3.5	5.0
	低压电力、照明线路	5.0～6.0	6.0～7.0

架空线路导线对地面或水面最小距离表　　　表 8-7

线 路 经 过 地 区 的 性 质	线路额定电压（千伏）		
	1 以 下	1～10	35
1.居 民 区	6.0	6.5	7.0
2.非居民区	5.0	5.5	6.0
3.不能通航的及不能浮运的河、湖，冬季至冰面	5.0	5.0	6.0
4.不能通航的及不能浮运的河、湖，从高水位算起	1.0	3.0	3.0
5.居民密度很小、交通困难的地区(牧区、草原、湿地、沙漠、山坡、山岳地带等)	4.0	4.5	5.0
6.人行道、里巷主地面　（1）裸导线	3.5	—	—
（2）绝缘导线	2.5	—	—

电杆长度（米）	8	9	10	11	12	13	15
·电杆埋深（米）	1.5	1.6	1.7	1.8	1.9	2.0	2.3

注：本表适用于土壤允许承载力为20～30（吨/平方米）的一般土质，否则电杆埋深应根据计算来确定。

35千伏及以下架空线路导线间的最小距离（米）   表 8-9

导 线 排 列 方 式	档 距 （米）								
	40及以下	50	60	70	80	90	100	120	150
用悬式绝缘子的35千伏线路，导线水平排列	—	—	—	1.5	1.5	1.75	1.75	2.0	2.0
用悬式绝缘子的35千伏线路，导线垂直排列 用针式绝缘子或瓷横担的20～35千伏线路，不论导线排列形式	—	1.0	1.25	1.25	1.5	1.5	1.75	1.75	2.0
用针式绝缘子或瓷横担的3～10千伏线路，不论导线排列形式	0.6	0.65	0.7	0.75	0.85	0.9	1.0	1.15	—
用针式绝缘子的1千伏以下线路，不论导线排列形式	0.3	0.4	0.45	0.5	—	—	—	—	—

对于380伏线路，当档距在40米以上时，线间距离不小于400毫米，因此装三根线的横担长1.0～1.5米，装四根线的横担长1.3～1.8米。10千伏高压线路线间距离通常小于1米，当采用三角形排列时，如用针式瓷瓶，其中一根导线装于电杆顶部，其余两根导线装于横担上，其线间距离一般采用1.4米，横担长度约为1.5米。如采用瓷横担，则横担长为0.42米。

四、绝缘子（瓷瓶的总称）

是支持导线，使导线与地、导线与导线之间绝缘的主要元件。故绝缘子必须有良好的绝缘性能，能承受机械应力，承受气候、温度变化和承受震动而不破碎。

线路绝缘子可分五大类：

（1）针式绝缘子：多用于35千伏及以下，导线截面不太大的直线杆塔和转角合力不大的转角杆塔。

（2）蝴蝶形绝缘子：用于10千伏及以下线路终端、耐张及转角杆塔上，作为绝缘和固定导线之用。在6～10千伏线路中还可与悬式绝缘子配合作为线路金具。因蝴蝶形绝缘子耐电性能较差，故不宜单独用作高压线路绝缘元件。

（3）悬式绝缘子：使用于各级电压线路上；在沿海及污秽地区常采用防污型悬式绝缘子。

（4）拉紧绝缘子：用于终端杆、承力杆、转角杆或大跨距杆塔上，作为拉线的绝缘，以平衡电杆所承受的拉力。

（5）瓷横担绝缘子：起横担和绝缘子两种作用。

配电线路绝缘子的选择见表8-10。

绝缘子型式 杆型 电压等级	直线杆	转角杆		30°以上转角杆及其他承力杆	
		15°及以下	15°~30°	导线截面	
				70mm² 及以下	70mm² 以上
1千伏以下	低压针式绝缘子	低压针式绝缘子	低压双针式绝缘子	低压蝴蝶形绝缘子	
3~10千伏	高压针式绝缘子 或 瓷横担绝缘子	高压针式绝缘子 或 瓷横担绝缘子	高压双针式绝缘子 或 双瓷横担绝缘子	悬式绝缘子 + 高压蝴蝶形绝缘子 或 悬式绝缘子 + 耐张线夹	悬式绝缘子 + 耐张线夹

第六节 厂区电缆线路

电缆可以直接埋入地下，在水中、隧道中或架空敷设，也可敷设在潮湿的地方、有火灾危险、有爆炸危险、有酸碱化学腐蚀的场所；因其运行可靠、敷设隐蔽、符合战备要求，故在不宜敷设架空线的地方可使用电缆线路。

一、电缆的种类及其使用范围

目前常用的1~35千伏高压电力电缆，按其绝缘材料及保护层的不同有以下几类：

（1）油浸纸绝缘铅（铝）包电力电缆；

（2）聚氯乙烯绝缘、聚氯乙烯护套电力电缆（简称全塑电缆）；

（3）交联聚乙烯绝缘、聚氯乙烯护套电力电缆；

（4）油浸纸干绝缘电力电缆；

（5）不滴流电力电缆。

图8-7表示油浸纸绝缘铝芯铅包电力电缆的结构。

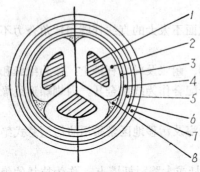

图 8-7 ZLQ₂型电力电缆

1—铝芯；2—油浸纸（相间绝缘）；3—油浸纸（统包层）；4—铅包；5—内黄麻层；6—钢带铠装；7—外黄麻层；8—黄麻填料

油浸纸绝缘铝包电力电缆具有重量轻的优点，将逐步取代铅包电力电缆，以节省有色金属铅。

油浸纸绝缘铅包或铝包电力电缆分有铠装与无铠装两种。

没有铠装不能承受拉力，易受机械外力损伤；钢带铠装能承受机械外力损伤，但不能承受拉力；细钢丝铠装能承受机械外力损伤和相当拉力；粗钢丝铠装能承受较大拉力。ZLQ（ZQ）系列的电力电缆，根据外护层结构的不同，其主要用途也不同，选用时可参见表8-11。

油浸纸绝缘的电力电缆是不宜用在有较大高差的场所。如无特殊装置（如塞子式接头盒），其水平高差（位差）应不大于下列数值：1～3千伏无铠装电缆为20米；1～3千伏铠装电缆为25米；6～10千伏铠装或无铠装电缆为15米。

ZLQ（ZQ）系列油浸纸绝缘铅包电力电缆的主要用途　　　表 8-11

型　　号	名　　　称	用　　途
ZLQ(ZQ)	铝(铜)芯纸绝缘裸铅包电力电缆	敷设在室内、沟道中及管子内，无腐蚀处。电缆不能承受机械外力的作用
ZLQ₁(ZQ₁)	铝(铜)芯纸绝缘铅包麻被电力电缆	敷设在空内、沟道中及管子内，无腐蚀处。电缆不能承受机械外力的作用
ZLQ₂(ZQ₂)	铝(铜)芯纸绝缘铅包钢带铠装电力电缆	敷设在土壤中。电缆能承受机械外力作用，但不能承受大的拉力
ZLQ₂₀(ZQ₂₀)	铝(铜)芯纸绝缘铅包裸钢带铠装电力电缆	敷设在室内、沟道中及管子内。电缆能承受机械外力作用，但不能承受大的拉力
ZLQ₃(ZQ₃)	铝(铜)芯纸绝缘铅包细钢丝铠装电力电缆	敷设在土壤中。电缆能承受机械外力作用，并能承受相当的拉力
ZLQ₃₀(ZQ₃₀)	铝(铜)芯纸绝缘铅包裸细钢丝铠装电力电缆	敷设在室内、矿井中。电缆能承受机械外力作用，并能承受相当拉力
ZLQ₅(ZQ₅)	铝(铜)芯纸绝缘铅包粗钢丝铠装	敷设在水中。电缆能承受较大的拉力

按电缆的电压等级可分为：0.5千伏、1千伏、3千伏、6千伏、10千伏、20千伏、35千伏等，在使用时一定要严格按额定电压选择。

按电缆结构的芯数可分为：单芯、双芯、三芯和四芯电缆。电力电缆一般都是三芯的。20～35千伏有单芯电缆，1千伏以下各种芯数电缆都有。对四芯电缆的第四芯（中性线芯）截面可参见表8-12和表8-13。

ZLQ（ZQ）系列四芯电缆的第四芯（中性线芯）截面　　　表 8-12

主　线　芯 (mm²)	4	6	10	16	25	35	50	70	95	120	150	185
中性线芯 (mm²)	2.5	4	6	6 (10)	10 (16)	10 (16)	16 (25)	25	35	35	50	50

注：用户需要时也可按括号内的数字制造。

VLV（VV）系列四芯电缆的第四芯（中性线芯）截面　　　表 8-13

主　线　芯 (mm²)	2.5	4	6	10、16	25、35	50	70	95、120	150、185
中性线芯 (mm²)	1.5	2.5	4	10	16	25	35		50

表8-14，表8-15，表8-16分别表示油浸纸绝缘铅包电力电缆、聚氯乙烯绝缘聚氯乙烯护套电力电缆、交联聚乙烯绝缘聚氯乙烯护套电力电缆的型号和应用范围。

干绝缘及不滴流电力电缆适用于敷设在有较大高差，或垂直、倾斜的环境，但其制造工艺复杂，投资大，目前在这些场所敷设电缆线路均选用全塑电力电缆来代替。

ZLL（ZL）系列油浸纸绝缘铝包电力电缆的主要用途　　　表 8-14

型　号	名　称	主　要　用　途
ZLL(ZL)	铝(铜)芯纸绝缘裸铝包电力电缆	架空敷设在干燥的户内沟管中，对铝层无腐蚀的场所电缆不能承受机械外力作用
ZLL$_{11}$(ZL$_{11}$)	铝(铜)芯纸绝缘铝包一级防腐电力电缆	敷设在对铝护套有腐蚀的室内、沟管中、不能承受机械外力作用
ZLL$_{12}$(ZL$_{12}$)	铝(铜)芯纸绝缘铝包钢带铠装一级防腐电力电缆	同上，但能承受机械外力作用，不能承受拉力
ZLL$_{120}$(ZL$_{120}$)	铝(铜)芯纸绝缘铝包裸钢带铠装一级防腐电力电缆	敷设在对铝护套有腐蚀的室内和沟管中。电缆能承受机械外力作用，但不能承受相当的拉力
ZLL$_{13}$(ZL$_{13}$)	铝(铜)芯纸绝缘铝包细钢丝铠装一级防腐电力电缆	敷设在铝护套的腐蚀性的土壤内和水中。电缆能承受机械外力作用，亦能承受相当的拉力
ZLL$_{130}$(ZL$_{130}$)	铝(铜)芯纸绝缘铝包裸细钢丝铠装一级防腐电力电缆	敷设在对铝护套有腐蚀的室内、沟管中和矿井中。电缆能承受机械外力作用也能承受相当的拉力
ZLL$_{15}$(ZL$_{15}$)	铝(铜)芯纸绝缘铝包粗钢丝铠装一级防腐电力电缆	敷设在对铝护套有腐蚀的水中。电缆能承受较大的拉力
ZLL$_{22}$(ZL$_{22}$)	铝(铜)芯纸绝缘铝包钢带铠装二级防腐电力电缆	敷设在对铝护套和钢带均有严重腐蚀的环境中。能承受机械外力作用，但不能承受拉力
ZLL$_{23}$(ZL$_{23}$)	铝(铜)芯纸绝缘铝包细钢丝铠装二级防腐电力电缆	敷设在对铝护钢丝均有严重腐蚀的环境中。能承受机械外力作用，并能承受相当的拉力
ZLL$_{25}$(ZL$_{25}$)	铝(铜)芯纸绝缘铝包粗钢丝铠装二级防腐电力电缆	敷设在对铝护套和钢丝均有严重腐蚀的环境中。能承受机械外力作用，并能承受较大的拉力

聚氯乙烯绝缘聚氯乙烯护套电力电缆的主要用途　　　表 8-15

型　号	名　称	主　要　用　途
VLV(VV)	聚氯乙烯绝缘、聚氯乙烯护套电力电缆	敷设在室内，沟管内，不能承受机械外力作用
VLV$_{29}$(VV$_{29}$)	聚氯乙烯绝缘、聚氯乙烯护套内钢带铠装电力电缆	敷设在地下，能承受机械外力作用，但不能承受大的拉力
VLV$_{30}$(VV$_{30}$)	聚氯乙烯绝缘、聚氯乙烯护套裸细钢丝铠装电力电缆	敷设在室内、隧道及矿井中能承受相当的拉力
VLV$_{59}$(VV$_{39}$)	聚氯乙烯绝缘、聚氯乙烯护套内细钢丝铠装电力电缆	敷设在水中或具有落差较大的土壤中，能承受相当的拉力
VLV$_{50}$(VV$_{50}$)	聚氯乙烯绝缘、聚氯乙烯护套裸粗钢丝铠装电力电缆	敷设在室内、隧道及矿井中。能承受机械外力作用并能承受较大的拉力

　　当前电缆工业为贯彻节约铜、铅、棉、麻天然橡胶等重要战略物资的方针，正在进行产品革命，电缆品种正处于新旧交替阶段，其主要发展方向是以铝芯代铜芯，以铝包代替铅包，以塑料绝缘代油浸纸绝缘和橡皮绝缘，以塑料护套代替铠装外护层。

交联聚乙烯绝缘聚氯乙烯护套电力电缆的主要用途

表 8-16

型号	名称	主要用途
YJLV(YJV)	交联聚乙烯绝缘，聚氯乙烯护套电力电缆	敷设在室内、隧道内及管道中，电缆不能承受机械外力作用
YJLV$_{29}$(YJV$_{29}$)	交联聚乙烯绝缘，聚氯乙烯护套内钢带铠装电力电缆	敷设在土壤中，能承受机械外力作用，但不能承受大的拉力
YJLV$_{30}$(YJV$_{30}$)	交联聚乙烯绝缘，聚氯乙烯护套裸细钢丝铠装电力电缆	敷设在室内、隧道内及矿井中，能承受机械外力作用，并能承受相当的拉力
YJLV$_{39}$(YJV$_{39}$)	交联聚乙烯绝缘，聚氯乙烯护套内、细钢丝铠装电力电缆	敷设在水中或具有落差较大的土壤中，电缆能承受相当的拉力
YJLV$_{50}$(YJV$_{50}$)	交联聚乙烯绝缘，聚氯乙烯护套裸粗钢丝铠装电力电缆	敷设在室内，电缆能承受大的拉力
YJLV$_{59}$(YJV$_{59}$)	交联聚乙烯绝缘，聚氯乙烯护套内粗钢丝铠装电力电缆	敷设在水中，能承受较大的拉力

二、电缆的敷设方式

在敷设电缆线路时，要尽可能选择距离最短的路线，同时应顾及已有的和拟建的房屋建筑的位置，并设法尽量减少穿越各种管道、铁路、公路和弱电电缆的次数。在电缆线路经过的地区，应尽可能保证电缆不致受到各种损伤（机械的损伤，化学的腐蚀，地下电流的电腐蚀等）。

电缆的敷设方式有下列几种：

（一）直接埋地敷设

这种方式在工业企业中用得最多，因其最经济，施工又方便，但因易受机械损伤，化学腐蚀，电腐蚀，故其可靠性较差，检修不方便，一般多用于根数不多的地方。

（1）埋设深度一般为700～1000mm，但不得小于700mm，在电缆上应铺水泥盖板或类似的保护层（见图8-8）。电缆线路的终端、转折点中间接头和沿线每隔一定距离处应装设永久性路径标志。

（2）电缆直埋敷设方式与其他设施的平行、交叉的最小距离和要求见表8-17。

（3）无铠装电缆从地下引出地面时，在有机械损伤可能的场所，应有2米长的金属管或保护罩加以保护。

（4）在有化学腐蚀或地中杂散电流腐蚀的地段，应按腐蚀程度的不同，采用塑料护套或各级防腐型电缆。

（二）在排管中敷设

这种敷设方式主要的优点在于：可以使电缆避免受损伤，但造价高，电缆允许载流量减少。因此，当有10根左右电缆同时敷设时才采用排管敷设。

（1）排管的内径应不小于电缆外径的1.5倍，一般为90～100mm。排管上部距地面不得小于0.7

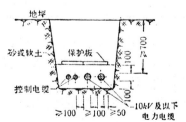

图 8-8　电缆直接埋地

米，但敷设在人行道下面时可为0.5米。当地面上的均匀荷重超过10吨/平方米或排管通过铁道及类似情况时，必须采取加固措施，防止排管受机械损伤。

直埋电缆与其他设施的最小允许距离（米）　　　　表 8-17

序号	其　他　设　施　名　称	平 行 距 离	交 叉 距 离
1	建筑物、构筑物基础与电缆	0.5	
2	电杆基础与电缆	1.0	
3	10千伏及以下电力电缆间以及与控制电缆之间	0.1	
4	10千伏以上电力电缆之间以及与10千伏及以下电力电缆或控制电缆之间	0.25 (0.1)	0.5(0.25)
5	不同部门的电缆（包括通讯与电力电缆）之间	0.5 (0.1)	0.5(0.25)
6	热力管道(沟)与电缆	2.0	0.5
7	石油、煤气管道与电缆	1.0(0.25)	0.5(0.25)
8	其他管道与电缆	0.5(0.25)	0.5(0.25)
9	普通铁路路轨与电缆(电气外铁路除外)	3.0	1.0
10	道路与电缆	1.5	1.0
11	排水明沟(平行时与沟边、交叉时与沟底)	1.0	0.5
12	乔　　木	1.5	
13	灌 木 丛	0.5	

注：1.路灯电缆与道路灌木丛平行距离不限；
　　2.表中括号内数字是指电缆穿管保护或加隔板后允许的最小距离；
　　3.表中所列电缆与各管线平行最小距离，是指两者埋设深度相仿的情况下而定的，当两者埋设深度相差很大，尚要考虑施工检修挖土时相互影响，应根据具体情况适当放大平行距离，当电缆与管道标高差大于0.5米时，平行最小净距应为1.0米，电缆与管道标高差大于2米时，平行最小净距应为2米。

（2）排管应按需要留有必要的备用管孔数，一般预留10%的备用管孔。

（3）在线路的转角、分支或变更敷设方式（改为直埋或电缆沟敷设）时，应设电缆人井。在线路的直线段上为便于拉引电缆，也应设置一定数量的电缆人井，其人井的最大允许距离见表8-18，但任何情况下不得大于300米。

在直线段电缆人井间最大允许距离（米）（按摩擦系数＝0.6考虑）　　　表 8-13

拉 引 方 式	电 缆 芯 数 和 截 面 (mm)					
	3×50以下	3×70	3×95	3×120	3×150	3×185
用钢丝套拉引电缆的铅包	145	115	115	108	108	108
铅包与电缆芯联结，拉引电缆芯线	170	200	230	250	270	290

（4）位于水位以下的排管和电缆人井应有可靠的防水层。

（5）电缆排管向电缆人井侧应有不小于0.5％的排水坡度，并在电缆人井中设有集水井，以便集中排水。

（6）电缆人井的净空高度不小于2000mm，其上部人孔的直径应不小于700mm。

（三）在电缆沟内敷设

电缆沟分屋内电缆沟、屋外电缆沟和厂区电缆沟，见图8-9所示。

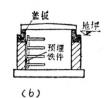

(a)　　　　　　(b)

图 8-9　电缆沟

（a）屋内电缆沟；（b）屋外配电装置电缆沟；（c）厂区电缆沟

电缆沟具有投资省、占地少、走向灵活且能容纳较多电缆等优点；缺点是检修维护不方便。适用于电缆更换机会较少处。在容易积灰积水的场所（如锅炉房等），应避免采用。

（四）在隧道内敷设

电缆隧道见图8-10。电缆隧道具有敷设、检修和更换电缆方便等显著优点，能容纳大量电缆；缺点是投资大，耗用材料多。适用于有大量电缆的配电装置处。敷设于隧道及电缆沟内的电力电缆，应剥去黄麻外护层。

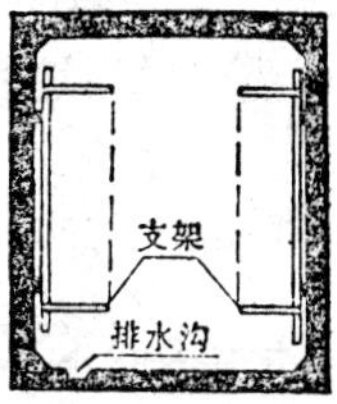

图 8-10 电缆隧道

（五）穿管敷设

一般在下列情况下电缆应穿钢管保护：

（1）电缆引入及引出建筑物、构筑物，电缆穿过楼板及主要墙壁处；

（2）从电缆沟引出到电杆或墙外地面的电缆，距地面2米高以下及埋入地下小于0.25米的深度的一段；

（3）当电缆与道路、铁路交叉时。

地下电缆穿管的管径可参见表8-19。

保护管的内径不能小于电缆外径的1.5倍；保护管的弯曲半径不能小于所穿入电缆的允许弯曲半径。各种电缆的最小允许弯曲半径见表8-20。

电 缆 穿 管 选 择 表　　　　　表 8-19

钢管直径（毫米）	三芯电缆线芯截面（毫米²）			1千伏以下四芯电缆线芯截面（毫米²）
	1 千 伏	6 千 伏	10 千 伏	
50	≤70	≤25	—	≤50
70	95～150	35～70	≤50	70～120
80	180	95～120	70～120	150～185
100	240	185～240	150～240	240

（六）架空敷设

生产厂房内零米标高以上的电缆，一般均可沿墙、梁或柱用支、吊架架空敷设。其优点是结构简单，易于处理电缆与其他管线的交叉问题，但容易积灰和受热力管道的影响。

电　缆　形　式	弯曲半径为电缆外径的倍数
油浸纸绝缘多芯电力电缆（铅包或铝包、铠装）	15
油浸纸绝缘多芯电力电缆（裸铅包、沥青纤维线绕包）	20
油浸纸绝缘单芯电力电缆（铅包、铠装或无铠装）	25
聚氯乙烯绝缘聚氯乙烯护套电力电缆	8
油浸纸绝缘多芯控制电缆	15
塑料绝缘、橡皮绝缘多芯电力电缆和控制电缆　　有铠装	10
无铠装	6
油浸纸绝缘铝包电力电缆　　铝包外径为40毫米以下	25
铝包外径为40毫米及以上	30

三、电缆头的类型及其选用

电缆在敷设过程中需要连接及封头，此时需采用接头盒与封端盒。下面简单介绍常用的接头盒和封端盒。

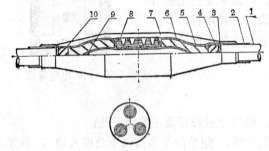

图 8-11　1~10kV环氧树脂中间接头盒

1—铅（铝）包；2—铅（铝）包表面涂包层；3—半导体纸；4—统包纸；5—线芯涂包层；6—线芯绝缘；7—压接管涂包层；8—压接管；9—三叉口涂包层；10—统包涂包层

图8-11所示为环氧树脂中间接头盒。工艺简单、成本低、机械强度高、电气性能及密封性能比较好。

图8-12表示漏斗型户内封端盒，用薄钢板制成，价格低，故障爆炸危险小。适用于较潮湿的6~10千伏线路。

图8-13表示户内干封端。在正常环境下均可应用，耗用材料少，施工简便，广泛用于10千伏以下线路。

图8-14表示户内塑料干封端。能避免酸碱的腐蚀，防油性能好，施工简便，但耐热性差，容易老化。

户外封端盒常用鼎足式和并列式，见图8-15和图8-16所示。

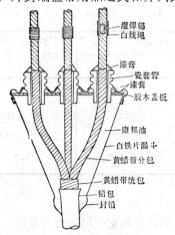

图 8-12　漏斗型户内封端盒

灌焊锡
白线绳
漆膏
瓷套管
漆膏
胶木盖板
康邦油
白铁片漏斗
黄蜡带分包
黄蜡带统包
铅包
封铅

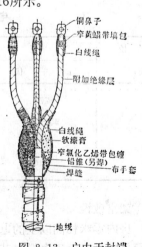

图 8-13　户内干封端

铜鼻子
窄黄蜡带填包
白线绳
附加绝缘层
白线绳
软漆膏
窄氯化乙烯带包缠
铅锥（另焊）
布手套
焊缝
地线

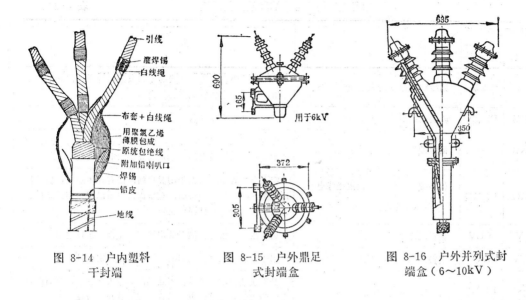

图 8-14　户内塑料　　　图 8-15　户外鼎足　　　图 8-16　户外并列式封
干封端　　　　　　式封端盒　　　　　　端盒（6～10kV）

第七节　车间电力线路的选择与敷设

车间电力网络一般均采用交流380/220伏、中性点直接接地的三相四线制配电系统，故线路的导线应采用500伏以下的低压绝缘线或电缆。

一、导线、电缆截面的选择

车间电力线路导线截面的选择，除了需同样遵照本章1～4节所述的原则和方法外，还有一个与保护装置整定值的配合问题。为了使导线和电缆在短路时不致烧坏，在一般情况下，保护装置动作电流与导线或电缆的允许电流应有一定的倍数关系，其数值见表8-21所作的规定。

保护装置的整定值与配电线路允许持续电流配合　　　　表 8-21

保护装置	无爆炸危险场所				有爆炸危险场所	
	过负荷保护		短路保护	橡皮绝缘电缆及导线	纸绝缘电缆	
	橡皮绝缘电缆及导线	纸绝缘电缆	电缆及导线			
	电缆及导线允许持续电流 I					
熔断器熔件的额定电流 I_{er}	$I_{er}\leq 0.8I$	$I_{er}\leq I$	$I_{er}\leq 2.5I$ （$I_{er}\leq 1.5I$）	$I_{er}\leq 0.8I$	$I_{er}\leq I$	
空气开关长延时脱扣器整定电流 $I_{dz\cdot g}$	$I_{dz\cdot g}\leq 0.8I$	$I_{dz\cdot g}\leq I$	$I_{dz\cdot g}\leq 1.1I$	$I_{dz\cdot g}\leq 0.8I$	$I_{dz\cdot g}\leq I$	

注：1.括号内数字系指采用明敷绝缘导线时。
　　2.空气开关(自动空气断器)的长延时脱扣器的保护作用与热脱扣器相同。

二、导线、电缆型号的选择

车间电力线路中常用的导线型号及其主要用途列于表8-22，以供参考。常用的电缆型号及其主要用途见第六节表8-11～表8-16。

型　　号		名　　　称	主　　要　　用　　途
铜　芯	铝　芯		
BX	BLX	棉纱编织橡皮绝缘电线	用于不需要特别柔软电线的干燥或潮湿场所，作固定敷设之用，宜于室内架空或穿管敷设
BBX	BBLX	玻璃丝编织橡皮绝缘电线	（同上），但不宜穿管敷设
BXR	—	棉纱编织橡皮绝缘软线	敷设于干燥或潮湿厂房中，作电器设备(如仪表、开关等)活动部件的联接线之用，以及需要特软电线之处
BXG	BLXG	棉纱编织、浸渍、橡皮绝缘电线（单芯或多芯）	穿入金属管中，敷设于潮湿房间，或有导体灰尘、腐蚀性瓦斯蒸气、易爆炸的房间；有坚固保护层以避免穿过地板、天棚、基础时受机械损伤之处
BV	BLV	塑料绝缘电线	用于耐油、耐燃、潮湿的房间内，作固定敷设之用
BVV	BLVV	塑料绝缘塑料护套线(单芯及多芯)	用于耐油、耐燃、潮湿的房间内，作固定敷设之用
—	BLXF	氯丁橡皮绝缘电线	具有抗油性，不易霉、不延燃，制造工艺简单，具有耐日光，耐大气老化等优点，适宜于穿管及户外敷设
BVR	—	塑料绝缘软线	适用于室内，作仪表，开关联接之用以及要求柔软电线之处

三、导线、电缆的敷设

各种型号的导线和电缆的敷设方式，应结合环境条件来考虑，一般规定如下：

（一）绝缘导线和裸线架空敷设

1．在一般生产厂房内，线路电压不超过1千伏时，允许采用绝缘导线或裸导线架空敷设。

2．室内敷设裸导线除上述条件外，尚须符合下列要求：

（1）距地（楼）面的高度不低于3.5米（有保护网、栅者不低于2.5米，采用无孔板式遮护时不受限制）；

（2）按生产条件，在搬运和装卸笨重物件时，不可能触及裸线；

（3）不在工业设备或需要经常维护的管道底下。

3．室内敷设裸导线时，导线之间及导线至房屋各部分、管道、工艺设备的最小允许距离如表8-23所示。

如不能满足上述要求时，应加遮栏保护。遮栏与裸导体之间的距离为：用不大于20×20毫米网眼的遮栏保护时，应不小于100毫米；用无孔板式遮栏保护时，应不小于50毫米。

4．在车间内采用鼓形绝缘子、针式绝缘子敷设绝缘导线时，绝缘导线的间距不应小于表8-24所示。绝缘导线距地面高度：水平敷设时，不宜小于2.5米；垂直敷设时，不宜小于1.8米，否则应用钢管或槽板加以保护。

5．绝缘导线在室外明敷时，在架设方法和触电危险性方面与裸导线同样看待。

6．绝缘导线明敷在高温辐射或具有对导线绝缘有损坏作用的介质的地点时，其线间距离不得小于100毫米。

7．电网电压在1千伏以下，允许沿建筑物外墙布线（称为屋外布线）但应设置切断所有导线电源的总开关。屋外布线时的各种允许距离见表8-25。

室内敷设裸导线时的最小允许距离　　　　表 8-23

名　　　　　　　　　称	最 小 允 许 距 离 （毫米）
当导线固定点间距离为下列数值时，导线之间及导线至房屋各部分之间的距离： 　　2～4米及以下 　　4～6米 　　6米以上	 100 150 200
导线与管道、工艺设备间的距离： 　　至需要经常维护的管道 　　至需要经常维护的生产设备 　　至桥式起重机的下梁	 1000 1500 2200

室内采用绝缘导线明敷时导线及固定点间的允许距离　　　　表 8-24

布 线 方 式	导 线 截 面 （平方毫米）	固定点间最大允许距离 （毫米）	导线线间最小允许距离 （毫米）
直 敷 布 线	10及以下	200	
瓷(塑料)夹	1～4 6～10	600 800	
用鼓形绝缘子、针式绝缘子固定在支架上布线	2.5～6 6～25 25～50 50～95	1500以下 1500～3000 3000～6000 6000以上	35 50 70 100

绝缘导线在屋外布线时的允许距离　　　　表 8-25

名　　　　　　　　　称	距 离 （毫米）
导线用支架沿墙敷设(水平或垂直敷设)时，导线间最小允许距离，当支架跨距为：6米及以下 　　6米以上	100 150
导体至墙壁和构架的间距(挑檐下除外)	35
屋外沿墙明设的导线与下列场所的最小距离： 水平敷设时的垂直距离 　　在阳台、平台上和跨越建筑屋顶 　　在窗户上方 　　在窗户下方 垂直敷设时距窗户和阳台的水平距离 水平敷设时离地面 垂直敷设时离地面	 2500 300 800 600 2700 2500

（二）绝缘导线穿金属管敷设

电网电压在1千伏以下时，允许采用绝缘导线穿钢管敷设。

1.敷管

（1）凡明敷于潮湿场所和埋地的管路均应采用水、煤气钢管。

（2）明敷或暗敷于干燥场所的管路可采用电线钢管。穿线管尽可能避免穿过设备基础。

（3）为保证管路穿线方便，在下列情况下，一般应加装拉线盒，否则应放大管径：

当无弯曲或有一个弯头时，管子全长在30米处；

当有二个弯头时，管子全长在20米处；

当有三个弯头时，管子全长在12米处。

（4）管路明敷时其固定点间最大允许距离应符合表8-26规定。

金属管固定点间的最大允许距离(毫米)　　　　表 8-26

公称口径(毫米)	15～20	25～32	40～50	70～100
煤气管固定点间距离	1500	2000	2500	3500
电线管固定点间距离	1000	1500	2000	—

（5）电气管路应敷设在热水管和蒸汽管的下面，在不得已情况下也允许敷设在上面。其相互间的净距一般不小于下列数值：当管路敷设在热水管下面时为0.2米，上面时为0.3米；当管路敷设在蒸汽管下面时为0.5米，上面时为1.0米。当不能满足上述要求时，应采取隔热措施。对有保温措施的蒸气管，相互间的净距均可减为0.2米。

烟囱表面、烟道表面，以及其他发热表面上，不允许沿表面直接敷设导线管，应有一定间距。

2.配线

（1）管内导线的总截面积（包括外皮）不应超过管内径截面积的40%。

（2）当导线的负荷电流大于25安时，为避免涡流效应，应将同一回路的三相导线穿于同一根金属管内。

（3）不同回路的导线，不应穿于同一根管内，但下列情况除外：

1）供电电压在65伏及以下者；

2）同一设备和同一流水作业线设备的电力线路和无须防干扰要求的控制回路；

3）照明花灯的所有回路，但管内导线总数不应多于8根。

（4）室内埋地金属管路内的导线或电缆，宜用塑料护套塑料绝缘电线或电缆。

（三）绝缘导线穿硬质塑料管敷设

除高温及对塑料管有腐蚀的场所以外的所有屋内场所均可适用，对有酸碱腐蚀及潮湿的场所尤其适用。硬质塑料管可以明敷或埋地敷设。

塑料管明敷时其固定点间最大允许距离应符合表8-27规定，其他要求与穿金属管同。

（四）母线敷设

塑料管敷设固定点间最大允许距离　　　　表 8-27

塑料管公称口径(毫米)	20及以下	25～40	50及以上
最大允许距离(毫米)	1000	1500	2000

在车间内采用矩形母线时，其敷设方法通常有两种，一种是明设，一种是暗设。明设母线采用自由悬挂式（即两端有拉紧装置，母线可在中间支持绝缘子夹具上滑动）；暗设母线采用装于钢板盒内的"插接式母线"。明设母线至地面的最小允许距离和至管道、生产设备间的允许距离，与敷设裸导线的要求相同。

一般在干燥无腐蚀性气体的屋内场所，可以采用插接式母线。插接式母线距地面高度不宜低于2.2米，若其始端无引出、引入线时，端头必须封闭。插接式母线的引出支线不宜埋地敷设。

（五）车间内电缆敷设

（1）选择车间内电缆敷设方式可参见表8-28。

（2）电压为1千伏以下的电缆穿钢管时，管内径应不小于电缆外径的1.5倍。

（3）电缆敷设要求的最小允许距离如表8-29所示。

除以上五种布线方式外，还有钢索布线等敷设方式。

车间内电缆敷设方式的选择表 表 8-28

电 缆 敷 设 方 式	采 用 的 条 件
沿墙或楼板下明设	在很少有机械损伤的场所①，且在不允许开电缆沟的车间内
敷设于电缆沟中	当电缆数量在四根以上时
穿钢管敷设于地面下	在电缆数量在三根以下，其长度不很大，车间内无腐蚀性液体时

① 在有机械损伤的地方采用铠装电缆，或穿钢管作局部保护。

电缆之间及电缆和各种管道的最小允许距离 表 8-29

名 称		最小允许距离(毫米)
沿墙天栅敷设电缆	电力电缆间净距离	35
	1千伏以下电缆与1千伏以上电缆间	150
	电缆与各种管道间（非热力管）	500
	电缆与热力管道间	1000
在电缆沟中	两侧支架间水平距离（通道宽）	300
	一侧支架至对面沟壁间（通道宽）	300
	两条及两条以上电缆搁架层与层间的垂直距离：	
	电力电缆	150
	控制电缆	100
	电力电缆间净距	35
	1千伏以上电缆与1千伏以下电缆间	100
电缆支架间的距离	电力电缆水平敷设	不大于1000
	垂直敷设	不大于1500
	控制电缆水平敷设	不大于800
	垂直敷设	1000

注：1.本表所指的电缆沟其深度不小于600毫米；
　　2.电力电缆间的水平净距不应小于电缆外径。

四、敷设导线、电缆用穿管管径的选择

一般情况下，管内敷设多根同一截面的导线时，管子内径与导线外径的关系如表8-30所示。当暗设于设备基础内或混凝土预制构件内时，应采用直径不小于25毫米的钢管；暗设于楼板内时，钢管直径不宜大于50毫米；暗设于设备基础内时，钢管直径不应大于80毫米；由于大直径管子难以弯曲，直径100毫米的钢管只在直线段采用。

单芯绝缘导线穿管管径见表8-31。

管子内径与导线外径 d 的关系　　　　　　表 8-30

导 线 根 数	1	2	3	4	5	6	7	8	9	10	11	12	13
管 子 内 径	1.7d	3d	3.2d	3.6d	4d	4.5d	5.1d	5.6d	5.8d	6d	6.4d	6.6d	7d

单 芯 绝 缘 导 线 穿 管 管 径 表　　　　　　表 8-31

芯线截面 (mm²)	焊接钢管（管内导线根数）											电线管（管内导线根数）										
	2	3	4	5	6	7	8	9	10	11	12	2	3	4	5	6	7	8	9	10	11	12
1.0	15				20				25			15		20		25				32		
1.5	15		20		25				32			20			25			32				
2.5	15		20		25				32			20			25			32				
4	15	20		25			32					20		25			32				40	
6	20		25		32			40				20	25		32			40				
10	20	25		32		40			50			25	32			40						
16		25		32		40		50			70	32			40							
25		32		40		50		70				32			40							
35	32	40		50			70		80			40										
50	40		50		70			80			100											
70		50		70		80		100														
95	50		70		80			100														
120		70		80		100																
150		70	80		100																	

注：1.适用导线品种
　　　BLX、BX、BBLX、BBX、
　　　BLV、BV、BLXF、BXF型
　　2.管线长度
　　　≤50m时，允许1个90°弯
　　　≤40m时，允许2个90°弯
　　　≤20m时，允许3个90°弯

第九章 继电保护装置和自动装置

第一节 继电保护装置的作用和要求

供电系统和电气设备，由于绝缘老化、损坏、或由于其他原因，可能发生各种故障和不正常工作状态。其中最常见的是短路故障。供电系统发生故障时，必须迅速切除故障，缩小事故范围，保证系统无故障部分继续正常运行；而当系统出现不正常工作状态时，要给值班人员发出信号，使值班人员及时进行处理，以免引起设备故障。这就是供电系统继电保护所要承担的任务。

继电保护装置是指能反应电气设备发生故障或不正常工作状态而作用于开关跳闸或发出信号的自动装置。它由各种继电器组成。继电保护装置在供电系统中的主要作用是：通过预防事故或缩小事故范围来提高系统运行的可靠性，最大限度地保证安全可靠的供电。它是供电系统自动化的重要组成部分，是保证系统可靠运行的主要措施之一。此外，为了提高供电的可靠性和供电质量，还装设了各种自动装置，例如，线路或变压器在事故切除后进行自动重合的"自动重合闸"装置（ZCH）；为保证重要负荷的可靠供电，在供电电源跳闸后，自动投入备用电源的"备用电源自动投入"装置（BZT）等。

继电保护装置，按其所承担的任务，必须满足以下四个基本要求：即选择性，快速性，灵敏性和可靠性。

1.选择性

当供电系统某部分发生故障时，继电保护装置只将故障部分切除，保证无故障部分继续运行。保护装置的这种性能，叫有选择性。

图9-1是一个单端供电的系统短路示意图，线路及变压器的油开关都装有继电保护装置。当 d 点发生短路故障时，开关DL-1，DL-2和DL-3有短路电流流过。在这种情况下，根据选择性的要求，应该只有开关DL-3的保护装置动作于跳闸，将故障线路从系统中切除。系统的其余部分应仍能正常运行。

当 d 点发生故障时，如果开关DL-3由于某些原因拒绝动作，则应由DL-2保护装置动作使开关DL-2跳闸。这样在切除故障线路时也同时切除了一部分非故障线路，却仍然限制了故障的扩展，使停电范围尽可能缩小。开关DL-2的保护装置起着对下一段线路的后备保护作用。在这种情况下(DL-3拒绝动作)，DL-2跳闸切除故障仍然认为是有选择性的。

2.快速性

快速切除短路故障可以减轻短路电流对电气设备的破坏程度；可以加速恢复供电系统正常运行的过程，减小对用户的影

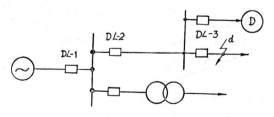

图 9-1 单端供电系统短路示意图

响。因此，在可能的条件下，继电保护装置应力求快速动作。

但是某些情况下快速性和选择性会有矛盾，这时应在保证选择性的前提下力求保护装置动作的快速性。

3.灵敏性

保护装置的灵敏性（也叫灵敏度），是指对被保护电气设备可能发生的故障和不正常运行方式的反应能力。为了使保护装置在故障时能起到保护作用，要求保护装置有较好的灵敏性。

通常保护装置的灵敏性用灵敏系数来衡量，有关这方面内容将在后面结合具体保护装置加以讨论。

4.可靠性

当发生故障时，要求保护装置动作可靠，即在应该动作时不拒绝动作，而在不应该动作时不会误动作。

要求保护装置有很高的可靠性，这一点非常重要。因为保护装置拒绝动作或误动作，都将使系统事故扩大，给电力系统和用户带来严重的损失。保护装置动作不可靠的主要原因是继电器质量不高，安装调试质量不高，运行维护不当，以及设计、计算错误等。

一般说来，继电器的质量愈高，结线愈简单，其中所包含的接点数目愈少，则保护装置的动作愈可靠。

第二节　常用保护继电器

继电保护装置是由若干个继电器组成。继电器是一种能自动动作的电器，只要加入一个物理量（如通电）或当加入的物理量达到一定数值时它就能够动作，这种动作特性，称为继电特性。

工业企业的供电系统中常用的继电器有电磁型继电器和感应型继电器。

一、电磁型继电器

（一）DL系列电流继电器

我国生产的 DL 型电磁式过电流继电器如图9-2所示。在电磁铁 1 的磁极上绕着两个电流线圈2（两个线圈可以串联或并联），磁极中间有一固定在轴上的 Z 形铁片 3，动接点 5 也固定在轴上，能随轴转动。轴上还安装着弹簧 4，保证正常工作状态时触头在断开位置，并作为调整起动电流值之用。改变与弹簧连接的调整杆 7 的位置就可改变弹簧的松紧。图中 6 是固定接点，8 是刻度盘。

当电流通过继电器线圈时，若电磁铁 1 对铁片 3 产生电磁吸力大于弹

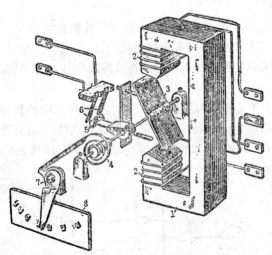

图 9-2　DL型电磁式过电流继电器构造图

1—电磁铁；2—线圈；3—可动衔铁；4—反作用弹簧；
5—动接点；6—静接点；7—调整杆；8—刻度盘

簧的反作用力，铁片就转动，并带着同轴的动触头 5 运动，使与固定触头 6 闭合，即继电器的常开触头闭合，继电器动作。这种继电器的动作行动取决于流入继电器的电流，所以叫电流继电器。

使继电器动作的最小电流称为继电器的起动电流 $I_{dz.j}$。

继电器起动以后，当流入线圈中的电流逐渐减小到某一电流值 I_f 时，继电器的铁片因为电磁力小于弹簧的反作用力而返回到原始位置，常开触头断开。使继电器返回到原始位置的最大电流称为返回电流 I_f。

电流继电器的返回电流 I_f 和起动电流 $I_{dz.j}$ 之比称为返回系数 K_f，即

$$K_f = \frac{I_f}{I_{dz.j}} \qquad\qquad (9\text{-}1)$$

显然，返回系数小于 1，继电器质量愈好，返回系数 K_f 值愈高。DL-10 系列过电流继电器的 K_f 通常为 0.85。

电流继电器的起动电流是可调整的。改变调整杆 7 的位置，可以均匀地改变继电器的起动电流，从标度盘上可以直接读出整定值。此外，改变继电器线圈的连接方式，也可以改变起动电流，当线圈由串联改为并联时，继电器的起动电流也将增加一倍。

电磁式电流继电器当线圈电流超过起动电流时，动作时间为百分之几秒，可以认为是瞬时动作的继电器。

（二）DJ 系列电压继电器

电磁型电压继电器有过电压继电器和欠电压继电器两种。

我国目前生产的电压继电器是 DJ-100 系列的电磁式电压继电器，其结构基本上与 DL-10 系列电磁式电流继电器相同。但电压继电器一般是经过电压互感器接在电力网上，其动作行为取决于电网电压，故常用细漆包线绕成，匝数多，电阻大；标盘上标出的是起动电压不是电流。

能使继电器动作的最小电压称为起动电压 $U_{dz.j}$；能使继电器回到原始位置的电压称为返回电压 U_f。

同样，$K_f = \dfrac{U_f}{U_{dz.j}}$ 称为电压继电器的返回系数。过电压继电器的 $K_f < 1$，通常为 0.80；欠电压继电器的 $K_f > 1$，通常为 1.25。

（三）DS 系列时间继电器

用于继电保护装置的时间继电器有 DS-110 系列和 DS-120 系列。这种继电器应用钟表机构和电磁铁作用，获得一定的动作时限。它的结构包括：①电磁系统：线圈、衔铁；②传动系统：螺杆、齿轮、弹簧；③钟表机构；④触头系统；⑤调整时限机构。

其动作过程：当电磁系统中的线圈通过电流后，衔铁动作并带动传动系统运动。传动系统通过齿轮带动钟表机构顺时针方向转动，钟表机构则以一定速度转动，并带动触头系统的动触头运动。经过预定的行程（通过整定机构进行整定）后，动触头即与固定触头相接触，转轴至此停止转动，完成电路的接通任务。

DS-110 系列为直流操作电源的时间继电器，DS-120 系列为交流操作电源的时间继电器，延时范围均为 0.1～9 秒。

（四）DZ 系列中间继电器

DZ系列电磁式中间继电器是由电磁系统、触头系统以及两者之间的连接杆所组成。当电磁系统中的线圈通过电流时，衔铁动作，并带动触头系统使动触头和静触头闭合，继电器便完成了动作。当线圈中的电流被切断后，继电器连接杆受弹簧作用立即返回到原始位置。

中间继电器的触头容量较大，触头数量较多，在继电保护接线中，当需要同时闭合或断开几条独立回路，或者要求比较大的接点容量去断开或闭合大电流回路时，可以采用中间继电器。中间继电器可用来直接接通断路器的跳闸回路。

DZ系列中间继电器是瞬时动作的；DZS系列中间继电器动作是有延时的。

（五）DX系列信号继电器

信号继电器用来标志保护装置的动作，并同时接通灯光和声响信号回路。其结构与中间继电器相同，但多了信号牌和手动复归旋钮。当信号继电器动作时，信号牌失去支持而掉落，可以从外壳的玻璃小窗中看出红色标志（未掉牌前是白色的）。

信号继电器有两种：一种继电器的线圈是电压式的，并联接入电路。另一种继电器的线圈是电流式的，串联接入电路。

二、感应式电流继电器

我国生产的GL-10和GL-20系列感应式电流继电器如图9-3（a）所示。它有两个系统，一个是感应系统，一个是电磁系统。感应系统动作是有时限的，电磁系统动作是瞬时的。

感应系统由有短路环2的铁芯1和铝盘3组成。铝盘的转轴可在框架4的轴承内转动，而框架4本身也能在轴承18内转动一个小的角度。

当继电器线圈中的电流达到起动电流的20～40%时，在力F_1的作用下［见图9-3(b)］，铝盘开始转动。这时继电器并不动作，因为活动支架4被弹簧5拉开，扇形齿轮8并未与蜗杆7咬合。当铝盘在永久磁铁6间隙中转动时产生制动力F_2，铝盘转动越快，力F_2越大。当电流达到某一定值时，F_1和F_2的合力克服弹簧5的拉力，活动支架4便转动，使蜗杆7

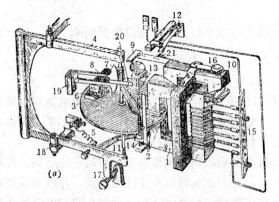
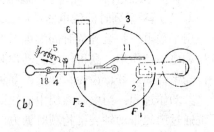

图 9-3　GL型感应式过电流继电器的构造图

（a）继电器结构图；（b）圆盘作用力表示图

1—电磁铁；2—短路环；3—铝质圆盘；4—可动框架；5—拉力弹簧；6—永久磁铁；7—蜗杆；8—扇形齿轮；9—衔铁杠杆；10—可动衔铁；11—感应铁片；12—接点；13—时间整定旋钮；14—时间指针；15—电流整定板；16—速断整定旋钮；17—可动框架止档；18—轴承；19—轴；20—杠杆；21—薄片；F_1—驱动力；F_2—制动力

与扇形齿轮8咬合，此时铝盘转动带动扇形齿轮8上升，当扇形齿轮尾部杠杆20托起顶板9时，衔铁10将绕轴转动，使衔铁10右侧的空气隙逐渐减小，至一定程度后衔铁被吸引，同时借顶板21将接点12接通。

当继电器线圈中的电流小于返回电流时，弹簧5将框架4拉回到原始位置，使蜗杆7与扇形齿轮8分离，继电器接点即随着断开。

继电器线圈有抽头，接在插板15上，用来改变线圈匝数，从而改变起动电流。可用改变杠杆20与9的距离来调节动作时间，并由指示器14标出。

电磁系统是由衔铁10和电磁铁1所组成。当线圈中电流超过某一数值时，衔铁的右端被电磁铁吸引，触头瞬时闭合。动作电流的整定借改变衔铁10与电磁铁1之间的气隙来实现（调整螺丝16可改变气隙）。触头的闭合时间为0.05～0.1秒，可认为是速动的。

继电器的时间特性如图9-4所示。曲线的前一部分称为反时限部分，继电器的动作时间随电流的增加而缩短。后一部分称为定时限部分，其动作时间与电流大小无关。因为当电流大到某一定数值时，铁芯磁路就饱和，电磁转矩不再增加，动作时间就保持恒定不变。速断部分由电磁系统实现。

GL型感应式电流继电器的特点：可用一个继电器兼作两种保护，即利用其感应系统作具有反时限的过电流保护，利用其电磁系统作为瞬时动作的电流速断保护，因而可节省一套继电器。此外继电器本身带有供分析动作的掉牌信号，因此在保护结线中可省去信号继电器。当采用 GL-15，GL-16，

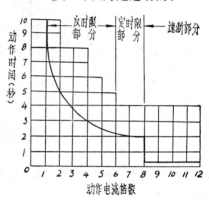

图 9-4 感应式电流继电器的时间特性曲线

GL-25，GL-26型继电器于交流操作的保护结线时，由于接点容量较大，可直接动作于断路器的跳闸线圈，故又可省去中间继电器。所以我国生产的GL-10和GL-20系列感应式电流继电器，是一种结构完善的多功能继电器，为工业企业继电保护装置中所广泛采用。该种继电器感应系统的返回系数$K_f = 0.8 \sim 0.85$；电磁系统的返回系数$K_f \leqslant 0.4$；速断部分起动电流的误差较大。

第三节　过电流保护装置的接线方式和灵敏度问题

在讲述具体的保护装置之前，先介绍一下过电流保护装置的接线方式及保护装置的灵敏度问题。

一、过电流保护装置所用电流继电器与电流互感器的联接方式

（一）三相三继电器的完全星形接线

如图9-5（a）所示。这种接线方式的特点是每相都有一个电流互感器和一个电流继电器，接成星形。在星形接线中，通过继电器的电流就是电流互感器二次侧的电流。这种接线方式能保护三相短路、两相短路和单相接地短路。因此主要用于大接地电流系统中。此外，在采用其他简单和经济的接线方式不能满足灵敏度的要求时，可采用这种方式。

（二）两相二继电器不完全星形接线

采用两个电流互感器和两个电流继电器接成不完全星形，如图9-5（b）所示。在这种接线中，流入继电器的电流就是电流互感器的二次侧电流。

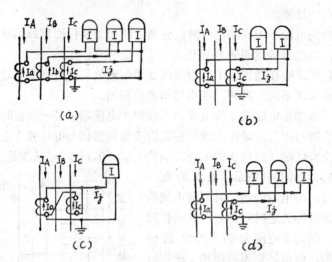

图 9-5　过电流保护装置的接线方式
（a）三相星形接线；（b）两相不完全星形接线；
（c）两相电流差接线；（d）两相三继电器接线

当线路发生三相短路时，两个继电器内均流过故障电流，因此两个继电器均起动，保护装置动作。

当装有电流互感器的两相（A、C相）之间发生短路时，故障电流流过两个继电器，从而使保护装置动作。

当装有电流互感器的一相（A相或C相）与中间相（B相）之间发生短路时，故障电流只流过一个继电器，只有一个继电器起动。

在未装电流互感器的中间相发生单相接地时，故障电流不流经电流互感器和继电器，因而保护装置不起作用。这种接线方式广泛地用于中性点不接地的6～10千伏供电系统中。因为中性点不接地系统任何一相线路发生单相接地时，不会产生单相短路电流，只形成单相接地电容电流，它远小于短路电流，通常也小于负荷电流，故保护装置不动作（有关单相接地保护在后面讨论）。这种接线方式的优点是只用两个电流互感器和两个继电器，并且接线简单；缺点是不能反应单相接地故障。

（三）两相一继电器的两相电流差式接线

这种接线方式采用两个电流互感器和一个电流继电器，如图9-5（c）所示。两个电流互感器接成电流差式，然后与继电器相连接。在正常运行和三相短路时，流进继电器的电流为A相和C相两电流互感器二次侧电流的相量差，即等于电流互感器二次电流的$\sqrt{3}$倍，见图9-6（a）。在A、C两相短路时，流进继电器的电流为电流互感器二次侧电流的2倍，见图9-6（b）。在A、B或B、C两相短路时，流进继电器的电流等于电流互感器二次侧电流，见图9-6（c）。由此可见，在不同的短路情况下，实际通过继电器的电流与电流互感器的二次侧电流是不同的。因此，必须引入一个接线系数K_j。接线系数的定义是实际流入继电器的电流和电流互感器二次侧电流之比，即

$$K_j = \frac{I_j}{I_2} \qquad\qquad (9\text{-}2)$$

式中 I_j 为实际流入继电器的电流；I_2 为电流互感器二次侧电流。

由式（9-2）可知，对于三相星形接线或两相不完全星形接线，或两相三继电器式接线其接线系数均等于1（$K_j=1$）；而对于两相电流差式接线，在不同短路形式下 K_j 值是不同的。

三相短路：$\qquad\qquad K_j^{(3)} = \sqrt{3}$

A与C二相短路：$\qquad K_{j(A,C)}^{(2)} = \frac{I_j}{I_2} = \frac{2I_2}{I_2} = 2$

A与B或B与C二相短路：$\quad K_{j(A,B)}^{(2)} = \frac{I_j}{I_2} = \frac{I_2}{I_2} = 1$

因为两相电流差式接线的 K_j 不同，故在发生不同形式故障情况下，保护装置的灵敏度也不同（详见下述）。

这种接线的优点是：简单，所用设备最少，能保护相间短路故障。但对各种相间短路故障灵敏度不一样，在保护整定计算时必须按最坏的情况来校验。在能够满足要求的情况下，这种接线方式为工业企业 6～10千伏线路、小容量高压电动机和车间变压器的保护所采用。

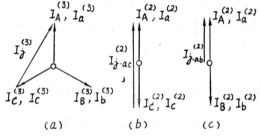

图 9-6 两相电流差式接线在不同短路形式下电流相量图

（a）三相短路；（b）A、C两相短路；（c）A、B或B、C两相短路

（四）两相三继电器不完全星形接线

这种接线方式是在两相二继电器不完全星形接线的公共中线上接入第三个继电器，如图9-5（d）所示。在对称运行和三相短路故障时，流入该继电器的电流数值等于第三相电流（即 I_b）。

这种接线方式比完全星形接线少用一个电流互感器，但是当Y/△或△/Y变压器后发生两相短路和Y/Y变压器后单相短路时，同完全星形接线比较，其灵敏度相同，而两相二继电器接线方式在上述两种故障情况下灵敏度小一半（见附录对称分量法简介）。

二、保护装置必须具有一定的灵敏度

灵敏度的高低表示保护装置反映故障能力的大小，用灵敏系数 K_L 来表示，其定义是：

$$K_L = \frac{\text{被保护区末端最小短路电流}}{\text{保护装置一次侧起动电流}} = \frac{I_{d\cdot min}}{I_{dz\cdot 1}} \qquad (9\text{-}3)$$

K_L 必须大于1，否则保护将不能动作。这是因为考虑以下几点原因，而对 K_L 值提出大于1的要求：

（1）所计算的 $I_{d\cdot min}$ 可能有误差；

（2）短路点并非纯粹金属性短路，有过渡电阻，短路电流将比计算值要小；

（3）一般电流互感器有负的误差；

（4）考虑电流继电器的起动电流有正的误差。

保护装置的灵敏系数根据规程要求不得低于表9-1所列的数值。

被 保 护 元 件	保 护 装 置 名 称	最 低 灵 敏 系 数 K_L
所有元件(包括线路、变压器等)	过 电 流 保 护 电 流 速 断 后 备 保 护	$1.25\sim1.5$ $1.25\sim2$ 1.2
变 压 器	差 动 保 护 低压侧零序电流保护	2 $1.25\sim1.5$
$3\sim10$千伏电缆线路 $3\sim10$千伏架空线路	零 序 电 流 保 护	1.25 1.5
$3\sim35$千伏架空线路	零序或负序方向保护	2

式(9-3)中保护装置一次侧起动电流$I_{dz\cdot1}$是指在电流互感器一次侧流过的能使保护装置产生动作的电流,它与继电器的起动电流(使电流继电器动作的最小电流)$I_{dz\cdot j}$是有区别的。显然$I_{dz\cdot1}$比$I_{dz\cdot j}$大得多。设电流互感器的变比为K_i,接线系数为K_j,则有:

$$I_{dz\cdot j}=K_j I_2=K_j\cdot\frac{I_{dz\cdot1}}{K_i} \tag{9-4}$$

或

$$I_{dz\cdot1}=\frac{K_i\cdot I_{dz\cdot j}}{K_j} \tag{9-5}$$

当继电器调整好了,$I_{dz\cdot j}$是不变的,但$I_{dz\cdot1}$却与K_j有关,因而和短路种类有关。除了两相电流差接线之外,在图9-5中其余各种接线的K_j均为1。式(9-3)中的$I_{d\cdot min}$随短路种类的不同而异,因而保护装置的灵敏系数K_L也将随着所发生的短路种类不同而发生变化。在不同短路情况时的灵敏系数为:

$$K_L^{(3)}=\frac{I_{d\cdot min}^{(3)}}{I_{dz\cdot1}^{(3)}};\qquad K_L^{(2)}=\frac{I_{d\cdot min}^{(2)}}{I_{dz\cdot1}^{(2)}};\qquad K_L^{(1)}=\frac{I_{d\cdot min}^{(1)}}{I_{dz\cdot1}^{(1)}}$$

为了反映这个变化,可引入相对灵敏系数的概念,其定义为:

$$K_{LX}=\frac{某种故障时的灵敏系数}{三相短路时的灵敏系数}$$

按上述定义,我们求得相对灵敏系数K_{LX}如下:

$$K_{LX}=\frac{\dfrac{I_{d\cdot min}^{(\ )}}{I_{dz\cdot1}}}{\dfrac{I_{d\cdot min}^{(3)}}{I_{dz\cdot1}^{(3)}}}=\frac{I_{d\cdot min}^{(\ )}}{I_{d\cdot min}^{(3)}}\cdot\frac{I_{dz\cdot1}^{(3)}}{I_{dz\cdot1}}$$

$$=\frac{I_{d\cdot min}^{(\ )}}{I_{d\cdot min}^{(3)}}\cdot\frac{\dfrac{K_i\cdot I_{dz\cdot j}}{K_j^{(3)}}}{\dfrac{K_i\cdot I_{dz\cdot j}}{K_j}}=\frac{I_{d\cdot min}^{(\ )}}{I_{d\cdot min}^{(3)}}\cdot\frac{K_j}{K_j^{(3)}} \tag{9-6}$$

式中 $I_{d\cdot min}^{(3)}$和$K_j^{(3)}$——最小运行方式时三相短路电流及相应的保护装置的接线系数;

$\quad$ $I_{d\cdot min}^{(\ )}$和K_j——最小运行方式时某种故障的短路电流及相应的保护装置的接线系数。

【例 1】 求两相不完全星形接线发生两相短路时的K_{LX}。

【解】 ∵ $K_{j(A、B)}^{(2)}=K_{j(B、C)}^{(2)}=K_{j(C、A)}^{(2)}=1$；且 $K_j^{(3)}=1$；

∴ $K_{LX(A、B)}^{(2)}=K_{LX(B、C)}^{(2)}=K_{LX(C、A)}^{(2)}$

$$=\frac{I_{d·min}^{(2)}}{I_{d·min}^{(3)}}\cdot\frac{K_j^{(2)}}{K_j^{(3)}}=\frac{0.87I_d^{(3)}}{I_d^{(3)}}\times\frac{1}{1}=0.87$$

【例 2】 求两相电流差接线发生两相短路时的 K_{LX}。

【解】 ∵ $K_j^{(3)}=\sqrt{3}$，而 $K_{j(A、C)}^{(2)}=2$

∴ $K_{LX(A、C)}^{(2)}=\frac{I_d^{(2)}}{I_d^{(3)}}\cdot\frac{K_{j(A、C)}^{(2)}}{K_j^{(3)}}=\frac{\sqrt{3}}{2}\times\frac{2}{\sqrt{3}}=1$

∵ $K_{j(A、B)}^{(2)}=K_{j(B、C)}^{(2)}=1$

∴ $K_{LX(A、B)}=K_{LX(B、C)}=\frac{I_d^{(2)}}{I_d^{(3)}}\cdot\frac{K_{j(A、B)}^{(2)}}{K_j^{(3)}}$

$$=\frac{\sqrt{3}}{2}\times\frac{1}{\sqrt{3}}=0.5$$

应用式（9-6），可求得各种过电流保护装置的接线方式在各种故障情况下的相对灵敏系数 K_{LX} 值，详见表9-2。

各种故障的相对灵敏系数 K_{LX}　　　　　　　　表 9-2

故障类别	保护接线方式				
供电线路及 Y/Y₀ 结线的变压器二次侧故障	ABC 三相	1	1	1	1
	AC 两相	0.87	0.87	0.87	1
	AB或BC 两相	0.87	0.87	0.87	0.5
Y/Y₀ 结线的变压器低压侧单相短路	A或C相	$\frac{2}{3}\cdot\frac{I_d^{(1)}}{I_d^{(3)}}$	$\frac{2}{3}\cdot\frac{I_d^{(1)}}{I_d^{(3)}}$	$\frac{2}{3}\cdot\frac{I_d^{(1)}}{I_d^{(3)}}$	$\frac{1}{3}\cdot\frac{I_d^{(1)}}{I_d^{(3)}}$
	B相	$\frac{2}{3}\cdot\frac{I_d^{(1)}}{I_d^{(3)}}$	$\frac{2}{3}\cdot\frac{I_d^{(1)}}{I_d^{(3)}}$	$\frac{1}{3}\cdot\frac{I_d^{(1)}}{I_d^{(3)}}$	0
主 要 用 途		应用于大接地电流系统或三相不平衡的用电设备如电弧炼钢炉	（同左），但可节省一个电流互感器	广泛应用于中性点不接地系统（如6～10千伏系统）及小接地电流的系统	多数用于中小容量电动机保护

第四节　厂区6～10千伏线路保护

工业企业中内部供电线路的特点是距离短，并且多数采用单向供电方式，因此，线路的继电保护方式比较简单，最常用的是过电流保护和电流速断保护两种。

从保护装置的构成来看，有电磁型保护和晶体管保护两种。本节着重讨论电磁型保护装置的动作原理、保护接线和整定计算等问题。

一、6～10千伏线路的过电流保护

（一）过电流保护的动作原理和组成

过电流保护是将被保护线路的电流接入过电流继电器，在线路发生短路时，线路中的电流剧增，当线路中短路电流增大到整定值（即保护装置的起动电流）时继电器就被起动，并且用时间来保证动作的选择性，这样的保护装置叫过电流保护。从过电流保护的工作原理来说有定时限过电流和反时限过电流两种。

1.定时限过电流保护装置的动作原理和组成

定时限过电流保护的原理接线和展开图如图9-7所示。图中1LJ和2LJ为过电流继电器，作为保护的起动元件；SJ为时间继电器，作为保护的时间元件；XJ为信号继电器，当保护动作时，它给出一个明显的指示（掉牌）信号，以便于进行事故分析；ZJ为中间继电器，作为保护的执行元件；TQ为断路器的跳闸线圈；DL为断路器操作机构的辅助接点；$1LH_a$和$1LH_c$为装于线路A相和C相上的电流互感器。

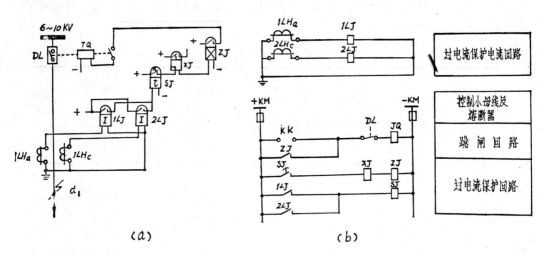

图 9-7 定时限过电流保护的动作原理和展开图
（a）原理图；（b）展开图

保护装置的动作原理：当线路d_1点发生短路时，流过线路的电流剧增，当电流达到电流继电器1LJ、2LJ的整定值时，继电器就动作，保护装置起动，这时过电流继电器的接点闭合，接通时间继电器SJ的线圈，经过一段延时（此延时为保护装置保持动作选择性所需要）后，接通中间继电器ZJ，其接点将断路器的跳闸线圈TQ接通，于是断路器跳闸，将故障切除。

图中接入中间继电器作为执行元件是因为中间继电器接点容量较大，可以直接接通断路器的跳闸线圈，而时间继电器的接点容量较小，不允许直接接通跳闸线圈，否则其接点会烧毁。

2.反时限过电流保护装置的动作原理和组成

反时限过电流保护采用GL型感应式过电流继电器,在第二节中已介绍过这种继电器本身动作带有时限，所以不用再接入时间继电器。它具有反时限的特性，动作时间与短路电流大小有关。短路电流越大，动作时间越短，短路电流越小，动作时间越长。其动作原理如图9-8(a)和(b)所示。

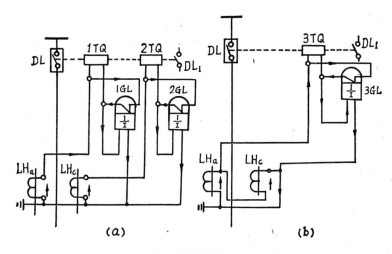

图 9-8　反时限过电流保护的动作原理

(a)两相不完全星形结线；(b)两相电流差式结线

DL—高压断路器；DL_1—断路器的辅助接点；LH_a、LH_c—A、C相的电流互感器；$1GL$、$2GL$、$3GL$—感应式过电流继电器；$1TQ$、$2TQ$、$3TQ$—跳闸线圈

在正常情况下，电流互感器二次侧电流经继电器线圈及其常闭接点构成回路，这时跳闸线圈被继电器的常闭接点所短路，保护装置不动作。当发生短路时，继电器动作，其常闭接点打开，短路电流流经跳闸线圈，使断路器跳闸。

（二）过电流保护装置的整定计算

过电流保护装置的整定计算一般包括起动电流的计算、时限整定和灵敏度校验。

1.过电流保护装置的起动电流

继电器的起动电流是指使其动作所必须的最小电流。设$I_{dz.j}$表示继电器的起动电流，而以$I_{dz.1}$表示反应到保护装置一次侧的起动电流。

过电流保护的起动电流必须满足下面两个条件：

（1）在正常运行时，保护装置不应该动作，在线路输送最大负荷电流时，保护装置亦不应该动作。要满足这一条件，必须使保护装置一次侧起动电流大于最大负荷电流，即

$$I_{dz.1}>I_{max}$$

式中　I_{max}为正常运行时流经本线路的最大负荷电流。

（2）保护装置在外部故障切除后应能可靠地返回到原始位置。例如图9-9所示线路中，当d点发生短路时，短路电流要流过保护装置2和3，它们都会起动，这时正确的动作是由保护装置3将断路器跳闸。当故障切除以后，流过保护装置2的电流将减小。为了保证保护装置有选择性，已经起动的保护装置2的电流继电器这时应当返回到原始位置。使继电器返回原位置的最大电流称为保护装置的返回电流，一般用I_f来表示。显然$I_f<I_{dz.1}$。

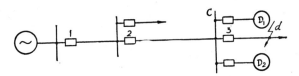

图 9-9　过电流保护起动电流说明图

205

按返回系数的定义，返回电流与起动电流的关系是：

$$I_f = K_f \cdot I_{dz \cdot 1} = K_f \cdot \frac{K_i \cdot I_{dz \cdot j}}{K_j} \tag{9-7}$$

式中 K_f 为返回系数。

为使继电器可靠返回，必须考虑到实际可能出现的最严重情况，如图9-9中断路器 3 未跳闸前，母线 C 电压因短路而下降，一部分电动机如 D_1 在低电压保护动作下被切除，而一部分重要电动机如 D_2 仍在运行中。当断路器 3 跳闸后，故障消失，变电所母线 C 上电压恢复，接在母线上的电动机 D_2 将会自起动。电动机起动电流比正常工作电流大得多，同时自起动时间远比保护装置的动作时间长，因此要使保护装置可靠地返回，保护装置 2 的一次侧返回电流应大于自起动情况下的最大负荷电流，即

$$M_{gh} \cdot I_{max} < I_f$$

式中 M_{gh} 为自起动系数（或过负荷倍数），它是自起动电流（或过负荷电流）与其正常运行时最大负荷电流之比。

考虑到保护装置在工作中可能产生的误差（继电器动作电流误差及计算误差等），在保护装置起动电流的整定中引入一个可靠系数 K_k，这样上式可写成：

$$K_k \cdot M_{gh} \cdot I_{max} = I_f \tag{9-8}$$

由式（9-7）和式（9-8）得到保护装置一次侧起动电流整定式：

$$I_{dz \cdot 1} = \frac{K_k}{K_f} \cdot M_{gh} \cdot I_{max} \tag{9-9}$$

此时电流继电器的起动电流整定式为：

$$I_{dz \cdot j} = \frac{K_k}{K_f} \cdot \frac{K_j}{K_i} \cdot M_{gh} \cdot I_{max} \tag{9-10}$$

式中 K_i——电流互感器的变比；

K_j——接线系数；

K_k——可靠系数，对DL型取1.2，对GL型取1.3；

K_f——返回系数，对DL型取0.80，对GL型取0.85；

M_{gh}——自起动系数，其值由试验或实际运行数据来确定。当无此数据时可考虑 $\dfrac{K_k}{K_f} \times$

M_{gh}取3～4。

保护装置一次侧起动电流 $I_{dz \cdot 1}$ 与继电器的起动电流 $I_{dz \cdot j}$ 的数值是不相同的，这里要考虑到电流互感器的变化 K_i 和保护装置的接线方式（用接线系数 K_j 表示）。式（9-9）和式（9-10）在整定计算时是经常要用到的。

2.过电流保护装置的灵敏度

过电流保护装置的灵敏度按系统在最小运行方式时保护区末端的两相短路电流 $I_{d \cdot min}^{(2)}$ 来校验，规程要求不应小于1.25～1.50，即

$$K_L = \frac{I_{d \cdot min}}{I_{dz \cdot 1}} = K_{LX}^{(2)} \cdot \frac{I_{d \cdot min}^{(3)}}{I_{dz \cdot 1}} \geqslant 1.25 \sim 1.50 \tag{9-11}$$

确定保护区末端最小短路电流时，一般选择两相短路作为校验灵敏度的短路类型，因为两相短路电流为同一地点三相短路电流的 $\dfrac{\sqrt{3}}{2}$ 倍。

3.过电流保护装置的动作时限

过电流保护的起动电流是按式（9-9）和式（9-10）整定的，所以发生短路时，好几段线路的过电流保护装置同时起动，见图9-9。为保证动作的选择性，应该是保护装置3首先动作于跳闸，将故障切除。保护装置2此时只是起动，而不动作于跳闸（此时，保护装置2是保护装置3的后备保护）。为此，必须使保护装置2的动作时限大于保护装置3的动作时限。由此可知，过电流保护是依靠动作时间的不同来满足选择性要求的，各级保护装置动作时限要相互配合。根据所采用的继电器型式不同，分定时限和反时限两种配合情况加以讨论。

（1）定时限过电流保护装置动作时限的配合：

定时限过电流保护装置是由电磁型过电流继电器(DL系列)和时间继电器（DS系列）组成（见图9-7）。保护装置的起动由电流继电器完成，而动作时限则由时间继电器来实现。保护装置的动作时间取决于时间继电器预先整定的时间，与短路电流的大小无关，所以称定时限过电流保护装置。

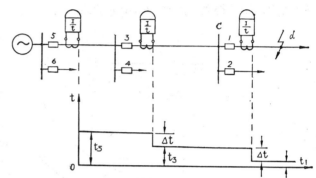

图 9-10　定时限过电流保护时限特性配合

选择线路过电流保护装置的动作时限，应从距离电源最远的保护装置（末级）开始，以图9-10为例，应从变电所母线C的出线保护装置1和2开始，设保护装置1的动作时限为t_1，则保护装置3的动作时限应比保护装置1的动作时限大一个时限阶段Δt，即$t_3 = t_1 + \Delta t$。同样，保护装置5的动作时限应比保护装置3的时限大一个Δt，即$t_5 = t_3 + \Delta t$。这就是说，为了保证动作的选择性，自负载侧向电源侧数过去，后一级线路的保护装置的动作时限应比前一级线路的保护动作时限大一个时限阶段Δt，各段线路保护装置的时限整定是逐级提高的，一般Δt取0.5～0.6秒。

（2）反时限过电流保护装置动作时限的配合：

前面已介绍过反时限过电流保护采用GL-10或GL-20系列感应式过电流继电器，其本身动作带有时限，具有反时限的特性，当铁芯未饱和时动作时间与继电器动作电流$I_{dz \cdot j}$的平方成反比。当$I_{dz \cdot j}$很大时，继电器线圈的铁芯便饱和，此时继电器具有定时限特性。当流入继电器线圈的电流I_j超过$I_{dz \cdot j}$许多倍时，继电器最后具有瞬动特性。故短路电流越大，其动作时间越短，短路电流越小，其动作时间越长。因此，整定反时限过电流保护时，必须指出是在某一电流值（或起动电流的某一倍数）下的动作时间。

为了保证各保护装置之间的动作选择性，反时限过电流保护装置的时限配合也应该按照时限阶段的原则来确定，以图9-11为例说明其整定方法。

设$I_{dz \cdot j1}$和$I_{dz \cdot j2}$分别为保护装置1和2继电器的起动电流[根据式(9-10)计算而得]，$I_{j1(d_1)}$和$I_{j2(d_1)}$为线路L_1首端（d_1点）短路时流经保护装置1和2继电器内的电流。设继电器动作电流倍数为K，则可表示如下：

$$K = \frac{\text{短路时流经继电器内的电流}}{\text{继电器的起动电流}}$$

保护装置时限的整定首先从距电源最远的保护装置1开始，其步骤如下：

1）选好GL-10系列继电器后，从产品目录特性曲线中选择保护1所需的特性曲线。为了降低电网保护装置的动作时限，应该选择时限最小的一条曲线，例如图9-11（b）中的曲线①。根据特性曲线①和动作电流倍数$K_1\left(K_1 = \frac{I_{j1(d_1)}}{I_{dz\cdot j1}}\right)$得到保护装置1在$d_1$点短路时的实际动作时间$t_1$；线路1中其它各点短路时，保护装置1的动作时限可以用同样方法得出，于是得到图9-11（a）中的曲线1。

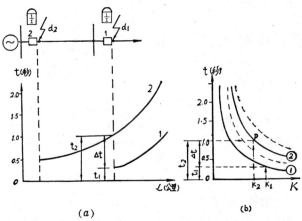

图 9-11 反时限过电流保护动作时限的配合

（a）短路点距离与动作时间的关系；（b）继电器动作特性曲线

2）当d_1点短路时，保护装置2也将起动，为了保证有选择性的动作，保护装置2所需的动作时限t_2应比保护装置1大一个时限Δt，即

$$t_2 = t_1 + \Delta t$$

式中Δt的时限通常取0.7秒，比定时限稍大，因为感应型继电器的圆盘具有较大惯性，短路电流断开后，可能继续旋转一个时间。

3）根据d_1点短路时流经保护装置2继电器内的电流$I_{j2(d_1)}$，求出保护装置2的动作电流倍数K_2：

$$K_2 = \frac{I_{j2(d_1)}}{I_{dz\cdot j2}}$$

根据t_2和K_2可以确定保护装置2继电器的特性曲线上一个P点的位置，P点称为配合点，因其交点恰好落在继电器特性曲线②上[见图9-11（b）]。由曲线②又可得到线路上其他各点短路时保护装置2的时限特性，如图9-11（a）中曲线2。从图中不难看出，当d_1点短路时，其Δt较其它各点短路时小，若这一点时限配合能达到要求，则其它各点短路时，必定能保证动作的选择性，这就是为什么选择这一点来进行配合的原因。

根据上面时限配合分析，比较一下定时限保护装置和反时限保护装置的优缺点，以便在实际工作中选取：

定时限保护装置的优点是时限较为准确，整定容易、误差小。但是所需继电器数目多，因而接线较为复杂；继电器接点容量较小，不能用交流操作电源作用于跳闸；靠近电源处保护动作时限较长。

反时限保护装置的优点是不需要用时间继电器和信号继电器，故其接线较为简单；用一套GL系列继电器有可能实现不带时限的电流速断保护和带时限的过电流保护；接点容量较大，可以用交流操作电源作用于跳闸；可使靠近电源端的故障具有较小的切除时间。其缺点是整定时限配合比较复杂，继电器的误差较大，尤其是瞬动部分，难以进行配合。

由上面比较可知，采用GL型继电器的反时限过电流保护装置具有接线简单，继电器数目较少以及直接用于交流操作跳闸，所以为工业企业6~10千伏供电线路广泛采用。

二、6~10千伏线路的电流速断保护

从上述分析知道，过电流保护装置为了保证有选择性的动作，其整定的时限必须逐级增加Δt，越靠近电源端处，短路电流越大，而保护动作时限却加长。这种情况对于切除靠近电源端的故障是不允许的。为了克服这一缺点，可以采用电流速断保护装置。

速断保护的动作原理和整定计算简述如下：

电流速断保护是一种瞬时动作的过电流保护，其动作时限仅仅为继电器本身固有动作时间，它的选择性不是依靠时限，而是依靠选择适当的动作电流来解决。例如图9-12中断路器1装有电流速断保护，线路的短路电流分布如图中曲线1所示。线路中短路电流大小决定于短路点和电源之间的阻抗（距离），短路点距电源越远，短路电流就越小。电流速断保护的起动电流应当这样来确定：（1）为了保证保护装置动作的选择性，在下一段线路上发生最大短路电流时保护装置不应动作；（2）在本段线路内发生最小短路电流时，保护装置应能动作。因此，为满足条件（1），保护装置1的起动电流必须躲开其末端变电所母线上d_2点的最大短路电流$I_{d2.max}$，即

$$\left.\begin{aligned}I_{dz.1}&=K_K \cdot I_{d2.max}\\I_{dz.j}&=K_j \cdot \frac{I_{dz.1}}{K_i}=\frac{K_j}{K_i} \cdot K_k \cdot I_{d2.max}\end{aligned}\right\} \qquad (9\text{-}12)$$

或

式中　$I_{d2.max}$——最大运行方式时，被保护线路末端短路时最大的短路电流；

　　　　K_k——可靠系数，这是考虑继电器动作的误差，短路电流计算误差等的影响。

　　　　对于DL型继电器$K_k=1.2~1.3$；对于GL型继电器$K_k=1.4~1.5$。

将起动电流$I_{dz.1}$标在图9-12中，则它和曲线1有一交点，在交点左边的线段L_1内发生短路时，保护装置会动作，而在线段L_2或以外的地点发生短路时，它不会动作。由此可知，电流速断保护只能保护线路的一部分，而不能保护线路的全长。保护不到的线段L_2称为保护死区，而线段L_1称为保护区。电流速断保护的优点是动作迅速，缩短了故障切除的时间；其缺点是有保护死区。当系统运行方式改变时，其保护区的大小也随之改变，见图9-12。当系统从最大运行方式改变到最小运行方式时，保护区也从L_1减小到L_1'。因此电流速断保护不能单独使用，必须与过电流保护配合使用。

电流速断保护装置作为线路、变压器等的主要保护时，其灵敏度按系统最小运行方式时保护装置安装处d_1点发生两相短路的条件来校验，并要求灵

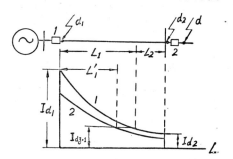

图 9-12　电流速断保护图解

1—最大运行方式下三相短路电流分布曲线；
2—最小运行方式下两相短路电流分布曲线

敏系数对变压器应不小于 2，对线路应不小于1.25～1.5。即

$$K_L^{(2)} = K_{LX}^{(2)} \cdot \frac{I_{d1 \cdot min}^{(3)}}{I_{dz \cdot 1}} \geqslant \begin{cases} 2 & （对变压器） \\ 1.25 \sim 1.50 & （对线路） \end{cases} \quad （9\text{-}13）$$

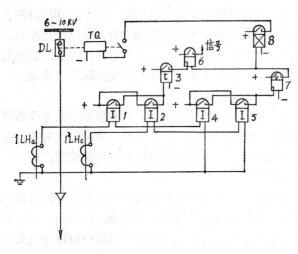

图 9-13 具有电流速断和定时限过电流保护的
原理接线图

DL—断路器；$1LH_a$、$1LH_c$—A、C相电流互感器；
TQ—跳闸线圈

1、2—过电流保护的电流继电器；3—时间继电器；4、5—电流速断保护的电流继电器；6、7—信号继电器；8—出口中间继电器

电流速断保护装置作为线路的辅助保护时，在正常运行方式下，其最小保护区应不小于线路全长的15～20％，以此数值来校验速断保护的灵敏度。

具有电流速断和定时限过电流保护的原理接线如图9-13所示，说明如下：

工业企业供电网络的特点是：从总降压站或配电站引出至各车间变电所或高压用电设备的6～10千伏线路，距离不长，系统简单，故障影响范围小，因此在大多数情况下装设过电流保护便可满足要求。对于供电给车间变电所的线路，往往馈电线与变压器（容量在1000千伏安及以下）共用一套过电流保护装置和一套电流速断保护装置。图中电流继电器 1、2 为过电流保护，4、5 为电流速断保护。保护装置设在电源侧（即线路始端），既保护线路，也保护变压器，

这时，电流速断保护的起动电流应按变压器二次侧短路时流经线路的最大短路电流$I_{d2 \cdot max}^{(3)}$来整定，即

$$I_{dz \cdot j} = K_k \cdot K_j \cdot \frac{I_{d2 \cdot max}^{(3)}}{K_i} \quad （9\text{-}14）$$

式中　$I_{d2 \cdot max}^{(3)}$是变压器二次侧在最大运行方式时发生三相短路的穿越电流。

电流速断保护装置的灵敏度，按式（9-13）进行校验。

三、6～10千伏电网的单相接地保护

工业企业6～10千伏电网为小接地电流系统，即中性点不接地（绝缘）系统。在这种系统中，正常运行时，在三相平衡电压作用下，各相对地电容电流I_{CA}、I_{CB}、I_{CC}相等，分别超前各相电压90°，当线路经过完善换位后，三相电容电流的相量和为零[见图9-14（a）]。即有

$$\dot{I}_{CA} + \dot{I}_{CB} + \dot{I}_{CC} = 0$$

及　$$I_{CA} = I_{CB} = I_{CC} = \frac{U_x}{\sqrt{3}} \cdot \omega \cdot C$$

此时，电源（变压器）中性点与对地电容中性点等电位，所以电源中性点亦等于大地电位，中性点对地电压$\dot{U}_o$等于零。

当系统发生单相接地故障时，例如图9-14（b）所示A相发生接地，三相电源的相电压和线电压仍保持平衡对称相量不变，其电压振幅亦不变。但是三相导线对地电压的平衡被破坏了；这时故障相（A相）的对地电压等于零。非故障相（B、C两相）的对地电压$\dot U'_B$和$\dot U'_C$分别升高$\sqrt 3$倍而等于线电压，见图9-14（c）所示。这相当于在系统中性点迭加上一个零序电压$\dot U_0=-\dot U_A$，故发生单相接地时中性点的对地电压由零升高到相电压$\frac{U_x}{\sqrt 3}$。如以A相电压$\dot U_A$为参考，则B相和C相对地电压$\dot U'_B$和$\dot U'_C$分别为：

$$\dot U'_B=\dot U_B+\dot U_0=\dot U_B-\dot U_A=\sqrt 3\dot U_A\cdot e^{-j150°}$$

$$\dot U'_C=\dot U_C+\dot U_0=\dot U_C-\dot U_A=\sqrt 3\dot U_A^*\cdot e^{+j150°}$$

并且它们之间的相位也不再是相差120°，而是相差60°。

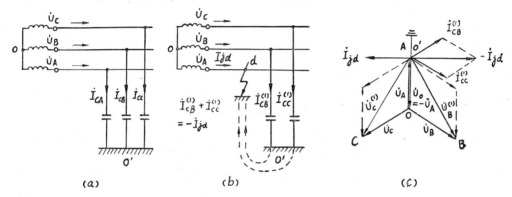

图 9-14　小接地电流系统发生单相接地故障

（a）正常工作情况；（b）A相接地故障；（c）对地电压及接地电容电流相量图

由于单相接地故障时电压的变化，各相电容电流也发生了变化。显然，A相因对地电容被短接而没有电容电流产生；B、C两相接地电容电流$\dot I'_{CB}$和$\dot I'_{CC}$在数值上和相位上都发生了变化。因B、C相对地电压增大$\sqrt 3$倍，故接地电容电流$\dot I'_{CB}$和$\dot I'_{CC}$分别比$\dot I_{CB}$和$\dot I_{CC}$增大$\sqrt 3$倍（因ωC未变），相位亦分别超前$\dot U'_B$和$\dot U'_C$ 90°。非故障相接地电容电流因通过故障点而构成回路，于是在故障接地处出现单相接地电容电流$\dot I_{jd}$，其大小等于$\dot I'_{CB}$和$\dot I'_{CC}$的相量和，但方向相反（负号表示从线路流向电源母线），即：

$$\dot I_{jd}=-(\dot I'_{CB}+\dot I'_{CC})$$

从相量图9-14（c）可得单相接地电容电流$\dot I_{jd}$的数值为正常情况下每相对地电容电流的三倍，且超前于故障相相电压$\dot U_A$90°，即：

$$I_{jd}=|\dot I'_{CB}+\dot I'_{CC}|=\sqrt 3\ I'_{CC}=\sqrt 3\cdot U_x\omega C$$

$$=\sqrt 3\cdot\sqrt 3\frac{U_x}{\sqrt 3}\omega C=\sqrt 3\cdot\sqrt 3 I_{CO}=3I_{CA} \tag{9-15}$$

上式中第一个$\sqrt 3$是因电容电流合成的增大，第二个$\sqrt 3$是因对地电压升高的增大，故单相接地电容电流I_{jd}比正常时对地电容电流增大3倍。

在工程设计中，采用如下的实用公式计算单相接地电容电流。

1.架空线路　用下式近似估算：

$$I_{jd}=（2.7\sim3.3）U_x l_B\times10^{-3}[安] \tag{9-16}$$

式中 U_x为线路额定线电压[千伏]；l_B为架空线路长度[公里]；（2.7～3.3）为一系数，对无避雷线的线路取下限，有避雷线的线路取上限。

2.电缆线路 对6～10千伏电缆线路可采用下式作近似计算：

$$I_{jd}=0.1U_xl_k[安] \tag{9-17}$$

式中 U_x为线路额定线电压[千伏]；l_k为电缆线路的长度[公里]。

在一般情况下，单相接地电容电流可用下式作粗略估计：

$$I_{jd}=\frac{U_x(l_B+35l_k)}{350}[安] \tag{9-18}$$

最后，变电所中的电力设备所引起的电容电流增值，可按表9-3估算。

变电所中电力设备所造成的电容电流增值　　　　　　　　表 9-3

额定电压(千伏)	6	10	15	35	60	110
电容电流增值(%)	18	16	15	13	12	10

从以上的分析可知：小接地电流系统中发生单相接地故障时，系统的相电压和线电压仍然是平衡对称的。流过故障点的接地电流是电容电流，其数值不大，一般不致于能形成稳定的电弧燃烧，而且能迅速自行熄灭，此时电网仍可继续运行，无需令断路器跳闸；所以规程规定允许带故障运行1～2小时，以便寻找接地线路，消除故障，而不引起对用户供电的中断。但是这种异常运行的时间不宜过长，如果在2小时内还不能消除故障，则应设法转移对用户的供电，并将故障的线路切除。

在讨论具体的单相接地保护装置之前，还须进一步分析系统中单相接地电容电流分布的特点。

当系统有若干条线路组成而其中有一条线路的A相发生单相接地时，此时整个系统的A相电压都等于零，各条线路的电容电流都流向故障点，如图9-15所示。

为讨论方便起见，设系统共有3条线路，故障发生在L_3的A相上。则每条线路的单相接地电容电流由式（9-15）确

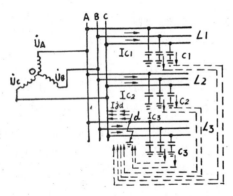

图 9-15　单相接地时电容电流分布图
C_1～C_3—各回线路每相对地电容

定，通过故障点d是全系统接地电容电流的总和$I_{o\Sigma}$。单相接地电容电流分布的特点是：

（1）在全系统所有非故障的线路上，A相对地电容电流都为零，只有B相和C相有电容电流。而在故障线路上，A相上也流有电容电流。

（2）在故障线路的A相中，在接地故障点以前，则流过所有线路的对地电容电流的总和（经接地点d流入）。

（3）故障线路的故障相的电容电流,其方向为由线路流向母线(电源);而非故障线路的电容电流的方向是从母线流向线路的，这里要注意两者方向上的区别。

（4）对故障线路L_3三根导线总体而言，A相中有$I_{o\Sigma}$从线路流向母线（如图9-15中

的 6 个←），B、C 两相中有 I_jd 从母线流向线路（如图9-15中的 2 个→），所以经过互感器反应到二次回路中互相抵消之后，犹存在故障电流有：

$$I_{C\Sigma}-I_{jd}=\sum\sqrt{3}\cdot U_x\omega C-\sqrt{3}\cdot U_x\omega C_3$$

$$=\sqrt{3}\cdot U_x\omega(C_\Sigma-C_3) \tag{9-19}$$

式中　　$I_{C\Sigma}-I_{jd}$——反映线路故障的接地故障电流，此电流流过故障线路上保护装置的电流互感器，使保护装置动作发出信号；

　　　　　　C_Σ——全系统一相对地总电容。

前面已指出，当系统发生单相接地时，要迅速采取措施加以消除。为此在6～10千伏的供电系统中必须装设单相接地保护装置，用它来发出信号，通知值班同志及时检查修理。下面按此要求和故障时对地电压的变化、单相接地电容电流分布特点等来讨论单相接地保护的方式。

在工业企业变电所中常用的单相接地保护装置有：无选择性的绝缘监察装置和有选择性的零序电流保护两种。

（一）无选择性绝缘监视装置

图9-16示出绝缘监视装置的接线，在变电所母线上装一套三相五柱式电压互感器。电压互感器二次侧有两组线圈，一组接成星形，在它的引出线上接三个电压表，反应各相电压。一组接成开口三角形，并在开口处接一个过电压继电器，反应接地时出现的电压。

在正常运行时，系统三相电压对称，三个电压表数值相等，接于开口三角形两端的电压继电器不受电压，继电器不动作。若有一相绝缘损坏发生单相接地时，接地相的电压变为

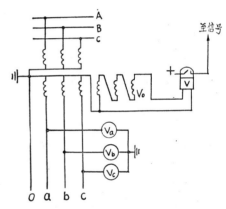

图 9-16　绝缘监视装置接线图

零，该相电压表就没有指示，而其他两相的对地电压升高 $\sqrt{3}$ 倍，所以电压表数值升高。同时电压继电器动作，发出接地信号。值班人员根据信号和表计指示，可以知道发生了接地故障且知道故障相别，但不知道哪条线路接地。这时可采用依次拉开各条线路的办法来寻找。如果拉开某条线路时，系统接地消失（三个电压表指示相同），则被拉开的线路就是故障线路。由此可见，这种装置只适用于线路数目不多，并且允许短时停电的电网中。

绝缘监视装置继电器的动作电压应：（1）躲开正常工作时互感器次级开口三角形接线端上出现的不平衡电压；（2）大于开口三角绕组中出现的三次谐波电压。对不平衡电压和三次谐波电压均可用实验方法测得。一般情况下，三次谐波电压约占开口三角形侧额定相电压的9％，故可整定继电器的动作电压为 $U_{dz}=K_k\cdot 3U_{3f}=3\times3\times9\%\times100/3=27$ 伏（此处 K_k 取3），待绝缘监视装置投入运行时再校验其是否躲开正常工作时的不平衡电压。此外电压互感器的高压侧中性点必须工作接地，二次侧中性点必须保护接地。

（二）有选择性的零序电流保护

这是一种利用零序电流使继电器动作来指示接地故障线路的保护装置。

对于架空线路，一般采用由三个电流互 感器接成 零序电流滤过器的 接线方式， 如图9-17（ a ）所示， 三相电流互感器的二次电流相量相加后流入继电器。当三相对称 运 行时，流入继电器的电流等于零，只有当不对称运行时（如发生单相接地）零序电流才流过继电器，所以称它为零序电流滤过器。当零序电流流过继电器时，继电器动作并发出信号。

对于电缆线路的单相接地保护，一般采用零序变流器(零序电流互感器)保护，二次线圈绕在变流器的铁芯上，并接到过电流继电器上， 如图9-17（ b ）所示，在正常运行及三相对称短路时，在零序变流器二次侧由三相电流产生的三相磁通相量之和为零，即在变流器中没有感应出零序电流，继电器不动作。当发生单相接地时，就有接地电容电流通过，此电流在二次侧感应出零序电流，使继电器动作并发出信号。应强调指出：电缆头的接地引线必须穿过零序电流互感器后而实行接地，否则保护装置不起作用。

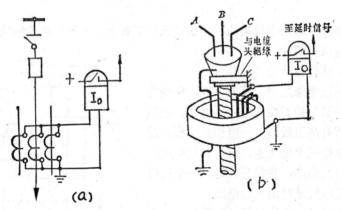

图 9-17 零序电流保护的接线方式
（ a ）用于架空线路；（ b ）用于电缆线路

单相接地保护的起动电流选择考虑如下：

从图9-15可知，当某线路发生单相接地时（如A相）， 在供电系统中每条线路本身将出现电容电流（如B相和C相）并流向接地点，此时非故障线路的零序电流保护不应动作。所以保护装置一次侧的起动电流应躲开被保护线路外部发生单相接地时，由线路本身流入电网的接地电容电流，即

$$I_{dz \cdot 1} = K_k \cdot I_{jd} \qquad (9-20)$$

式中　I_{jd}——其他线路发生单相接地时，被保护线路本身流入电网的电容电流（也即电网发生单相接地时，线路本身的接地电容电流）。I_{jd} 可按式（9-16）～（9-18）计算；

　　K_k——可靠系数。保护装置不带时限时，取$K_k=4～5$，用以躲开被保护线路发生两相短路时所出现的不平衡电流；保护装置带时限时，取$K_k=1.5～2$，此时接地保护装置的动作时限应比相间短路的过电流保护装置的动作时 限 大 一 个Δt，用时限来保证其选择性。

按上式整定的起动电流，还要校验在本线路发生单相接地时保护装置的灵敏度：

$$K_L^{(1)} = \frac{I_{C\Sigma} - I_{jd}}{I_{dz \cdot 1}} \qquad (9-21)$$

式中　$I_{C\Sigma} - I_{jd}$——意义见式（9-19）；

$K'_L{}'$——单相接地保护的灵敏系数，对架空线路要求$K_L \geqslant 1.5$，对电缆线路要求$K_L \geqslant 1.25$。

由上式可知，全网络的线路越多，总电容电流越大，被保护线路的电容电流相对值变小，灵敏度的要求越易满足。所以，当线路数目较少的情况下，全部非故障线路电容电流的总和比故障线路本身的电容电流大得有限，接地保护装置的灵敏度较低，因而这种保护应用在线路数目较多的供电系统中为宜。

对于线路数目不多，而要求单相接地保护的供电系统则可采用零序方向保护。

第五节　6～10千伏线路晶体管保护

随着我国电子工业的飞速发展和电子技术的广泛应用，晶体管继电保护装置正在推广使用。晶体管继电保护具有体积小，重量轻，耐冲击，灵敏度高，动作速度快，消耗功率小和便于调试维护等许多优点。但也存在抗干扰性能差、元件易损坏和制造工艺不良等引起的不可靠因素。当然，这些问题正在逐步获得解决，晶体管继电保护的可靠性正在不断提高。目前正处于电磁型、晶体管型并列局面。但广泛采用晶体管保护已是今后发展的趋势。

一、晶体管过电流保护和速断保护的构成

一般的继电保护装置是由交流回路和直流回路两部分组成。交流回路是指保护装置的起动元件，它的任务是对被保护设备的交流电量（电流、电压等）进行测量，当这些量达到起动值时就动作；直流回路包括中间继电器、时间继电器、信号继电器等元件，它们的作用是根据继电保护装置的动作原理将各起动元件构成一定的联系，给出动作时限、发出信号并进行跳闸等。

前面图9-7中已分析过电磁型定时限过电流保护原理，电流继电器为起动元件，动作后起动时间继电器，经一定时限去跳闸并发出信号。所以它是通过不同类型的继电器及其接点的联系来进行工作的。

晶体管继电保护装置是由晶体管电路构成的，它没有接点，而且是在直流电源和弱电信号下工作。因此，这种保护装置的构成与电磁型保护完全不同。图9-18为晶体管定时限过电流保护和晶体管电流速断保护原理方框图，它的构成分以下几部分：

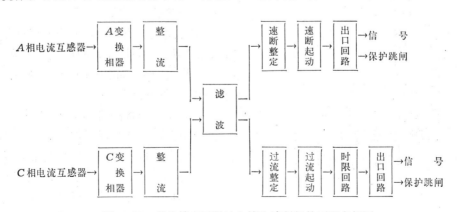

图 9-18　晶体管定时限过电流和速断保护原理方框图

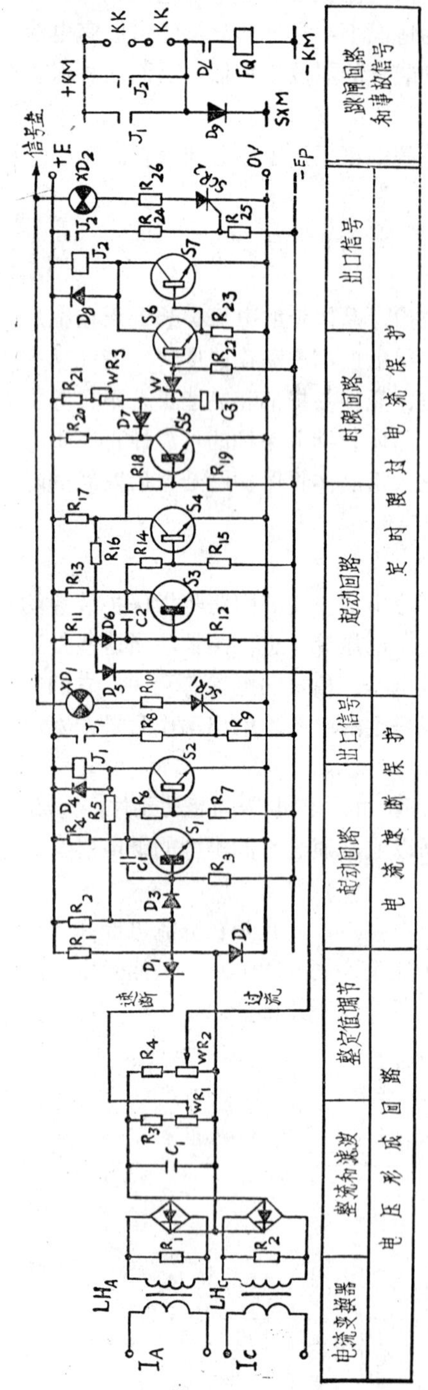

图 9-19　晶体管定时限过电流和速断保护原理接线图

（一）电压形成回路

由电流变换器和整流滤波电路组成，它的作用主要是将电流互感器的交流强电系统与晶体管直流弱电系统相隔离，并经整流滤波后供给保护装置所需要的直流动作电压信号。

（二）起动回路

用于测量被保护设备的交流信号，当交流信号达到整定值时就动作，它相当于电磁型保护中的电流继电器。

（三）时限回路

相当于电磁型保护中的时间继电器，起延时作用。

（四）出口回路

保护装置动作后由它发出跳闸脉冲和起动信号装置。出口回路可分有触点和无触点两种方式。

由上述可知，晶体管继电保护装置也可以分为交流部分（电压形成回路）和直流部分（晶体管逻辑电路），后者根据保护装置动作原理由各种晶体管电路组成。

6～10千伏中性点不接地系统中，线路的电流保护装置一般采用两相不完全星形接线，即引入A相和C相电流。为了简化保护电路，电流速断保护和定时限过电流保护一般共用一组电压形成回路；并且对每种保护的起动回路、时限回路及出口回路则共用A、C两相电压形成回路。

二、晶体管线路保护实例

根据线路过电流保护和速断保护的工作原理，晶体管保护可以用几种接线方式来实现。这里结合实例（如图9-19所示）对各组成部分作简要的介绍。

（一）电压形成回路

如前介绍，电压形成回路的主要作用是将交流的电流、电压等强电信号按保护装置对数值大小和相位的需要转换成相应的直流弱电信号。同一种保护装置可由各类变换器组成不同的电压形成回路。电压形成回路通常用下列三种中间变换器。

（1）电流变换器（LH）：它是将强电流变换成与它成比例的弱电流，并在其负载电阻上取得成比例的弱电压，所以它是一个在一次侧流入电流，在二次侧的负载电阻上取得正比电压的电流源，由不带气隙的硅钢片迭成铁芯。

（2）电抗变换器：它是一个在一次侧流入电流，在二次侧形成电压的小型变压器，将强电流变换成与它成比例的弱电压，即要求其副边电压与原边电流成正比关系。一般由带气隙的硅钢片迭成铁芯。

（3）电压变换器：它是将强电压（如电压互感器的二次电压100伏）变换成弱电压，要求副边电压与原边电压成正比。一般由无气隙的硅钢片迭成铁芯。

电流保护中最常用的是电流变换器LH，图9-19电压形成回路就是应用这种变换器。LH_A及LH_C为两个电流变换器，分别引入A相和C相电流；R_1和R_2为变换器的负载电阻，其数值选择应满足：①在保护装置整定范围内使变换器一、二次绕组间有线性关系，即保证变换器在不饱和的情况下工作，故要求负载电阻远小于励磁阻抗；②变换器的输出电压和电流应尽可能小，以适合后面的逻辑电路，一般取励磁阻抗值的1/5～1/10。

C_1为滤波电容，一般应选择大一些（4微法），以减小整流后波纹系数；

WR_1和WR_2分别为速断保护和过电流保护起动电流整定值的调节电位器，其值最好比R_1、R_2大10倍以上，以不影响电流变换器的传变特性。调节电位器WR_1和WR_2，可使保护装置在不同短路电流下动作。

（二）起动回路

图9-19原理图是采用充电式时限回路，有负偏置电压和有接点出口、无接点信号回路的接线图。其中起动回路由三极管S_1、S_2（对速断保护）或S_3、S_4（对定时限过电流保护）构成。现以速断保护为例来说明。S_1和S_2接成集电极—基极耦合具有电流正反馈的单稳态触发器（见图9-20），R_5为反馈电阻，目的是使蚀发器翻转时具有明显的继电特性（当输入信号达到一定数值时，立刻输出一个跃变的脉冲）。

正常运行时，无信号输入，$I_{SR}=0$，（电流速断电位器WR_1输出电压U_{SR}很小，I_{SR}可忽略不计）。三极管S_1的基极由偏流电阻R_2取得基极电流，只要选择好R_2、R_4及三极管S_1的电流放大倍数β，使$R_2<\beta R_4$，就能使S_1处于深度饱和状态。S_1导通时，其集电极和发射极之间的饱和压降U_{ce}很小（硅管约为0.1～0.3伏），通过R_6和R_7的分压加在三极管S_2的基极，使S_2的基极电位低于发射极电位，S_2可靠截止。

这时，由于反馈电阻R_5远大于继电器J_1的电阻，输出电压$U_{SC}\approx E_c$，触发器工作在图9-21的特性曲线1上。

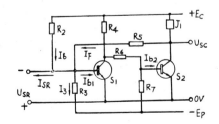

图 9-20　速断保护的起动回路

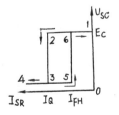

图 9-21　触发器的继电特性

当线路发生故障时，电位器WR_1上的输出电压（负脉冲）增大，I_{SR}增大，按图9-20所示，电流方程为：

$$I_{SR}=I_b+I_F-I_{b1}-I_3$$

式中I_b为固定基极偏流；I_3为负偏置电流，其值较小，可略去不计；I_{b1}为S_1的基极电流。当I_{SR}增加时，I_{b1}随着减小，当I_{SR}增加到起动电流I_Q数值时（图9-21中的2），三极管S_1开始进入放大区，随着I_{b1}的下降，S_1的U_{ce}升高，反相器S_2的输出电压U_{SC}减小，因而反馈电流I_F相应地减小，这又促使I_{b1}（$I_{b1}=I_b+I_F-I_{SR}-I_3$）进一步下降，于是加速了$S_1$的截止及$S_2$的导通过程，如此循环使$I_{b1}$很快降低，三极管$S_2$迅速进入饱和导通状态，中间继电器$J_1$动作，输出电压$U_{SC}$瞬即降至饱和压降$U_{ces}$，完成了图9-21中的2～3过程。

当I_{SR}再继续增加，由于S_2已处于饱和导通状态，U_{SC}不再变化，即特性曲线的3～4段。

当故障消失时，U_{SR}降低，I_{SR}减小，故I_{b1}随着上升，当I_{SR}降至返回电流I_{FH}数值时（图9-21中的5），三极管S_1又返回至放大区，随着I_{b1}的增加，S_1的U_{ce}下降，S_2的基极电流I_{b2}减小，于是输出电压U_{SC}升高，由于R_5的正反馈作用，I_F的增大又促使I_{b1}进一步增加，如此正反馈过程非常迅速，很快完成图9-21中的5～6段的过程，使S_1再次饱和导通，S_2再次截止。当I_{SR}继续减小时，输出电压U_{SC}因S_2截止将保持不变，如图中的6～1段。

综上所述，起动回路中触发器在正常工作时保持在稳定状态（S_1导通，S_2截止），输出电压$U_{SO}\approx E_c$；当故障电流达到起动值时（$I_{SR}=I_Q$），触发器立即翻转，输出由E_c变至零，中间继电器动作，发出跳闸脉冲和起动信号回路；当故障电流I_{SR}降低至返回电流I_{FH}时，情况恰相反，触发器的输出由零变至E_c，自动恢复到原来稳定状态，继电器J亦返回原位。由图9-21可知，起动回路具有良好的继电特性。

从图9-21中可以看出触发器的返回电流I_{FH}小于起动电流I_Q，这是由于起动过程中要克服基极电阻和反馈电阻供给基极的电流，即

$$I_Q=I_b+I_F-I_{b1(1)}$$

而返回时，由于S_1处于截止状态，S_2处于导通状态，没有反馈电流，即

$$I_{FH}=I_b-I_{b1(0)}$$

式中　$I_{b1(1)}$——三极管S_1开始导通时基极电流的临界值；

　　　　$I_{b1(0)}$——S_1开始截止时基极电流临界值。

起动电流与返回电流之差（$\Delta I=I_Q-I_{FH}$）称继电特性宽度。

返回电流与起动电流之比值称为触发器的返回系数，用K_{FH}表示：

$$K_{FH}=\frac{I_{FH}}{I_Q}=\frac{I_{FH}}{I_{FH}+\Delta I} \tag{9-22}$$

必须指出，这里的I_Q和I_{FH}是触发器本身的动作电流与返回电流，并不是继电保护装置的动作电流与返回电流。

改变R_5的大小，可以改变ΔI和K_{FH}。如增加R_5的阻值；则反馈作用减弱，ΔI就减小，K_{FH}就提高，一般要求K_{FH}在0.85以上。R_5的数值是根据所要求的返回系数进行确定的，通常取$R_5=(2\sim5)R_2$。

改变S_1的偏流电阻R_2的大小，可以改变触发器的动作电流I_Q，例如增加R_2，则由于

基极偏流I_b减小，动作电流I_Q也减小，于是触发器的继电特性曲线将在坐标系中向右平移。I_Q的大小反映了触发器的灵敏度。在保护装置中，I_Q的数值不宜取得太小，一般取为100微安至200微安。

图9-19速断起动回路中其他元件作用如下：

D$_3$——保护二极管，当输入负信号电压U_{SR}很大时，防止较高的负电位击穿三极管S_1；

D$_2$——起温度补偿作用（见图9-22）。由于温度升高（或降低）时，三极管S_1的U_{be}和二极管D_3的压降都变小（或变大），加了D_2后，D_2与电阻R_1组成分压器，当温度升高时，D_2的压降也变小，故 M、N 二点电位 基本保持不变（当温度降低时情况也如此），从而起到了补偿作用；

D$_4$——保护二极管，防止因J_1的自感电动势而击穿三极管S_2；

D$_1$——隔离二极管，使三极管S_1的基极电位在正常时不受输入端反相电压的影响；

C$_1$——抗干扰电容，C_1并接于S_1的b、c端，当S_1导通时，电容两端电压很小。有外来干扰脉冲时，由于电容两端电压不能突变，而有个延时充电过程，从而使基极电位瞬时不受干扰脉冲影响。C_1一般选择$0.1\sim1$微法，过大则造成保护的延时动作。

（三）过电流保护的时限回路

时限回路起延时作用。本装置中采用了电容充电式时限回路，这种时限回路具有延时动作，瞬时返回的特性，如图9-23所示。

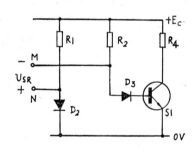

图 9-22　D$_2$的温度补偿作用

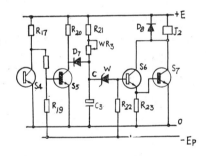

图 9-23　充电式时限回路

正常运行情况，起动回路不动作，即S_4截止，S_5饱和导通，二极管D_7通过R_{21}、WR_3和S_5的集—射极回路而导通，将电容器C_3短接，其两端电压$U_c\approx0$（实际上等于S_5的饱和压降和D_7的正向压降之和）；稳压管W的两端电压为E_p，小于其击穿电压，因而截止。S_6的基极经R_{22}接至$-E_p$，处于可靠截止状态，过电流保护不动作。

当保护范围内发生故障时，起动回路动作，触发器$S_3\sim S_4$翻转，S_4饱和导通，S_5截止，其$U_{ce}\approx E$，于是二极管D_7截止。此时电容C_3开始经R_{21}及WR_3充电，当U_c上升到稳压管的击穿电压U_w时，稳压管被击穿，于是三极管S_6获得正电位U_w，由R_{21}、WR_3及W供给基级电流，S_6立即变为饱和导通，使继电器J_2动作，发出跳闸脉冲和起动信号回路。

由图可见，时限回路从有输入信号开始（S_5管截止），到S_6、S_7导通有输出信号为止所需的时间即为时限回路的延时；也就是电容C_3上的电压从零开始上升到稳压管击穿电压U_w所需的时间。延时的大小可由下式计算：

$$t = RC \ln \frac{E}{E - U_w} \qquad (9\text{-}23)$$

式中　　R——充电回路的电阻，$R = R_{21} + WR_3$[欧]；

　　　　C——充电电容[法]；

　　　　E——充电电源电压[伏]；

　　　　U_w——稳压管的击穿电压[伏]；

　　　　t——时限回路的延时[秒]。

从上式可知，当电源电压一定时，改变电阻R_{21}、WR_3、电容C及稳压管的击穿电压U_w均可达到调整时限回路延时的目的。一般是按时间范围的要求选好稳压管及电容，利用可变电阻WR_3进行时限的整定。

图中由于R_{21}、WR_3的数值较高，三极管S_6的基极电流很小，为使出口回路有较好的开关特性，三极管$S_6 \sim S_7$采用了复合接线，可获得较高的电流放大倍数。

当故障消失时，保护装置输入信号恢复到原来数值，三极管S_5立即导通，又将电容C_3短路放电，同时稳压管又恢复到截止状态，三极管S_6因基极电位变负而立刻截止，继电器J_2失电，从而完成了瞬时复归的过程。

（四）出口和信号回路

出口回路是晶体管保护装置执行跳闸和起动信号装置的环节。图中采用了有接点出口和无触点信号的接线，并且速断保护和过电流保护各自有出口回路，故无总出口回路。

速断保护动作后，起动出口继电器J_1，J_1常开接点闭合，一方面发出跳闸脉冲，使断路器自动跳闸；另一方面因J_1接点闭合后，R_9上的电位触发小可控硅SCR_1，点亮信号灯XD_1并起动中央信号盘。同样，定时限过电流保护动作后，起动出口继电器J_2，J_2的常开接点闭合，发出跳闸脉冲并触发小可控硅SCR_2，点亮信号灯XD_2并起动中央信号盘。

三、6～10千伏线路晶体管保护的整定值计算

晶体管过电流保护和速断保护的整定值的计算和选择原则与电磁型保护相同，起动电流按下面公式整定。

1.电流速断保护的起动电流计算

$$I_{qd} = K_k \cdot \frac{I_{d \cdot max}^{(3)}}{K_i} \qquad (9\text{-}24)$$

式中　　　　K_k——可靠系数，取1.2～1.3；

　　　　　　K_i——电流互感器的变化；

　　　　　$I_{d \cdot max}^{(3)}$——最大运行方式时被保护线路末端的三相短路电流。

2.过电流保护的起动电流计算

对6～10千伏线路的过电流保护，其保护装置的起动电流一般按电流互感器的变流比来整定：

$$I_{qd} = K_k \cdot \frac{I_{CT}}{K_i} = (1.3 \sim 1.5) \times 5 = 6.5 \sim 7.5 [安] \qquad (9\text{-}25)$$

式中　I_{CT}为电流互感器一次侧额定电流[安]。

顺便说明，对于35千伏线路而言，保护装置的起动电流应满足以下两个条件：

（1）按本线路末端最小灵敏度来整定：

$$I_{qd}=\frac{I_d^{(2)}{}_{,min}}{K_L \cdot K_i}$$　　　　　　　　　　　　　（9-26）

式中　$I_d^{(2)}{}_{,min}$——最小运行方式时被保护线路末端的两相短路电流；

　　　　K_L——灵敏系数，取1.5。

（2）按躲开最大负荷电流来整定：

$$I_{qd}=K_k \cdot M_{gh}\frac{I_{max}}{K_i}$$　　　　　　　　　　　（9-27）

式中　　K_k——可靠系数，取1.2～1.3；

　　M_{gh}——线路负荷自起动系数，取2.0～2.5；

　　I_{max}——线路最大负荷电流。

第六节　电力变压器的保护

一、变压器故障种类和保护的设置原则

变压器是工业企业供电系统的重要设备，它的故障对整个企业或车间的供电将带来严重影响，因此必须根据变压器的容量和重要程度装设它的保护装置。

变压器的故障可分为内部故障和外部故障两种。内部故障系指变压器油箱里面所发生的故障，包括相间短路、绕组的匝间短路和单相接地（碰壳）短路等；外部故障系指引出线上绝缘套管相间短路和单相接地等。变压器内部故障是很危险的，因为短路电流产生电弧不仅会破坏绕组的绝缘、烧坏铁芯，而且由于绝缘材料和变压器油因受热分解而产生的大量气体可能使变压器的油箱爆炸，产生严重的后果。

变压器的异常运行方式主要是：由于外部短路和过负荷引起的过电流、不允许的油面降低和温度升高等。

根据上述故障种类及异常运行方式，变压器一般应装设以下的保护：

1）瓦斯保护——防御变压器油箱内部故障和油面的降低，瞬时作用于信号或跳闸；

2）差动保护或电流速断保护——防御变压器的内部故障和引出线的相间短路、接地短路，瞬时作用于跳闸；

3）过电流保护——防御外部短路而引起的过电流，并作为上述保护的后备保护，带时限动作于跳闸；

4）过负荷保护——防御因过载而引起的过电流。这种保护只有在变压器确实有可能过载时才装设，一般作用于信号；

5）温度信号——监视变压器温度升高和油冷却系统的故障，作用于信号。

总结变压器的实际运行经验和根据《继电保护和自动装置设计技术规程》的有关规定，电力变压器的继电保护装置一般可按表9-4装设。

二、变压器的瓦斯保护

电力变压器的铁芯和绕组一般都是浸在油箱内的，利用油作绝缘和冷却介质。当变压器内部故障时，短路电流所产生的电弧将使绝缘物和变压器油分解而产生大量的气体，利用这种气体来实现的保护装置叫做瓦斯保护。

瓦斯保护主要是一个瓦斯继电器，它安装在变压器油箱和储油柜之间，这样油箱内的

变压器容量（千伏安）	保护装置名称							备注
	过电流保护	电流速断保护	纵联差动保护	瓦斯保护	单相接地保护	过负荷保护	温度信号	
400～750	一次侧采用断路器时装设	一次侧采用断路器且过电流保护时延大于0.5秒时装设	—	车间内变压器装设	低压侧为干线制的Y/Y₀-12接线变压器装设	并列运行的变压器装设。作为其它备用电源的变压器根据过负荷的可能性装设	—	一般采用GL型继电器作过电流及电流速断保护
800								
1000～1800	装设	过电流保护时延大于0.5秒装设	—	装	—	—	装	≥5330千伏安的单相变压器宜装设远距离测温装置
2000～6300		当电流速断保护不能满足灵敏度要求时装设						≥8000千伏安的变压器宜装设远距离测温装置
6300～8000	设	单独运行的变压器或负荷不太重要的变压器装设	并列运行的变压器或重要变压器或当电流速断保护不能满足灵敏度要求时装设	设	—	—	设	

气体都要通过瓦斯继电器流向储油柜。

旧式瓦斯继电器（浮筒式水银接点继电器）运行尚不够稳定，抗振能力差，容易因振动而使水银流动造成误动作。

新式的干簧式瓦斯继电器（如FJ₃-80型）具有较高的耐振能力，动作可靠，图9-24为其内部结构示意图。

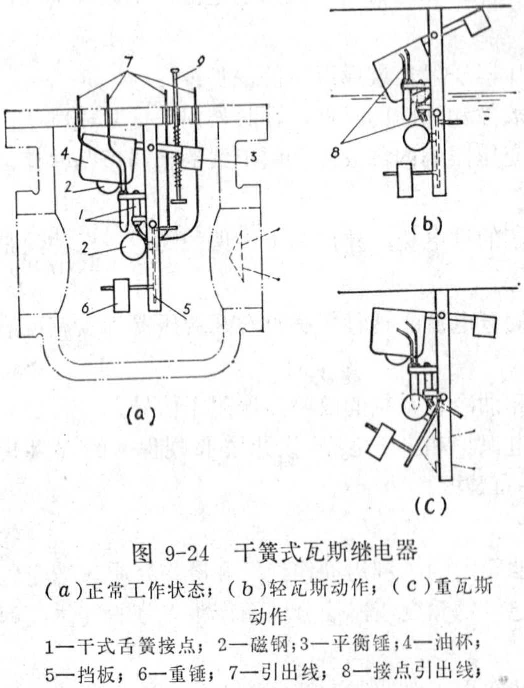

图 9-24　干簧式瓦斯继电器

（a）正常工作状态；（b）轻瓦斯动作；（c）重瓦斯动作

1—干式舌簧接点；2—磁钢；3—平衡锤；4—油杯；
5—挡板；6—重锤；7—引出线；8—接点引出线；
9—探针

当变压器正常工作时，油杯侧所产生的力矩（油杯及其附件在油内的重量所产生的力矩）与平衡锤3所产生的力矩平衡，挡板5处于垂直位置，干式舌簧接点1与磁钢2距离远，舌簧接点断开。当变压器发生轻微故障时产生的气体较少，气体慢慢上升，并聚集在继电器内，当气体积聚到一定程度时，由于气体的压力而使油面下降，油杯侧的力矩（油杯及杯内油的重量和附件在气体中的重量，共同产生的力矩）大大超过平衡锤所产生的力矩，因此油杯顺着支点转动，带动上磁钢2接近1而使舌簧接点接通，发出轻瓦斯信号。当变压器发生严重故障时，被分解的变压器油和其他有机物将产生大量气体，加上热油膨胀，变压器内压力突增，迫使变压器油从油箱迅速冲向储油柜，在油流的冲击下，继电器下部的挡板被掀起，带动下磁钢接近舌簧接点使接点接通而作用于跳闸。

瓦斯继电器的接线如图9-25所示，WSJ为瓦斯继电器，其上接点表示轻瓦斯动作，动作后通过信号继电器XJ发出信号。继电器的下接点表示重瓦斯动作，动作后起动中间继电器ZJ进行跳闸。由于重瓦斯保护是按油的流速的大小而动作的，而油的流速在故障中往往是不稳定的，故重瓦斯动作后必须有自保持回路，以保证有足够的时间使开关跳闸，所以采用了带串联自保持线圈的中间继电器。跳闸后按下按钮K使保护复归原位。

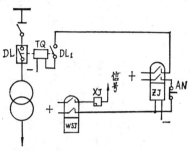

图 9-25　瓦斯保护原理接线图
DL—断路器；DL$_1$—断路器辅助接点；
TQ—跳闸线圈；WSJ—瓦斯继电器；
ZJ—中间继电器；XJ—信号继电器；
AN—复归按钮

瓦斯保护的主要优点是：动作迅速，灵敏度高，结构简单，能反应变压器油箱内部各种类型的故障。尤其是对绕组的匝间短路，反应最为灵敏。因为匝间短路故障点的循环电流虽然很大，可能造成严重的过热，但反映在外部电源电流的变化却很小，各种反应电流量的保护装置都不能动作。因此瓦斯保护对保护这种故障有特殊重要的意义。

瓦斯保护的缺点是：不能反应油箱外部套管和引出线的故障，还需要与其他保护装置（例如电流速断和过电流保护）配合使用。

三、变压器的过电流保护

容量在10000千伏安以下的变压器，一般装设过电流保护（当过电流保护的动作时延大于0.5秒时增设电流速断保护）。保护装置及电流互感器都装在变压器的电源侧，它既能反应外部故障，也可以作为变压器内部故障的后备保护。

一次侧电压为10千伏及以下、绕组为Y/Y。连接且低压侧中性点直接接地的变压器，其过电流保护装置的接线方式的选择应注意到变压器的低压侧有无配电盘以及变压器与低压配电盘之间距离的远近。如果变压器低压侧设有配电盘且距离很近，其低压侧单相接地短路的可能性就很少，故对于高压侧的过电流保护就可以不必考虑低压侧单相接地短路的问题。如果低压网络采用"变压器—干线组"方式供电，因低压干线较长，发生单相接地短路的可能性较大，则高压侧的保护就需要考虑其低压侧的单相接地问题。常用的接线方式有两相电流差的接线、两相星形接线和三个继电器的两相不完全星形接线方式。

两相电流差的接线方式的主要优点，是所需设备最少。但它有一个主要缺点，就是在未装电流互感器的那一相低压侧发生单相接地短路时，流经继电器的电流为零（如图9-26所示），保护装置拒绝动作，因此这种接线方式仅适用于低压配电盘离变压器很近的情况。

两相不完全星形接线方式就没有上述缺点，当变压器二次侧任何一相发生短路时，故障电流都通过继电器，但要注意的是保护装置的灵敏度可能不能满足要求。例如，当没有装

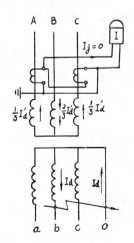

图 9-26　两相电流差接线当低压b相单相短路时的电流分布图

223

电流互感器的那一相发生短路时，如图9-27（a）所示，通过继电器的电流就只有故障相电流的一半（见附录9-1有关变压器不对称故障的计算）。如果此接线方式不能保证足够的灵敏度时，可以采用图9-27（b）所示三个继电器的两相不完全星形接线方式，这时，

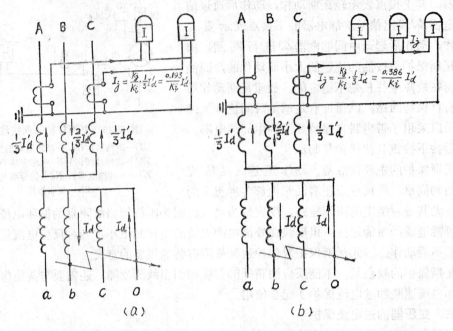

图 9-27（a）　两相两继电器接线当
低压b相单相短路时的电流分布图

图 9-27（b）　两相三继电器接线当
低压b相单相短路时的电流分布图

流经接于中线上的继电器的电流为二相电流之和，与上述用两个继电器方式相比，保护装置的灵敏度增加了一倍。

若供电系统采用"变压器——干线组"，当通过计算证明低压干线末端发生单相短路时灵敏度不能达到要求，则可采用专门的零序电流保护，如图9-28所示。它是由变压器低压侧中性点引出线上装设一个电流互感器和具有常闭接点GL型系列过电流继电器组成，当变压器低压侧发生单相接地故障时，继电器动作，开关跳闸线圈带电而跳闸，将故障切除。

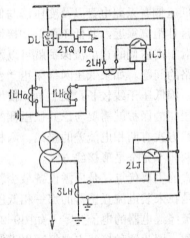

图 9-28　变压器零序电流保护接线图
DL——断路器；1TQ、2TQ——跳闸线圈；
1LH——电流互感器；2LH——中间变流器；
3LH——零序电流互感器；1LJ——过电流保护的电流继电器；2LJ——零序电流保护的电流继电器

过电流保护起动电流的确定原则与前述线路保护相同，按躲过变压器可能出现的最大负荷电流来整定，即

$$I_{dz \cdot 1} = \frac{K_k}{K_f} \cdot I_{max} = \frac{K_k}{K_f} \cdot M_{gh} \cdot I_{eb} \qquad （9-28）$$

及

$$I_{dz \cdot j} = \frac{K_k}{K_f} \cdot K_j \frac{I_{max}}{K_i} = \frac{K_k}{K_f} \cdot K_j \cdot M_{gh} \cdot \frac{I_{eb}}{K_i}$$

$$（9-29）$$

式中 I_{max}——变压器最大负荷电流，对降压变压器应考虑电动机的自起动等因素；

K_k——可靠系数，对DL型继电器取1.2，对GL型取1.3；

K_f——继电器的返反系数，取0.85；

I_{eb}——变压器一次侧额定电流；

M_{gh}——自起动系数，对电网无自动装置、单独运行的变压器 $M_{gh}=\dfrac{I_{q \cdot max}+\Sigma I_{eh}}{I_{eb}}$

（式中$I_{q \cdot max}$为起动电流最大的一台电动机的起动电流；ΣI_{eh}为其它负荷的额定电流总和），M_{gh}的近似值可采用3～4（此时不再考虑K_k和K_f）；

K_j——接线系数；

K_i——电流互感器的变比。

单相接地保护装置的起动电流，应躲过正常运行时变压器中性线上流过的最大不平衡电流（一般不超过$25\% \cdot I_{eb \cdot 2}$），可按下式整定（参看图9-28）：

$$I_{dz \cdot j}^{(1)}=K_k \cdot \dfrac{0.25 \cdot I_{eb \cdot 2}}{K_i} \tag{9-30}$$

式中 $I_{eb \cdot 2}$是变压器二次侧额定电流；K_k取1.2～1.3。

过电流保护的动作时限应该与装设在低压侧的熔断器或自动空气开关保护相配合，在大多数情况下，此时限阶段取$\Delta t=0.5～0.7$秒。

过电流保护的灵敏度按变压器二次侧母线发生两相短路的条件来校验，即

$$K_L^{(2)}=K_{LX}^{(2)} \cdot K_L^{(3)}=K_{LX}^{(2)} \cdot \dfrac{I_{d2 \cdot min}^{(3)}}{I_{dz \cdot 1}} \geqslant 1.25～1.5 \tag{9-31}$$

式中 $I_{d2 \cdot min}^{(3)}$——系统最小运行方式时，二次侧母线三相短路穿越电流；

$K_L^{(3)}$——三相短路时的灵敏系数；

$K_{LX}^{(2)}$——相对灵敏系数，见表9-2；

$I_{dz \cdot 1}$——保护装置一次侧起动电流。

四、变压器的速断保护

带时限过电流保护既能反应变压器的外部故障，也能反映变压器的内部故障，但当其动作时限大于0.5秒时，还需要装设电流速断保护，使故障变压器迅速地从系统中切除。

电流速断保护的工作原理前已叙述，不再重复。电流速断保护装设在变压器的电源侧，其接线方式通常采用两个电流继电器接成两相式，如图9-27(a)所示。

电流速断保护起动电流的确定：变压器的电流速断保护应避免当保护装置范围外部短路时错误地将变压器切除。故其起动电流应躲开系统最大运行方式时变压器二次侧短路电流，按下式计算：

$$\left.\begin{array}{l} I_{dz \cdot 1}=K_k \cdot I_{d2 \cdot max}^{(3)} \\[2mm] I_{dz \cdot j}=K_k \cdot \dfrac{K_j}{K_i} \cdot I_{d2 \cdot max}^{(3)} \end{array}\right\} \tag{9-32}$$

或

式中 $I_{d2 \cdot max}^{(3)}$——最大运行方式时，变压器二次侧母线三相短路穿越电流；

K_k——可靠系数，当采用DL型继电器时取1.3～1.4，采用GL型继电器时取1.5～1.6。

从上式可见，电流速断保护的起动电流是按躲开变压器二次侧的最大短路电流来整定的，所以当变压器二次侧套管引出线处发生短路时，保护也不会动作。它只能保护变压器

绕组的大部分，不能保护变压器绕组的全部，其保护范围受到限制，这就是电流速断保护的缺点。但是它有简单和快速动作的优点，因此，在过电流保护及瓦斯保护的配合下，可以很好地对中小容量的变压器进行保护。

变压器电流速断保护的灵敏度，按系统最小运行方式时保护装置安装处的两相短路电流来校验，即

$$K_L^{(2)} = K_{LX}^{(2)} \cdot \frac{I_{d1 \cdot min}^{(3)}}{I_{dz \cdot 1}} \geqslant 2 \qquad (9\text{-}33)$$

式中　　$I_{d1 \cdot min}^{(3)}$——系统最小运行方式时，变压器一次侧三相短路电流；

　　　　$I_{dz \cdot 1}$，$K_{LX}^{(2)}$意义同式（9-31）。

当为"线路—变压器组"结线供电时，则取$K_L^{(2)} \geqslant 1.25 \sim 1.5$。

五、变压器的过负荷保护

变压器的过负荷保护是反映变压器正常运行时的过载情况，一般动作于信号。变压器的过负荷电流在大多数情况下都是三相对称的，因此过负荷保护只需要在一相上装一个电流继电器。为了防止在短路时发出不必要的信号，需装设一个时间继电器，使其动作时延大于过电流保护装置的动作时延，一般采用10～15秒。

过负荷保护的起动电流是按躲过变压器的额定电流来整定的：

$$I_{dz \cdot 1} = (1.2 \sim 1.25) I_{eb} \qquad (9\text{-}34)$$

式中　　I_{eb}为变压器的额定电流。

图9-29为7500千伏安以下的Y/⊿接线双卷变压器的电流速断保护、过电流保护及温度信号装置原理展开图。

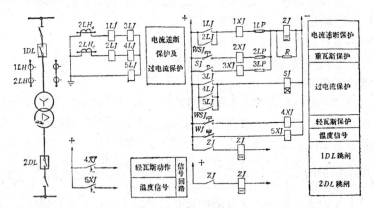

图 9-29　7500千伏安以下的Y/⊿接线双卷变压器保护原理

1LJ～5LJ—电流继电器；ZJ—中间继电器；SJ—时间继电器；1XJ～3XJ—电流式信号继电器；4XJ～5XJ—电压式信号继电器；1LP～3LP—连接片；R—管形电阻；WSJ—瓦斯继电器；WJ—温度信号计

【例 3】　某厂10千伏供电系统如附图所示，变压器容量为两台560千伏安，10千伏侧的额定电流为32.4安。保护装置采用的电流互感器为两相式接线。其总受电柜电流互感器变比为100/5，保护装置1采用GL系列继电器作过电流保护，起动电流整定为10安，时间整定为1.4秒。保护装置2所采用的电流互感器变比为50/5，采用GL系列继电器作过电流保护。（1）试计算保护装置2继电器的起动电流、动作时限和灵敏度校验；（2）若装设电流速断保护，试确定电流速断保护装置的继电器起动电流值。

已知网络参数如下：

1）从电源到该厂高压母线的总电抗标么值 $X_{*\Sigma}(S_j=100MVA)$：当系统为最大运行方式时 $X_{*\Sigma}=8$；当系统为最小运行方式时 $X_{*\Sigma}=12$。

2）变压器的额定阻抗电压 $U_d\%=4.5$。

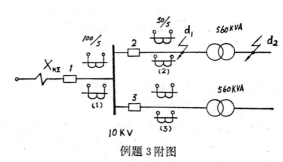

例题3附图

【解】

1. d_1 点短路电流和 d_2 点穿越短路电流的计算

当 d_1 点短路时：

$$I_{d1}^{(3)}=I_{*d1}\cdot I_{j1}=\frac{1}{X_{*\Sigma(1)}}\cdot\frac{S_j}{\sqrt{3}\cdot U_{j1}}=\frac{1}{X_{*\Sigma}}\cdot\frac{100}{\sqrt{3}\times10.5}$$

$$I_{d1\ min}^{(3)}=\frac{1}{12}\times\frac{100}{\sqrt{3}\times10.5}=0.083\times5.5=0.457(千安)$$

当 d_2 点短路时：

$$I_{d2}=I_{*d2}\cdot I_{j2}=\frac{1}{X_{*\Sigma(2)}}\cdot\frac{S_j}{\sqrt{3}\cdot U_{j2}}$$

其穿越短路电流即是将 I_{d2} 折算到高压侧，用 I'_{d2} 表示，并设变压器的变比为 K_T，则有：

$$I'_{d2}=\frac{I_{d2}}{K_T}=I_{d2}\cdot\frac{U_{j2}}{U_{j1}}$$

$$=\frac{1}{X_{*\Sigma(2)}}\cdot\frac{S_j}{\sqrt{3}\cdot U_{j2}}\cdot\frac{U_{j2}}{U_{j1}}=\frac{1}{X_{*\Sigma(2)}}\cdot\frac{S_j}{\sqrt{3}\ U_{j1}}$$

此处　$X_{*\Sigma(2)}=X_{*\Sigma}+X_{*b}=X_{*\Sigma}+\frac{U_d\%}{S_e}=X_{*\Sigma}+\frac{4.5}{0.56}=X_{*\Sigma}+8$

根据第五章式（5-55）可求得系统在最小运行方式时两相短路穿越电流：

$$\therefore\ I_{d2\ min}^{(2)}=\frac{\sqrt{3}}{2}\cdot I_{d2\ min}^{(3)}=\frac{\sqrt{3}}{2}\times\frac{1}{12+8}\times5.5=0.24(千安)$$

2. 过电流保护的整定计算

（1）过电流保护的起动电流计算：已知变压器一次侧额定电流 $I_{eb}=32.4$ 安；两相式接线（$K_j=1$）；$K_i=50/5$；并取 $M_{gh}=3$（此时不再考虑 K_k 和 K_f）。根据式（9-29）继电器的起动电流为：

$$I_{dz\cdot j}=\frac{K_j}{K_i}\cdot M_{gh}\cdot I_{eb}=\frac{1\times3}{50/5}\times32.4=9.72(安)$$

起动电流整定值应符合插孔电流值，故取 $I_{dz\cdot j}=10$（安）。

（2）过流保护动作时限整定：取 d_1 点短路时继电器1与继电器2的时限差为 $\Delta t=0.7$秒。已知 d_1 点短路时继电器1的动作时限 $t_1=1.4$秒。则继电器2的动作时限

$$t_2=t_1-\Delta t=1.4秒-0.7秒=0.7(秒)$$

（3）校验灵敏度：按变压器二次侧 d_2 点在系统最小运行方式时两相穿越短路电流 $I_{d2\ min}^{(2)}$ 来校验。

$$\therefore I_{dz \cdot 1} = \frac{K_i \cdot I_{dz \cdot j}}{K_j} = \frac{50}{5} \times \frac{10}{1} = 100(安)$$

$$\therefore K_L^{(2)} = \frac{I_{d2 \cdot min}^{(2)}}{I_{dz \cdot 1}} = \frac{240}{100} = 2.4 > 1.5$$

所以过流保护的灵敏度是符合要求的。

3.电流速断保护的整定计算

（1）电流速断保护的起动电流：一次侧的起动电流应为：

$$I_{dz \cdot 1} = K_k \cdot I_{d2 \cdot max}^{(3)} = 1.4 \times 344 = 470(安)$$

继电器的起动电流应为：

$$I_{dz \cdot j} = K_j \cdot \frac{1}{K_i} \cdot I_{dz \cdot 1} = 1 \times \frac{1}{50/5} \times 470 = 47(安)$$

（2）电流速断保护的灵敏度校验：

变压器电流速断保护按系统最小运行方式时，变压器一次侧保护装置安装处的两相短路电流来校验，应用式（9-33）求得

$$K_L^{(2)} = K_{Lx}^{(2)} \cdot \frac{I_{d1 \cdot min}^{(3)}}{I_{dz \cdot 1}} = 0.87 \times \frac{457}{470} = 0.85 \ll 2$$

所以小容量电力变压器电流速断保护的灵敏度往往是达不到规程的要求。这说明在这种情况下，电流速断不能作为主保护。但是，电流速断对保护变压器部分绕组的故障仍然起作用，或者当系统不是最小运行方式时，也可能保护变压器内部发生的三相短路。所以通常仍然利用GL型过电流继电器的电磁系统作电流速断保护。此时电流速断保护的电流整定值是采用过电流保护的流整定值的倍数表示，一般为2～8倍，瞬时动作于跳闸。对容量为750～1800千伏安的变压器，当电流速断保护的灵敏度达不到要求时，可采用低电压闭锁的电流速断保护，此时可按保证电流元件在线路末端短路时具有足够的灵敏度和电压元件要躲过变压器低压侧短路时的最大剩余电压来整定。而对于容量为2000～6300千伏安的变压器，当电流速断保护不能满足灵敏度的要求时，应装设纵联差动保护，作为变压器的主保护，无延时动作于跳闸。

六、变压器的差动保护

前面介绍的几种保护中，各有优点和不足之处。过电流保护和电流速断保护虽然接线简单、设备和投资少，但前者动作时间较长，后者保护范围受到限制。瓦斯保护对变压器内部故障反应最为灵敏，因而它是内部故障的主保护，但它不能保护变压器油箱外面套管和引出线的故障。因此，对于大容量的变压器就有必要增设差动保护。新规范规定，单独运行的、容量在10000千伏安及以上的变压器应装设差动保护，而并联运行的或重要的变压器容量在6300千伏安及以上者应装设差动保护。以下对纵联差动保护作一些简要的介绍。

（一）差动保护的工作原理

差动保护是反映变压器两侧电流差额而动作的保护装置，其动作原理如图9-30所示。将变压器两侧的电流互感器串联起来构成环路(其极性如图中所示)，电流继电器并联在

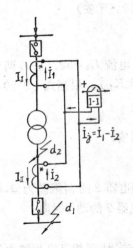

图 9-30　变压器差动
保护的原理接线图

环路上，这样，流入继电器的电流等于两侧电流互感器二次侧电流之差，即 $\dot{I}_j=\dot{I}_1-\dot{I}_2$。适当选择变压器两侧电流互感器的变比和结线，可使在正常运行和外部短路时（指两电流互感器所包围的范围以外部分，如图中的 d_1 点），其二次侧电流 $\dot{I}_1$ 和 $\dot{I}_2$ 大小相等、相位相同，流入电流继电器内的电流 $\dot{I}_j=\dot{I}_1-\dot{I}_2=0$，保护装置不动作。当保护区内发生短路时（如图中 d_2 点），对于单端电源供电的变压器，则 $\dot{I}_2=0$，于是 $\dot{I}_j=\dot{I}_1-\dot{I}_2=\dot{I}_1$，只要该电流大于继电器的起动电流，即 $I_j>I_{dz.j}$，则继电器动作，不带时限地将变压器两侧的断路器跳开。

差动保护的保护范围是变压器两侧电流互感器安装地点之间的区域。因此它可以保护变压器内部及两侧套管和引出线上的相间短路。在保护范围外短路时是不会动作的，因此，不需要与相邻元件的保护在整定值和动作时间上进行配合，可以构成无延时的速动保护。

（二）变压器差动保护的特殊问题——不平衡电流

前面谈到，适当选择变压器两侧电流互感器的变比和接线方式等办法，使在正常运行及外部短路时流入继电器的电流 $\dot{I}_j$ 为零，保护装置不动作。但对变压器来说，各侧电流的大小和相位不可能完全相同，在正常运行和外部短路时流经继电器的电流 $\dot{I}_j\neq0$，此电流称为不平衡电流，尤其在外部短路时，此不平衡电流更大，可能会使保护装置误动作。因此必须分析一下不平衡电流产生的原因和克服的方法：

（1）变压器两侧绕组结线不同产生电流相位的不同。

工业企业中 35/10 千伏变压器通常都是 Y/Δ-11 联接的，变压器两侧线电流之间就有 30° 的相位差。因此，即使两侧电流互感器二次电流的数值相等，在保护装置的差动回路中也将出现不平衡电流。为了在差动回路中消除这一相角差，将安装在变压器 Y 侧的电流互感器接成 Δ，安装在变压器 Δ 侧的电流互感器接成 Y，如图9-31所示。

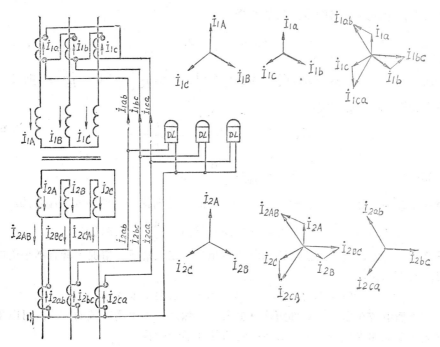

图 9-31　Y/Δ-11结线变压器差动保护的电流互感器接线及电流相量图

在变压器一次侧（Y侧）：假设变压器的线电流为 I_{1A}、I_{1B}、I_{1C}，相应的电流互感器的二次侧相电流为 $\dot{I}_{1a}$、$\dot{I}_{1b}$、$\dot{I}_{1c}$，它们分别与 $\dot{I}_{1A}$、$\dot{I}_{1B}$、$\dot{I}_{1C}$ 同相，流到由两侧互感器所构成的环路中（一般称差动保护的两臂）去的电流分别为 $\dot{I}_{1ab}$、$\dot{I}_{1bc}$、$\dot{I}_{1ca}$，则 $\dot{I}_{1ab}=\dot{I}_{1a}-\dot{I}_{1b}$，$\dot{I}_{1bc}=\dot{I}_{1b}-\dot{I}_{1c}$，$\dot{I}_{1ca}=\dot{I}_{1c}-\dot{I}_{1a}$，其相量图如图9-31所示。

在变压器二次侧（△侧）：假设变压器绕组中的相电流为 $\dot{I}_{2A}$、$\dot{I}_{2B}$、$\dot{I}_{2C}$，其相位分别与变压器一次侧线电流 $\dot{I}_{1A}$、$\dot{I}_{1B}$、$\dot{I}_{1C}$ 相同，变压器二次侧线电流为 $\dot{I}_{2AB}=\dot{I}_{2A}-\dot{I}_{2B}$，$\dot{I}_{2BC}=\dot{I}_{2B}-\dot{I}_{2C}$，$\dot{I}_{2CA}=\dot{I}_{2C}-\dot{I}_{2A}$，而相应的电流互感器的二次侧电流（也是流到环路中去的电流）$\dot{I}_{2ab}$、$\dot{I}_{2bc}$、$\dot{I}_{2ca}$ 分别与 $\dot{I}_{2AB}$、$\dot{I}_{2BC}$、$\dot{I}_{2CA}$ 同相。

因此，流到差动保护两臂中去的电流 $\dot{I}_{1ab}$、$\dot{I}_{1bc}$、$\dot{I}_{1ca}$ 分别与 $\dot{I}_{2ab}$、$\dot{I}_{2bc}$、$\dot{I}_{2ca}$ 同相位，消除了由于变压器两侧绕组结线不同而产生的不平衡电流。

（2）变压器两侧电流互感器的变比不能选得完全合适。

上述分析的 变压器和电流互感器 的接线中，为使两组电流互感器 的二次侧线电流相等，即 $\dot{I}_{1ab}=\dot{I}_{2ab}$，$\dot{I}_{1bc}=\dot{I}_{2bc}$，$\dot{I}_{1ca}=\dot{I}_{2ca}$，变压器两侧电流互感器的变比要选得合适。但是，电流互感器的一次侧额定电流是按标准分为若干等级的（其二次侧额定电流为5安），而实际需要的变比与产品的标准变比往往不一样，因此，差动保护两臂中的电流就不能相等，出现了不平衡电流。例如容量为6300千伏安、电压为60/10千伏、Y/△接线的变压器，其两侧的额定电流分别为：

$$\text{一次侧} \quad I_{Ie}=\frac{S_{eb}}{\sqrt{3}\,U_{eI}}=\frac{6300}{\sqrt{3}\times60}=60.6\text{（安）}$$

$$\text{二次侧} \quad I_{IIe}=\frac{S_{eb}}{\sqrt{3}\,U_{eII}}=\frac{6300}{\sqrt{3}\times10}=364\text{（安）}$$

在二次侧，电流互感器的变比只能选择

$$K_{iII}=\frac{400}{5}=80$$

在一次侧，电流互感器接成△形，为使 $I_{1ab}=I_{2ab}$，即 $\frac{I_{Ie}}{K_{iI}}\cdot\sqrt{3}=\frac{I_{IIe}}{K_{iII}}$，则电流互感器的计算变比 K'_{iI} 应满足下式：

$$K'_{iI}=\frac{\sqrt{3}\cdot K_{iII}}{I_{IIe}/I_{Ie}}=\frac{\sqrt{3}\cdot K_{iII}}{K_{T}} \qquad (9\text{-}35)$$

按式（9-35）得
$$K'_{iI}=\frac{\sqrt{3}\times80}{60/10}=23$$

选择最接近的标准变比 $K_{iI}=150/5=30$。此时，差动保护两臂中的电流各为：

$$I_{1ab}=\frac{60.6}{30}\times\sqrt{3}=3.5\text{（安）} \quad I_{2ab}=\frac{364}{80}=4.54\text{（安）}$$

从计算结果看出，由于二次回路的电流不相等，在正常运行情况下就有不平衡电流流入继电器，其大小为：

$$I_{bp}=I_{1ab}-I_{2ab}=4.54-3.5=1.04\text{（安）}$$

上述不平衡电流在变压器外部短路时更大。消除这一不平衡电流的方法，可以采用自耦变流器或均衡线圈来进行平衡。具体实现方法在后面讨论。

（3）在变压器空载投入和外部故障切除后电压恢复的过渡过程中，将会产生很大的励磁涌流。

当变压器投入电网或电压恢复时，变压器铁芯中的磁通不能突变，出现一个过渡过程，产生两个磁通：周期分量和非周期分量。在初瞬间（$t=0$），两个磁通极性相反，合成磁通等于零；但到第二个半周时，两个磁通极性相同，合成磁通相加，使变压器铁芯中磁通达到最大值，若变压器铁芯中存在剩磁，合成磁通值还要大些，合成磁通将大于稳态磁通的二倍以上。由于变压器正常运行在磁化曲线的弯曲点附近，这样过渡过程产生的很大磁通使铁芯饱和，励磁电流可达变压器额定电流的8～10倍，叫做励磁涌流。涌流中含有数值很大的非周期分量，并且衰减慢（与短路电流相比）。励磁涌流的变化曲线如图9-32所示，开始时波形偏向时间轴的一侧。这种励磁涌流只通过变压器的原绕组，不能反映到副绕组，因此，在差动回路中将会产生很大的不平衡电流流入继电器，如不采取措施，它将使保护装置误动作。目前广泛采用速饱和变流器来消除它对差动保护的影响。这是利用励磁涌流中非周期分量使速饱和变流器铁芯饱和来阻止励磁涌流流进继电器。

（4）变压器两侧电流互感器的型式不相同。

由于变压器两侧电流互感器的型式不同，其磁化特性也不同（即使型式相同，其特性也不完全相同）。在变压器外部短路时，两侧电流互感器的饱和程度不同而出现不平衡电流。

（5）带负荷调压的变压器在运行中需要改变分接头。

图 9-32　励磁涌流变化曲线

变压器为了调压目的而改变分接头时就等于改变变压器的变比，这时，变压器两侧电流的比值也随之改变，因而产生了新的不平衡电流。

（三）变压器差动保护的方式

从以上分析可知，变压器差动保护的突出问题是不平衡电流大，而且不能完全消除。因此，实现变压器差动保护需要解决的主要矛盾是采取各种措施来躲过这些不平衡电流的影响，同时在满足选择性的条件下，还要保证内部故障时有足够的灵敏度和快速动作。

目前在我国广泛应用的变压器差动保护有下列三种：

1.采用DL-11型电流继电器和FB-1型速饱和变流器的差动保护

速饱和变流器的原理结线图如图9-33所示，它共有三个线圈：一个初级线圈——差动线圈（工作线圈，出线端子是01、02），它跨接于差动环路中；一个次级线圈（出线端子是08、09），接到DL-11型电流继电器上；第三个线圈是均衡线圈（出线端子是03、04），所有线圈都绕在一个公共铁芯上。当变压器外部故障或空载投入，在差动回路出现不平衡电流或励磁涌流中存在较大的非周期分量时，速饱和变流器迅速饱和，传变工作变坏，使电流继电器不能反应。因为继电器中只流过不平衡电流或励磁涌流的周期分量，因此动作电流只要整定在变压器额定电流的1～2倍即可躲过励磁涌流。

均衡线圈接到差动环路的一个臂上，通常是接入电流较小的一侧。假设由于变压器两侧电流互感器的变比不易配合好而产生的不平衡电流中$I_2 > I_1$，则流入FB-1初级线圈（匝数为n）的不平衡电流为$I_{bp} = I_2 - I_1$，而流经均衡线圈（匝数为n'）的电流为I_1。适当选择匝数n及n'，使两个磁势大小相等，即

$$I_1 n' = (I_2 - I_1) \cdot n$$

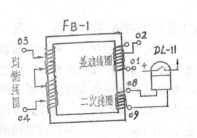
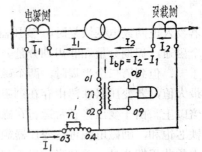

图 9-33 DL-11型电流继电器和FB-1型速饱和变流器的差动保护原理接线图

并且方向相反，则 FB-1 次级线圈就没有感应电势产生，继电器不动作。因此，虽然差动环路中有不平衡电流通过 FB-1 的初级线圈，但接在其次级线圈上的电流继电器并不反应出这一不平衡电流的存在，因而均衡线圈大大地消除了不平衡电流的影响。

2.采用BCH-2型差动继电器的差动保护

BCH-2型差动继电器由执行元件DL-11/0.2型电流继电器和带短路线圈的速饱和变流器组成，其结构原理如图9-34所示。在铁芯的中间柱 B 上绕有一个差动线圈（工作线圈）W_c和两个平衡线圈W_{ph1}、W_{ph2}，右侧铁芯C上绕有二次线圈 W_2，并与执行元件电流继电器相联接；短路线圈的两部分W_d'、W_d''分别绕在中间柱B和左侧铁芯 A 上，它们主要的作用是消除励磁涌流的影响。

在差动保护范围内发生短路时，短路电流流过速饱和变流器的一次线圈。短路电流的非周期分量衰减较快，当线圈中只通过周期分量时，产生交变磁通Φ，磁通Φ在短路线圈W_d'和W_d''中产生感应电流I_d，I_d流过W_d'和W_d''产生磁通Φ_d'和Φ_d''（如图9-34所示），但是W_d''匝数比W_d'多（一般选$W_d''=2W_d'$），磁通Φ''要比Φ'大。从图中可知，通过铁芯C柱的磁通为：

$$\dot{\Phi}_c=\dot{\Phi}-\dot{\Phi}_d'+\dot{\Phi}_d''$$

当电流由正最大值变化到负最大值时，铁芯中的磁通变化（$\Delta\Phi$）很大[见图9-35(b)]。当在C柱中通过的总磁通Φ_c足够大，并且又在较大的$\Delta\Phi$的作用下，则二次线圈 W_2 中感应出较大的电流，该电流达到继电器的起动值时，继电器即动作。当电流继电器的起动电流一定时，对应的起动磁通也是一定的。

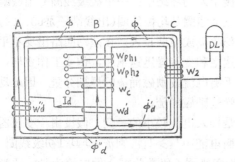

图 9-34 BCH-2差动继电器结构原理图

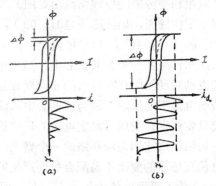

图 9-35 用速饱和变流器躲过暂态不平衡电流的作用原理说明图

（a）外部短路的情况；（b）内部短路的情况

当变压器外部故障或空载投入时，速饱和变流器一次线圈中流过含有较大非周期分量的励磁涌流或不平衡电流。非周期分量电流就象直流电流一样，不传变到短路线圈和二次线圈，只是产生直流磁通。大的直流磁通使铁芯迅速饱和，铁芯饱和后使周期分量的传变工作变坏。周期分量（偏向时间轴一侧的）电流流过变流器的一次线圈，当电流由正最大值变化到零时，铁芯B柱中磁通变化（ΔΦ）不大[见图9-35（a）]，因此，在一次线圈流过同样的周期分量电流时，由B柱进入二次线圈W_2的磁通减少了。而且，由A柱进入二次线圈的磁通减少得更显著（因为由A柱进入二次线圈的磁通需要通过一次线圈到短路线圈，再由短路线圈到二次线圈的二度传变作用），致使继电器不能动作。

平衡线圈W_{ph1}和W_{ph2}的作用与FB-1型速饱和变流器中的均衡线圈作用一样，用来平衡由于差动接线两组电流互感器二次电流不等所引起的不平衡电流。

图9-36是采用BCH-2型差动继电器的变压器差动保护原理接线图和展开图。

3.采用BCH-1型差动继电器的差动保护

上述 BCH-2 型差动继电器对躲过励磁涌流的性能很好，但对于保护范围外部故障存在很大的不平衡电流(周期分量)时，可能灵敏度不够，则可采用 BCH-1 型差动继电器。有关BCH-1型差动继电器可参看有关书籍，本节不作介绍。

（四）变压器差动保护的整定计算

设在进行整定计算前，已求出用于差动保护装置参数选择和灵敏度校验所需的各种短路电流数值。这里只以BCH-2型差动保护为例介绍整定计算步骤。

1.计算变压器各侧电流互感器二次回路的额定电流和基本侧的选择

按下式计算变压器各级电压侧二次回路的额定电流：

$$I_{e2}=\frac{K_j}{K_i}\cdot I_{eb} \tag{9-36}$$

式中　K_j——电流互感器二次回路接线系数，星形接线时$K_j=1$，三角形接线时

$$K_j=\sqrt{3}；$$

K_i——电流互感器的变比；

I_{eb}——变压器各侧额定电流（按变压器额定容量进行计算）。

根据计算结果，选取二次回路额定电流值最大的一侧为基本侧。当为单侧电源供电时，也可选电源侧为基本侧。

2.确定保护装置基本侧的一次侧起动电流

按下面三个条件确定，并取其中最大的一个作为计算值。

（1）躲开变压器空载投入时或外部短路切除后电压恢复时的励磁涌流：

$$I_{dz.1}=K_k\cdot I_{eb}=(1\sim1.3)I_{eb} \tag{9-37}$$

式中 $I_{dz.1}$的具体数值需在保护投入运行时，经变压器的空载投入实验再作最后确定。可靠系数K_k采用1.0～1.3。

（2）躲过外部短路时的最大不平衡电流：对双线圈变压器按下式计算：

$$I_{dz.1}=K_k(K_{ts}\cdot \Delta f+\Delta U+\Delta f')I_{d.max} \tag{9-38}$$

$$\Delta f'=\frac{W_{ph.js}-W_{ph.z}}{W_{ph.js}+W_{c.z}} \tag{9-39}$$

式中　K_k——可靠系数，取1.3；

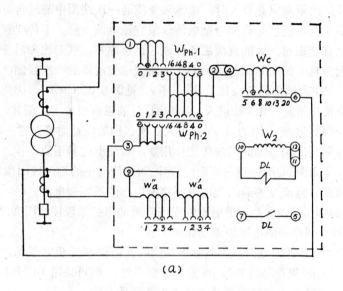

（a）

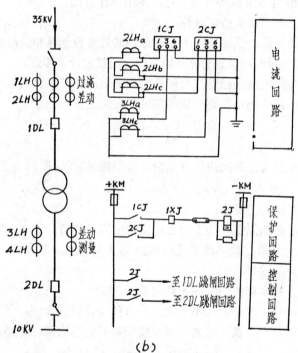

（b）

图 9-36　ВСН-2型变压器差动保护原理接线图和展开图

（a）原理接线图；（b）展开图

K_s——电流互感器同型系数，型号相同时取0.5，型号不同时取1；

Δf——电流互感器容许的最大相对误差，一般为10%；

ΔU——在变压器调压侧由于调压所引起的误差，取调压范围的一半。对于35千伏侧调压的标准变压器一般为5%；

$I_{d.max}$——外部短路时，流过电流互感器一次侧的最大穿越短路电流；

$\Delta f'$——继电器平衡线圈整定匝数与计算匝数不等而产生的相对误差；

$W_{ph.js}$——平衡线圈计算匝数；

$W_{ph.z}$——平衡线圈实用整定匝数；

$W_{c.z}$——差动线圈实用整定匝数。

在初步计算时，由于平衡线圈和差动线圈的匝数还不能确定， $\Delta f'$ 不能求出，故先采用中间值 $\Delta f'_p=0.05$（其最大值为 $\Delta f'_{max}=0.091$）。在确定各侧线圈匝数后，再按式（9-39）计算 $\Delta f'$。

（3）考虑电流互感器二次回路断线时保护装置不应误动作，则须躲过变压器正常运行的最大负荷电流：

$$I_{dz.1}=K_k \cdot I_{max}=(1.2\sim1.3)I_{eb} \tag{9-40}$$

式中 K_k——可靠系数，取1.2～1.3；

I_{max}——变压器正常运行时的最大负荷电流；在最大负荷电流不能确定时，可用变压器的额定电流。

根据以上三个条件计算出的结果，选用其中最大者作为起动电流的整定值。

3.确定差动线圈及平衡线圈的接法

对于双绕组变压器，其两侧电流互感器分别经两组平衡线圈再接入差动线圈，这种接法可能使继电器的实用匝数更接近于计算值。

4.确定基本侧线圈的匝数

基本侧继电器的起动电流为：

$$I_{dz.j}=\frac{K_j}{K_i} \cdot I_{dz.1} \tag{9-41}$$

式中 $I_{dz.1}$ 是归算到基本侧的保护装置一次侧起动电流。

基本侧线圈匝数按下式计算：

$$W_{\text{I}.js}=\frac{AW_o}{I_{dz.j}} \tag{9-42}$$

式中 AW_o 是继电器的动作安匝，应采用实测值，若不知道实测值，可取额定值 $AW_o=60$。

基本侧线圈实用匝数 $W_{\text{I}.sy}$ 选用较计算值 $W_{\text{I}.js}$ 小而接近的值。 $W_{\text{I}.sy}$ 匝数等于差动线圈和一组平衡线圈之和，即

$$W_{\text{I}.sy}=W_{\text{I}ph.z}+W_{c.z} \tag{9-43}$$

（1）确定差动线圈的匝数 $W_{c.z}$：

选用较 $W_{\text{I}.sy}$ 小而相近的匝数作为差动线圈的整定匝数，即

$$W_{c.z}\leqslant W_{\text{I}.sy} \tag{9-44}$$

（2）确定平衡线圈匝数 $W_{\text{I}ph.z}$：

$$W_{\text{I}ph.z}=W_{\text{I}.sy}-W_{c.z} \tag{9-45}$$

5.确定另一个平衡线圈匝数 $W_{\text{II}ph.js}$

根据磁势平衡原理，双线圈变压器按下式计算：

$$W_{\text{II}ph.js}=\frac{I_{\text{I}.e2}}{I_{\text{II}.e2}}W_{\text{I}.sy}-W_{c.z} \tag{9-46}$$

式中 $I_{\text{I}.e2}$——基本侧电流互感器二次回路额定电流［按式（9-36）计算］；

$I_{\text{II} \cdot e2}$——另一侧电流互感器二次回路额定电流。

若计算得的匝数$W_{\text{II} ph \cdot js}$为小数，则选用相接近的整数值。

6.校核由于实用整定匝数与计算匝数不等而产生的相对误差$\Delta f'$

按式（9-39）计算$\Delta f'$，如$\Delta f' \leqslant 0.05$，则以上计算告一段落；若$\Delta f' > 0.05$，则应把计算的$\Delta f'$值代入式（9-38）重新计算起动电流。

7.确定短路线圈的抽头

继电器短路线圈有四组抽头（如图9-36所示），可供调节。短路线圈的匝数越多，躲过励磁涌流的性能就越好，但在保护范围内部的故障电流中有较大非周期分量时，继电器的动作时间就越长，因此要根据具体情况来考虑。对于中小型变压器，由于励磁涌流倍数大，内部故障时电流中非周期分量衰减较快，对保护装置动作时间要求又较低，故一般选用较多的匝数，如抽头③—③或④—④；而对大容量变压器，由于励磁涌流倍数小，非周期分量衰减慢，切除故障又要求快，故一般选用较少的匝数，如抽头②—②或③—③。此外，还应考虑继电器所接电流互感器的型式，励磁阻抗小的电流互感器（如套管式）吸收非周期分量电流较多，短路线圈应采用较多匝数。所选取的抽头是否合适，应在保护装置投入运行时，通过变压器空载投入试验再确定。

8.校验灵敏度

对双绕组变压器按下式校验保护装置最小灵敏度：

$$K_{L \cdot min} = \frac{I_{dj\text{I}} \cdot W_{\text{I} \cdot sy} + I_{dj\text{II}} \cdot W_{\text{II} sy}}{AW_0} \geqslant 2 \qquad (9-47)$$

式中 $W_{\text{I} \cdot sy}$、$W_{\text{II} \cdot sy}$——I侧或II侧工作线圈实用匝数：$W_{\text{I} \cdot sy} = W_{\text{I} ph \cdot z} + W_{c \cdot z}$，$W_{\text{II} \cdot sy} = W_{\text{II} ph \cdot z} + W_{c \cdot z}$；

  $I_{dj\text{I}}$、$I_{dj\text{II}}$——变压器差动保护范围内故障时，流过相应侧继电器线圈的最小短路电流（最小运行方式下两相短路电流）。

如灵敏度不满足要求，则应选用带制动线圈的BCH-1型差动继电器来组成差动保护。

【例 4】 设有一台电压为35/6.6千伏，Y/△-11接线，$U_d\% = 8$，容量为15兆伏安的变压器，作差动保护整定计算（参看图9-36）。

已知数据：

35kV母线归算至平均电压为37kV的三相短路电流：最大运行方式下为3570A；最小运行方式下为2140A。

6.6kV侧母线短路时归算至平均电压为6.3kV的三相短路电流：最大运行方式下为9420A；最小运行方式下为7250A；归算至35kV侧的三相短路穿越电流为$I_{d2 \cdot max}^{(3)} = 1600$A，$I_{d2 \cdot min}^{(3)} = 1235$A。

6.6kV侧最大负荷电流为1000A，归算至35kV侧$I_{max} = 189$A。

采用BCH-2型继电器的差动保护。

【解】

保护装置的整定计算如下：

1.算出变压器各侧额定电流,选出电流互感器变比,求出电流互感器二次回路额定电流计算结果列于表9-5。

表 9-5

变压器计算用额定数据表

名　　　　　称	各　　侧　　数　　值	
	35 千 伏	6 千 伏
变压器各侧额定电流I_{eb}安	$\dfrac{15000}{\sqrt{3}\times 35}=248$	$\dfrac{15000}{\sqrt{3}\times 6.6}=1315$
变压器绕组联接方式	Y	△
电流互感器接线方式	△	Y
计算的变流比	$\dfrac{\sqrt{3}\times 248}{5}=\dfrac{429}{5}$	$\dfrac{1315}{5}$
选用的电流互感器变比	$\dfrac{600}{5}=120$	$\dfrac{1500}{5}=300$
电流互感器二次回路额定电流I_{e2}安	$\dfrac{\sqrt{3}\times 248}{120}=3.57$	$\dfrac{1315}{300}=4.38$

从表中看出，6千伏侧的二次回路额定电流大于35千伏侧，故选6千伏侧为基本侧。

2.计算保护装置6千伏侧（基本侧）一次侧起动电流

（1）按躲过励磁涌流条件：

$$I_{dz.1}=1.3 I_{eb}=1.3\times 1315=1710\text{A}$$

（2）躲过外部短路时的最大不平衡电流：

$$I_{dz.1}=K_k(K_{ts}\cdot \Delta f+\Delta U+\Delta f')I_{d.max}$$
$$=1.3(1\times 0.1+0.05+0.05)\times 9420=2450\text{A}$$

（3）考虑电流互感器二次回路断线：

$$I_{dz.1}=1.3 I_{max}=1.3\times \dfrac{15000}{\sqrt{3}\times 6}=1880\text{A}$$

所以按躲过外部故障不平衡电流条件来选取一次侧起动电流为$I_{dz.1}=2450$A。

3.确定线圈接法

35千伏及6千伏侧电流互感器分别经平衡线圈$W_{ph.1}$、$W_{ph.2}$再接入差动线圈。

4.确定基本侧线圈匝数

基本侧继电器起动电流：

$$I_{dz.j}=\dfrac{K_j}{K_i}\cdot I_{dz.1}=\dfrac{1\times 2450}{300}=8.16\text{A}$$

基本侧工作线圈匝数：

$$W_{1.js}=\dfrac{AW_o}{I_{dz.j}}=\dfrac{60}{8.16}=7.35\text{匝}$$

选用实用工作匝数为$W_{1.sy}=7$匝，其中差动线圈的实用匝数$W_{c.z}=6$匝，平衡线圈实用匝数$W_{1ph.z}=1$匝。

5.确定35千伏侧平衡线圈匝数

$$W_{\text{II}ph.js}=\dfrac{I_{1.e2}}{I_{\text{II}.e2}}W_{1.sy}-W_{c.z}=\dfrac{4.83}{3.57}\times 7-6=2.6\text{匝}$$

选35千伏侧平衡线圈实用匝数$W_{\text{II}ph.z}=3$匝。

6.校验由于实用匝数与计算匝数不等而产生的相对误差 $\Delta f'$

$$\Delta f' = \frac{W_{\text{II}ph.js} - W_{\text{II}ph.z}}{W_{\text{II}ph.js} + W_{c.z}} = \frac{2.6-3}{2.6+6} = -0.0465$$

因0.0465<0.05，故不需重新计算起动电流。

7.初步确定短路线圈抽头　选用③—③抽头。

8.校验灵敏度

按最小运行方式 F，6千伏侧两相短路校验。

归算至35千伏侧的变压器6千伏侧出口处两相短路电流：

$$I^{(2)}_{d2.min} = 0.87 I^{(3)}_{d2.min} = 0.87 \times 1235 = 1075A$$

流入相应侧继电器线圈的最小短路电流：

$$I_{dj\text{II}} = \frac{K_j}{K_i} \cdot I^{(2)}_{d2.min} = \frac{\sqrt{3}}{120} \times 1075 = 15.5A$$

$$I_{dj\text{I}} = 0 \quad （因为是单侧电源供电）$$

因此

$$K_{L.min} = \frac{I_{dj\text{II}} \cdot W_{\text{II}.sy}}{AW_0} = \frac{15.5 \times (6+3)}{60} = 2.32 > 2$$

校验结果，灵敏度是满足要求的。

第七节　高压电动机的保护

一、电动机的故障和异常运行方式及其保护的装设原则

在工业企业中采用大量高压异步电动机和同步电动机，它们在运行中会发生各种短路故障或不正常工作状态，往往造成电动机的严重损伤，因此必须装设相应的保护装置来尽快断开电源，以保证电动机的安全。

常见的各种短路故障和异常运行方式以及其相应的保护装置如下：

（1）定子绕组的相间短路，是电动机最严重的故障，《电力设计技术规范》规定应装设电流速断保护。对于容量为2000千瓦及以上的电动机，或对容量小于2000千瓦、且具有六个引出端子的重要电动机，当电流速断保护灵敏度不能满足要求时应装设纵联差动保护。

（2）定子绕组的单相接地故障。当小接地电流系统中接地电容电流大于5安时，应装设单相接地保护。当单相接地电容电流值为5～10安时，保护动作于信号，对2000千瓦及以上的电动机则动作于跳闸；当单相接地电容电流值大于10安时，保护动作于跳闸。

（3）电动机由于所带机械部分过载而引起的过负荷是最常见的异常运行方式，此时会引起电动机的过电流，加速绕组绝缘老化。规程规定，对于易发生过负荷的电动机应装设过负荷保护装置，动作于信号。

（4）电动机的低电压保护是当电动机的端电压降到某一数值时就将其从电网断开的一种保护。当电网电压因某种原区降低或中断时，电动机的转速下降并开始惰行，当电网电压恢复时，由于电动机的自起动会造成电压不能迅速恢复,而影响正常供电。因此,为保证重要电动机的自起动，对不重要的电动机应装低电压保护，使它们在电压下降到一定值

时就从电网断开。此外，根据生产工艺过程不允许或不需要自起动的电动机，应装设低电压保护，在电网电压下降到一定数值时，将其从电网断开。对于需要参加自起动的重要电动机，也要装设低电压保护，以较低的电压和较长的时限将其从电网中断开；这是因为电源电压长时间不能恢复正常，就不能让这些重要的电动机再参加自起动，以保证人身和设备的安全。对于一些能够自起动的特殊重要电动机，诸如消防水泵、排粉机、吸风机及备用励磁机等的电动机，则不装设低电压保护装置。

二、电动机的相间短路保护和过负荷保护

为防止电动机相间故障和过负荷，目前应用最广泛的是采用 GL 型感应式过电流继电器。前面已分析，感应式电流继电器的时限特性是一条时间随电流数值渐变的曲线，即电流越大，时限越短；电流越小，则时限越长；而且 GL 型感应式继电器其电磁系统动作是瞬时的。利用继电器的瞬动元件作用于开关跳闸，作为电动机的相间短路保护；利用继电器的反时限元件作用于信号，作为电动机的过负荷保护。

大家知道，电动机都具有一定的过负荷能力，通过过载的电流越大，允许过载的时间越短，如当1.2倍电动机额定电流时，允许的通过时间为70秒；1.5倍时为 30 秒；2 倍时为20秒；电动机允许过载电流与时间的关系如图9-37所示，也是具有反时限的特性。所以利用反时限电流继电器做为电动机的过负荷保护，将其特性曲线调整在电动机的允许过载特性曲线的下面是非常合适的。当某一电流倍数下，时限超过允许值时，保护装置就动作，发出信号，使值班人员及时进行处理，从而达到了保护的作用。反时限电流继电器的动作特性如图9-38所示。

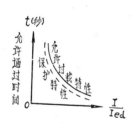

图 9-37　电动机允许过载电流与时间的关系

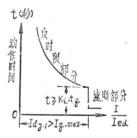

图 9-38　GL型继电器反时限特性
t_q—电动机自起动时间；$I_{q.max}$—电动机最大起动电流有效值

保护装置的结线一般有两相式和两相电流差式两种。在小接地电流系统中，一般采用两相式结线；当灵敏度能够满足要求时，应优先采用两相电流差式结线。保护装置的原理结线如图9-39所示。

1.电动机过负荷保护的整定

（1）电动机过负荷保护的起动电流按下式整定：

$$I_{dz.j} = \frac{K_k \cdot K_j \cdot I_{ed}}{K_f \cdot K_i} \qquad (9\text{-}48)$$

式中　　$I_{dz.j}$——继电器的起动电流[安]；

　　　　I_{ed}——电动机的额定电流[安]；

　　　　K_k——可靠系数，对GL型K_k取1.2；

　　　　K_j——接线系数，对两相差接线$K_j=\sqrt{3}$，对两相式接线，$K_j=1$；

K_f——返回系数，对GL型K_f＝0.85；

K_i——电流互感器变比。

（2）过负荷保护的动作时限 t 应大于电动机起动及自起动所需的时间t_q。一般可选用10～16秒，对于起动困难的电动机，应实测其起动时间后，再整定继电器的动作时间。

2. 电动机相间短路保护的整定

电动机相间短路是利用 GL 型继电器的速断部分来保护的。速断保护的起动电流按躲过电动机的最大起动电流（供电网络为全电压时的起动电流）来整定，按下式计算：

$$I_{dz.j}=\frac{K_k \cdot K_j \cdot I_{q.max}}{K_i}\qquad(9-49)$$

式中 $I_{q.max}$——电动机的最大起动电流有效值，一般大于额定电流的 4 倍〔安〕；

K_k——可靠系数，当采用 GL 型继电器时，K_k＝1.8～2.0，此系数取大些是考虑躲开电动机起动瞬间的冲击峰值电流。

如果外部发生短路时，大型同步电动机所发出的冲击电流大于其起动电流时，则以此冲击电流代替电动机的起动电流值进行计算。

保护装置的灵敏度按下式校验：

$$K_L^{(2)}=K_{LX}^{(2)}\frac{I_{d.min}^{(3)}}{I_{dz.1}}\geqslant 2\qquad(9-50)$$

式中 $I_{dz.1}$——速断保护的一次侧起动电流〔安〕；

$I_{d.min}^{(3)}$——当供电网络在最小运行方式下，电动机 端子处三相 短路时的 短路电流〔安〕；

$K_{LX}^{(2)}$——二相短路的相对灵敏系数。

三、电动机的差动保护

在小接地电流系统中，电动机差动保护装置采用两相式结线，并用两个 BCH-2 型差动继电器或两个 DL-11 型电流继电器（或老产品DC-11型差流继电器）构成，保护装置瞬时动作于开关跳闸。其原理接线图如图9-40所示。

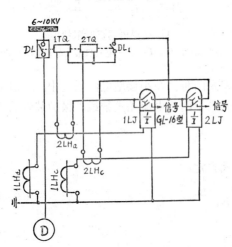

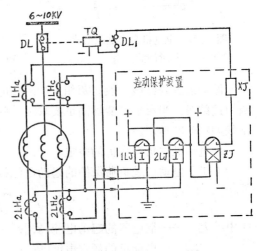

图 9-39　电动机的电流速断保护和过负荷保护

DL—断路器；DL_1—断路器的辅助接点；1.2TQ—跳闸线圈 1.2LJ—电流继电器；1LH—电流互感器；2LH—中间变流器

图 9-40　电动机纵联差动保护原理接线图

（采用两个DL-11型电流继电器）

保护装置的起动电流按下式整定：

$$I_{dz.j} = \frac{K_k}{K_i} I_{ed} \quad\quad （9-51）$$

式中 K_k 为可靠系数。当采用 BCH-2 型差动继电器时，取 $K_k=1.3$；当采用 DL-11 型电流继电器时（或已用老产品 DC-11 型差流继电器时），取 $K_k=1.5\sim2$。

保护装置灵敏度按下式校验：

$$K_L^{(2)} = K_{LX}^{(2)} \frac{I_{d.min}^{(3)}}{K_i \cdot I_j} \geqslant 2 \quad\quad （9-52）$$

式中 I_j 是继电器实际动作电流。对 DL-11 型继电器，可用式（9-51）计算值；当采用 B-CH-2 型差动继电器时，尚需根据式（9-51）确定整定匝数，然后根据整定匝数再求得实际动作电流。

四、电动机的单相接地保护

在小接地电流系统中，当电动机内部发生单相接地故障时，全系统的接地电容电流均流过故障点，以致会烧毁电机的铁芯，而且极难修理。为此，在接地电容电流较大的系统中运行的电动机，应装设接地保护，一般动作于跳闸，只有当单相接地电容电流为 $5\sim10$ 安的 2000 千瓦以下的电动机，才动作于信号。

电动机的接地保护可以利用零序电流互感器和瞬时动作的电流继电器来实现[见图 9-17 中（b）]。

保护装置的起动电流可按灵敏度的条件来整定，而对大型同步电动机应按躲过本身的电容电流来整定，计算公式如下：

$$\left.\begin{array}{l} \text{按灵敏度条件·} I_{dz.1} = \dfrac{I_{C\Sigma} - I_{C.1}}{K_L} \\[2mm] \text{按避开本身的接地电容电流} \quad I_{dz.1} = K_k \cdot I_{C.d} \end{array}\right\} \quad （9-53）$$

式中　$I_{C\Sigma}$——单相接地时，流过接地点的全系统的电容电流[安]；

　　　$I_{C.1}$——被保护元件的接地电容电流，这里指电动机的接地电容电流，相对于 $I_{C\Sigma}$ 而言，可忽略不计；

　　　K_L——灵敏系数，一般取 2；

　　　K_k——可靠系数，由于保护是瞬时动作的，一般取 $4\sim5$；

　　　$I_{C.d}$——同步电动机本身的接地电容电流[安]。

当保护装置动作电流按避开本身的接地电容电流整定时，应按本回路发生单相接地故障时的电容电流来校验灵敏度。即

$$K_L = \frac{I_{C\Sigma} - I_{C.d}}{I_{dz.1}} \quad\quad （9-54）$$

式中 $I_{C\Sigma} - I_{C.d}$ 的意义，见第四节式（9-19）。

五、电动机的低电压保护

按照《继电保护和自动装置设计技术规程》的要求，下列电动机的低电压保护装置应动作于跳闸。低电压保护装置的电压整定值和时限整定值分别规定如下：

（1）当电源电压短时降低或短时中断后又恢复时，需要断开的次要电动机，要装设 0.5 秒时限的低电压保护，电压整定值一般为 $60\sim70\% U_{ex}$。

（2）根据生产工艺过程不允许或不需要自起动的电动机，保护装置的时限为 $0.5\sim$

1.5秒，电压整定值一般为50～55%U_{ex}。

（3）需要自起动的电动机，保护装置的时限为5～10秒，电压整定值一般为40～50% U_{ex}。

为保证电动机正常运转，低电压保护的接线应满足以下基本要求：

（1）当电压互感器一次侧一相及两相断线或二次侧各种断线时，保护装置不应误动作。为此，装设三相低电压起动元件，并在第三相继电器上增设分路保险。

（2）电压互感器一次侧隔离开关断开时，保护装置应予闭锁，不致误动作。

（3）当电压下降到规定值时能可靠起动，并闭锁电压回路断线信号装置，不致误发信号。

（4）低电压保护动作时限要根据电动机的分类而分别整定。通常对不重要的电动机

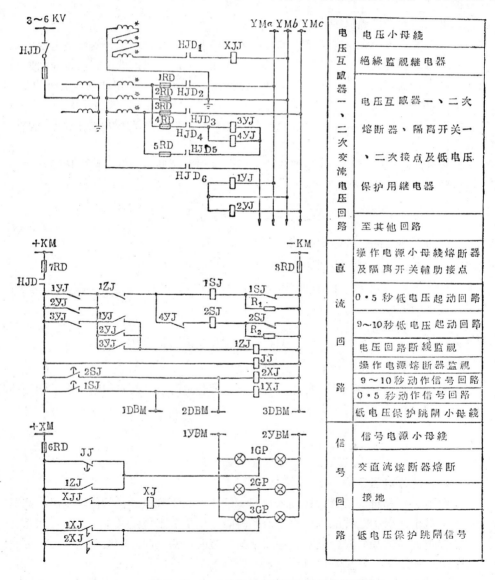

图 9-41 3～6千伏电动机低电压保护结线图

应首先以 0.5 秒时限将其切除；对不允许自起动的重要电动机以 1.5 秒时限将其断开；对需要自起动的重要电动机以 10 秒时限最后将它从电网中断开。

根据上述要求，3～6 千伏电动机低电压保护的接线如图 9-41 所示。

当电压下降到额定值的 60～70％时，电压继电器 1～3YJ 动作，其常闭接点闭合，起动时间继电器 1SJ，发出次要电动机跳闸和信号脉冲；当电压继续下降到额定值的 50～55％时，又使电压继电器 4YJ 动作，其常闭接点闭合，起动时间继电器 2SJ 发出重要电动机跳闸和信号脉冲；若保险丝熔断（如 A 相），则 1YJ 的常闭接点闭合，常开接点打开，起动中间继电器 1ZJ，把两个时限回路 1～2SJ 切断，从而防止了误跳闸。如果三相保险丝同时都熔断，这时尽管 1～2YJ 都误动，但是由于 3YJ 接于分路保险上，没有动作，3YJ 的常开接点闭合着，因而使 1ZJ 得电把其常闭接点打开，起到了闭锁的作用。当电压互感器一次侧的隔离开关打开时，其二次接点 HJD 打开，使保护失去操作电源，因而不致于误动作。

低电压保护的起动电压应按照保证重要电动机的自起动来选择，这个电压用计算方法或根据专门的实验来决定。通常电网电压约为 55％额定值时可保证电动机的自起动。因此不允许自起动的异步电动机的动作电压按下式整定：

$$U_{dz.j} \leqslant (0.6～0.7) \frac{U_{ex}}{K_u} \qquad (9-55)$$

式中　U_{ex} 为网络额定线电压 [伏]；K_u 为电压互感器变比。

对工艺过程要求不允许自起动、和需要自起动的电动机，其动作电压按下式整定：

$$U_{dz.j} \approx (0.50～0.55) \frac{U_{ex}}{K_u} \qquad (9-56)$$

动作时限一般前者为 0.5～1.5 秒（躲过电动机速断保护和上级变电所引出线过电流保护的时间）；后者为 10 秒（采用 10 秒时限是因为一般电网电压下降所持续的时间小于 10 秒钟）。

第八节　6～10 千伏静电电容器的保护

在工业企业中为了提高配电网的功率因数，经常装设静电电容器作为补偿装置。电容器在运行中有下列特点，在考虑其保护装置时应加以注意：

①电容器组工作时没有过负荷的可能，所以一般不装设过负荷保护；

②电容器合闸时，暂态冲击电流很大，可达到其额定电流的 3～7 倍，但其衰减很快，因此电容器组的相间短路保护可以而且应该做成速断的，但必须使其在合闸冲击电流的作用下不致于误动作；

③电容器从系统断开后，其上面还有电荷，电压仍不消失，其最大值可能等于系统电压的幅值，这对维护人员是危险的。因此，为了安全起见，必须装设放电设备，对于高压电容器，一般都用电压互感器作为放电设备。

一、电容器故障形式及保护的装设原则

（1）电容器的故障及异常运行情况：

①电容器组和断路器之间连接线上的短路；

②电容器内部故障及其引出线上的短路；

③电容器组回路内的单相接地故障（当电网单相接地电流大于10安时，电容器组应装设单相接地保护，一般情况不必考虑单相接地保护）。

（2）电容器的保护类型和装设原则：

容量在400千乏及以下的电容器组可采用带有熔断器的负荷开关保护；容量在400千乏以上的电容器组一般采用SN型少油断路器作为控制和保护设备，直接利用装于油断路器操作机构中的二个T_1-6型瞬动过电流脱扣器（或另装过电流继电器）构成相间短路保护，瞬时动作于跳闸。

电容器的过电流保护原理接线如图9-42所示，其中图（a）为直接利用装于油断路器操作机构中的T_1-6型过流脱扣器构成相间短路的速断保护；图（b）为采用过电流继电器组成的原理接线图。

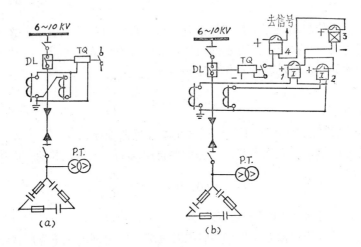

图 9-42 电容器过电流保护（瞬动）原理接线图

（a）直接利用T_1-6型过流脱扣器；（b）采用过电流继电器

DL—断路器；TQ—跳闸线圈（包括过流脱扣器）；PT—放电用电压互感器；1，2—DL-11型电流继电器；3— DZB-127 型中间继电器；4—DX-11/0.025型信号继电器

对电容器内部故障及其引出线上短路，一般采用将电容器分组（例如3～5个为一组），在每组上装设熔断器。

二、保护装置的整定计算

（1）单个电容器或电容器组用熔断器保护时，通常选择熔体额定电流为单个电容器或电容器组额定电流的1.5～2倍。

（2）保护相间短路的速断装置，其动作电流按躲过电容器投入时的冲击电流来整定：

$$I_{dz.j}=K_k \cdot K_j \frac{I_e}{K_i} \qquad (9-57)$$

式中 K_k——可靠系数，考虑躲过冲击电流，取$K_k=2$；

K_j、K_i——分别为接线系数和电流互感器变比；

I_e——电容器组的额定电流。

保护装置的灵敏度按电容器组端子上发生两相短路的条件来校验，即

244

$$K_L^{(2)} = K_{LX}^{(2)} \frac{I_{d \cdot min}^{(3)}}{I_{dz \cdot 1}} \geqslant 2 \qquad (9\text{-}58)$$

式中　$I_{d \cdot min}^{(3)}$——系统最小运行方式下电容器三相短路电流；

　　　$I_{dz \cdot 1}$——保护装置一次侧起动电流，$I_{dz \cdot 1} = \dfrac{I_{dz \cdot j} \cdot K_i}{K_j}$；

　　　$K_{LX}^{(2)}$——两相短路相对灵敏系数。

（3）电容器组的放电电阻按下式计算：

$$R = 15 \times 10^6 \frac{U_{xg}^2}{Q} \text{（欧姆）} \qquad (9\text{-}59)$$

式中　U_{xg}为线路的相电压（千伏）；Q为电容器组的容量（千乏）。

如果利用电压互感器及信号灯兼作放电电阻时，就不需另行选择放电电阻。

第九节　采用高压熔断器的保护

前面讲述了工业企业供电系统中常用的继电保护装置，但在运行实践中已有逐步采用结构简单、重量轻、用铜少、成本低的熔断器来代替昂贵的断路器的趋势。

"规范"规定，单侧电源供电的放射式线路、降压变压器、不经常操作的电力电容器，当符合下列条件时，可采用高压熔断器作为短路保护：

（1）熔断器的上限断流容量不小于短路电流的最大值，下限断流容量要小于短路电流的最小值；

（2）能保证动作选择性和灵敏度的要求；

（3）利用负荷开关、副熔管、隔离开关及其它方法能可靠断开最大负荷电流、线路空载电流和电容器电容电流等。

熔断器应装设在被保护回路的所有相上。

对熔断器的熔体选择应符合可靠性、选择性和灵敏度的要求。

选择熔体的额定电流时，要有足够的裕度，以保证运行中可能出现的冲击电流（如自起动电流、励磁涌流及投入电容器时的暂态冲击电流等），不致使熔体熔断。

在前后两级熔断器之间、熔断器与电源继电保护之间以及熔断器与负荷侧继电保护之间，除特殊情况外，均应保证动作的选择性。

现以变压器采用熔断器保护为例，选择熔体的额定电流：

（1）当变压器低压侧短路时，必须保证其动作的选择性，亦即高压熔断器熔断时间必须与低压侧的保护装置相配合。根据实践，一般要求高压熔断器熔体的熔断时间不能小于 0.4 秒，才能和低压侧的保护装置相配合。因为熔断器的熔断特性与通过的电流大小有关，也是一条反时限特性曲线，常用的 RN₁ 型高压熔断器其对应于熔断时间为 0.4 秒时的过电流倍数约等于10（可查熔断器的特性曲线），即

$$\frac{I_{d2}}{I_{er}} = 10 \qquad (9\text{-}60)$$

式中　I_{d2}——变压器低压侧三相短路时的穿越短路电流；

　　　I_{er}——熔断器熔体的额定电流。

根据此条件，熔断器熔体的额定电流应为：

$$I_{er} = \frac{1}{10} I_{d2} \tag{9-61}$$

（2）在变压器满负荷运行时，熔件不致长期处于严重的过载状态，为此，根据上述选出的熔体还要用变压器最大长期工作电流来校验，即

$$I_{er} \geqslant (1.4 \sim 2) I_{eb} \tag{9-62}$$

式中　I_{eb} 为变压器一次侧的额定电流。

一般说来根据第一条件选出的熔体，都能满足第二条件的要求。

当然，选出来的熔断器还要考虑断流容量是否达到要求。

【例 5】　有一台电压为 6 千伏、容量为 750 千伏安的变压器，高压侧系统短路容量为 40 兆伏安，低压侧三相短路电流折算到 6 千伏侧为 1080 安，试选择 RN₁ 型高压熔断器，并根据保护要求进行校验。

【解】　根据表9-6所示，选用 RN₁-6-100 型熔断器，熔体额定电流为100安。

RN₁ 型 熔 断 器 选 择 表　　　　表 9-6

变压器额定电流	熔丝额定电流	被保护的变压器在下列电压下的额定容量（千伏安）			
（安）	（安）	3 千 伏	6 千 伏	10 千 伏	35 千 伏
0.5	2	—	5	10	—
1.0	3	5	10	20	50
1.9	5	10	20	30	100
3.0	7.5	—	30	50	180
5.0	10	20	50	75	—
8.0	15	30	75	100	320
10	20	50	100	180	560
14	30	75	135	240	—
20	40	100	180	320	—
30	50	—	320	560	—
54	75	240	560	750	—
70	100	320	750	1000	—
100	140	560	1000	1500	—

根据动作选择性要求的验算：

$$I_{er} = \frac{1}{10} I_{d2} = \frac{1}{10} \times 1080 = 108, \text{ 取 } I_{er} = 100 \text{安}。$$

根据熔体电流与变压器最大工作电流相配合的验算：

因变压器一次侧额定电流为70安，故得

$$\frac{I_{er}}{I_e} = \frac{100}{70} > 1.4, \text{ 满足要求}。$$

又从 RN₁ 型高压熔断器的技术数据查得 RN₁-6-100 熔断器的最大断流容量为 200 兆伏安，大于在熔断器后发生短路时的系统短路容量40兆伏安，所以符合要求。

第十节　备用电源(或设备)的自动投入装置

在工业企业供电系统中，为了提高供电可靠性，对于具有第一类负荷或重要的二类负

荷的变电所（或用电设备），常采用备用电源（或设备）的自动投入装置。

在具有两个独立电源的变电所或电气设备上，若其中一个电源不论任何原因失电而断开时，另一个电源便自动投入恢复供电，这种装置称为备用电源（或设备）的自动投入装置，简称BZT。BZT装置应用在备用线路、备用变压器及备用母线上。

一、工业企业中备用电源自动投入的基本形式

在工业企业中，备用电源的自动投入一般有下列两种基本形式：

（1）具有一条工作线路和一条备用线路，BZT装在备用进线断路器上［见图9-43（a）］。正常运行时备用线路断开，当工作线路因故障或其他原因切除后，备用线路自动投入。

（2）对具有两条独立的工作线路分别供电的单母线分段运行的变电所，BZT装在母线分段断路器上［图9-43(b)］。正常运行时，分段断路器断开，两路电源分别供电给两段母线。当两路电源中有一路电源发生故障而切除时，备用电源自动投入装置将分段断路器合上，由另一路电源继续供电给全部重要负荷。

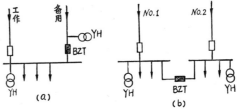

图 9-43 备用电源自动投入的两种基本形式
（a）装于备用进线断路器上；（b）装于母线分段断路器上

由于备用电源自动投入装置采用几个继电器组成，比较简单，投资不大，而对供电可靠性和连续性却大大提高，因此广泛应用于重要的工业企业变、配电所中。

装有BZT的断路器可以采用电磁式、弹簧储能式操作机构。后者一般用在交流操作或仅有小容量直流跳闸电源的变电所中，但其机构复杂，价格较贵。而电磁式机构，结构简单可靠，价格较低，在采用整流式直流电源的情况下，多数使用电磁式操作机构。

二、对备用电源自动投入装置的基本要求

对BZT装置有下列基本要求：

（1）当一路电源失压时，BZT应将此路电源切除，再合上备用电源开关，以免两个电源未经同期步骤而并列运行。

（2）备用电源的投入应尽可能迅速，即BZT的动作时间应尽量缩短，以利于电动机的自起动。

（3）只允许BZT装置动作一次，以避免将备用电源合闸到永久性故障上去。

（4）防止由于电压互感器的熔断器熔断时引起BZT误动作。

当采用BZT装置时，应该校验备用电源的过负荷能力及电动机自起动条件。若备用电源的过负荷能力不够或电动机自起动条件不能保证时，可在BZT动作的同时切除一部分次要负荷。

三、备用线路BZT装置的接线

为说明方便，下面分别介绍备用线路的BZT装置接线和母线分段断路器的BZT装置接线。

1.备用线路BZT装置的接线

备用线路BZT装置的接线如图9-44所示。它用交流操作，备用线路断路器采用CT₆型弹簧储能式操作机构，工作线路断路器采用CS₂型手动操作机构。交流操作电源由2YH电

压互感器供给。

本装置主要分为三个部分：

（1）起动部分。由低电压继电器1YJ、2YJ组成，其任务是监视工作电源的电压，当工作电源消失时，其常闭接点闭合，起动BZT装置。

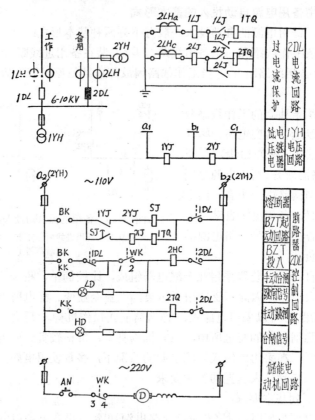

图 9-44　备用线路的BZT装置接线图（交流操作）

（2）时间继电器SJ。用来保证BZT装置动作的选择性（时间整定值见后面整定计算部分）。

（3）保证BZT装置只有一次动作。由储能电动机回路完成。

图中KK是用来操作断路器2DL的控制开关，BK是用来投入或解除BZT装置的选择开关，在BZT投入时，BK是闭合的。

为了防止电压互感器的熔断器之一熔断或低电压继电器断线而引起BZT误动作，起动元件采用两个低电压继电器，将其常闭接点串联接在BZT的起动回路中。

正常运行时，工作电源有电，低电压继电器1～2YJ均处在吸上位置，其常闭接点断开。当工作电源失去电压时，继电器1～2YJ均释放，其常闭接点闭合，接通时间继电器SJ，经过一段延时后，其常开延时接点SJ闭合，接通断路器1DL的跳闸线圈1TQ，使断路器1DL跳闸。1DL跳闸后，其辅助常闭接点1DL闭合，接通断路器2DL的合闸接触器2HC（此时控制开关WK接点1-2是闭合的），利用弹簧作用力将断路器2DL合上，完成了BZT的任务。

断路器2DL合闸后，控制开关WK接点1-2断开，WK接点3-4闭合，此时由于储能电动机不再接通，弹簧未储能，从而保证BZT只能动作一次。

为了准备下一次动作，需由值班人员按动按钮AN，接通储能电动机，使弹簧重新储能以恢复原位，使WK接点1-2闭合，WK接点3-4断开。

2. 母线分段断路器BZT装置的接线

对有两个独立电源，单母线分段互为备用的结线，BZT装在分段断路器上，图9-45为直流操作的母线分段断路器BZT装置的接线图，该图也是采用带时限的低电压起动方式。在一次结线中，装设了两个电压互感器1YH和2YH。在电压互感器的二次回路中分别接入低电压继电器1YJ、2YJ和3YJ、4YJ。为了防止电压互感器的熔断器之一熔断或低电压继电器断线而引起BZT误动作，将两个电压继电器1YJ和2YJ（或3YJ和4YJ）分别接至电压互感器不同的相间，它们的常闭接点串联后接至BZT的起动回路中。2YJ（或4YJ）除具有上述常闭接点外，还具有一个常开接点（作为检查备用电源之用）分别接至另一进线的BZT起动回路中。

图中控制开关KK用以操作断路器，选择开关BK用以投入或解除BZT装置，用虚线框起来的接点表示是从其控制回路中引来的。

正常运行时，两段母线分别供电，断路器1DL和2DL合闸（此时分段断路器3DL断开），它们的常闭接点断开，常开接点闭合，所以在3DL的控制回路中，闭锁继电器BJ接通，其延时断开的接点BJ瞬时闭合，准备好BZT的自动投入，只要1DL或2DL的常闭接点一闭合，BZT就自动投入。由于正常运行时两路进线都有电，所以BZT低电压起动回路中的电压继电器常闭接点均断开，此时在1DL和2DL的BZT起动回路中的电压继电器4YJ及2YJ的常开接点闭合，表示备用电源有电，准备好BZT的起动。

当任一电源，例如1号电源失电时，其BZT起动回路中的电压继电器1～2YJ释放，其常闭接点闭合，此时2号电源有电，4YJ的常开接点仍是闭合的，所以时间继电器1SJ接通，经过一段延时（此时限是保证BZT动作选择性所必须的，详见后面参数选择）后，接通断路器1DL的跳闸线圈，使其跳闸。1DL跳闸后，其辅助常闭接点1DL闭合，并经BJ延时断开常开接点，接通断路器3DL的合闸接触器3HC（见3DL控制回路），将3DL合上，完成了BZT的任务。

由于BJ的常开接点延时返回，保证BZT只动作一次。当断路器1DL跳闸后，其常开辅助接点断开，闭锁继电器BJ失电（BJ平时带电），经过一段延时后，其延时断开的常开接点将3DL的合闸回路切断，保证只动作一次。

当3DL合闸到稳定性故障（例如母线短路）上时，则3DL的过电流继电器1LJ及2LJ动作，立即将3DL断开，以免影响另一段母线的正常运行。当自投成功后，继电器BJ的另一个延时断开的常开接点将3DL的瞬时过电流保护解除，使两段母线连成象单母线一样运行。

四、**BZT装置中各继电器的参数选择**

1. 闭锁继电器BJ的释放延时（见图9-45的3DL部分）

BJ继电器的作用是保证BZT只动作一次，其释放延时应根据使分段断路器3DL可靠合闸的条件来选择，即

$$t_J \geqslant t_h + \Delta t \qquad\qquad (9\text{-}63)$$

式中　t_h——断路器3DL的合闸时间（包括操作机构的动作时间）[秒]；

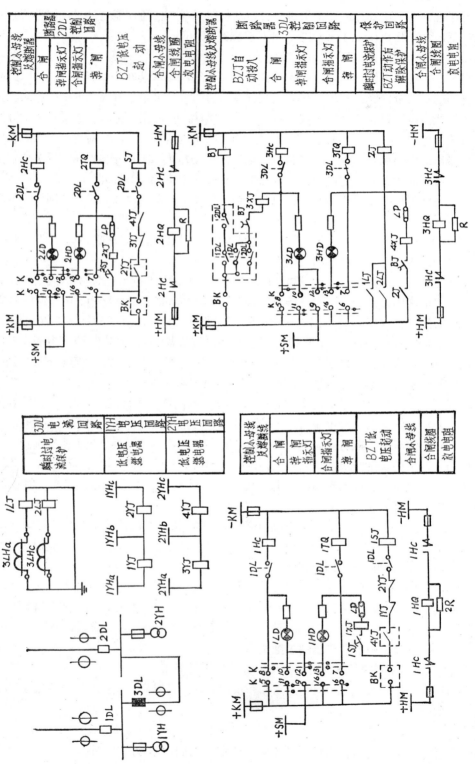

图 9-45 母线分段断路器BZT装置的接线图

250

Δt——储备时间，采用0.2～0.3秒。

2.电压继电器1YJ（或3YJ）的释放电压（见图9-46）

在选择低电压继电器 1YJ（或 3YJ）的释放电压时，应当这样来考虑：当母线D上失去电压时，低电压继电器1YJ应保证BZT装置可靠动作，但当短路发生在d_1点和d_4点时，母线D上的电压也降为零，此时BZT装置不应动作（这靠适当地选择SJ继电器的延时来保证）。同理，当短路发生在电抗器或变压器出口处，例如d_5点或d_2点时，母线上的电压也下降，此时BZT装置也不应动作。为此，低电压继电器1YJ（或3YJ）应避开上述短路，即其释放电压应低于d_2点和d_5点短路时母线D上的残余电压U_d，并且应低于这些短路切除后电动机自起动时母线D上的电压U_q，即

$$U_{dz \cdot j} \leqslant \frac{U_d}{K_k K_u} \qquad (9\text{-}64)$$

及

$$U_{dz \cdot j} \leqslant \frac{U_q}{K_k K_u} \qquad (9\text{-}65)$$

式中　K_k——可靠系数，取1.2～1.3；

　　　K_u——电压互感器的变压比。

根据实际运行经验，1YJ（或3YJ）的释放电压的整定值，一般为工作电压的25%，这样就能可靠地躲开馈电线电抗器或变压器出口处的短路。

电压继电器 2YJ（或4YJ）主要作为检查备用电源之用，该继电器的整定值应按母线最低工作电压考虑，根据运行经验，一般整定在工作电压的70%。

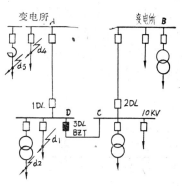

图 9-46　选择BZT装置中继电器参数的系统图

3.时间继电器SJ的动作时限

时间继电器SJ是用来保证 BZT 动作的选择性的。上面已谈到，当本级和上级变电所出线上d_1点和d_4点短路时，BZT装置不应动作，为此，必须使其动作时限大于这些馈电线的过电流保护的动作时限，即

$$t_{sJ} > t_{g1} + \Delta t \qquad (9\text{-}66)$$

式中　t_{sJ}——BZT装置的动作时限（即时间继电器SJ的延时）［秒］；

　　　t_{g1}——本级或上级变电所馈电线过电流保护的动作时限［秒］；

　　　Δt——储备时限（取0.2～0.3秒）。

如果电源侧装有自动重合闸装置（ZCH），或有BZT装置，则SJ的整定时限一般应较电源侧的ZCH或BZT的动作时限大一个时限阶段，以避免不必要的动作。

上面介绍的BZT装置是采用带时限的低电压起动方式，公式（9-66）是保证BZT装置动作选择性所必需的，因此其动作时限较长，在某些场合下，有时不能满足电动机自起动的要求。此时可采用带电流闭锁的低电压起动方式。所谓电流闭锁，就是在进线断路器的电流互感器回路中接入一个电流继电器LJ，并将继电器LJ按两相电流差式接线，其常闭接点串接在BZT的起动回路中，用来保证动作的选择性。继电器LJ的动作电流值应按躲开最大尖峰电流及外部短路时接于该段母线上的同步电动机的输出电流来整定；并按系统最小运行方式下馈电线的短路电流进行校验。当馈电线短路时，LJ动作，将起动回路断开，使BZT不能动作。采用电流闭锁，可以不考虑延时，因此其动作时限有可能缩短到

仅为继电器和断路器本身动作所必需的时间（约0.5秒）。

当变、配电所的主要负荷为同步电动机时，在电源断开后，电动机进入发电制动状态。母线电压下降得很慢，因而大大延长了BZT动作时间。为了加速BZT的动作，不能单用低电压继电器作为起动元件，必须同时采用低频率继电器作为起动元件，以反映此时母线频率的降低，其线圈接在电压互感器的二次侧，接线如图9-47所示（图中DZJ为低频率继电器），其频率整定应与系统按频率自动减负荷装置相配合，一般整定在45～46赫。

五、1千伏以下电网的BZT起动回路

低压电网的BZT可用带远距离操作机构的自动空气断路器（自动空气开关）或接触器来实现，一般都采用交流操作。

大容量变压器的BZT可采用自动空气开关来实现，小容量变压器的BZT可采用接触器来实现，图9-48表示320千伏安及以下的变压器的BZT的接线图（采用接触器）。

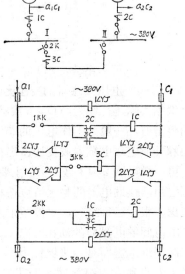

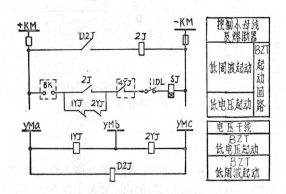

图 9-47　用低频率继电器做起动元件的
BZT起动回路

图 9-48　采用交流接触器的低
压BZT的接线

正常运行时，两台变压器分别供电，接触器1C及2C合上，母线分段接触器3C断开，ZK作为短路保护的自动开关，平常是闭合的。由于两段母线都有电，所以交流电磁继电器1～2LYJ（JT₄-ZZP型）均吸上，其常开接点闭合，常闭接点断开，以监视两段母线的电源情况。当任一电源，例如Ⅰ段母线失去电压（或1号变压器故障由其高压侧断路器跳开）时，继电器1LYJ释放，其常开接点闭合，接通接触器3C，于是接触器3C合上，Ⅰ段母线由2号变压器恢复供电，完成了BZT的任务。

图中3C回路用两个常闭接点和两个常开接点串联是为了预防因1～2LYJ继电器接点故障（例如接点粘住）而引起BZT装置的误动作。

图9-49是采用DW10型（1000～4000安）自动空气开关的BZT原理接线图。变压器低压侧开关1ZK和2ZK用手动操作，母线分段开关3ZK用电动机操作。

正常运行时，两台变压器分别供电，1ZK和2ZK合上，3ZK断开。由于两段母线都有电，电压继电器1～4YJ都吸上，以监视两段母线的电源情况。当任一电源，例如1B变压器故障使Ⅰ段母线失去电压时，电压继电器1YJ、2YJ释放，其接点闭合，接通1SJ时间继

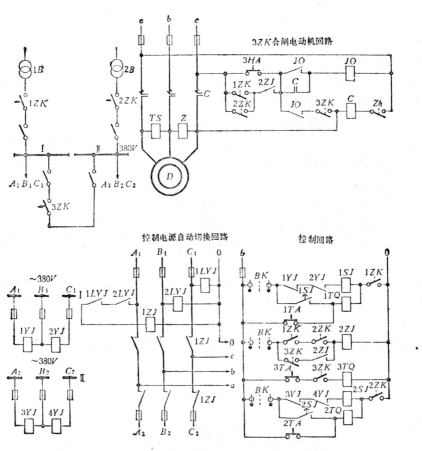

图 9-49　采用DW10型自动空气开关的低压BZT的接线

1～4YJ—电压继电器DJ-132A/320；1～2LYJ、1～2ZJ—中间继电器JZ7-44；1～2SJ—时间继电器DS-122；BK—转换开关LW5-15D0408/2；1～3TA、3HA—按钮LA-2；C—起动器；Zh—终点开关；JO—中间继电器；Z—制动器；TS—特殊失压脱扣器；D—电动机，380V，0.6kW

电器线圈，经过一段延时后，接通1ZK的跳闸线圈1TQ使其跳闸；由于BZT的投入（BK处于闭合位置）2ZJ中间继电器带电，给3ZJ的合闸电动机回路投入工作作好了准备，1ZK一跳闸，其常闭辅助接点闭合，使起动器C带电，从而起动电动机D投入工作，使3ZK合闸，Ⅰ段母线由2B变压器恢复供电，完成了BZT的任务。

为了保证控制回路电源的可靠性，采用由1ZJ和1～2LYJ中间继电器组成自动切换装置。

自动空气开关1～2ZK不需装设过电流脱扣器，3ZK可装瞬时过电流脱扣器，或装延时过电流脱扣器，在短路时可延时0.2～0.6秒。要求延时的目的是当分段开关接通后使动作有选择性。但此时高压侧开关的过电流保护时限需增大一级。

第十一节　操　作　电　源

操作电源是用来对断路器的分、合闸回路，继电保护装置以及其它控制信号回路供电的电源。操作电源应能保证在正常情况和事故情况下不间断供电，当电网发生故障时，能保证继电保护和断路器可靠地动作，以及当断路器合闸时有足够的容量。操作电源分直流和交流两种。

一、直流操作电源

直流操作电源过去一般均用蓄电池加浮充电方式运行的充电机组，现在已逐步被硅整流器所代替。但是，仅采用硅整流器得到的直流电源，当电网发生短路时，因引起交流电源电压下降，而使直流电压也相应下降，造成继电保护装置不能动作。为了对电压下降给予补偿，目前，在35千伏工业企业总降压变电所中，已广泛地采用硅整流配合电容储能装置或复式整流装置的直流操作电源。实践证明，这两种操作电源投资少、设备简单、维护方便，基本上可以满足工业企业变电所操作方面的要求。

上述两种整流式直流电源，在系统正常运行时均由整流器供电。当系统发生故障，交流电源电压大大降低，甚至消失，电容储能装置则利用电容器所储电能使开关跳闸；而复式整流装置是利用短路故障电流经过整流作为操作电源。现对电容储能跳闸装置作简单的叙述。

带电容储能装置的直流操作电源系统如图9-50所示。硅整流器Ⅰ为合闸用整流装置，因为断路器电磁操作机构的合闸功率很大，所以整流式直流电源系统中应装设合闸整流装置。在硅整流器Ⅱ故障时，它还可以向控制母线供电。硅整流器Ⅱ只供控制、保护及信号电源，不考虑合闸，设计中一般选用20安的成套整流装置，直流电压为220伏。

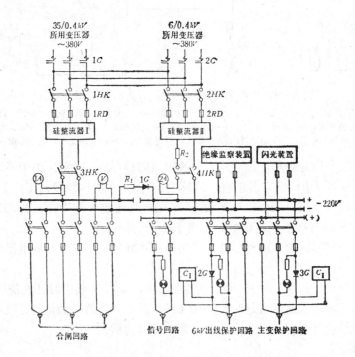

图 9-50 带电容储能装置的直流系统（两台整流器）

在正常情况下两台硅整流器同时运行。为了避免在合闸操作或合闸回路短路时，大电流通过硅整流器Ⅱ而使其破坏，装设了逆止元件硅二极管1G。

当电力系统发生短路故障时，直流电压因交流电源电压下降也相应下降，此时利用并联在保护回路中的电容器C_I和C_{II}的储能来动作继电保护和使断路器跳闸。

必须指出：（1）采用电容器储能措施后，各断路器的直流控制系统中的信号灯应分开由信号回路供电，使这些元件不消耗电容器的储能。在保护回路中装设的逆止元件$2G$和$3G$，其目的是为了当电源电压降低时，使电容器的放电作用仅用来补偿保护回路的电压，而不向其它与保护无关的元件放电；（2）当6～10千伏出线故障，保护装置动作，但断路器机构失灵而拒绝动作时，此时由于跳闸回路长时间接通，而将电容器所储能量很快耗掉，以致起后备作用的上一级保护装置（例如主变压器的过电流保护装置）无法动作。因此，应将6（或10）千伏出线断路器的保护电源与上一级断路器的保护电源分开。

两个逆止元件（$2G$和$3G$）和两组电容器（C_I和C_{II}）分别接在两个保护回路中，使其分开供电，互不影响；（3）若高压电动机低电压保护时限长（最长达9～10秒），需要同时跳闸的台数多，如都由接在保护回路内的总电容器来供给操作电源，在技术上无法做到。因此对每个电动机的出线断路器要加装跳闸专用电容器，其二次接线可查有关设计手册。

电容储能装置中所采用的电容器是电解电容器，由于电解电容器较易损坏（一般是内部脱焊断路），电容器组的总电容量会逐渐下降，致使整个保护回路失去电压补偿作用，所以应装设检查装置，以便定期检查。简易的测定电容器检查装置如图9-51所示。

当运行中的电容器与时间继电器SJ接通后，立即通过SJ放电，经过一定延时后，SJ接点闭合，此时如果电容器的残压大于电压继电器YJ的整定值，YJ起动，

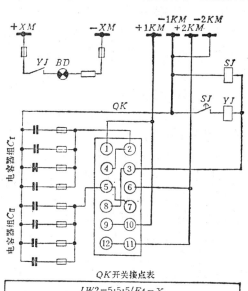

图 9-51 电容器检查装置

LW2-5·5·5/F4-X							
手柄和接点组型式	$F4-X$		5		5		5
位置　接点号	$\frac{1}{2}$ $\frac{3}{4}$		$\frac{5}{6}$ $\frac{7}{8}$		$\frac{9}{10}$ $\frac{11}{12}$		
检查 C_I	←						
工作	↑						
检查 C_{II}	→						

接通指示灯BD，BD燃亮，就证明电容器的储电量满足要求。如残压小于YJ的整定值，YJ不动作，BD不亮，则表明电容量已降低，此时应逐个检查并更换个别损坏了的电容器。

变电所中带电容储能装置的直流系统一般均装有两组电容器（如图9-50中C_I和C_{II}），但检查装置可共用一套。正常运行时，两组电容器分别接在两个保护回路中。当对电容器C_I进行检查时，通过转换开关QK将两个保护回路暂时合并共用C_{II}。反之，检查C_{II}时则共用C_I。在检查过程中，不考虑在此期间内恰好发生事故而断路器机构又失灵的情况。

继电器的整定按以下原则进行：首先确定时间继电器SJ的整定值，一般为1.5～2秒，然后将电压继电器YJ的整定值由小向大调整，直到调整到YJ不动作，就整定在比此值小5～10伏处。

在整流式直流操作电源系统中，整流装置的交流侧电源应可靠、灵活、便于恢复供电，一般应有两个独立电源。交流侧电源的具体结线方式可以根据变电所的不同情况而定。

对于具有双电源、电压为35千伏的总降压站，可在电源进线断路器前装一台三相50千伏安、35/0.4千伏变压器作为主要供电电源，把接在6（10）千伏母线上的所用变压器作为备用电源。两个电源在低压侧可利用接触器进行自动切换。但应注意：由于相位不同，不应使两台变压器低压侧有并联运行的可能。

对于双电源6（10）千伏配电所，可在进线断路器前装设两台所用变压器作为交流供电电源，并能进行自动切换。这种接线方式能满足进线断路器合闸的要求。

对于6（10）千伏变配电所，可直接由接在母线上的电力变压器供电。这种接线方式在变电所全部停电后，当又恢复供电时，进线断路器电磁操作机构可采用人工无载合闸，而变压器的断路器宜采用手动操作机构。

运行经验证明，硅整流器较为可靠，不易发生故障，因此对于一些次要的中、小型变电所可采用单台硅整流器方案的电容储能直流操作电源，具体结线可参考有关设计手册或产品样本。

二、交流操作电源

交流操作电源投资低、接线简单，因此在小型变电所中广泛采用。

交流操作电源可以取自电压互感器或电流互感器。

电压互感器二次侧安装一只100/220伏的隔离变压器就可取得供给控制和信号回路的交流操作电源。但须注意：短路保护装置的操作电源不能取自电压互感器。因为当发生短路时，母线上的电压显著下降，以致加到断路器跳闸线圈上的电压不能使操作机构动作，只有在故障或异常运行状态时母线电压无显著变化的情况下，保护装置的操作电源才可以由电压互感器供给，例如中性点不接地系统中的单相接地保护。

对于短路保护的保护装置，其交流操作电源取自电流互感器。在短路时，短路电流本身可用来使断路器跳闸。

目前普遍采用的交流操作继电保护接线方式有以下几种：

1.直接动作式

直接动作式接线如图9-42(a)所示。这种接线的特点是利用操作机构内的过流脱扣器直接动作于跳闸，不需另外装设继电器，设备少，接线简单。但由于目前只生产T1-6型瞬时过流脱扣器，所以这种接线只能用于无时限过流保护及电流速断保护。

2.利用继电器常闭接点分流跳闸线圈方式

这种接线如图9-8所示。在正常情况下，继电器的常闭接点将跳闸线圈短接。短路时继电器动作，其常闭接点断开，于是电流互感器的二次侧短路电流完全流入跳闸线圈而使其动作。这种接线方式简单、经济，但继电器接点的容量要足够大，因为要用它来断开反映到电流互感器二次侧的短路电流。在工业企业中一般采用GL-15、GL-16型过电流继电器，能满

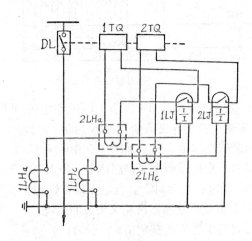

图 9-52　利用速饱和变流器的交流操作保护接线图

DL—断路器；1TQ、2TQ—跳闸线圈；1LH—电流互感器；2LH—速饱和变流器；1LJ、2LJ—GL型电流继电器

足要求（在电流不大于150安情况下,继电器接点可以将这个电路分流接通与分流断开）。当继电器起动后，由于接入跳闸线圈，电流互感器负载急剧增加，其误差将增大，但只要二次侧电流仍能保持继电器动作状态，并能够使跳闸线圈可靠动作，误差大的情况是允许的。

3.利用速饱和变流器接线方式

利用速饱和变流器的反时限过电流保护的接线如图9-52所示。在正常情况下继电器不动作，其常开接点是断开的，所以速饱和变流器二次侧是断开的（速饱和变流器和电流互感器有所不同，电流互感器副边不能开路，而速饱和变流器能在开路情况下使用，因为速饱和变流器次级线圈较少，铁芯也小，所以不会感应出很高的感应电压而影响安全）。正常时，断路器的跳闸回路没有操作电源，只有当发生短路时，电流继电器动作以后，其接点闭合才接通操作电源回路，使断路器跳闸。采用速饱和变流器的目的在于：（1）当短路时限制流入跳闸线圈的电流；（2）减轻电流互感器的负载（因为饱和以后，其阻抗变小）。这种接线较复杂，所用电器较多，仅当继电器容量不够时才采用。

第十章 接地、接零和防雷

第一节 接地、接零的一些基本概念

近年来国内外在电流对人体生理影响方面作了不少研究，认为触电致死的主要原因是由于触电电流流经人体时引起心室颤动，造成心脏停止跳动。从避免引起心室颤动出发，目前各国都采用了德意志联邦共和国坎爱本（Köeppen）提出的50毫安秒（引起心室颤动的电流值与触电时间的乘积），再乘以0.6的安全系数即30毫安秒作为实用的安全电流的临界值。

按安全电流范围和人体电阻曲线（人体电阻是随接触电压而变的），可以求出安全电压范围。从触电保护的观点出发，应该采用人体电阻的下限值，那末对应于30毫安的安全电压就是50伏。我国规定的安全电压在没有高度危险的环境下是65伏，在有高度危险的环境下是36伏，在特别危险的环境下是12伏。这些数据大体上和近年来的研究结论是相符的。

从避免心室颤动的观点出发，美国IECT根据研究结果于1973年提出了安全电压和允许通电时间的关系，如下表：

预期接触电压(伏)	<50	50	75	90	110	150	220	280
最大允许通电时间(秒)	∞	5	1	0.5	0.2	0.1	0.05	0.03

以上理论的研究为避免因触电引起伤亡事故提供基础。但具有积极意义的是要采取各种措施，防止人员对带电体的接触，和防止在偶然情况下遭受触电的危险和伤亡。接地、接零和防雷就是讨论这些保护措施的原理和实施。

在介绍接地、接零的具体设施之前，先将有关名词的概念介绍如下：

一、接地装置

电气设备的任何部分与土壤间作良好的电气连接，称为接地。直接与大地接触的金属导体组，称为接地体。电气设备接地部分与接地体连接用的金属导体，称为接地线。接地线和接地体的总和，称为接地装置。

当电气设备发生接地短路时，电流（I_D）则通过接地体向大地作半球形散开（如图10-1所示）。因为球面积与半径的平方成正比，所以半球形的面积随着远离接地体而迅速增大。因此，与半球形面积对应的土壤电阻随着远离接地体而迅速减小，至离开接地体20米处，半球形面积达2500平方

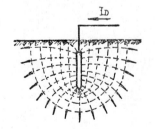

图 10-1 地中电流呈半球形流散

米，土壤电阻已小到可以忽略不计。故可认为远离接地体20米以外，地中电流所产生的电压降已接近于零。电工上通常所说的"地"，就是指零电位。理论上的零电位在无穷远处，实际上距离接地体20米处，已接近零电位，距离60米处则是事实上的"地"。反之接地体周围20米以内的大地，不是"地"（零电位）。

表示接地体及其周围各点的对地电压的曲线称为对地电压曲线，根据理论分析，接地体的对地电压曲线似有双曲线的形状，见图10-2。

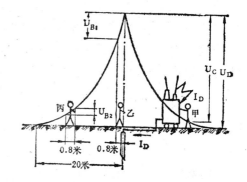

图 10-2　对地电压、接触电压和跨步电压示意图

二、接触电压

如果人体同时接触具有不同电压的两处，则在人体内有电流通过。这时，加在人体两点之间的电压差即所谓接触电压。图10-2中的人甲站在地上，手部触及已漏电的变压器，手、足之间出现电压差，大小等于漏电设备对地电压 U_D 与他所站立地点对地电压之差，即图上标出的 U_C，或者说 U_C 就是甲所承受的接触电压。

三、跨步电压

跨步电压系指人站在地上具有不同对地电位的两点，在人的两脚之间所承受的电压差。跨步电压与跨步大小有关。

人的跨步一般按0.8米考虑；大牲畜的跨距可按 $1.0 \sim 1.4$ 米考虑。图10-2中所画的乙、丙两人都承受了跨步电压。乙正处在接地体位置，承受了最大的跨步电压 U_{B1}，丙离开接地体有一定的距离，承受的跨步电压 U_{B2} 要小得多。所以，离开接地体20米以外，就不用考虑跨步电压的问题。

四、散流电阻、接地电阻、冲击接地电阻

接地体的对地电阻和接地线电阻的总和，称为接地装置的接地电阻。

接地体的对地电压与通过接地体流入地中的电流之比值称为散流电阻。

电气设备接地部分的对地电压与接地电流之比，即为接地电阻。一般因为接地线的电阻甚小，可忽略不计，因此，可认为接地电阻等于散流电阻。

当有冲击电流（如雷电的电流值很大，为几十到几百千安；时间很短，为3～6微秒）通过接地体流入地中时，土壤即被电离，此时求得的接地电阻称为冲击接地电阻。任一接地体的冲击接地电阻都比按通过接地体流入地中工频电流时求得的电阻（称为工频接地电阻）为小。

第二节　保护接地

一、保护接地的原理和应用范围

在中性点对地绝缘的电网中带电部分意外碰壳时，接地电流将通过接触碰壳设备的人体和电网与大地之间的电容构成回路（见图10-3，其中图（a）是图（b）的简化表示）。流过故障点的接地电流主要是电容电流。在一般情况下，此电流是不大的。但是，如果电网

分布很广，或者电网绝缘强度显著下降，这个电流可能达到危险程度，这就有必要采取安全措施。

如果电器设备采取了保护接地措施（见图10-4），这时通过人体的电流仅是全部接地电流I_D的一部分，显然，保护接地电阻r_B是与人体电阻并联的，r_B越小，流经人体的电流也越小，如果限制r_B在适当的范围内，就能保障人身的安全。所以在这种中性点不接地（绝缘）系统中，凡因绝缘损坏而可能呈现对地电压的金属部分（正常时是不带电的）均应接地。这就是保护接地。

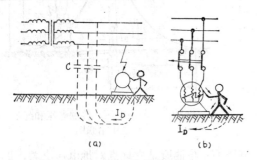
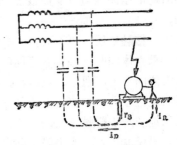

图 10-3 不接地的危险　　　　　　图 10-4 保护接地原理图

（a）经人体与对地电容构成触电回路；（b）接地电流流过人体

二、保护接地电阻的确定

保护接地电阻的大小主要是根据允许的对地电压来确定的。

设备碰壳时，人手触及设备所受到的接触电压为设备对地（零电位）电压的一部分，用公式表示为：

$$U_o = KRI_D[伏] \tag{10-1}$$

式中　K——接触系数（随鞋底电阻、地面电阻而变）；

　　　R——接地电阻[欧]；

　　　I_D——接地短路电流[安]。

上式中只要能满足接触电压小于安全电压，该保护接地电阻值就是允许的。

（1）在1000伏以下中性点不接地电网中，通常不会产生较大的接地短路电流，在实际设计中采用10安作为计算值，而把接地电阻规定为4欧，短路时全部对地电压为$10 \times 4 = 40$伏，小于50伏的安全电压（实际上人体接触到的电压小于40伏）。对小容量的设备（1000千伏安以下），由于其接地短路电流较小，故规定其接地电阻不大于10欧。

（2）对1000伏以上的小接地电流系统，接地电阻有两种规定：

①接地装置与电压为1000伏以下的设备接地共用时：

$$R \leqslant \frac{125}{I}[欧] \tag{10-2}$$

式中 I 为单相接地时的电容电流[安]。

因考虑到接地的并联回路很多，对地电压只要不超过安全电压的一倍就可以了，一般采用125伏。

②接地装置仅用于电压为1000伏以上设备时：

$$R \leqslant \frac{250}{I} \tag{10-3}$$

因考虑到与高压电气设备接近的人员少，一般也是熟练工人进行操作，所以对地电压可以比高、低压共用接地情况再提高一倍，即采用250伏（高于250伏称为高压）。

以上两种情况中，即使单相接地短路电流很小，接地电阻也不得超过10欧。

（3）对1000伏以上的大接地短路电流系统，接地电阻规定为：

$$R \leqslant \frac{2000}{I_D} \qquad\qquad （10-4）$$

这是由于当系统中设备绝缘破坏发生单相短路时，继电保护装置会动作，将开关迅速断开，以保证人身安全。所以，允许的对地电压规定为2000伏。R 值按公式来要求不一定做得到，一般将接地电阻做成0.5欧。对于系统较小的场合，接地电阻允许大一些（按公式算）。

三、漏电保护器（漏电开关）

目前已越来越多的地方采用漏电保护器作为防止解电的安全措施。

漏电保护器按其工作原理可分为电压动作型和电流动作型两种：

1. 电压动作型漏电保护器

其工作原理见图10-5，它由主开关1和脱扣装置2组成。脱扣装置包括电压线圈和动作机构，线圈串接在用电设备的金属外壳和专用接地线之间。故障时设备金属外壳带电，只要出现的故障电压达到某一危险值，漏电开关的电压线圈就牵引脱扣机构，使主开关断开，将故障切除，从而排除火灾及触电事故。

电压动作型漏电开关必须敷设专用的接地线，绝对不能和用电设备外壳原有的接地混用在一起，否则动作线圈两端将没有电位差，漏电开关也就失效；并且对专用接地极的接地电阻也有较高要求。对于经常移动的电气设备，要敷设规定要求的接地线往往办不到。为了扩大保护范围，往往将漏电开关装于变压器低压出口，其结果因漏电开关动作而扩大停电范围。从世界各国的发展情况来看，目前都已把重点移到电流动作型漏电开关方面来了。

2. 电流动作型漏电保护器

电流动作型漏电保护器由主开关、零序电流互感器和脱扣装置等构成，其工作原理见图10-6。

在正常情况下，主电路三相电流的相量和等于零，因此零序电流互感器的次级线圈没有信号输出，但当有漏电或发生触电时，主电路三相电路的相量和不等于零。这时，零序电流互感器就有输出电压，此输出电压经放大后加在脱扣装置的动作线圈上，脱扣装置动

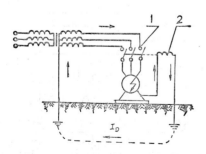

图 10-5　电压动作型漏电开关原理图

1—主开关；2—脱扣装置

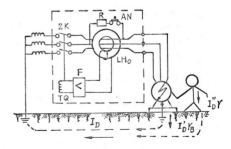

图 10-6　电流动作型漏电开关原理图

ZK—主开关；LH_0—零序电流互感器；TQ—脱扣装置；
F—电压放大器；R—限流电阻；AN—试验按钮

作，将主开关断开，切除故障电路。从零序电流互感器检测到开关切断电路，其全过程一般约在0.1秒以内，故可有效地起到触电保护的作用。

采用电流动作型漏电保护器，可以按不同对象分片、分级保护，故障跳闸时仅切断与故障有关部分，不影响正常线路的供电。

第三节 保 护 接 零

所谓保护接零，就是把电气设备在正常情况下不带电的金属部分与电网的零线紧密连接，有效地起到保护人身和设备安全的作用。

一、保护接零的原理和应用范围

在变压器中性点直接接地的三相四线制系统中，通常采用保护接零作为安全措施，见

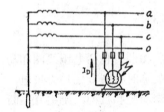

图10-7，在这种情况下，如果一相带电部分碰连设备外壳，则通过设备外壳形成相线对零线的单相短路。短路电流总是超出正常工作电流许多倍，能使线路上的保护装置迅速动作，从而使故障部分脱离电源，保障安全。

在380/220伏三相四线制中性点直接接地的电网中，不论环境如何，凡因绝缘损坏而可能呈现对地电压的金属部分，均应接零。

图 10-7 保护接零原理图

二、重复接地

对采用接零保护的电气设备，当其带电部分碰壳时，短路电流经过相线和零线形成回路。此时设备的对地电压等于中性点对地电压和单相短路电流在零线中产生电压降的相量和。显然，零线阻抗的大小直接影响到设备对地电压，而这个电压往往比安全电压高出很多。

为了改善上述情况，在设备接零处再加一接地装置，可以降低设备碰壳时的对地电压。这个接地就叫重复接地。

重复接地的另一重要作用是当零线断裂时减轻触电危险。图10-8、图10-9分别表示无重复接地时零线断线的危险和有重复接地时零线断线的情况。但是，尽管有重复接地，零线断裂的情况还是要避免的。

重复接地还带来其他的好处：（1）能使设备碰壳时短路电流增大，以加速线路保护装置的动作；（2）降低零线中的电压损失。

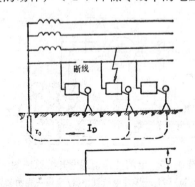

图 10-8 无重复接地时零线断线的危险

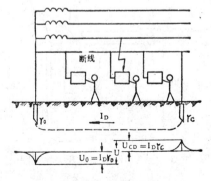

图 10-9 有重复接地时零线断线的情况

由此可知，在保护接零系统中重复接地是不可缺少的，特别在线路的终点或分支点。

常见的重复接地有如下三种：

1.利用自然接地体的重复接地。对电缆线路而言，利用电缆的专用芯线作为零线，或者就利用其金属外皮作为零线，从而使零线运行可靠。

2.集中埋设的重复接地。这种重复接地主要用于架空线路的终、始两端及线路分支处，如果线路太长，每隔一公里需加设重复接地。

3.网络式的重复接地。这种重复接地也叫环路式重复接地。这种重复接地适用于电器设备固定、且安全要求较高的场合。其布置如图 10-10 所示，沿墙壁内侧每隔一定距离埋设接地装置的钢管（如房屋宽大，中间还要加埋钢管），并用扁钢把钢管联结成一个整体。这时，网络内如有设备发生碰壳，虽然设备对地电压 U_D 仍然较高，但网络内对地电位的起伏不大。人的接触电压 U_C 和跨步电压 U_B 都是很小的，这就大大减轻了触电的危险。为了使对地电压分布更加均匀，通常还将一些自然接地体，如自来水管、建筑物的金属结构等同接地网络联在一起。但是，流有可燃性气体、可燃或爆炸液体的管道是禁止作为接地装置的。

在接地网络外侧，对地电压曲线仍然是比较陡的，为了得到比较平坦的对地电压曲线，可以在外侧埋设一些互不连接的扁钢，如图 10-11 所示，于是外侧对地电压曲线相对地就平坦得多，从而减轻了跨步电压对人的威胁。

图 10-10 网络式重复接地　　　　图 10-11 使网络外对地电压均匀分布

三、采用保护接零应注意的问题

1.保护接零只能用在中性点直接接地的系统中。

若中性点对地绝缘的电网中采用保护接零，则在一相碰地时故障电流会通过设备和人体回到零线而形成回路，故障电流不大，线路保护不会动作，此时，人受到威胁，而且使得所有接零设备都处在危险状态。

2.在接零系统中不能一些设备接零，而另一些设备接地。

如图 10-12 所示，D 设备采取了接地措施，而没有接零。当 D 设备发生碰壳时，电流 I_D 通过 r_D 和 r_0 形成回路。因电流 I_D 不会太大，线路保护设备可能不会动作，

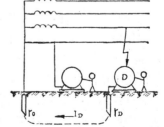

图 10-12 个别设备不接零的危险

而使故障长时间存在。这时，除了接触该设备的人有触电危险外，由于零线对地电压升高，使所有与接零设备接触的人都有触电危险。所以，这种情况是不允许的。

如果把 D 设备的外壳再同电网的零线连接起来，就能满足安全要求了。这时，D 设备的接地成了系统的重复接地，对安全是有益无害的。

再次强调：必须禁止在一个系统中同时采用接地制和接零制。

3.零线上能否装设开关和熔断器的问题。

由于断开零线会使接零设备呈现危险的对地电压，所以原则上是不允许在零线上装设开关和熔断器的。如果采用自动开关，只有当过电流脱扣器动作后能同时切断相线时，才允许在零线上装设过电流脱扣器。

对于分布很广的单相线路，如果用电环境正常，在没有保护接零要求时（如宿舍、办公楼、商店、仓库等没有采用三眼插座的照明线路），就可以同时在相线和零线上装设开关和熔断器。如果只在一根线上装设开关和熔断器，当相线和零线互相接错时，相线就会处在无保护状态，这是不允许的。为了避免发生零线上熔断器熔断而相线上熔断器不熔断的情况，应采用双极闸刀开关。

第四节　接地电阻的计算

一、自然接地体、人工接地体和基础接地体

凡与大地有可靠接触的金属导体，如埋设在地下的金属管道（有可燃或爆炸性介质的除外）、钻管、直接埋地的电缆金属外皮等都可作为自然接地体。

人工接地体多采用钢管、角钢、扁钢、圆钢等钢材制成。一般情况下，接地体都垂直埋设；多岩石地区，接地体可水平埋设。垂直埋设的接地体常采用 $\phi 38\sim 50$ 的钢管或 $\llcorner 40\times 40\times 4\sim\llcorner 65\times 65\times 8mm$ 的角钢，垂直接地体的长度以2.5米较合适。太短会增加接地电阻；太长会增加施工困难、会增加钢材的消耗，而且接地电阻减小甚微。水平埋设的接地体常采 40×4 的扁钢或 $\phi 16$ 的圆钢。接地线应采用相应截面的扁钢或铜线。

基础接地体是指接地体设在地面以下的建筑物混凝土基础或电杆混凝土基础内的接地体。它又可分为自然基础接地体和人工基础接地体两种。利用钢筋混凝土基础中的钢筋或混凝土基础中的金属结构物作为接地体时，这种接地体称为自然基础接地体；把人工接地体敷设在不加钢筋的混凝土基础内时称为人工基础接地体。

混凝土和土壤相似可作为一个具有均匀电阻率的"大地"，这是由于混凝土固有的碱性组合物和吸水特性。

二、接地电阻的计算

接地装置的接地电阻包括接地体的散流电阻和接地线的电阻。接地线的电阻很小，一般可以忽略不计。散流电阻主要取决于接地装置的结构和土壤的导电能力（用土壤电阻系数来衡量）。

1.土壤电阻系数 ρ

土壤性质对土壤电阻系数的影响很大。岩石的土壤电阻系数高达 $5\times 10^{3}\sim 2\times 10^{5}$（欧·米），而砂子的 ρ 大约为 $3\times 10^{2}\sim 2\times 10^{3}$（欧·米）。几种常见土壤的电阻系数参考值列入表10-1。

土壤的电阻系数与土壤含水量、土壤温度、土壤中的化学成分和土壤的物理性质等因素有关。而其中含水量和温度受季节的影响很大。因此，随着季节的变化，土壤电阻系数

土　壤　名　称	近　似　值	变　动　范　围		
		较湿时（多雨区）	较干时（少雨区）	地下水含碱时
粘　　土	60	30～100	50～300	10～30
砂质粘土	100	30～300	80～1000	10～30
黄　　土	200	100～200	250	30
含砂粘土、砂土	300	100～1000	1000以上	30～100
黑土、园田土、陶土、白垩土	50	30～100	50～300	10～30
河　　水	30～280			

也跟着变化。而且深度愈小，季节影响愈大。季节不同，土壤电阻系数可能成倍地增大或减小。冬季土壤电阻系数可高达夏季的两倍以上。为了考虑季节对土壤电阻的影响，引进一个季节系数 ψ。只要把实测的土壤电阻系数乘以季节系数 ψ，即可得到一年之中可能出现的最大的土壤电阻系数（最不利的情况），作为设计中采用的计算值，即

$$\rho = \psi \rho_0 [\text{欧·米}] \qquad (10\text{-}5)$$

式中　ρ_0——实测土壤电阻系数[欧·米]；

　　　ψ——季节系数（见表10-2）。

土　壤　性　质	深　度（米）	ψ_1	ψ_2	ψ_3
粘　　土	0.5～0.8	3	2	1.5
粘　　土	0.8～3	2	1.5	1.4
陶　　土	0～2	2.4	1.36	1.2
砂砾盖以陶土	0～2	1.8	1.2	1.1
园　　地	0～2	—	1.32	1.2
黄　　沙	0～2	2.4	1.56	1.2
杂以黄砂的砂砾	0～2	1.5	1.3	1.2
泥　　炭	0～2	1.4	1.1	1.0
石　灰　石	0～2	2.5	1.51	1.2

注：1. ψ_1 值在测量前数天下过较长时间的雨时采用；
　　2. ψ_2 值在测量时土壤具有中等含水量时采用；
　　3. ψ_3 值测量时土壤干燥或测量前降雨不大时采用。

2. 自然接地体的散流电阻

自然接地体（埋地电缆、水管等）散流电阻的计算可查阅有关设计手册。

3. 人工接地体的散流电阻

（1）不同接地装置的散流电阻各不相同，表10-4给出了常用人工接地体和基础接地体的散流电阻计算公式。

（2）目前采用简化计算系数，各类垂直接地体，当单根埋入地中，其顶端离地面为50～70厘米时，散流电阻的计算公式可简化为：

$$R_c = K\rho [\text{欧}] \qquad (10\text{-}6)$$

式中　R_c——各种单个接地体的散流电阻[欧]；

　　　ρ——土壤电阻系数[欧·厘米]；

　　　K——各种接地体简化计算系数，见表10-3。

各 种 接 地 体 K 值　　　　　　　　　　　　　　　　　　　　　表 10-3

接地极形状	规　格 (mm)	计算外径(mm)	长　度 (mm)	K　　值
管　子	$\phi\,38$	48	250	34×10^{-4}
	$\phi\,38$	48	200	40.7×10^{-4}
	$\phi\,50$	60	250	32.6×10^{-4}
	$\phi\,50$	60	200	39×10^{-4}
角　钢	$\llcorner\,40\times40\times4$	33.6	250	36.3×10^{-4}
	$\llcorner\,40\times40\times4$	33.6	200	43.6×10^{-4}
	$\llcorner\,50\times50\times5$	42	250	34.85×10^{-4}
	$\llcorner\,50\times50\times4$	42	200	41.8×10^{-4}
槽　钢	$\llbracket\,80\times43\times5$	68	250	31.8×10^{-4}
	$\llbracket\,80\times43\times5$	68	200	38×10^{-4}
	$\llbracket\,100\times48\times5.3$	82	250	30.6×10^{-4}
	$\llbracket\,100\times48\times5.3$	82	200	36.5×10^{-4}

常用人工接地体和基础接地体散流电阻计算公式　　　　　　表 10-4

序号	类　型	简　图	散 流 电 阻 计 算 公 式	
			原　公　式	简　化　公　式
1	垂直钢管接地体		$R_c=0.366\dfrac{\rho}{l}\left(\lg\dfrac{2l}{d}+\dfrac{1}{2}\lg\dfrac{4t+l}{4t-l}\right)$	$R_c=K_z\dfrac{\rho}{l}$ （当 $t=60$ 厘米时 K_z 值见本表附表1）
2	垂直角钢接地体		$R_c=0.366\dfrac{\rho}{l}$ $\times\left(\lg\dfrac{2l}{0.708\sqrt[4]{bh(b^2+h^2)}}+\dfrac{1}{2}\lg\dfrac{4t+l}{4t-l}\right)$	$R_c=K_z\dfrac{\rho}{l}$ （当 $t=60$ 厘米时，b 按 $d=0.84b$ 换算成等效直径，按本表附表1查 K_z 值）
3	水平扁钢接地体		$R_c=0.366\dfrac{\rho}{l}\lg\dfrac{2l^2}{bt}$	$R_c=K_p\dfrac{\rho}{l}$ （当 $t=100$ 厘米时，K_p 值查本表附表2）
4	水平圆钢接地体		$R_c=0.366\dfrac{\rho}{l}\lg\dfrac{l^2}{dt}$	$R_c=K_p\dfrac{\rho}{l}$ （当 $t=100$ 厘米时，只需按 $d=b$ 查本表附表2得 K_p 值）
5	圆柱混凝土中的垂直圆棒形接地体		$R_c=\dfrac{\rho}{2\pi l}\ln\dfrac{d_1}{d_2}+\dfrac{\rho_1}{2\pi l}\ln\dfrac{4l}{d_1}$ ρ：混凝土电阻系数　　ρ_1：土壤电阻系数	
6	圆柱混凝土中的水平圆棒接地体		$R_c=\dfrac{\rho}{2\pi l}\ln\dfrac{d_1}{d}+\dfrac{\rho_1}{2\pi l}\ln\dfrac{l^2}{d_1h}$	

垂 直 接 地 系 数 K_z　　　　表 10-4的附表-1

K_z 直径 d 厘米 长度 l 厘米	2	2.5	3	3.5	4	4.5	5	6	7	8
200	0.89	0.85	0.83	0.80	0.78	0.76	0.75	0.72	0.69	0.67
250	0.93	0.90	0.86	0.84	0.82	0.80	0.79	0.76	0.73	0.71
300	0.97	0.93	0.90	0.88	0.86	0.84	0.82	0.79	0.77	0.75

水 平 接 地 系 数 K_p　　　　表 10-4的附表-2

K_p 宽度 b 厘米 长度 l 厘米	1.2	2	3	4	5	6	7	8	9	10
150	0.94	0.86	0.80	0.75	0.72	0.69	0.66	0.64	0.62	0.60
200	1.03	0.95	0.89	0.84	0.81	0.78	0.75	0.73	0.71	0.70
300	1.16	1.09	1.01	0.97	0.94	0.91	0.88	0.86	0.84	0.83
500	1.32	1.24	1.18	1.13	1.10	1.07	1.04	1.02	1.00	0.99
1000	1.55	1.46	1.40	1.35	1.32	1.29	1.26	1.24	1.22	1.21

（3）常用以扁钢作为水平接地体的散流电阻 R_s，可查图10-13中的曲线。

（4）n 根垂直接地体的总散流电阻：实际应用的接地体，都是由多根单一接地体组成的组合接地体。接地体间的距离一般为接地体长度的1~3倍，在这种情况下，接地体间的电场相互屏蔽，使每一接地体附近的电流密度变得不均匀，妨碍接地电流的正常流散，以致增加了散流电阻。

考虑上述屏蔽作用，引进一个利用系数 η，则组合接地体的散流电阻可用下式表达：

$$R_{c\Sigma} = \frac{R_c}{n \cdot \eta_c}[欧] \qquad (10-7)$$

式中　$R_{c\Sigma}$——组合接地体的总散流电阻[欧]；

　　　R_c——单根垂直接地体的散流电阻[欧]，可由式(10-6)或表10-4求出；

　　　η_c——垂直接地体的利用系数，可由图10-14查得；

　　　n——接地体数目。

（5）水平埋设接地体上连有棒形接地体时，水平接地体的电流流散将受到垂直接地体的屏蔽影响，使它的散流电阻增加，可用下式计算：

$$R'_s = \frac{R_s}{\eta_s}[欧] \qquad (10-8)$$

式中 η_s 为水平接地体的利用系数，可由图10-15查得。

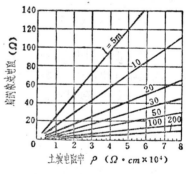

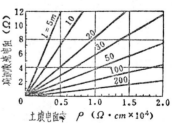

图 10-13　埋 设 深 度 为 70cm的 40×4mm扁钢接地体的散流电阻

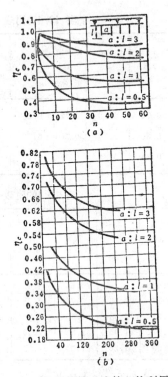

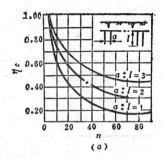

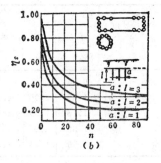

图 10-14 n 根钢管（或棒）的利用系数
（a）排列成行的接地棒的利用系数；（b）环形排
列的接地棒的利用系数

图 10-15 水平接地体的利用系数
（a）排列成行的接地棒的水平接地体的利用系数；
（b）环形安装接地棒间水平接地体的利用系数

（6）由接地棒及水平接地体所组成的复式接地装置，按一般电阻并联公式而求得：

$$R_f = \frac{1}{\dfrac{1}{R_{c\Sigma}} + \dfrac{1}{R'_s}} = \frac{1}{\dfrac{n \cdot \eta_c}{R_c} + \dfrac{\eta_s}{R_s}} \ [欧] \tag{10-9}$$

对一般以接地棒为主的接地装置，在计算中可以不单独计算水平接地体的接地电阻，考虑到它的减阻作用，一般将接地棒减少10%左右。在实际计算工作中，需要确定接地棒的数目，当已知单个接地棒的接地电阻 R_c 和要求的接地电阻值 R_y 情况下，可按式(10-10)计算：

$$n \geqslant \frac{0.9 R_c}{R_y \cdot \eta_c} \ [根] \tag{10-10}$$

式中　R_y 为接地电阻要求值[欧]；　n 为接地棒的数目。

4. 热稳定校验

对于大接地短路电流系统，在选择接地导线与接地母线时，须校验其热稳定，对于钢导体，用下式校验：

$$S \geqslant \frac{I_{jd}}{70} \sqrt{t} \tag{10-11}$$

式中　S——接地导线或接地母线的最小允许截面[平方毫米]；

I_{jd}——单相接地电流，为计算简便可取 I'' 值[安]；

t——短路实际持续时间[秒]。

【例 1】 某一变电所装有6/0.4千伏的变压器，其 6 千伏侧线路为中性点不接地系统，已知该系统单相接地电容电流为30安，380伏侧为中性点接地系统。该地区的土壤为粘土，根据实测，土壤电阻系数 $\rho = 0.4 \times 10^4$ 欧·厘米。测量是在夏季进行的，测量前曾下过阵雨，土壤潮湿。试求其接地体的数目。

【解】

（1）确定接地电阻的要求值 R_y：

根据本章第二节所述，对于高压小接地电流系统的保护接地，要求 $R_y \leqslant \dfrac{125}{I} \leqslant 10\Omega$ 而对于低压电气设备的保护接地和工作接地（变压器低压中性点的接地）要求不大于 4 欧，即 $R_y \leqslant 4\ \Omega$，须同时满足两方面要求。因前者 $R_y = \dfrac{125}{30} = 4.16\Omega$，故取 $R_y \leqslant 4\ \Omega$，即所设计的接地装置的接地电阻在一年内的任何季节均不得大于 4 欧。

（2）选用接地体：采用 $\phi 50 \times 2500$mm 的钢管作为接地棒，采用 40×4mm 扁钢为接地线。管顶离地面 0.7 米，扁钢在离地 0.75 米深处水平敷设，与钢管用电焊或气焊牢固连接。并有不少于二处上引通到室内。

（3）计算接地电阻：

已知 $\rho_0 = 0.4 \times 10^4 \Omega \cdot$cm，查表10-2，得季节系数 $\psi_2 = 2$，按式（10-5）求得：
$$\rho = \psi_2 \times \rho_0 = 2 \times 0.4 \times 10^4 = 8 \times 10^3\ \Omega \cdot \text{cm};$$
又查表10-3，得 $K = 32.6 \times 10^{-4}$，按式（10-6）求得：
$$R_c = K\rho = 32.6 \times 10^{-4} \times 8000 = 26\Omega$$

（4）确定接地棒的根数：

根据接地装置在变电所平面图上的初步布置，可以大概量得管子间的距离 a，和估计的管子数目 $n' = \dfrac{2R_c}{R_y}$，设量得 a 为 3 米，则有 $a/l \approx 1$；$n' = 2 \times 26/4 \approx 13$；按此粗略的估计值从图10-13中查得多根接地棒的利用系数 $\eta_c = 0.66$，代入式（10-10）中而求得：
$$n \geqslant \frac{0.9R_c}{R_y \cdot \eta_c} = \frac{0.9 \times 26}{4 \times 0.66} = 8.8\ \text{根}$$

实际选用 $n = 9$ 根。

只要选定的 n 小于查表时估计的 n'，就不必重新计算。因为管子根数减少，使利用系数提高，接地电阻不会超过所要求的数值。只有当接地极的具体布置使 a/l 比原估计值减小时，才可能出现需要复算。

三、降低土壤电阻系数的措施

对于土壤电阻系数高的地方，必须采取降低土壤电阻系数的措施，才能使接地电阻达到所要求的数值，常用的措施有下列几种：

1.用人工处理方法

在接地体周围土壤中加入食盐、木炭、炉灰等，提高接地体周围土壤的导电性。一般采用食盐，但不同的土壤效果不同，如砂质粘土用食盐处理后土壤电阻系数可减少 1/3～1/2，同时受季节变化的影响较小，造价又低。

2.用深埋接地极方法

这种方法对含砂土壤最有效果，据有关资料记载，在 3 米深处的土壤电阻系数为

100%，4米深处为75%，5米深处为60%，6.5米深处为50%，9米深处为20%，这种方法可以不考虑土壤冻结和干枯所增加的电阻系数，但施工困难，土方量大，造价高，而岩石地带困难更大。

3. 外引式接地装置法

如接地装置附近有导电良好及不冻的河流湖泊，可采用此法。但外引式接地极长度不宜超过100米。

4. 换土法

这种方法是用粘土、黑土及砂质粘土等代替原有电阻系数较高的土壤，置换范围在接地体周围0.5米以内和接地体的1/3处。但这种取土置换方法对人力和工时耗费都较大。

5. "减阻剂"法

即在接地体周围填充一层低电阻系数的减阻剂来增加土壤的导电性能，从而降低其接地电阻。减阻剂是含有水和强电介质的硬化树脂。构成一种网状胶体，使它不易流失，可在一定时期内保持良好的导电性能。这是目前采用的一种较新的方法。

第五节 雷电的基本知识

一、雷电现象

关于雷云起电的学说有许多，现在被广泛承认和经常引用的是辛普逊（Simpson）的理论。根据物理实验，水滴中的电荷分布是不均匀的。负电荷散布在水滴的表面，正电荷则集中在核心。在水滴破裂的过程中，形成的微小水滴带负电，而大水滴带正电。

辛普逊认为这种水滴的分裂过程，可能在具有强烈涡流的气流中发生。上升气流将带负电的水滴集中在雷云的上部，或沿水平方向集中到相当远的地方，形成大块的带负电的雷云；带正电的水滴以雨的形式降落到地面，或者保持悬浮状态，在云的底部形成一个带正电的很小区域。

但是根据一般测量的结果，发现带正电的雷云并不只在雷云的下部，而是更多地分布在雷云上部−10℃等温线以上的区域。关于这一点，辛普逊对他的学说做了新的补充：由于云顶层−10℃等温线以上部分水分凝结成冰晶状态，他根据一些观察，假设冰晶体受气流碰撞而破碎分裂，气流带正电向上流动，充满云顶，而冰晶体则带负电下降到云的中部和下部。因此，就电气设备防雷的观点来研究雷云时，把它简单看作带有负电荷的电极。

由于近年来科学技术的发展，人们对雷云放电的物理过程和雷电的特性已基本上有所认识。

雷电的形式有线状雷、片状雷和球雷等。雷电放电大多数是重复性的，一次雷电平均包括3～4次放电，重复的放电都是沿着第一次放电的通路发展的，这是由于雷云的大量体积电荷不是一次放完，第一次放电是从雷云最低层发生的，随后的放电是从较高云层或相邻区域发生的。每次雷电放电的全部时间可达十分之几秒。

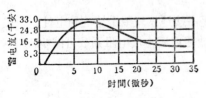

图 10-16 雷电流示波图

二、雷电流的特性

采用快速电子示波器测得的雷电流示波图如图10-16所示。将雷电流由零增长到幅值这一部分称

270

为波头，通常只有几个微秒；电流值下降的部分称为波尾，长达数十微秒。

雷电流幅值大小的变化范围很大，需要积累大量的测量资料并进行统计，才能绘制出雷电流的概率曲线，图10-17给出了我国雷电流幅值概率曲线。图中横坐标上的百分数是表示雷电流幅值超过纵坐标上所示数值的概率。在图10-17中将大电流的部分加以放大示于右上角。这样一个统计曲线对设计者来说是很有用的。从曲线可知：幅值超过20千安的雷电流出现的概率为65%，而超过120千安的概率只有7%。所以很高的雷电流只有在特别重要的电气设备或建筑物的防雷设计中才需考虑。一般防雷设计中雷电流的最大幅值取150千安。

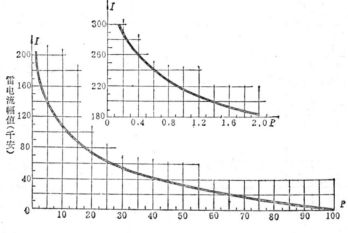

图 10-17　我国雷电流幅值概率曲线

研究的结果证明，雷电流的值与土壤电阻率有关，而且与雷击点的散流电阻值 R 也有直接关系。R 愈大，则雷电流愈小。一般建筑物或电气设备的接地电阻不超过几十欧，在这样小的接地电阻情况下，雷电流受雷击点散流电阻的影响是不大的。

根据实测的结果，雷电流约有70～90%是负极性的，正极性雷电流很少出现，但电流较大。

另一个重要的参数是雷电流升高的速度，通称雷电流陡度（波首陡度），用 $\alpha = \dfrac{\mathrm{d}i}{\mathrm{d}t}$（千安/微秒）表示。开始时因雷电流的数值很快地增加，陡度亦很快达到极大值，以后雷电流的增加逐渐变慢，陡度亦随之下降。当雷电流达到振幅时，雷电流的陡度降低为零；当雷电流下降时（波尾部分），其陡度则为负值。因此雷电流陡度的极大值与雷电流振幅值，不是同时出现的。

根据苏联和我国的测量结果，可以画出雷电流波首的最大陡度，即 $\alpha_{max} = \left(\dfrac{\mathrm{d}i}{\mathrm{d}t}\right)_{max}$ 的概率曲线，如图10-18所示。应当象图10-16的曲线那样来使用这一曲线，例如：陡度 α_{max} 超过25千安/微秒的概率只有10%，最大的陡度大致为50千安/微秒，一般进行防雷设计时取用平均值30千安/微秒，此时波头长度按5微秒考虑。有时雷电流的波形也可用陡度一定的斜角波来表示，其陡度为 $\dfrac{100}{\pi}$ 即32千安/微秒，此时波头长度一般取2.6微秒。

三、雷电波阻抗

当任何电磁波沿导线传播时，表示其电压和电流之间数量关系的量 Z 叫做线路的波阻抗。波阻抗的一个重要性质是它只决定于线路本身的分布参数（单位长度电感L_0和单位长度电容C_0），而与线路的长度和终端负载的性质均无关，即 $Z = \dfrac{U_m}{I_m} = \sqrt{\dfrac{L_0}{C_0}}$。

在计算雷击点的电位时，往往引用雷道波阻抗的概念。即把直击雷的作用以某一沿着一条波阻抗等于雷道波阻抗Z_0的线路流动的电压波，投射到闪击对象上的作用来代替。在作防雷计算时，一般取雷道波阻抗 $Z_0 = 300$ 欧。

由于取雷道上的入射电流波幅值为$\dfrac{I_m}{2}$，所以沿着Z_0流动的电压波幅值为$\dfrac{I_m}{2}Z_0$，Z_0越大电压波的幅值也就越大。

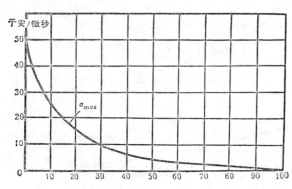

图 10-18　雷电流波头陡度的或然率曲线

α_{max}—雷电流波头的最大陡度

四、雷电活动强度及直接雷击的规律

雷电活动的强度是因地区而异，通常用年平均雷电日（或雷电小时）这一参数来表示，它是根据多年观测结果所得到的平均值。表10-5给出了我国一些重要城市的平均雷电日数（全国年平均雷电日数见有关气象资料）。

显然，雷电日并非完善的雷电活动指标，因为在一个雷电日中可能有不同的雷电数，比较完善的指标是"雷电小时"，在一个小时内只要有雷声，不论它有几次，就算作一个雷电小时。在没有实际的统计资料时，可取雷电小时数等于雷电日数的1.5倍到3倍。

某些城市的年平均雷电日　　　　　　　　　　表 10-5

地　　区	年平均雷电日	地　　区	年平均雷电日
上　　海	35	西　　安	20
北　　京	40	重　　庆	40
南　　京	38	南　　昌	60
天　　津	30	长　　沙	50
广　　州	90	福　　州	60
哈尔滨	80	兰　　州	25
沈　　阳	33	太　　原	40

根据人们现在的认识，雷电活动分布的一般规律大致如下：

（1）热而潮湿的地区比冷而干燥的地区雷暴多；

（2）雷暴的频数是山区大于平原，平原大于沙漠，陆地大于湖海；

（3）雷暴高峰月都在7、8月份，活动时间大都在14～22时，各地区雷暴的极大值和极小值多数出现在相同的年份。

雷电活动即使在同一地域，也有一定的选择性，并受下列因素的影响：

（1）与地质构造有关，即与土壤电阻率 ρ 有关。土壤电阻率小的地方易受雷击，在不同电阻率的土壤交界地段易受雷击；

（2）与地面上的设施情况有关。凡是有利于雷云与大地建立良好的放电通道者易受雷击，这是影响雷击选择性的重要因素；

（3）从地形来看，凡是有利于雷云的形成和相遇条件的易遭受雷击；我国大部分地区山的东坡、南坡较北坡、西北坡易受雷击；山中平地较狭谷易受雷击。

建筑物的雷击部位如下：

（1）不同屋顶坡度（0°、15°、30°、45°）建筑物的雷击部位见图10-19。

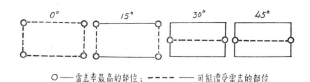

○——雷击率最高的部位；- - - - ——可能遭受雷击的部位

图 10-19　不同屋顶坡度建筑物的雷击部位

（2）屋角与檐角的雷击率最高；

（3）屋顶的坡度愈大，屋脊的雷击率也愈大；当坡度大于40°时，屋檐一般不会再受雷击；

（4）当屋面坡度小于27°，长度小于30米时，雷击点多发生在山墙，而屋脊和屋檐一般不再遭受雷击；

（5）雷击屋面的几率甚少。

设计时，可对易受雷击的部位，重点进行防雷保护。

五、雷电的危害

雷电的破坏作用主要是雷电流引起的。它的危害基本可以分成两种类型：一是雷直接击在建筑物上发生的热效应作用和电动力作用；二是雷电的二次作用，即雷电流产生的静电感应作用和电磁感应作用。

雷电流的热效应主要表现在雷电流通过导体时产生出大量的热能，此热能能使金属熔化、飞溅，从而引起火灾或爆炸。

雷电流的机械力作用能使被击物破坏，这是由于被击物缝隙中的气体在雷电流作用下剧烈膨胀、水分急剧蒸发而引起被击物爆裂。此外，静电斥力、电磁推力也有很强的破坏作用，前者是指被击物上同性电荷之间的斥力，后者是指雷电流在拐角处或雷电流相平行处的推力。

当金属屋顶、输电线路或其他导体处于雷云和大地间所形成的电场中时，导体上就会感应出与雷云性质相反的大量的电荷（称为束缚电荷）。雷云放电后，云与大地间的电场突然消失，导体上的电荷来不及立即流散，因而产生很高的对地电位。这种对地电位称为"静电感应电压"。与此同时，束缚电荷向导线两侧传播，若此线路是直接引入建筑物的，则此高电位就侵入室内，而危及人身和设备的安全。

由于雷电流产生的电磁感应现象，在导体上会感应出很高的电压及大的电流，若回路间的导体接触不良，就会产生局部发热，若回路有间隙就会产生火花放电。

还有一种雷叫球雷，它能沿地面滚动或在空气中飘行。为防止球雷行入室内，在烟囱和通风管道处，装上网眼不大于4平方厘米、导线粗为2～2.5毫米的接地铁丝网保护。

第六节　防　雷　装　置

为了保证人畜和建筑物的安全，需要装设防雷装置。防雷装置由接闪器、引下线和接地装置三部分组成，见图10-20。

接闪器又称受雷装置，是接受雷电流的金属导体，即通常见到的避雷针、避雷带或避雷网。引下线又称引流器，是敷设在房顶和房屋墙壁上的导线。它把雷电流由接闪器引到接地装置。接地装置是埋在地下的接地导线和接地体的总称，它把雷电流发散到大地中去。这三部分是同样地重要，缺一不可。

一、避雷针的保护范围

雷云放电总是朝地面电场梯度最大的方向发展的。避雷针靠其高耸空中的有利地位，造成较大电场梯度，而把雷云引向自身放电，从而对周围物体起了保护作用。避雷针可用来保护建筑物（构筑物）、露天变配电装置和电力线路，使其免受直接雷击。

（一）单支避雷针的保护范围

单支避雷针的保护范围如图10-21所示，是一个折线圆锥形。圆锥形的轮廓线可由图中注明的尺寸关系画出。图中h为避雷针高度，h_a为被保护物的高度，r_a为避雷针在h_x高度的水平面上的保护半径，h_a为避雷针的有效高度。

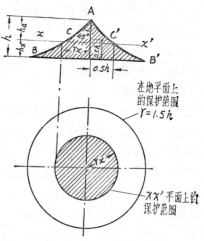

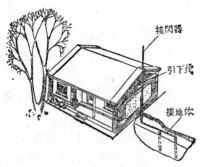

图 10-20　建筑物的防雷装置　　　　图 10-21　单支避雷针的保护范围

避雷针在地面上的保护半径：

$$r = 1.5h$$

在任一保护高度h_x的$x\text{-}x'$平面上，保护半径由下式确定：

$$\left.\begin{aligned}&\text{当}\ h_x \geqslant \frac{h}{2}\ \text{时，}\quad r_a = (h - h_x)P\\&\text{当}\ h_x < \frac{h}{2}\ \text{时，}\quad r_a = (1.5h - 2h_x)P\end{aligned}\right\} \qquad（10\text{-}12）$$

式中P值是由运行经验确定的修正系数：

当$h \leqslant 30$米时，$P = 1$；

当$h > 30$米时，$P = \dfrac{5.5}{\sqrt{h}}$。

在工程计算中，最关心的问题是要求出避雷针的有效高度 h_a，根据式（10-12）可以推导直接计算 h_a 的公式：

$$\left.\begin{array}{l} 当 h_x \geqslant \dfrac{h}{2} 时，\quad h_a = \dfrac{r_x}{P} \\[2mm] 当 h_x < \dfrac{h}{2} 时，\quad h_a = \dfrac{r_x}{2P} + \dfrac{h}{4} = \dfrac{1}{3}\left(\dfrac{2r_x}{P} + h_x\right) \end{array}\right\} \qquad （10\text{-}13）$$

在上式中，避雷针保护半径 r_x 可理解为被保护物（h_x）和避雷针（h）之间的最大允许距离。

（二）双支等高避雷针的保护范围

双支等高避雷针的保护范围如图10-22所示，两针外侧的保护范围按单支避雷针确定；两针之间的保护范围按连接两针顶点1、2及中点O的圆弧确定。O点的高度 h_0 由下式确定：

$$h_0 = h - \frac{a}{7P}$$

式中 a 是两针之间的距离；系数 P 仍按上述式（10-12）中的原则确定。

显然，当两针间距离增大至 $a = 7hP$ 时，则 $h_0 = 0$，两针之间不能构成联合的保护范围。由 O-O′ 截面（见图10-22）可以知道，两针之间最小保护宽度的一半为：

$$b_x = 1.5(h_0 - h_x)$$

应当在所有情况下，$b_x < r_x$。

当 $a = 7h_a P$ 时，$b_x = 0$。

双支不等高避雷针的保护范围可查阅有关设计手册。

（三）多支避雷针的保护范围

三支避雷针在某一高度上的保护范围如图 10-23 所示，其外侧保护范围按单支和双支避雷针确定；其内侧也按双针联合保护范围确定；如果每两针之间都能满足 $b_x \geqslant 0$ 的条件，则认为三角形1—2—3的全部面积均在联合保护范围之内。

多支避雷针都可以分成若干组相邻的三支避雷针，依次按上述方法确定其保护范围。

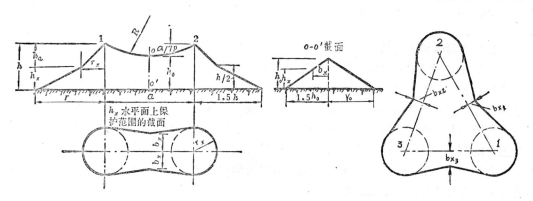

图 10-22　双支等高避雷针的保护范围　　　　图 10-23　三支避雷针的保护范围

a—两避雷针间的距离（$a \leqslant 7h_a$）；$2b_x$—高度为 h_x 处保护范围的最小宽度

二、避雷线的保护范围

避雷线的功用和避雷针相似，主要用来保护电力线路或狭长的建、构筑物及设施。

单根避雷线的保护范围如图10-24所示，图中 h 是避雷线最大弧垂点的高度。同避雷针相似，保护范围由折线分成上、下两部分。地面上保护宽度的一半为 $1.2h$，其任一保护高度 h_x 上的保护宽度 b_x 由下式确定：

$$\left.\begin{array}{l}\text{当}\ h_x \geqslant \dfrac{h}{2}\ \text{时，}\ b_x = 0.58(h - h_x)P \\[2ex] \text{当}\ h_x < \dfrac{h}{2}\ \text{时，}\ b_x = (h - 1.42h_x)P\end{array}\right\} \qquad (10\text{-}14)$$

式中系数 P 的确定见式（10-12）。

避雷线的保护范围，也常用"保护角 α"来表示。所谓保护角是指避雷线到导线的直线和避雷线对大地的垂直线之间的夹角，如图10-24所示。图中 α 是最大保护角（$\alpha = 35°$），保护角越小，其保护可靠程度越高，但相应的线路造价由于杆塔的加高而增加，所以从安全经济的观点出发，避雷线的保护角一般应保持在 $20°\sim30°$ 范围内为宜。

两根平行避雷线的保护范围如图 10-25 所示，其外侧按单根避雷线来确定；内侧由通过两避雷线最大弧垂点及O点圆弧来确定。两避雷线之间水平距离为 a，O点在距离 a 的中点，其所在的高度为：

$$h_0 = h - \frac{a}{4P}$$

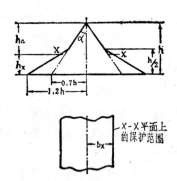

图 10-24　单根避雷线的保护范围

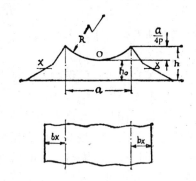

图 10-25　两根平行避雷线的保护范围

三、避雷带和避雷网

近年来采用沿房屋边缘或屋顶敷设接地金属带进行雷电保护。根据长期经验证明，雷击建筑物有一定的规律，最可能受雷击的地方是山墙、屋脊、烟囱、通风管道以及平屋顶的边缘等。在建筑物最可能受雷击的地方装设接闪装置（如屋脊、山墙处可敷设导线，屋顶面积很大时采用避雷网），这样构成避雷带、避雷网的保护方式。也有利用钢筋混凝土屋面中的钢筋作接闪器的所谓暗装避雷网保护方式。

当建筑物由于艺术上的要求，不允许装设突出的避雷针时，可利用直接敷设在屋顶和房屋突出部分的金属条作接闪器。

四、"反击"现象及其防止

防雷装置接受雷击时，雷电流沿着接闪器、引下线和接地体流入大地，并且在它们上面产生很高的电位。如防雷装置与建筑物内外的设备之间的绝缘距离不够时，两者之间会发生放电现象，这种情况称为"反击"。反击的发生，可引起电气设备绝缘被破坏，金属管道被烧穿，甚至引起火灾、爆炸及人身事故。

为防止反击事故的发生，首先必须了解雷击装置上各点可能出现的最大电位。

一般建筑物防雷引下线只有几十米长，雷电流通过时，单根引下线上的全部电压降 U_{FJ} 可按下列公式计算：

$$U_{FJ}=iR_{ch}+L_0l\frac{di}{dt}[千伏] \tag{10-15}$$

式中　i ——雷电流[千安]；

　　　R_{ch}——接地装置的冲击接地电阻[欧]；

　　　L_0——单位长度的电感，约为1.5[微亨/米]；

　　　l ——引下线的长度[米]；

　　　$\frac{di}{dt}$——雷电流的陡度[千安/微秒]。

根据上式，全部电压降包括两个组成部分，即决定于雷电流瞬时值的电阻电压降和决定于雷电流陡度的电感电压降。我们知道，雷电流和雷电流陡度的波形是不同的，而它们作用于空气间隙的击穿强度也有差别。

对于电阻电压降，空气的击穿强度约为 $500\sim600$（千伏/米），而对于电感电压降则为前者的二倍，约 $1000\sim1200$（千伏/米）。沿木材、砖、石等非金属材料的沿面闪络强度约为上述两种电压强度的 $\frac{1}{2}$，即分别为250（千伏/米）和500（千伏/米）。

为了防止反击的发生，就应使防雷装置与建筑物金属导体间的绝缘介质闪络电压大于反击电压，即

$$U_{SL}=E\cdot S\geqslant U_{FJ} \tag{10-16}$$

式中　U_{SL}——空气或绝缘介质的闪络电压[千伏]；

　　　U_{FJ}——由雷电流引起的反击电压[千伏]；

　　　E——介质的闪络强度[千伏/米]；

　　　S——绝缘间隙距离[米]。

为了防止反击及其他事故，独立避雷针装置和避雷线装置与其他设施之间须保持一定的距离（见图10-26），其值由下式确定：

$$\left.\begin{array}{l}S_1\geqslant 0.3R_{ch}+0.1h_x[米]\\S_2\geqslant 0.3R_{ch}[米]\\S_3\geqslant 0.15R_{ch}+0.08\left(h+\frac{l}{2}\right)[米]\end{array}\right\} \tag{10-17}$$

式中 S_1、S_2、S_3 分别为避雷针与建筑物间、避雷针地下部分与被保护物地下导体之间及避雷线与被保护物之间的最小距离；R_{ch} 为避雷针（线）接地装置的冲击接地电阻（欧）；h_x 为被保护物的高度（米）；l 为避雷线的水平长度（米）；h 为避雷线的支柱高度（米）。且 S_1、S_2、S_3 都不得小于 3 米。

当雷电流经地面雷击点或接地体流散入周围土壤时，在它的周围形成了电压降落。如果有人站在接地体

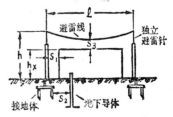

图 10-26　避雷针、避雷线离被保护物的距离

附近，就会受到雷电流所造成的跨步电压的危害。跨步电压对于赤脚或穿湿布鞋的人特别危险。

当雷电流流经引下线和接地装置时，由于引下线本身和接地装置都有阻抗，因而会产生较高的电压降，这种电压降有时高达几万伏，甚至几十万伏。这时如果有人或牲畜接触引下线或接地装置，就会受到雷电流所产生的接触电压的危害。

必须注意，不仅仅是在引下线和接地装置上才发生接触电压，当某些金属导体与防雷装置连通，或者这些金属导体与防雷装置的绝缘距离不够，受到反击时，也会出现这种现象。

为了保证人和牲畜的安全，可将引下线和接地装置尽可能地安装在人畜不易接近的地方，并在可能条件下将引下线缠上绝缘或者隔离起来，以利防护。

五、冲击接地电阻

防雷设备的接地装置是用来向大地引泄雷电流的。接地装置的泄流效果可以用它的冲击接地电阻值来表示。冲击接地电阻 R_{ch} 的定义是：接地装置上引出雷电流处的电压最大值与流经该接地装置雷电流最大值之比。

当巨大的雷电流通过接地装置流入土壤时，接地体附近形成强大的电场，将土壤击穿并产生火花。这相当于增加了接地体的截面，增加了泄流面积，即相当于降低了散流电阻。同时，土壤电阻系数也随着电场强度增加而降低。另一方面，由于雷电流陡度大，具有高频特性，接地装置导体本身的电抗比较大，其上的电压降也是比较大的。对于较长的接地体，电抗的作用会阻碍接地体后续电流的流散，从这方面看，通过雷电流时，接地电阻可能有所增加。一般情况下，前一方面是主要的，后一方面是次要的。即冲击接地电阻一般总是小于工频接地电阻的。其减小程度与土壤电阻系数、雷电流的大小、接地体的型式和尺寸等因素有关。我们用冲击系数 α 来表示冲击接地电阻 R_{ch} 与工频接地电阻 R 的比值，即

$$R_{ch} = \alpha R_g \qquad\qquad (10-18)$$

冲击系数 α 可从《接地装置规程》或设计手册中查得。表10-6列出了不同土壤电阻系数时的 α 值，以供参考。

冲 击 系 数 α 值 　　　　　　　　　表 10-6

接地装置型式	土 壤 电 阻 系 数（欧·厘米）			
	$\leqslant 1\times10^4$	5×10^4	1×10^5	$\geqslant 2\times10^5$
一般接地装置	1.0	0.67	0.50	0.33
环绕房屋的接地装置	1.0			

注：如土壤电阻系数在相邻两值之间，则 α 值可用插入法求出。

第七节 消 雷 装 置

消雷装置是近年来发展的一种防雷新技术，其基本原理是应用尖端放电现象。如图10-27所示，若在平板电极及其对面的针状电极之间加上电压，则针状电极周围的电位梯

度增大，空气被电离。由电离而产生的阳离子，在电极间的静电力作用下获得能量，加速向平板电极方向运动。途中又电离其它分子，最后形成离子流。

我们可以把雷云云底视为一个弱导电性的带负电的电极，大地则看成相对于它的另一个电极。并且，雷的强弱可以看作是加在两个电极上的电源电压的大小。因此，如果把针状电极（以下简称为离子化装置）安装在从地上支起的塔顶上，它的等值电路图大致与图10-27相同。这样，二者之间的对应关系是：直流电源——雷电池，平板电极——雷云的云底，尖端电极——离子化装置。假若离子化装置制造离子的能力能急剧增强，则雷云电荷就会被中和和抑制，从而就能使落雷空间的电场强度保持足够低的值。

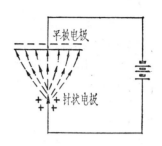

图 10-27 尖端放电

消雷装置就是从形状、尺寸、材料等方面能保证尖端放电并促使大气电离而设计成的，它由"离子化装置"、"地电流收集装置"以及连接二者的"连接系统"所组成。

如图10-28所示，由于雷云云底带有负电荷，则大地感应出正电荷。此时由于被保护物的上方安装着带有许多针状电极的离子化装置，若将它和浅埋入地下的电流收集装置进行电气连接，则离子化装置本身的电位与大地的电位大致相等。这样离子化装置与大气间的电位差随装置的高度和雷云的电荷密度而激增。例如，将离子化装置设在30米高塔上，若落雷前的电场强度平均为10千伏/米，那么离子化装置与周围大气之间的电位差就是300千伏，这就容易促使离子化。由此产生的阳离子在雷云电荷静电力与风力矢量合成力的作用下，向雷云方向运动。结果雷云被中和，电位衰减，从而雷云放电（落雷）被防止。这里所谓的"雷云中和"是意味着即使阳离子达不到雷云，但在作为空间电荷而存在的阳离子的作用下，也能达到法拉弟密封的效果。

消雷器的材料一般均用钢材（注意防锈），因为离子的强电场发射主要不是靠粒子的低能跃迁，而是利用材料制成尖针引起电场畸变所达到，所以一般金属材料之间无多大差异。也有在针尖敷有促发性的特殊涂料（如氚—85），即使在低场强下，针尖发射的离子流也会明显地增加，但当场强提高到一定数值后，有无涂料影响不大。

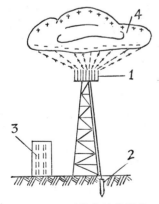

图 10-28 预防落雷装置的
示意图

1—离子化装置；2—接地装置；
3—被保护物；4—雷云

等离子化装置是根据被保护范围内的地形、被保护物的形状而确定的，它原则上要高于被保护物（有时根据情况，被保护物也可高于离子化装置），可以是单独的，也可以组成复合式的。

对本系统接地装置的主要要求是在收集大地电流的能力方面，所以在被保护的区域内采用浅（一般埋深300毫米左右）而广（国外推荐不小于30×20平方米）的埋设方式，而接地电阻则没有规定要求。

本系统的引下线与连接线只需通过毫安级的电流，故其截面的大小只取决于机械强度。

第八节　建、构筑物的防雷

一、建、构筑物防雷等级的划分

建筑物和构筑物防雷设计规程将工业建、构筑物分为三类：

第一类：凡建、构筑物中制造、使用、贮存大量爆炸物；或在正常情况下能形成爆炸性混合物，在电火花作用下会引起爆炸，从而造成巨大破坏和人身伤亡者。

第二类：特征同第一类，但不致引起巨大破坏或人身死亡者；或只当发生事故时，才有第一类情况出现者。

第三类：凡不属于第一、二类的建、构筑物，而需要作防雷保护者；按雷击可能性及其后果对国民经济的影响而需要防雷者；按经验公式考虑，可能雷击数 $N \geqslant 0.01$ 次/年的建筑物及15～20米以上的烟囱水塔等孤立的高耸构筑物。

同时，规程将民用建筑物分为二类：

第一类：具有重大政治意义的建筑物，如国家重要机关办公楼、迎宾馆、国际机场等。

第二类：重要的公共建筑物按当地雷击情况确定需要防雷者，以及与工业第三类相同情况者。

二、各类建、构筑物的防雷措施

规程规定第三类工业建、构筑物及第一、二类民用建筑物应有防直击雷和防高电位引入的措施；第一、二类工业建、构筑物除上述者外还应有防感应雷的措施。不装设防直接雷的建、构筑物仍应采取防止高电压引入的措施。简述如下：

1. 第一类工业建、构筑物的防雷措施

（1）防直击雷的措施：首先应采用独立避雷针或架空避雷线，且要使雷击点和雷电流都和被保护物保持一定的安全距离，以防止发生反击。避雷针冲击接地电阻一般不大于10欧。当由于建筑物太高或其他原因不能装设独立避雷针时，允许采用附设于建、构筑物上的防雷装置进行保护。此时为了减少引下线上的电压降，以避免反击，应采用2根以上的引下线，其间距不大于18米，并且每隔不大于12米的高度应装设均压环。设置在排放有爆炸危险气体的管道口附近的避雷针遭受雷击时，所产生的电火花应不致引起逸出的爆炸性物质发生爆炸或燃烧，此时必须使针尖与管口保持3米以上的距离。

（2）防雷电感应的措施：建筑物内所有的金属物都应接到防雷电感应接地装置上(一般对于建筑物上的防直击雷接地装置、电气设备接地装置、防雷电感应接地装置三者是采用共用接地装置)，混凝土中的钢筋都应绑扎或焊接成闭合回路，接地装置总的工频接地电阻应不大于10欧。

（3）防高电位引入的措施：引入线采用不小于30～50米长的金属铠装电缆埋地引入，在电缆与架空线连接处应装设阀型避雷器（详见本章第九节）。避雷用的电缆金属外皮和绝缘子铁脚应共同接地，这样电缆段才能起到应有的保护作用，其冲击接地电阻应不大于5～10欧。引入建筑物的架空金属管道在靠近建筑物的100米内，每25米应接地一次，以防止高电位沿架空管道侵入，其冲击接地电阻应不大于20欧，埋地引入的金属管道亦应与防雷电感应接地相连。

2.第二类工业建、构筑物的防雷措施与第一类的主要区别

（1）接闪器、引下线允许直接装设在建筑物上。非金属屋面上可装设网格为8～10米或6～7米（在年平均雷电日较多的地区）的金属网作接闪器，若是金属屋面则可直接用来作为接闪器。当采用多根避雷针保护时，它们之间要用避雷带连接起来，以利于雷电流的流散。允许利用钢筋混凝土柱和基础内的钢筋作为引下线和接地装置。

（2）为防止雷电流流经引下线时产生的高电压对附近金属物的反击，引下线与金属物之间应有一定的安全距离S_k，可按下式计算：

$$S_k \geqslant 0.05 l_x [米] \tag{10-19}$$

式中l_x为引下线计算点到地面的长度[米]。

当引下线和金属物之间有混凝土墙或砖墙隔开时，因厚墙的击穿强度一般比空气大5倍，故计算的安全距离可按墙厚相应减小5倍。如实际距离仍不能满足上述要求时，可将金属物与引下线相连，以防止反击。

（3）在雷击率小的地区，允许采用低压架空线直接引入建、构筑物，但应在入户处装设防感应雷的保护，如装避雷器，或将绝缘子铁脚接地。且防雷保护的接地与电气设备的接地应共用，其总的冲击接地电阻应不大于5欧。

3.第三类工业建、构筑物的防雷措施

（1）一般只需要在建、构筑物易受雷击的部位装设避雷针以防直击雷。当采用避雷带时，屋面上任何一点距离避雷带不应大于10米，当有三条及以上平行避雷带时，每隔30～40米将平行的避雷带连接起来，并要有二根以上的引下线，引下线间的距离不宜大于30米，而冲击接地电阻要求不大于30欧。

（2）可利用钢筋混凝土屋面板、梁、柱、基础内钢筋组成一个完整的防雷装置，也可单独利用屋面板作为接闪器，柱作为引下线，基础作为接地装置。各构件内的钢筋应绑扎或焊接，连成电气通路。当基础的总工频接地电阻不大于5欧时，可不增设接地装置。

4.第一类民用建筑物的防雷措施

基本上与第二类工业建筑物采取的措施相同。但此时防直击雷的接地装置的冲击接地电阻不应大于5～10欧。架空线引入时冲击接地电阻应不大于30欧。当防雷接地装置与电气设备接地装置及埋地金属管道不能相连时，其距离不应小于2米，以防反击。

5.第二类民用建筑物的防雷措施

基本上与第三类工业建筑物采取的措施相同。重要的公共建筑物防雷接地装置的冲击接地电阻不大于10欧。当防雷接地装置与电气设备接地装置等不能相连时，其间距也不应小于2米。

防雷装置的具体安装要求可

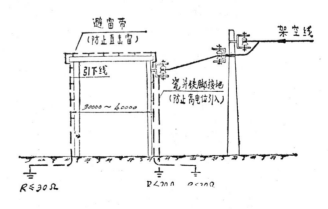

查阅有关设计规程。图10-29是第三类工业建筑（非金属屋面）防雷措施的示意图。

第九节 6～10千伏电气设备的防雷保护

本节主要介绍6～10千伏变电所及旋转电机的防雷保护，为叙述方便起见，避雷器也在本节介绍。

一、避雷器

避雷器有阀型避雷器、管型避雷器和保护间隙之分，主要用来保护电力设备，也用作防止高电位侵入室内的安全措施。

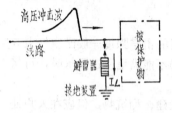

图 10-30 避雷器保护原理图

如图10-30所示，避雷器装设在被保护物的引入端。其上端接于线路，下端接地。正常时，避雷器的间隙保持绝缘状态，不影响系统运行。雷击时，有高压冲击波沿线路袭来时，避雷器间隙击穿而接地，从而强行截断冲击波。这时，能够进入被保护物的电压仅为雷电流通过避雷器及其引线和接地装置而产生的所谓残压。雷电流通过以后，避雷器间隙又恢复绝缘状态，保证系统正常运行。

1.阀型避雷器

图10-31表示FS-10阀型避雷器的基本结构，它由三部分组成：（1）火花间隙（每个火花间隙均由两个黄铜电极和一个云母圈组成，见图10-32）；（2）阀型电阻片（由特种碳化硅制成的饼形元件，是非线性电阻）；（3）瓷套。

高压冲击波将避雷器的火花间隙击穿，雷电流通过电阻阀片只遇到很小的电阻，进入被保护物的只是不大的残压，而尾随雷电流而来的工频电流在电阻阀片上将遇到很高的电阻，有限的工频电流很快被火花间隙所阻断，即火花间隙间的电弧很快被熄灭。由此可知，由于电阻阀片和火花间隙的配合作用，避雷器很象一个阀门；对雷电流，阀门打开使泄入地下；而对工频电流，阀门关闭，迅速切断，故称为阀型避雷器。

我国生产的阀型避雷器有FS型、FZ型、FCD型等几种，FCD型又称磁吹避雷器，详见表10-7。

2.管型避雷器

管型避雷器的原理结构如图10-33所示。管型避雷器主要由灭弧管和内、外间隙组成。灭弧管用胶木或塑料制成。在高电压冲击下，

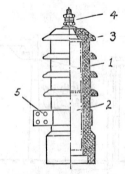

图 10-31 FS-10阀型避雷器的基本结构

1—火花间隙；2—阀型电阻片；3—瓷套；4—接线鼻；5—抱箍

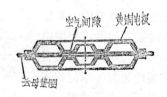

图 10-32 阀型避雷器的火花间隙

内外间隙击穿，雷电流泄入大地。随之而来的工频电流也产生强烈的电弧，电弧燃烧管内壁，产生大量气体从管口喷出，能很快吹灭电弧，以保持正常工作。外间隙又叫隔离间隙，使管子正常时与工作电压隔离而不带电。

我国生产的各种避雷器的型号与使用范围　　　　　　　　　　表 10-7

型　式	额定电压 （千伏）	放电间隙有否并联电阻	使　用　范　围
FS	3～10	无	保护小容量配电装置及电缆头
FZ	3～220	有 并 联 电 阻	保护大、中容量配电装置
FCD	3～10	有并联电阻和电容	保 护 旋 转 电 机

注：放电间隙并联电阻，可使每个放电间隙的电压分布均匀，改善消弧性能。

3. 保护间隙

如图 10-34 所示，保护间隙主要由镀锌圆钢制成的主间隙和辅助间隙组成。主间隙做成角形，水平安装，以便其间产生电弧时，因空气受热上升，将电弧移到间隙的上方被拉长而熄灭。因为主间隙暴露在空气中，比较容易短接，所以加上辅助间隙以防止意外的短路。

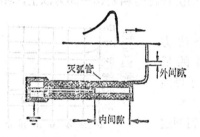

图 10-33　管型避雷器的原理结构

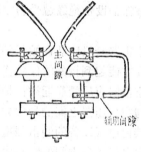

图 10-34　保护间隙

二、6～10千伏变电所的防雷保护

变电所除了可能遭受直击雷以外，还有可能沿着线路向变电所传来雷电波，威胁变电所设备的安全。为此，必须认真做好变电所的防雷保护工作，以确保对工厂不间断供电。

变电所内的设备和建筑物必须有完善的直击雷保护装置，通常采用独立避雷针。此外，为防止发生反击事故，还应将变电所内全部室内外的接地装置连成一个整体，做成环状接地网，不要出现开口，使接地装置都能充分地发挥作用，降低跨步电压和接触电压，以保证人身安全。

中小型工厂6～10千伏车间变电所，一般均较厂房为低，通常不另设直击雷保护。

另外，在线路遭受雷击时，由于线路的绝缘水平比较高(尤其是木杆木横担的线路)，这样侵入变电所的雷电波的幅值往往很高，如果是终端变电所，则其电压还会因反射而升高，危险性很大。由于变电所和线路直接相连，线路分布广，长度大，遭到雷击的机会很多，所以对变电所的进线段必须有完善的保护，这是保证变电所安全运行的关键。

对由线路侵入变电所的雷电波的保护，主要依靠进线保护段上的各种保护措施和变电所母线上的阀型避雷器。如图 10-35 所示，应在每路出线和变电所的每组配电母线上装设阀型避雷器（FS）。

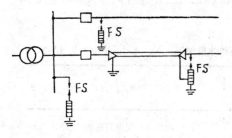

图 10-35 变电所3～10千伏配电装置防止侵入雷电波的保护接线图

对于具有电缆出线段的架空线路，阀型避雷器应装在架空线路终端与电缆头连接处。这是由于电缆的波阻抗小，经 FS 放电后的雷电流通过电缆波阻抗所造成的电压波较小，对变压器不致造成危险。这一组阀型避雷器的接地应和电缆的金属外皮相连，以免反击。阀型避雷器的接地除应以最短的距离与变电所的接地网相连外（包括通过电缆金属外皮相连），还应在其附近装设集中接地装置，以保证雷电流流散。

过去在变电所 3～10 千伏配出线上曾采用管型避雷器保护，由于其使用寿命不长，运行维护复杂，容易发生事故，因此目前变电所3～10千伏配电装置都采用FZ型或FS型避雷器保护。

阀型避雷器和被保护设备之间存在绝缘配合问题，即阀型避雷器的伏秒特性与被保护设备绝缘伏秒特性要相配合。要保证阀型避雷器起保护作用，首先必须使阀型避雷器的伏秒特性比被保护设备绝缘的伏秒特性为低。为了避免由于两条伏秒特性的相互接近或交叉，而使被保护设备绝缘遭受击穿，必须使两者的平均伏秒特性相差15～20％以上，如图10-36所示。

阀型避雷器一般应装在被保护设备的前面（指来波方向），这样才能起到较好的保护作用，考虑到雷电波的反射，阀型避雷器应尽量靠近被保护设备。表10-8给出了母线上避雷器与主变压器之间的最大允许电气距离。

由于其他电气设备的冲击强度比变压器高，因此阀型避雷器至其它电气设备之间的距离允许再增加35％。

避雷器流过的雷电流幅值的大小与避雷器残压大小的关系曲线，叫做避雷器的伏安特性。必须使避雷器的残压小于变压器的耐压，才能对变压器起到保护作用。当避雷器与变压器直接接在一起时，变压器上所受的电压完全等于避雷器的残压。如果两者之间有一段距离，则由于导线电感和变压器的入口电容构成振荡回路，在变压器上出现的电压就有可能超过阀型避雷器的残压，阀型避雷器与变压器之间的距离越大以及侵入波的陡度越大，则两个电压之间的差别也就越大。

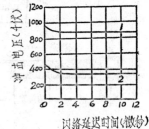

图 10-36 阀型避雷器与被保护设备的绝缘配合
1—变压器内绝缘的伏秒特性；
2—阀型避雷器的伏秒特性

若架空线是木杆线路，则要求在距电缆头 200 米处，安装一组管型避雷器或冲击放电电压为200～300千伏的放电间隙，以限制侵向变电所的雷电波的幅值。

避雷器与3～10千伏主变压器的最大电气距离　　　　表 10-8

雷季经常运行的进线路数	1	2	3	4 及 以 上
最 大 电 气 距 离（米）	15	23	27	30

配电网内的变压器、杆上断路器等，都可采用阀型避雷器、管型避雷器或角型间隙保护。为提高保护效果，保护设备应与被保护设备装在同一杆塔上，避雷器或保护间隙的接地引下线与被保护设备的外壳及低压零线相连接后共同接地，其工频接地电阻应小于4欧。作配电变压器保护时，避雷器一般装在高压熔断器的后面。对于在雷季中可能经常开断运行的杆上断路器和杆上隔离开关，则要求在断路器两侧各装一组避雷器。

三、旋转电机的防雷保护

旋转电机经变压器后与架空线路连接时，一般不要求对它们采取特殊的防雷保护措施，因为经过变压器转换的雷电波，除了极少数情况外，不会引起电机绝缘损坏。当旋转电机直接（不经变压器）和架空线路连接时，防雷保护问题就显得特别重要。

旋转电机（包括发电机、同期调相机、变频机和电动机等）由于结构上的特点，其绝缘水平比较低，而旋转电机又很重要，因此直配电机的防雷保护应予以重视。

旋转电机的保护应同时考虑到主绝缘、匝间绝缘及中性点绝缘的保护。为此采用专用的避雷器（FCD）及电容器作为基本的保护元件；另一方面还采取完善的进线保护，以便限制通过避雷器的雷电流不超过其额定值，从而保证电机绝缘与避雷器特性配合。

直配电机进线保护的目的，是利用进线段上装设的管型或阀型避雷器或保护间隙，将线路上雷电流的绝大部分分泄放入地中，利用进线电感或互感的限流作用，使FCD避雷器中通过的电流限制在3～5千安以下。

旋转电机的保护方式，是根据电机容量、雷电活动的强弱和对供电可靠性的要求确定的。《电力设备过电压保护设计技术规程》中，均有原则规定，是设计的依据。

单机容量为300千瓦及以下的直配电机，规程推荐采用如图10-37（a）、（b）的保护接线；也可只在车间线路入户处装设一组避雷器和电容器，并在靠近入户处的电杆上装设保护间隙，或将绝缘子铁脚接地。个别特别重要的电机，也可参照图10-38（a）、（b）、（c）的保护接线。

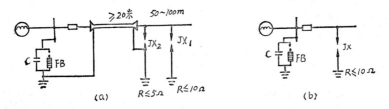

图 10-37 300千瓦及以下直配电机的保护接线
（a）进线用二组保护间隙和电缆段；（b）进线保护采用一组保护间隙

在应用保护结线图10-37和图10-38时应注意以下几点：

（1）保护高压旋转电机的避雷器一般采用FCD型，避雷器应尽量靠近电机装设，在一般情况下，可装在电机出线端处。如接于每一组母线上的电机不超过两台，或避雷器与500千瓦及以下电机的电气距离不超过50米时，避雷器也可装在每一组母线上。

（2）如图10-38，对能引出中性点而未接地的直配电机，应在中性点上装设阀型避雷器，且避雷器的额定电压不应低于电机最高运行相电压。这是对直配旋转电机的有效防雷保护措施。

（3）装在每相上的保护电容器，其作用是防止过电压和保护电机的匝间绝缘，其电容值采用0.25～0.5微法；对于如图 10-37（a）中性点不能引出或双排非并绕线圈的电机，其电容值采用1.5～2微法；对于如图10-37（b）的结线，其电容值采用0.5～1微法。

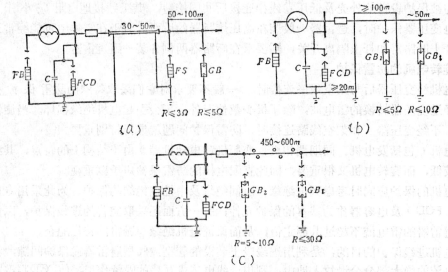

图 10-38　300～1500千瓦直配电机的保护接线

（a）进线保护采用电缆段；（b）进线保护采用架空避雷线；（c）进线保护采用独立避雷针

（4）图10-38（a）中的进线保护采用30～50米的电缆段，并在进线上装设两组管型避雷器，相距50～100米。前者用来削弱雷电波幅值，后者保护电缆头。

（5）图10-38（b）中的进线保护采用不少于100米的架空避雷线，并在进线上装设两组管型避雷器，相距50米。利用100米导线的自感和对避雷线的互感来削弱雷电波的陡度，而雷电波的幅值由管型避雷器来限制。避雷线对边导线的保护角，不应大于30°。

此外，在多雷区，虽是经变压器和架空线路连接的旋转电机，也要考虑经变压器耦合侵入的过电压能危及电机的绝缘，宜在发电机或电动机的出线处，装设一组磁吹避雷器。

第十一章 电气照明

照明设计是工厂电气设计中不可缺少的一个组成部分。合理的电气照明是保证安全生产、提高劳动生产率和保护工作人员视力健康的必要措施。适用、经济和在可能条件下注意美观是照明设计的一般原则。

电气照明设计主要包括照明光源、灯具的选用与布置、照度计算和照明供电网络两大部分。本章从照明与视觉的关系着手，说明照明设计应满足的质量要求和设计工作的主要内容，使读者对照明设计有初步的认识。

第一节 照 明 与 视 觉

照明与视觉是密切相关的，在此有必要对人的视觉作一简单介绍。

一、视觉

人的视觉器官是眼，眼的感光组织为视网膜。视网膜是一个复杂的神经组织，它主要由感受细胞、双极细胞和神经节细胞组成。人眼能够感光是因为感受细胞含有视色素。视色素吸收光子后，能触发生物能，引起神经活动，这样就把视觉信息通过双极细胞和神经节细胞传递到神经中枢去。

不同波长的光达到视网膜的相对强度，与水晶体和黄斑色素这两种组织对光的吸收有关。人们能够感受光谱的范围和对不同波长光的敏感度是不一致的，而是象图11-1那样随波长而变化的。图11-1的曲线又称为光谱光效率曲线，即 V(λ) 曲线，曲线的纵坐标代表人眼对相应波长 λ 的平均相对灵敏度。从图可知：当波长为555毫微米（相当于黄绿色光的波长）时，人眼具有最大的相对灵敏度。

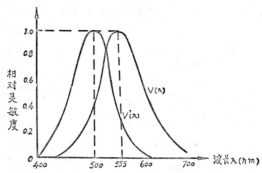

图 11-1 人眼的视觉灵敏度曲线

在明亮环境下的视觉，称为明视觉；在微光环境下的视觉称为暗视觉。人眼同时具备明视觉和暗视觉功能。人类在千万年的进化过程中，视网膜的感受细胞逐渐分化为锥状细胞和杆状细胞，两者既有分工又有联系，分别主管明视和暗视功能。V(λ)曲线就是指明视相对光谱光效率，V′(λ)曲线就是指暗视相对光谱光效率。

要使人眼能清楚地识别物体，需要一定的亮度。视网膜杆状细胞的视色素只有一种（称作视紫红），故暗视没有颜色感。而视网膜锥状细胞有三种，各具有不同的视色素，不同波长的光，对不同色素的刺激总有差别，这就使人们能察觉到不同的光谱色。也就是说，明视有颜色感，所以需要识别物体颜色的场所，就更需要有较高的亮度。

对照明而言，光源是发射器，人眼是接受器，照射在工作面上的光通，在工作面上产生一定的照度，其中有一部分为被照面反射回来，当人眼接受到这部分反射光通量时，在眼的视网膜上便会出现物体的像而引起视觉。被照面每单位面积反射到人眼的光通越大（此时被照面的照度肯定也是高的），视觉越清楚。

二、影响视觉的因素

影响视觉的主要因素如下：

（一）被视物体细节的尺寸

物体的细节尺寸 d 与视角 α 成正比，与视距 L 成反比（见图11-2）。

图11-3表示视角 α 与照度的关系曲线。从图中可以看出：要识别小的物体就需要高的照度。

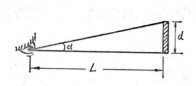

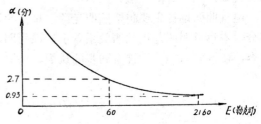

图 11-2　视角、视距、物体尺寸
　　　　三者的关系
　　d—物体尺寸；L—视距；α—视角

图 11-3　视角与照度的关
　　　　系曲线

视角的倒数称为视力。在一定的照度下，α 越小，识别物体细节所需要的视力就越高，如在一定的视力下要识别清楚物体，就需要提高照度，尺寸大的物体照度需增加得少，尺寸小的物体照度需增加得多。往往由于照度太低，要识别小尺寸的物体细节，不得不缩短视距 L。长期在短视距 L 下工作，就会使人眼近视。

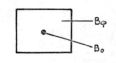

图 11-4　亮度对比示意图
B_φ—背景亮度；B_o—细节亮度

（二）被视物体的细节与它的背景的亮度对比

物体上被识别的细节亮度 B_o 与其背景亮度 B_φ 之差比上背景亮度 B_φ，称为亮度对比（见图11-4）。

用公式表示为：

$$C = \left| \frac{B_o - B_\varphi}{B_\varphi} \right| \qquad (11-1)$$

亮度对比对视觉的作用，大家都有亲身体验：当亮度对比大时（如白纸上写深色的字）识别效果好；亮度对比小时（如白纸上写浅色的字）识别效果就差，为了改善视觉效果，就要提高照度。

（三）物体表面的亮度与视看时间都影响视觉

物体表面亮度较亮（不能太亮）时，就比较容易看清楚，反之，就不易看清楚。

同一物体在高照度时，看清楚物体所需的时间，比照度低时看清物体所需要的时间来得短。视看时间短，可减轻视器官的负担，并提高视觉工作的效率。

三、视觉效果的评价

评价视觉效果的主要指标是能见度 V。

所谓能见度 V，是指对被识别物体看清楚的程度。其表达式为：

$$V = \frac{C}{C_L} \qquad (11-2)$$

式中　C——物体与背景的亮度对比（实际对比）；

　　　C_L——临界对比（指被识别物体与其背景的亮度差小到眼睛刚刚看到物体时的对比）。

被识别物体的能见度水平可在视功能曲线上获得。视功能曲线表示了照度和视角与所能识别的对比三者之间的数量关系，见图11-5。由图11-5可知：

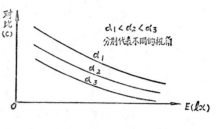

图 11-5　视功能曲线

（1）视角α相同时，随照度E的增加，识别对比C值减小。

（2）当对比相同时，随照度的提高，识别物件的视角减小。

（3）当照度相同时，视角和对比可以互相补偿，即对比值增大，可使视角减小。反之，视角增大，对比值减小。

V值要大于1，且越大越看得清楚。但如何判断最佳情况？一般采用"相对能见度V_0"来表示，当$V_0=1$时为最佳。

由图11-5视功能曲线可知，当视角相同时，随照度的提高，识别对比值减小。当照度提高到一定数量时，对比值基本上不再减小，将保持在平行横座标的水平上，见图11-6。此时的照度值就是该视角的最大照度值（E_{max}），此时的对比值是该视角的最小临界对比值（ξ_α）。于是最大能见度$V_{max}=\dfrac{C}{\xi_\alpha}$，则相对能见度$V_0$定义为在选定照度下的能见度$V$与最大能见度$V_{max}$的对数值之比，用下式表示

$$V_0=\frac{\lg V}{\lg V_{max}}=\frac{\lg \dfrac{C}{C_L}}{\lg \dfrac{C}{\xi_\alpha}}\tag{11-3}$$

式中　C、C_L——同式（11-2）；

　　　ξ_α——最小临界对比值，见图11-6。

对视功能曲线所作的分析，得知最小临界对比值在视角相同时为常数，它是由视功能曲线各视角推延出来的，见图11-6。

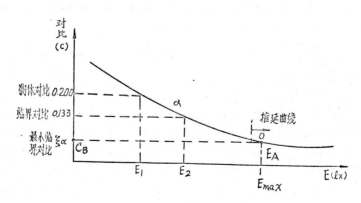

图 11-6　视功能曲线分析

根据相对能见度的原理，可知 C、C_L 和 V_o 三者之间的关系及其对视觉工作的影响如下：

当 $C < C_L$ 时　$V_o < 0$，此时看不见物件；

当 $C = C_L$ 时　$V_o = 0$　刚能看见物件；

当 $C > C_L$ 时　$V_o > 0$　能看清物件；

当 $C > C_L$，且 $C_L = \xi_a$ 时，$V_o = 1$，物件看得最清楚。

是否会引起视觉器官的疲劳，也是评价视觉效果的重要方面。良好的照明必须避免产生视疲劳。例如光源的色温与显色性，照度的大小与均匀性，对视疲劳都很有影响。

实验表明视疲劳（眼干胀、酸痛、视力模糊）随着照度的提高而有所降低。实验也证明在低照度时（20 勒克司以下），荧光灯照明时的视疲劳比白炽灯照明时的视疲劳要高 10% 左右。

良好的照明所应满足的条件，见本章第四节所述。

第二节　照明技术的基本概念

为了便于读者掌握有关照明设计的知识，首先将照明技术中最基本的概念介绍如下。

一、光

光是能引起视觉的辐射能，它以电磁波的形式在空间传播。光的波长一般在 380～780

图 11-7　电磁波谱

nm 范围内，不同波长的光给人的颜色感觉不同，见图 11-7 所示。

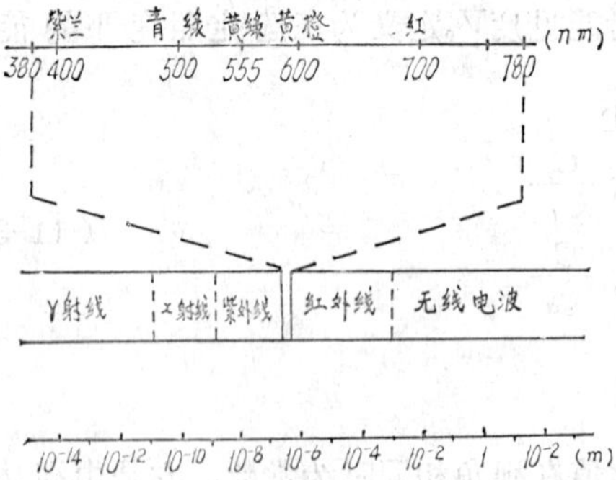

二、光谱

光源辐射的光往往由许多波长的单色光组成，把光线中不同强度的单色光，按波长长短依次排列，称为光源的光谱。一般作图时以波长为横座标，以单色光功率的相对百分数为纵座标，故称为相对光谱功率分布图。白炽灯是辐射连续光谱的光源，气体放电光源除了辐射连续光谱外，还在某些波段上辐射很强的线状或带状光谱。具有连续光谱的光源，对物体颜色的显视性能较好。

三、光通量

光源在单位时间内，向周围空间辐射出的使人眼产生光感觉的能量称为光通量，符号为 Φ，单位为流明（lm）。

光源在单位时间内向四周空间辐射的能量叫辐射通量，它由各种不同波长的辐射组成，各种波长的辐射通量相加，即为其总辐射通量，即图 11-8 中曲线 1 下所包围的总面积 S。该面积下只有可见光区的辐射功率才能转变为光通量，其大小取决于：（1）辐射功率的大小；（2）光谱光效率的影响。只有波长为 555nm 的辐射通量能够完全转变为光通量，而其他波长（$380nm < \lambda < 780nm$）的辐射通量都要乘以系数。光通量 Φ 为辐射通量 E_λ 与光谱光效率 $V(\lambda)$ 的乘积，在可见光区内对于波长（λ）的积分，即图 11-8 中曲线 2 下面的面积。

$$\Phi = K_m \int_{380}^{780} E_\lambda \cdot V(\lambda) \mathrm{d}\lambda \qquad (11-4)$$

式中 $V(\lambda)$——光谱光效率;

E_λ——辐射功率[瓦];

K_m——680[流明/瓦],称为最大光谱光效率,是表示波长为555毫微米的单色光通量与对应的辐射通量之比。

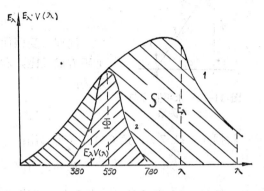

图 11-8 辐射通量表示图

由上述可知:1流明就相当于波长为555毫微米的单色辐射,功率为1/680瓦时的光通量。

人们通常以消耗1瓦电功率产生多少流明[流明/瓦]来表征电光源的特性,称为发光效率(简称光效),光效越高越好。

四、发光强度(光强)

发光强度是表征光源(物体)发光能力大小的物理量。

光源在某一特定方向上单位立体角内(每球面度)辐射的光通量,称为光源在该方向上的发光强度(又称光通的空间密度),其符号为 I,单位为坎德拉(cd)。

如图11-9所示,对于向各方向均匀辐射光通量的光源,各方向的光强相等,其值为:

$$I = \frac{\Phi}{\omega} \qquad (11-5)$$

式中 Φ——光源在 ω 立体角内所辐射出的总光通量[流明];

ω——光源发光范围的立体角[球径]; $\omega = \dfrac{S}{r^2}$,r 为球的半径[厘米],S 是与 ω 立体角相对应的球表面积[平方厘米]。

五、照度

单位面积上接收到的光通量称为照度,用 E 表示,单位为勒克司(lx)。

被光均匀照射的平面照度为:

$$E = \frac{\Phi}{S} \qquad (11-6)$$

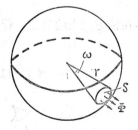

图 11-9 发光强度的定义

式中 Φ——S 面上接收到的总光通量[流明];

S——被照面积[平方米]。

1勒克司(lx)相当于1平方米被照面上光通量为1流明时的照度。在夏季阳光强烈的中午,地面照度约为50000勒克司;在冬天的晴天,地面照度约为2000勒克司;而在晴朗的月夜,地面照度约为0.2勒克司。

当采用某方向发光强度为 I_0 的点状光源照明时,受照面上某点的水平照度(E_s)与它至光源的距离(r)平方成反比,和入射角的余弦($I_0\cos\theta$)成正比(见图11-10所示)。用公式表示为:

$$E_s = \frac{I_\theta \cos\theta}{r^2} \qquad (11\text{-}7)$$

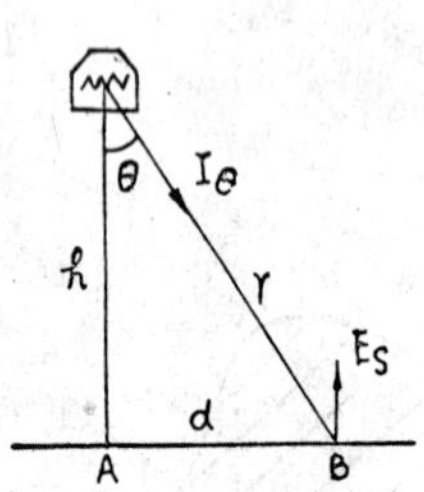

若用高度 h 代入，式（11-7）可改写成：

$$E_s = \frac{I_\theta \cos^3\theta}{h^2} \qquad (11\text{-}8)$$

同理，受照面上某点的垂直照度（E_c）与它至光源的距离 r 平方成反比，和入射角的正弦（$I_\theta \sin\theta$）成正比。用公式表示为：

$$E_c = \frac{I_\theta \sin\theta}{r^2} \qquad (11\text{-}9)$$

图 11-10　水平照度与
光强的关系

根据式（11-7）、式（11-9）可写出：

$$E_c = E_s \cdot \mathrm{tg}\theta = E_s \cdot \frac{d}{h} \qquad (11\text{-}10)$$

式（11-10）表示了同一点垂直面照度与水平面照度的关系。式(11-8)和式（11-9）是照度计算的基本公式。

目前国际上采用的各种照度单位，可按表11-1进行换算。

照 度 单 位 换 算 表　　　　　　　　　　表 11-1

单 位 名 称	勒 克 司	辐　　　　脱	英尺—烛光
1 勒克司(lm/m²)	1	10^{-4}	9.29×10^{-2}
1 辐 脱(lm/cm²)	10^4	1	929
1 英尺—烛光(lm/ft²)	10.76	10.76×10^{-4}	1

注：“英尺—烛光”是英制照度单位。

由于照度既不考虑被照面的性质（反射、透射和吸收），也不考虑观察者在哪个方向，因此它只能表明光照的强弱，并不表征被照物体的明暗程度。

六、亮度

发光体在给定方向单位投影面积上的发光强度，称为发光体在该方向上的亮度，符号为 L，单位为尼特（nt），用公式表示为：

$$L = \frac{I_\theta}{S \cos\theta} \qquad (11\text{-}11)$$

式中　I_θ——与法线成 θ 角的给定方向上的发光强度[坎德拉]；

　　　　S——发光体面积[平方米]。

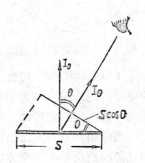

由图11-11得知 $I_\theta = I_o \cos\theta$，$I_o$ 是发光体表面法线方向的光强。亮度的定义对于一次光源和被照面是同等适用的。对于被照面，θ 角则是视线与被照面法线之间的夹角，如图11-11中所示，所以，当观察者在垂直于 S 平面视看时，该平面的亮度 L_o 即为光强 I_o 与发光体面积（或被照面面积）之比，即

图 11-11　亮度的定义

$$L_0 = \frac{I_\theta}{S\cos\theta}\bigg|_{\theta=0°} = \frac{I_0}{S} \qquad (11\text{-}12)$$

目前国际上采用的几种亮度单位的换算见表11-2。

亮 度 单 位 换 算 表

表 11-2

单 位 名 称	尼 特	熙 提	绝 对 熙 提	英尺—朗 伯
1尼特(cd/m²)	1	10^{-4}	π	0.292
1熙提(cd/cm²)	10^4	1	$\pi \times 10^4$	2920
1绝对熙提(asb)	$\dfrac{1}{\pi}$	$\dfrac{1}{\pi} \times 10^{-4}$	1	9.29×10^{-2}
1英尺—朗伯	3.43	3.43×10^{-4}	10.76	1

注："英尺—朗伯"为英制亮度单位。

无云的晴朗天空平均亮度为0.5熙提，40瓦荧光灯表面亮度为0.7熙提。对于均匀漫反射体，其亮度与照度的关系为：

$$L = \frac{\rho E}{\pi} \qquad (11\text{-}13)$$

式中　ρ ——漫反射体的反射系数；

　　　L ——均匀漫反射体的亮度[尼特]；

　　　E ——均匀漫反射体的照度[勒克司]。

当L采用绝对熙提作单位时：

$$L_A = \rho E \qquad (11\text{-}14)$$

人眼对明暗的感觉不是直接取决于物体上的照度，而是取决于物体在眼睛视网膜上成象的照度，即确定物体明暗程度要考虑两个因素：①物体在垂直于观察方向上的平面上的投影面积——这决定象的大小；②物体（被照物体可以看作是间接发光体）在该方向上的发光强度——这决定在象的面积上能接受多少光通量。所以通常引用"亮度"的概念，目前国际上有些国家是以"亮度"作为衡量照明质量的一个重要依据。

七、色温

色温是电光源的技术参数之一。

当光源的发光颜色与黑体（能吸收全部光能的物体）加热到某一个温度所发出的光的颜色相同（对于气体放电光源为相似）时，称该温度为光源的颜色温度，简称色温（对于气体放电灯称为相关色温）。例如，白炽灯的色温为（2400～2900）K，管形氙灯的相关色温为5500～6000）K。

八、显色性和显色指数

同一颜色的物体在具有不同光谱功率分布的光源照射下，显出不同的颜色，光源对被照物体颜色显现的性质称为光源的显色性。

光源的显色指数是指在待测光源照射下物体的颜色，与在另一相近色温的黑体或日光参照光源照射下相比，物体颜色相符合的程度。颜色失真越少，显色指数越高，光源的显色性好。国际上规定参照光源的显色指数为100。

显色指数（R）分为一般显色指数（R_a）和特殊显色指数（R_i）两种。对国际照明协会规定的颜色样品中的任何单个颜色样品的显色指数称为特殊显色指数（R_i），而对其中八种颜色样品（$i=1,2,\cdots\cdots 8$）的R_i的平均值则称为一般显色指数（R_a）。

为便于查阅，将各种光度量及其单位列于表11-3。

光 度 量 及 其 单 位 表　　　　表 11-3

名　　称	计　算　公　式	单 位 及 符 号
光通量 Φ	$\Phi = I\omega$	流　明(lm)
照度 E	$E = \dfrac{\Phi}{S} = \dfrac{I_\theta \cos\theta}{r^2} = \dfrac{I_\theta \cos^3\theta}{h^2}$	勒 克 司(lx)
光强 I	$I = \dfrac{\Phi}{\omega}$	坎 德 拉(cd)
亮 度 L	$L = \dfrac{I_\theta}{S\cos\theta}$	尼特(nt)、熙提(sb)
立体角 ω	$\omega = \dfrac{S}{r^2}$	球　径(sr)

第三节　照明方式和种类

进行照明设计必须对照明方式和种类有所了解，方能正确规划照明系统。关于照明方式可分成下列三种。

（1）一般照明：在整个场所或场所的某部分照度基本上均匀的照明。对于工作位置密度很大而对光照方向又无特殊要求，或工艺上不适宜装设局部照明装置的场所，宜单独使用一般照明。

（2）局部照明：局限于工作部位的固定的或移动的照明。对于局部地点需要高照度并对照射方向有要求时，宜采用局部照明。但在整个场所不应只设局部照明而无一般照明。

（3）混合照明：一般照明与局部照明共同组成的照明。对于工作面需要较高照度并对照射方向有特殊要求的场所，宜采用混合照明。此时，一般照明照度宜按不低于混合照明总照度的5～10%选取，且最低不低于20勒克司。

按照明的功能，照明可分成下面五类：

（1）工作照明：正常工作时使用的室内、外照明。它一般可单独使用，也可与事故照明、值班照明同时使用，但控制线路必须分开。

（2）事故照明：正常照明因故障熄灭后，供事故情况下继续工作或安全通行的照明。在由于工作中断或误操作容易引起爆炸、火灾以及人身事故会造成严重政治后果和经济损失的场所，应设置事故照明。事故照明灯宜布置在可能引起事故的设备、材料周围以及主要通道和出入口。并在灯的明显部位涂以红色，以示区别。事故照明通常采用白炽灯（或卤钨灯）。

事故照明若兼作为工作照明的一部分则须经常点亮。

（3）值班照明：在非生产时间内供值班人员使用的照明。对于三班制生产的重要车间、有重要设备的车间及重要仓库，通常宜设置值班照明。可利用常用照明中能单独控制的一部分，或利用事故照明的一部分或全部作为值班照明。

（4）警卫照明：用于警卫地区周界附近的照明。要否设置警卫照明应根据企业的重要性和当地保卫部门的要求来决定。警卫照明宜尽量与厂区照明合用。

（5）障碍照明：装设在建筑物上作为障碍标志用的照明。在飞机场周围较高的建筑上，或有船舶通行的航道两侧的建筑上，应按民航和交通部门的有关规定装设障碍照明。

第四节　照　明　质　量

照明设计的目的在于正确地运用经济上的合理性和技术上的可能性来创造满意的视觉条件。在量的方面，要在工作面上创造合适的照度（或亮度）；在质的方面，要解决眩光、光的颜色、阴影等问题。为了获得良好的照明质量，通常必须考虑哪几个因素？如何考虑？

一、合理的照度

照度是决定物体明亮程度的间接指标，在一定范围内，照度增加就使视觉能力提高。合适的照度将有利于保护工作人员的视力，有利于提高产品质量，提高劳动生产率。虽然增加照度和节约用电有矛盾，但也必须注意，如果增加照度对提高产品质量、提高劳动生产率、改善工人视力保护所得到的收益，与由于照度提高而增加的照明装置费用相比是合理时，照度水平宜适当提高，特别是对下列几种情况，应予考虑：

（1）对于较精细的工作而视距大于500毫米时；

（2）连续的或接近连续的视觉工作；

（3）当所观察的物体是在运动的面上，而对鉴别速度又要求较高时；

（4）容易受到伤害危险的场所；

（5）以本身能发光的赤热面作背景时。

在一般情况下，对新建、扩建或改建的工业企业可按国家标准（工业企业照明标准）所规定的照度值选用。表11-4和表11-5分别给出了一般生产车间和工作场所工作面上的最低照度值和办公室、公共用室、生活用室的最低照度值，表11-6给出了厂区露天工作场所和交通运输线的最低照度值，供读者参考。

二、照明的均匀度

在工作环境中如果有彼此亮度不相同的表面，当视觉从一个面转到另一个面时，眼睛被迫经过一个适应过程。当适应过程经常反复时，就会导致视觉的疲劳，为此在工作环境中的亮度分布应力求均匀。照明的均匀度包括二个方面：

（1）工作面上照明的均匀性；

（2）工作面与周围环境的亮度差别（工作面周围环境是指墙、顶棚和地板等）。

一般照明的均匀性是以房间的最低照度（E_{min}）和最高照度（E_{max}）之比，即最低均匀度，或最低照度（E_{min}）和平均照度（E_{av}）之比，即平均均匀度来进行衡量。

在整个工作面上并不要求照度十分均匀，但照度的变化必须是缓慢的。就视觉效果而言，工作面允许的照明最低均匀度可达0.5～0.3，在工作面上这样的照明均匀度是容易满足的。

一般生产车间和工作场所工作面上的最低照度值(参考值)　　表 11-4

序号	车间名称及工作场所	工作面上的最低照度 (lx)			序号	车间名称及工作场所	工作面上的最低照度 (lx)		
		混合照明	混合照明中的一般照明	单独使用一般照明			混合照明	混合照明中的一般照明	单独使用一般照明
1	金属机械加工车间 　一　般 　精　密	 500 1000	 30 75	 — —	14	喷漆车间	—	—	50
2	机电装配车间 　大件装配 　精密小件装配	 500 1000	 50 75	 — —	15	电修车间 　一　般 　精　密	 300 500	 30 50	 — —
3	机电设备试车 　地　面 　试 车 台	 — 500	 — 50	 30 —	16	理化、计量实验室	—	—	100
4	焊接车间 　弧　焊 　接 触 焊 　一般划线	 — — —	 — — —	 50 50 75	17	动 力 站 　压 缩 机 　锅炉房、煤气站的操 　　作层 　泵房、煤风机房 　乙炔发生器房	 — — — —	 — — — —	 30 20 20 20
5	板金车间	—	—	50	18	配、变电所 　高、低压配电室 　变压器室	 — —	 — —	 30 20
6	冲压剪切车间	300	30	—	19	控 制 室 　一般控制室 　主控制室	 — —	 — —	 75 150
7	锻工车间	—	—	30	20	热工仪表控制室	—	—	100
8	热处理车间	—	—	30	21	广 播 站(室)	—	—	75
9	铸工车间 　熔化、浇铸 　型砂处理清理 　造　型	 — — —	 — — —	 30 20 50	22	工 具 库	—	—	30
10	木工车间 　机 床 区 　木 模 区	 300 300	 30 30	 — —	23	仓 库 　工 具 库 　大件贮存 　精细件贮存 　小件贮存	 — — — —	 — — — —	 30 5 20 10
11	表面处理车间 　电镀槽区 　酸　洗 　抛　光 　电源(整流器)室	 — — 500 —	 — — 30 —	 50 30 30 30	24	乙炔瓶库，氧气瓶 　库、电石库	—	—	10
12	喷砂车间	—	—	30	25	汽 车 库 　停 车 间 　充 电 室	 — —	 — —	 10 20
13	检 修 间	—	—	30	26	电 话 间 　人工交换台 　转 接 台 　蓄电池室	 — — —	 — — —	 50 20

办公室、公共用室、生活用室的最低照度参考值　　　　　　表 11-5

序　号	房　间　名　称	一般照明的最低照度 (lx)	规 定 照 度 的 平 面
1	设 计 室	100	距地面0.8米
2	阅 览 室	75	距地面0.8米
3	办公室、会议室、资料室、医务室	50	距地面0.8米
4	托儿所、幼儿园	30	距地面0.4～0.5米
5	车间休息室、单身宿舍、食堂	30	距地面0.8米
6	更衣室、浴室、厕所	10	地　　面
7	通道、楼梯间	5	地　　面

厂区露天工作场所和交通运输线的最低照度参考值　　　　　　表 11-6

工 作 种 类 和 地 点	最 低 照 度 (lx)	规 定 照 度 的 平 面
露天工作		
视觉工作要求较高的工作	20	工 作 面
用眼睛检查质量的金属焊接	10	工 作 面
用仪器检查质量的金属焊接	5	工 作 面
间断观察的仪表	5	工 作 面
装卸工作	3	地　　面
露天堆场	0.2	地　　面
道　　路		
主要道路	0.5	地　　面
一般道路	0.2	地　　面
站　　台		
视觉工作要求较高的站台	3	地　　面
一般站台	0.5	地　　面
码　　头	3	地　　面

　　我国和某些国家的照明标准规定室内最低照度均匀度不小于 0.7。对于室外照明，照明均匀度可允许更低的数值，例如有些国家规定厂区道路行驶部分路面的最大照度与最小照度之比不超过15∶1。

　　为了获得较理想的照明均匀度，主要在布灯时应采用合理的距高比 L/h（指灯具的安装间距 L 与安装高度 h 的比）。其次采用间接型、半间接型照明器以及日光灯发光带，也是一种办法。但后者由于不经济，只有在非常必要时才采用，一般布灯时采用的距高比 L/h 不宜超过所选用照明器的最大允许 L/h 值。

　　三、限制眩光

　　眩光是指由于亮度分布不适当，或亮度的变化幅度太大，或由于在时间上相继出现的亮度相差过大，所造成的观看物体时感觉不舒适或视力减低的视觉条件。眩光按其引起的原因分直射眩光和反射眩光两种。按其作用和研究方法的不同，可分为减视眩光和不舒适眩光两种。前者是从眩光的生理作用出发，所以也称为生理眩光；后者则是从心理作用出发，所以也称为心理眩光。

一般说来，被视物与背景的亮度比超过 1:100 时，就容易引起眩光。当被视物亮度超过16熙提时，在任何条件下都会造成眩光；而小于 0.5 熙提时，或在黑暗环境中，是不会造成眩光的。

眩光的强弱与视角的关系如图11-12所示。

由于照明器的眩光效应与光源亮度、背景亮度、悬挂高度以及灯具的保护角有关，因此，限制眩光可采用以下几种办法：

（1）限制光源的亮度、降低灯具的表面亮度。如对亮度太大的光源，可用磨砂玻璃、漫射玻璃或格栅限制眩光。格栅保护角应在30°～45°范围。

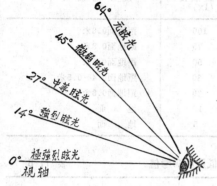

图 11-12 眩光的强弱与视角的关系图

（2）局部照明的照明器应采用不透光的反射罩，且照明器的保护角应不小于 30°（保护角的概念详见本章第六节）；若照明器安装高度低于工作者的水平视线时，照明器的保护角应为10°～30°。

（3）正确地选用照明器型式，合理布置照明器位置，并选择好照明器的悬挂高度是消除或减弱眩光的有效措施。照明器悬挂高度增加，眩光作用就减小。没有保护角的照明器，应该具有较低的亮度。为了限制直射眩光，室内一般照明用的照明器对地面的悬挂高度，应不低于表11-7中的规定值。这种最低高度主要决定于照明器型式和灯泡容量。

室内一般照明用的照明器距地面的最低悬挂高度　　　　　表 11-7

光源种类	照明器型式	照明器保护角	灯泡容量（瓦）	最低离地悬挂高度（米）
白炽灯	带反射罩	10°～30°	100及以下	2.5
			150～200	3.0
			300～500	3.5
			500以上	4.0
	乳白玻璃漫射罩	—	100及以下	2.0
			150～200	2.5
			300～500	3.0
荧光高压汞灯	带反射罩	10°～30°	250及以下	5.0
			400及以上	6.0
卤钨灯	带反射罩	30°及以上	500	6.0
			1000～2000	7.0
荧光灯	无罩	—	40及以下	2.0
金属卤化物灯	带反射罩	10°～30° 30°以上	400 1000及以下	6.0[①] 14.0以上
高压钠灯	带反射罩	10°～30°	250	6.0
			400	7.0

①　1000瓦金属卤化物灯有紫外线防护措施时，悬挂高可适当降低。

四、照明的稳定性和波动深度要求

照明的不稳定性主要由于光源的光通量的变化所致。光源光通量的变化，会使工作面上的亮度发生变化，从而在视野内将产生视力适应跟随，时间久了，将使视力降低；同时照度在短时间内迅速变化，也会在心理上分散工作人员的注意力，因此照明的不稳定将对安全生产及视力卫生带来危险。为此，对保证照明的稳定性，必须予以重视。

照明光通量的变化，主要由于照明电源电压的波动，如供电系统发生故障，或个别大型电动机起动，大型炼钢炉粗炼期、大型焊接设备工作时，都能引起剧烈的电压波动。因此，照明的供电线路，必须考虑与负荷经常变化大的电力供电线路分开。必要时也可采用稳压措施。

此外，光源的摆动也是不允许的。因为光源的摆动，将产生影子晃动，从而影响视力。因此照明器的安装位置，应设置在没有工业气流或自然气流经常冲击的地方；同时也要注意照明器的吊挂长度超过1.5米时，宜采用管吊式。

交流气体放电灯随着电流的周期性交变，光通量也周期性地发生增减变化，用它作照明时就会有明显的闪烁感觉。对于荧光灯，由于荧光粉有一定的余辉时间，可以减轻一些闪烁现象，但不能完全消除。在某些场合，如被照物体处于转动状态时，特别当被照物体的转动频率是灯光明暗变化频率的整数倍时，则转动的物体看上去象停滞状态或转速减慢，这就造成所谓频闪效应，它会使人发生错觉而出事故。因此，我们在采用荧光灯等气体放电灯时，必须考虑把它们产生频闪效应的根源消除，或尽可能把它减轻到无害程度。

通常的方法是把气体放电灯(如荧光灯)采用多管移相的接法，如三根荧光灯管分别接在三相电源上。在一个照明器中装有二根灯管时，则将二根灯管分别接在电路的不同相上。

根据实验，日光色荧光灯的光通量波动深度降低到25%以下时，频闪效应就可避免。荧光灯、荧光高压汞灯和白炽灯的光通量波动深度见表11-8。

几 种 光 源 的 光 通 量 波 动 深 度　　　　表 11-8

光 源 类 型	接入电路的方式	光通量波动深度 (%)[①]	光 源 类 型	接入电路的方式	光通量波动深度 (%)[①]
日光色荧光灯	一灯接入电路	55	白 炽 灯	40瓦	13
	二灯移相接入电路	23		100瓦	5
	二灯二相接入电路	23	荧光高压汞灯	一灯接入电路	65
	三灯三相接入电路	5		二灯二相移入电路	31
冷白光色荧光灯	一灯接入电路	35		三灯三相接入电路	5
	二灯移相接入电路	15	氙 灯	一灯单相接入电路	130
	二灯二相接入电路	15		二灯二相接入电路	65
	三灯三相接入电路	3.1		三灯三相接入电路	5

① 光通量波动深度为最大光通量与最小光通量之差值与2倍平均光通量的比值。

五、光源的显色性

在需要正确辨色的场所，应采用显色指数高的光源，如白炽灯、日光色荧光灯、日光色镝灯等。

由于目前生产的荧光高压汞灯及高压钠灯的显色性不能令人满意，为了改善光色，也可采用两种光源混合使用的办法。

第五节　电光源及其选用

用于照明的电光源，按其发光机理可分为两大类：（1）热辐射光源——利用物体加热时辐射发光的原理所制造的光源。白炽灯、卤钨灯（碘钨灯和溴钨灯等）都属此类；（2）气体放电光源——利用气体放电时发光的原理所制造的光源。荧光灯、高压汞灯、高压钠灯、金属卤化物灯和氙灯均属此类。此处的高压、低压是指灯管内气体放电时的气压。

下面就使用的角度分别讨论各种光源的情况，以便读者在设计时选用。

一、常用照明光源

（一）白炽灯

白炽灯是靠钨丝白炽体的高温热辐射发光，故构造简单、使用方便、显色性好。但因热辐射中只有2～3％为可见光，故发光效率低，一般为7～19流明/瓦，平均寿命为1000小时，经不起震动。

电源电压变化对灯泡的寿命和光效有严重的影响，如图11-13所示，当电压升高5％时，寿命将缩短50％。故电源电压的偏移不宜大于±2.5％。

由于钨丝的冷态电阻比热态电阻小得多，故此类灯瞬时启动电流很大（最高为额定电流8倍以上），但在第六个周波开始即衰减到额定值。

（二）卤钨灯

卤钨灯是在白炽灯泡中充入微量的卤化物（碘化物或溴化物），利用卤钨循环来提高发光效率，故发光效率比白炽灯高30％。

为了使卤钨循环能顺利进行。管形卤钨灯工作时需水平安装，倾角不得大于±4°，并且

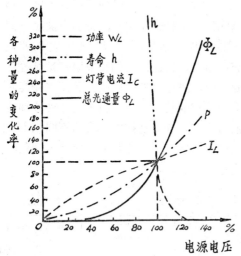

图 11-13　电源电压变化对白炽灯光电参数的影响

不允许采用任何人工冷却措施（如用电扇吹、水淋等），否则将严重影响灯管的寿命。

卤钨灯在点亮时管壁温度在600℃左右，故不能与易燃物接近，且在使用前应用酒精擦去灯管外壁的油污，避免在高温下形成污点而降低透明度。同时灯脚引入线应采用耐高温的导线，灯脚和灯座之间的接触应良好，以免灯脚在高温下严重氧化并引起灯管封接处炸裂。

卤钨灯耐震性、耐电压波动都比白炽灯差，但寿命比白炽灯长。

（三）荧光灯（俗称日光灯）

它是靠汞蒸气放电时发出可见光和紫外线，后者又激励管内壁的荧光粉而发光，二者混合光色接近白色。

荧光灯是低气压放电灯，工作在弧光放电区，此时灯管具有负的伏安特性，当外电压变化时工作不稳定。为了保证灯管的稳定性，它必须与镇流器（或称稳定器）一起使用，

利用镇流器的正伏安特性来平衡灯管的负伏安特性，将灯管的工作电流限制在额定数值。

使用荧光灯时应注意以下几点：

（1）荧光灯工作最适宜的环境温度为18～25℃，环境温度过高或过低都会造成启动的困难和光效的下降。当环境的相对湿度在75～80％范围时，灯管放电所需的起燃电压将急剧上升，会造成启动的困难。

（2）灯管必须与相应规格的镇流器和启辉器配套使用，否则会缩短灯的寿命或造成启动困难。

（3）电源电压的变化不宜超过±5％，否则将影响灯的光效和寿命。

（4）荧光灯最忌频繁启动，频繁启点会使寿命缩短。

（5）破碎的灯管要及时妥善处理，防止汞害。

（四）荧光高压汞灯（高压水银荧光灯）

照明常用的高压汞灯分荧光高压汞灯，反射型荧光高压汞灯和自镇流荧光高压汞灯三种。反射型荧光高压汞灯玻壳内壁上部镀有铝反射层，具有定向反射性能，使用时可不用灯具；自镇流荧光高压汞灯用钨丝作为镇流器，是利用高压汞蒸汽放电、白炽体和荧光材料三种发光物质同时发光的复合光源。这类灯的外玻壳内壁都涂有荧光粉，它能将汞蒸汽放电时辐射的紫外线转变为可见光，以改善光色，提高光效。

荧光高压汞灯的光效比白炽灯高三倍左右，寿命也长，起动时不需加热灯丝，故不需要启辉器，但显色性差。

电源电压变化对荧光高压汞灯的光电参数有较大影响（见图11-14），故电源电压变化不宜大于±5％。

使用时应注意下列几点：

（1）灯可以在任意位置点燃，但水平点燃时，光通输出将减少7％，且容易自熄。

（2）外玻壳破碎后，灯虽仍能点亮，但将有大量紫外辐射，会灼伤人眼和皮肤。

（3）外玻壳温度较高，必须配用足够大的灯具，否则会影响灯的性能和寿命。

（4）灯管必须与相应规格的镇流器配套使用，否则会缩短灯的寿命或造成启动困难。

（5）再启动时间长，不能用于有迅速点亮要求的场所。

（6）破碎的灯管要及时妥善处理，防止汞害。

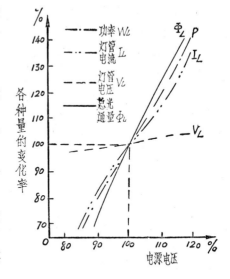

图 11-14　电源电压变化对400瓦荧光高压汞灯光电参数的影响

（五）高压钠灯

它是利用高压钠蒸汽放电，其辐射光的波长集中在人眼较灵敏的区域内，故光效高，为荧光高压汞灯的2倍，约为110流明/瓦左右，且寿命长，但显色性欠佳。

电源电压的变化对高压钠灯的光电参数也有影响。电源电压上升时，由于管压降的增大，容易引起灯自熄；电源电压降低时，光通量将减少，光色变差，电压过低时灯可能熄灭或不能启动。故电源电压的变化不宜大于±5％。

使用时应注意：配套灯具宜专门设计，不仅要考虑到由于外玻壳温度很高必须具有良好的散热条件，同时还要考虑高压钠灯的放电管是半透明的，灯具的反射光不宜通过放电管，否则会使放电管因吸热而温度升高，破坏封接处，影响寿命，且易自熄。其余的使用注意事项与高压汞灯所列的使用注意事项（4）、（5）、（6）三项相同。

（六）金属卤化物灯（金属卤素灯）

它是在荧光高压汞灯的基础上为改善光色而发展起来的一种新型光源，不仅光色好，而且光效高。在高压汞灯内添加某些金属卤化物，靠金属卤化物的循环作用，不断向电弧提供相应的金属蒸汽，金属原子在电弧中受激发而辐射该金属的特征光谱线。选择适当的金属卤化物并控制它们的比例，便可制成各种不同光色的金属卤化物灯，目前常用的是400瓦钠铊铟灯和日光色（管形）镝灯。

接入电路时需配用镇流器，1000瓦钠铊铟灯须加触发器启动。电源电压变化不但会引起光效、管压等的变化，而且会造成光色的变化，在电源电压变化较大时，灯的熄灭现象也比高压汞灯更严重，故电源电压的变化不宜大于±5%。

使用时应注意以下几点：

（1）无外玻壳的金属卤化物灯，由于紫外辐射较强，灯具应加玻璃罩（无玻璃罩时，悬挂高度一般不宜低于14米），以防止紫外线灼伤眼睛和皮肤。

（2）管形镝灯根据使用时放置方向的要求有三种结构形式：①水平点燃；②垂直点燃，灯头在上；③垂直点燃，灯头在下。安装时必须认清点灯方向标记，正确使用，且灯轴中心偏离不大于±15°。要求垂直点燃的灯，若水平安装会有灯管爆裂的危险，若灯头方向调错，则灯的光色会改变。

（3）其他使用注意事项与高压汞灯的（4）、（5）、（6）三项相同。

（七）管形氙灯（又称长弧氙灯）

高压氙气放电时能产生很强的白光，接近连续光谱，和太阳光十分相似，故有"小太阳"之称，特别适合于作大面积场所的照明。高压氙气饱和放电的伏安特性，与金属蒸汽放电不同，因此在正常工作时可不用镇流器，但为了提高电弧的稳定性和改善启动性能，目前小功率管形氙灯（如1500瓦）仍用镇流器。管形氙灯点燃瞬间即能达到80%光输出，光电参数一致性好，工作稳定，受环境温度影响小，电源电压波动时容易自熄。

使用时应注意下列事项：

（1）因辐射强紫外线，安装高度不宜低于20米。

（2）灯管工作温度很高，灯座及灯头的引入线应采用耐高温材料。灯管需保持清洁，以防止高温下形成污点，降低灯管透明度。

（3）灯管应水平安装。

（4）应注意触发器的正确安装和使用。触发器应尽量靠近灯管安装，其高频输出线长度不宜超过3米，并不得与任何金属和绝缘差的导电体相接触，应保持40毫米距离，防止高频损耗。触发器为瞬时工作设备，每次触发时间不宜超过10秒，更不允许用任何开关代替触发按钮，以免造成连续运行而烧坏触发器。当它触发瞬间，将产生数万伏脉冲高压，应注意安全。

二、常用照明光源的光电参数及主要特性比较

作照明用的光源，其主要性能指标是：光效、寿命、色温、显色指数、启动、再启动等。这些性能指标之间，有时是互相矛盾的。在实际选用时，一般应先考虑光效高、寿命长；其次才考虑显色指数、启动性能等。

气体放电光源一般比热辐射光源光效高、寿命长，能制成各种不同光色，在工厂照明中应用日益广泛；白炽灯由于其结构简单、使用方便、显色性好，故在一般场所仍被普遍采用。

我国生产的常用照明电光源的主要特性见表11-9。

常用照明电光源的主要特性比较表　　　　表 11-9

光源名称 / 特性	普通照明灯泡	卤钨灯	荧光灯	荧光高压汞灯	管形氙灯	高压钠灯	金属卤化物灯
额定功率范围(W)	10～1000	500～2000	6～125	50～1000	1500～100000	250，400	400～1000
光效(lm/W)	6.5～19	19.5～21	25～67	30～50	20～37	90～100	60～80
平均寿命h	1000	1500	2000～3000	2500～5000	500～1000	3000	2000
一般显色指数 R_a	95～99	95～99	70～80	30～40	90～94	20～25	65～85
色温(K)	2700～2900	2900～3200	2700～6500	5500	5500～6000	2000～2400	5000～6500
启动稳定时间	瞬时	瞬时	1～3秒	4～8分	1～2秒	4～8分	4～8分
再启动时间	瞬时	瞬时	瞬时	5～10分	瞬时	10～20分	10～15分
功率因数cosφ	1	1	0.33～0.7	0.44～0.67	0.4～0.9	0.44	0.4～0.61
频闪效应	不明显		明显				
表面亮度	大	大	小	较大	大	较大	大
电压变化对光通的影响	大	大	较大	较大	较大	大	较大
环境温度对光通的影响	小	小	大	较小	小	较小	较小
耐震性能	较差	差	较好	好	好	较好	好
所需附件	无	无	镇流器启辉器	镇流器	镇流器触发器	镇流器	镇流器触发器

三、各种照明光源的选用

照明光源的选用应根据照明要求和使用场所的特点，一般考虑如下：

（1）照明开闭频繁、需要及时点亮、需要调光的场所，或因频闪效应影响视觉效果以及需要防止电磁波干扰的场所，宜采用白炽灯或卤钨灯。

（2）识别颜色要求较高、视看条件要求较好的场所，宜采用日光色荧光灯、白炽灯和卤钨灯。

（3）振动较大的场所，宜采用荧光高压汞灯或高压钠灯，有高挂条件并需要大面积照明的场所，宜采用金属卤化物灯或长弧氙灯。

（4）对于一般性生产车间和辅助车间、仓库和站房，以及非生产性建筑物、办公楼和宿舍、厂区道路等，优先考虑选用投资低廉的白炽灯和简座日光灯。

（5）选用光源时还应估计照明器的安装高度。白炽灯适用于6～12米悬挂高度，荧光灯适用2～4米悬挂高度，荧光高压汞灯适用于5～18米安装高度，卤钨灯适用于6～24米安装高度。

（6）在同一场所、当采用的一种光源的光色较差时（显色指数低于50），一般均考虑采用两种或多种光源混光的办法，加以改善。

第六节　照明器的选用与布置

照明器——光源与灯具的组合。

灯具的作用是固定光源，把光源发出的光通量分配到需要的方向，防止光源引起的眩光以及保护光源不受外力及外界潮湿气体的影响等。

灯具的结构应便于制造、安装和维护，外形适当考虑美观。

一、照明器的特性

照明器的特性，一般有三个指标：

（1）光强分布曲线（配光曲线）——表示照明器在整个空间某一截面上光强分布特性的一种曲线。（2）保护角——说明防止眩光的程度。（3）照明器效率——表示照明器在技术经济上的效果。这三个指标分述如下。

（一）光强分布曲线（配光曲线）

光强分布曲线是衡量照明器光学特性的重要标志，可根据它合理布置照明器位置及进行照度计算。

由于照明器有对称与非对称之分，因而光强分布曲线的表达方法也有所不同。对称的一般用极座标或直角座标来表示，非对称的除以上两种方法外，也有采用等光强曲线表示的。

1.极座标光强分布曲线

在通过光源中心的测光平面上，测出照明器在不同角度的光强值，从某一给定的方向起，以角度为函数，将各个角度的光强用矢量标注出来，连接矢量顶端的曲线就是照明器的极座标曲线。对于有旋转对称轴的照明器，在与轴线垂直的平面上各个方向的光强值相等，因此只用通过轴线的一个测光面的光强曲线就能说明其空间光强分布，称为对称配光，见图11-15。对于非对称的照明器则要选择若干测光平面，以一组光强分布曲线表示其空间光强的分布。

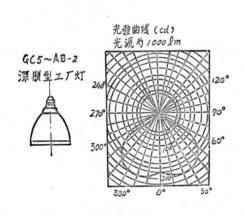

图11-15　极座标光强分布曲线
（对称配光）

为了便于比较照明器的配光特性，通常将光源化为1000流明光通量的假想光源来绘制光强分布曲线，当被测光源不是1000流明时可用下式换算：

$$I_\theta = \frac{1000}{\Phi} I'_\theta \qquad (11\text{-}15)$$

式中　I_θ——换算成光源的光通量为1000流明时 θ 方向上的光强[坎德拉]；

　　　I'_θ——照明器在 θ 方向上的实际光强[坎德拉]；

　　　Φ——照明器实际配用的光源的光通量[流明]。

2.直角座标光强分布曲线

聚光类型的投光灯发出的光束集中于狭小的立体角，用极座标难以表达清楚，可用直角座标来表示，以纵轴表示光强（I_θ），以横轴表示光束的投射角（θ），用这样方法绘制的曲线称为直角座标光强分布曲线，见图11-16。

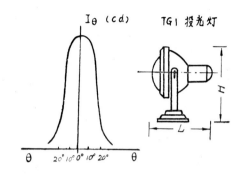

图 11-16　直角座标光强分布曲线

（二）保护角

照明器的保护角应配置适当，使在保护角范围内看不到光源以避免直射眩光。在不同情况下的几种保护角规定如下：

一般照明器的保护角见图11-17，保护角 α 是由灯丝（或发光体）的最边缘点与灯具沿口连线，同通过发光体中心的水平线之间的夹角，其值是：

$$\alpha = \text{tg}^{-1} \frac{h}{R+r} \tag{11-16}$$

式中　h——发光体中心至灯具沿口的垂直距离[毫米]；

　　　R——灯具开口的半径[毫米]；

　　　r——发光体的半径[毫米]。

线光源照明器通常以横断面的保护角说明其避免直射眩光的范围。设h'为发光体表面至灯具沿口的垂直距离，则当发光体的直径比灯具横截面的宽度显得很小时，则可近似地认为$h' \approx h$，于是参考图11-17中的关系，可得线光源横截面上的保护角为：

$$\alpha = \text{tg}^{-1} \frac{h'}{R'+r'} \approx \text{tg}^{-1} \frac{h}{R'+r'} \tag{11-17}$$

式中　R'——灯具横截面开口宽度的一半[毫米]；

　　　r'——最边位置的线光源中心至灯具横截面中心的距离[毫米]。

其余符号的意义同式（11-16）。

对避免直射眩光有较高要求时，通常在照明器的开口设置格栅，见图11-18。

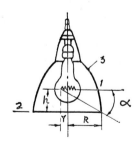

图 11-17　一般照明器的保护角
1—发光体水平面；2—灯具沿口；3—灯具

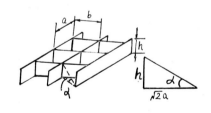

图 11-18　正方形、长方形格栅的保护角

正方形格栅的保护角通常用下式计算：

$$\alpha = \text{tg}^{-1} \frac{h}{\sqrt{2}\,a} \tag{11-18}$$

长方形格栅的保护角可用下式计算：

305

$$\alpha = \mathrm{tg}^{-1} \frac{h}{\sqrt{a^2 + b^2}}$$ （11-19）

式中 a、b 分别为长方形格栅的两个边长。

（三）照明器效率

灯具在分配从光源发出的光通量时，必然要引起一些损失（如材料的吸收与透射），所以照明器效率总是小于1，其值由下式表示：

$$\eta = \frac{\Phi_1}{\Phi_2} \times 100\%$$ （11-20）

式中　Φ_1——照明器发出的光通量[流明]；

　　　Φ_2——光源的光通量[流明]。

照明器效率表示灯具光学系统利用率的高低，反映照明器的技术经济效果。

二、照明器的分类和选用

照明器分类方法较多，通常以照明器发出的光通量在空间分布的特性和照明器的结构特点来进行分类。

（一）按照明器光通分布特性分类

1. 按光通量在上、下半球空间的分配比例来分类，见表11-10。

2. 按光强曲线的形状来分类，见图11-19。

照明器的分类（按光通量在上、下半球的分配比例）　表 11-10

类别	光通量分布特性		特点
	上半球	下半球	
直接型	0~10%	100~90%	光线集中，工作面上可获得充分照度
半直接型	10~40%	90~60%	光线能集中在工作面上，空间环境也能得到适当照明比直接型眩光小
漫射型	40~60%	60~40%	空间各方向光强基本一致，可达到无眩光
半间接型	60~90%	40~10%	增加了反射光的作用，使光线比较均匀柔和
间接型	90~100%	10~0%	扩散性好、光线柔和均匀，避免了眩光，但光的利用率低

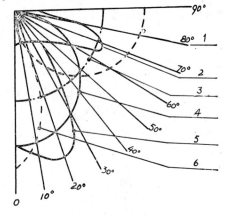

图 11-19　照明器按光强曲线形状分类

1—正弦形分布；2—广照型；3—漫射型；4—配照型；5—深照型；6—特深照型

各类照明器特点如下：

（1）正弦分布型：光强是角度的正弦函数，并且当 $\theta = 90°$ 时光强为最大。

（2）广照型：最大光强分布在较大角度上，可在较广的面积上形成均匀的照度。

（3）漫射型：各个角度的光强基本一致。

（4）配照型：光强是角度的余弦函数，且在 $\theta = 0°$ 时光强为最大。

（5）深照型：光通量和最大光强值集中在 $0° \sim 30°$ 的狭小立体角内。

（6）特深照型：光通量和最大光强值集中在 $0° \sim 15°$ 的狭小立体角内。

（二）按照明器结构特点分类　见表11-11。

照 明 器 按 结 构 特 点 分 类

表 11-11

结 构 型 式	特	点	
开 启 型	光源与外界空间直接接触(无罩)		
闭 合 型	透明罩将光源包合起来，但内外空气仍能自由流通		
封 闭 型	透明罩固定处加以一般封闭，与外界隔绝比较可靠，但内外空气仍可有限流通		
密 封 型	透明罩固定处加以严密封闭，与外界隔绝相当可靠，内外空气不能流通		
防 爆 型	透明罩本身及其固定处和灯具外壳，均能承受要求的压力，符合《防爆电气设备制造检验规程》的规定，能安全使用在爆炸危险性介质的场所	隔 爆 型（代号B）	在灯具内部发生爆炸时火焰通过一定间隙的防爆面后不会引起灯具外部的爆炸
		安 全 型（代号A）	在正常运行时不产生火花电弧，或在危险温度的部件上采取适当措施，以提高其安全程度，但在正常运行时产生火花电弧的部件应放在单独隔爆室内

（三）照明器的选用

照明器的品种规格繁多，根据使用场所的要求来选用照明器，可参考表11-12。

三、照明器布置

此处主要讲述室内照明器的布置。至于室外照明器的布置，根据不同的使用要求而不同（如道路照明、露天堆场照明等），读者需要时可查阅有关书籍。

（一）对室内照明器布置的要求

室内照明器布置应满足的要求是：（1）规定的照度；（2）工作面上照度均匀；（3）光线的射向适当，无眩光、无阴影；（4）灯泡安装容量减至最小；（5）维护方便；（6）布置整齐美观，并与建筑空间相协调。

室内照明器作一般照明用时，大部分采用均匀布置的方式，只在需要局部照明或定向照明时，才根据具体情况采用选择性布置。

（二）均匀布置时需考虑的几个问题

（1）照明器的悬挂高度（在无特殊说明时是指计算高度H）系电光源至工作面的垂直距离，即等于照明器离地悬挂高度减去工作面的高度（通常取0.8米），见图11-20所示。各种照明器的最低离地悬挂高度，见本章第四节表11-7。

（2）照明器的平面布置有图11-21所示的几种，其等效灯距L的计算如下：

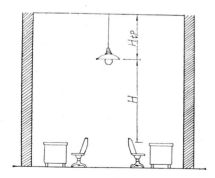

图 11-20　照明器悬挂高度示意图
H—计算高度；H_{tp}—悬垂距离

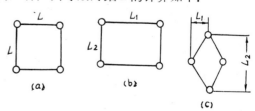

图 11-21　各种布灯形式
（a）正方形布置；（b）长方形布置；（c）菱形布置

名称及外形	型号及尺寸 (mm)	结构型式与 适用场所	名称及外形	型号及尺寸 (mm)	结构型式与 适用场所
广照型工厂灯	GC3-A·B-1 GC3-A·B-2	开 启 型 适用工厂的小型 车间、堆场、次要 道路等处的固定照 明	简式控照荧光灯	YG2-1 $L=1280$ $b=169$ $h=90$ YG2-2 $L=1300$ $b=300$ $h=150$	开 启 型 用于工厂车间、 办公室、食堂等室 内照明
配照型工厂灯	GC3-A·B-2 GC1-A·B-1 GC1-A·B-2	开 启 型 适用于工厂车间 照明	密闭式荧光灯	YG4-1 $L=1380$ $b=200$ $H=170$ YG4-2 $L=1380$ $b=300$ $H=150$	密 闭 型 用于具有潮湿或 腐蚀气体场所照明
深照型工厂灯	GC5-A·B-4 $D=350$ $H=345$	开 启 型 适用于大型车间 的照明	隔爆型荧光灯	B3e-1-30 $L=1220$ $b=220$ $h=$见工程设计	隔 爆 型 适用于Q-1场所 爆炸介质为1，2， 3及a，b，c，d 组所属照明
散照型防水防尘灯	GC15-A·B-1 $D=130$ $H=260$ GC15-A·B-2 $D=150$ $H=310$	密 闭 型 适用于多水多尘 的操作场所	半扁罩吸顶灯	JXD3-1 $D=250$ $H=146$ JXD3-2 $D=305$ $H=175$	闭 合 型 用于门厅办公室 走廊等处吸顶照明
防 潮 灯	GC33 $D=136$ $H=285$	密 闭 型 适用于工厂仓 库、隧道、地下室 等潮湿场所	半圆球吸顶灯	JXD$\frac{2}{3}$ $D=250, 300$ $H=182, 210$	闭 合 型 用于门厅、办公 室、走廊等处照明
圆球吊灯	JDD1-1 $D=200$ $L=100\sim1000$	闭 合 型 用于办公室、阅 览室、走廊等处照 明	卤 钨 灯	DD1-1000 $L=300$ $b=110$ $h=90$	开 启 型 用于工厂车间照 明
简式开启荧光灯	YG1-1	开 启 型 用于工厂办公 室、车间食堂、宿 舍等处照明	斜照型工厂灯	GC7-1 $D=220$ $H=256$ GC7-2 $D=250$ $H=285$	开 启 型 适用内外画廊、 广告牌等处的局部 照明

名称及外形	型号及尺寸 (mm)	结构型式与 适用场所	名称及外形	型号及尺寸 (mm)	结构型式与 适用场所
马路弯灯 	GC3E BJ-1 300mm 350mm	开启型 适用工厂仓库、走道、次要道路及街巷等处一般室外照明	高压水银路灯 	JTY-23-125 $A=470$ $B=125$ JTY23-250 JTY23-400 JTY24-125 JTY25-400	密闭型 (JTY24是开启型)适用于广场、街道、工厂道路等室外照明

如图11-21（a）正方形布置时　　$L=L_1=L_2$

如图11-21（b）长方形布置时　　$L=\sqrt{L_1L_2}$

如图11-21（c）菱形布置时　　$L=\sqrt{L_1L_2}$

实际上，照明器的布置还与建筑物的结构形式有密切关系。

（3）照明器布置合理与否，主要取决于灯间距离L和灯具的计算高度H的比值（距高比）。L/H值小，照明的均匀度好，但经济性差；L/H值大，就不能保证照明的均匀度。一般可根据各种灯具的配光曲线，利用图11-22所给出的曲线，求出合适的L/H值。

图11-22（a）的曲线是按"二分之一照度角"的概念来确定L/H值的。所谓"二分之一照度角"是指在照明器下方受照面上某点Q的水平照度为正下方P点[见图11-22(b)]照度的一半时，则Q点与照明器轴线之间的角度θ为"二分之一照度角"。

（4）最旁边一列照明器与墙壁的距离a应根据工作位置与墙的相对位置决定。当靠墙边有工作位置时，建议采用$a=(0.25\sim0.3)L$；若靠墙处为过道或无工作位置时，则可采用$a=(0.4\sim0.5)L$，L为两只照明器之间的距离。

（5）当选用漫射型和半直接型照明器时，为了天棚上的照度均匀，应合理确定照明器距天棚的悬垂距离H_{tp}。对漫射型照明器，H_{tp}与天棚距工作面的高度（$H+H_{tp}$）之比可取0.25，对半直接型照明器，此比值可取0.2（参见图11-20）。

（6）为改善高光效光源显色性差的现象，可采用"混光"的办法，如将光效高、显色性差的荧光高压汞灯与光效低、显色性好的白炽灯混合使用，或将荧光高压汞灯与高压钠灯混合使用。两种光源可间隔布置，也可一只照明器中装设两种光源（此时灯具要另行设计）。当采用"混光"方案时，为了得到较满意的视觉效果，两种光源的光通量比（或功率比）应有一最佳数值，照明器的悬挂高度最好在6米以上。

（7）供继续工作用的事故照明，其照明器的布置应能满足照度的要求（在主要工作面上的照度，应尽可能保持原有照度的30～50%）。一般作法如下：如只有一列照明器，可采用事故照明器与工作照明器相间布置，或与二个工作照明器相间布置；如为两列照明器，可选其中一列为事故照明，或每一列均相间布置事故照明；如为三列照明器，可选中间一列为事故照明或在边旁两列相间布置事故照明。

（三）利用图11-22求L/H值

求L/H值的步骤如下：

（1）将灯具配光曲线按相对值画在图11-22（a）上。

（2）将灯具配光曲线中0°光强值的1/2（适用于图11-22（b）的I型单排排列），

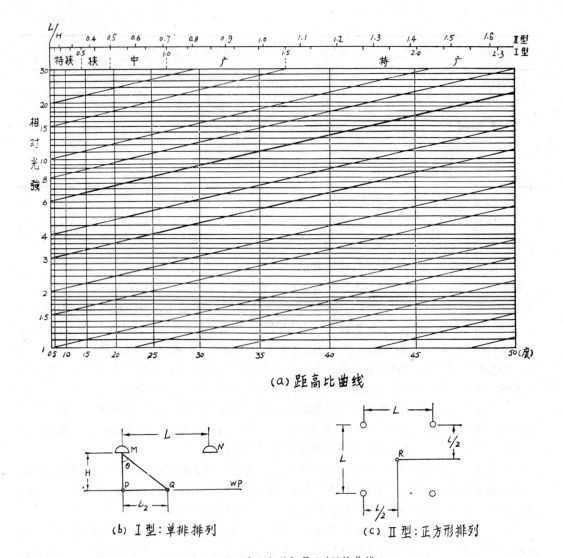

(a) 距高比曲线

(b) I型：单排排列

(c) II型：正方形排列

图 11-22　确定各种灯具 L / H 的曲线

或1/4（适用于按图11-22（c）的 II 型正方形排列）点在图11-22（a）的 0°线（纵轴）相应的光强位置上。

（3）过步骤（2）作的点，作图 11-22（a）中斜线的平行线，与步骤（1）中的曲线相交。

（4）过交点作垂线与图 11-22（a）上面的标尺相交，上下标尺的读数即是灯具按 II 型或 I 型排列时的距高比。

所以从图11-22（a）求得 L / H 后，若已知计算高度 H，则可得知 L；嗣后可根据具体布置要求来确定 L₁ 和 L₂。

（四）具有标准跨距和柱距的单层厂房一般照明的布置方案

为了便于布置照明器，将生产实践中经常采用的一般照明的几种布置方案示于图11-23。

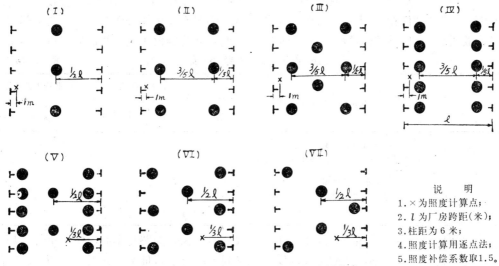

图 11-23 单层工业厂房一般照明的布置方案

注：1. 第 Ⅰ、Ⅱ、Ⅲ、Ⅳ 为屋架下弦安装的顶灯方案，也适用于二种光源合装在同一位置上的混光方案，其优
点是空间亮度高，照明质量好，但耗电量大。

2. 第 Ⅴ、Ⅵ、Ⅶ 为壁灯与顶灯混合布置方案，其特点是多数照明器装低后用电节省，工作面上水平及垂
直照度容易提高，例如用于装配车间需要加强垂直照度的场所。

第七节 照 度 计 算

照度计算的目的是根据所需要的照度值及其他已知条件（布灯情况、房间各个面的反
射条件及照明器和房间的污染情况等）来决定灯泡的容量和灯的数量，也可以在照明器型
式、容量及布置都已确定的情况下，计算某点的照度值。

不论水平面、垂直面或倾斜面上的某一点，它们的照度都是由直射和反射两部分所组
成。

照度计算的基本方法有利用系数法和逐点计算法两种，它们的特点及适用范围见表
11-13。

几种照度计算法的特点及适用范围 表 11-13

序号	方 法 名 称		特 点	适 用 范 围
1	利用系数法	用利用系数计算	此法考虑了直射光及反射光两部分所产生的照度，计算结果为水平面上的平均照度	计算室内水平面上的平均照度特别适用于反射条件好的房间
		概算曲线法		一般生产及生活用房的灯数概略计算
		单位容量法		
2	逐点计算法	平方反比法	此法只考虑直射光产生的照度，可以计算任意面上某一点的直射照度	采用直射照明器的场所可直接求得水平面照度，也可乘上系数求得任意面上的照度
		等照度曲线法		
		方位系数法		使用线光源的场所，求算任意面上一点的照度

在计算水平照度时，如无特殊要求，通常采用0.8米高的工作面作为计算面。

照明器在使用期间，由于光源光通量的衰减　照明器和房间表面的污染，会引起照度降低，故需引入照度补偿系数K（或维护系数，两者互为倒数），其数值见表11-14。

照 度 补 偿 系 数 K 值　　　　　　　表 11-14

序号	环境污染特征	生产车间和工作场所举例	照度补偿系数		照明器擦洗次数
			白炽灯、荧光灯 荧光高压汞灯	卤 钨 灯	（次／月）
I	清　洁	仪器、仪表的装配车间、电子元件器件的装配车间、实验室、办公室、设计室等	1.3	1.2	1
II	一　般	机械加工车间、机械装配车间等	1.4	1.3	1
III	污染严重	锻工车间、铸工车间等	1.5	1.4	2
IV	室　外	—	1.4	1.3	1

表中将使用场所分为四类：属于第Ⅰ类的如仪器、仪表的装配车间，实验室等；属于第Ⅱ类的如机械加工车间，装配车间，发动机车间等；属于第Ⅲ类的如锻工、铸工车间等；属于第Ⅳ类的如道路，堆场等。并考虑每月有1～2次的擦洗维护。

一、利用系数法

采用利用系数法计算平均照度的方法有三种：（1）用利用系数计算；（2）查概算曲线法；（3）单位容量法。现分别介绍如下：

（一）用利用系数计算

1.计算公式

利用系数u是表示室内照明器投射到工作面上的光通量（包括直射光部分和经房间多次反射的反射光部分）占照明器中光源发出的总光通量的百分比。它是由照明器的特性、房间的大小和形状、空间各平面的反射系数等条件决定的。已知利用系数就可按下列公式计算平均照度：

$$E_{av}=\frac{\Phi nu}{SK} \Bigg\}$$
$$n=\frac{E_{av}SK}{\Phi u} \Bigg\}$$

（11-21）

式中　Φ——每个照明器中光源的总光通量[流明]；

n——照明器数量[个]；

u——利用系数（可从有关专业手册上查得）；

S——房间面积[平方米]；

K——照度补偿系数，可从表11-14查得；

E_{av}——平均照度[勒克司]。

2.利用系数的确定

表11-15给出GC9-A·B-2广照型防水防尘灯(150W、200W)的利用系数表。从表中可知利用系数是按一定的顶棚空间有效反射系数、墙面反射系数和地板反射系数（为20％）的条件算出的，并与房间形状尺寸有关。

现将有关的概念及利用系数的求法简单介绍如下：

（1）房间特征及各量值的确定：

本方法的特点是把房间分成三个空间，见图11-24和图11-25。

GC$_0$-A·B-2广照型防水防尘灯（150W、200W）利用系数表　　$L/h=0.7$　表 11-15

顶棚空间有效反射率%	70				50				30				10				0
墙 反 射 率 %	70	50	30	10	70	50	30	10	70	50	30	10	70	50	30	10	0
室 空 间 比	u				u				u				u				u
1	0.74	0.70	0.66	0.62	0.70	0.66	0.63	0.60	0.66	0.63	0.60	0.58	0.62	0.60	0.58	0.55	0.54
2	0.66	0.59	0.53	0.49	0.62	0.56	0.51	0.47	0.56	0.53	0.49	0.46	0.55	0.51	0.47	0.44	0.42
3	0.60	0.51	0.45	0.39	0.56	0.49	0.43	0.38	0.52	0.46	0.41	0.37	0.49	0.44	0.40	0.36	0.35
4	0.55	0.45	0.39	0.33	0.51	0.43	0.37	0.33	0.48	0.41	0.36	0.32	0.45	0.39	0.35	0.31	0.29
5	0.50	0.40	0.33	0.28	0.47	0.39	0.32	0.28	0.44	0.37	0.31	0.27	0.41	0.35	0.30	0.27	0.25
6	0.46	0.36	0.29	0.24	0.43	0.34	0.28	0.24	0.40	0.33	0.28	0.23	0.38	0.32	0.27	0.23	0.21
7	0.42	0.32	0.25	0.21	0.40	0.31	0.25	0.20	0.37	0.30	0.24	0.20	0.35	0.28	0.24	0.20	0.18
8	0.39	0.29	0.23	0.18	0.37	0.28	0.22	0.18	0.35	0.27	0.22	0.18	0.33	0.26	0.21	0.18	0.16
9	0.37	0.27	0.20	0.16	0.34	0.26	0.20	0.16	0.32	0.25	0.19	0.16	0.31	0.24	0.19	0.15	0.14
10	0.34	0.24	0.18	0.14	0.32	0.23	0.18	0.14	0.30	0.23	0.17	0.14	0.29	0.22	0.17	0.14	0.12

图 11-24　装有吸顶式或嵌入
式灯具时，房间的空间划分

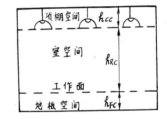

图 11-25　装有悬吊式灯具时，
房间的空间划分

当装有吸顶或嵌入式灯具时，只有室空间和地板空间，在采用悬吊式灯具时，又形成了一个顶棚空间。分别用下列系数表示三个空间的形状。

室空间比：
$$RCR = \frac{5h_{RC}(L+W)}{L \cdot W} \qquad (11-22)$$

顶棚空间比：
$$CCR = \frac{5h_{CC}(L+W)}{L \cdot W} = RCR\frac{h_{CC}}{h_{RC}} \qquad (11-23)$$

地板空间比：
$$FCR = \frac{5h_{FC}(L+W)}{L \cdot W} = RCR\frac{h_{FC}}{h_{RC}} \qquad (11-24)$$

式中　　　　　L——房间长度〔米〕；

　　　　　　　W——房间宽度〔米〕；

h_{RC}、h_{CC}、h_{FC}——室空间、顶棚空间、地板空间的高度〔米〕。

（2）顶棚空间有效反射系数：

图11-24中顶棚的反射系数和顶棚有效反射系数是同一数值，而图11-25中，由于采用悬吊式照明器，顶棚有效反射系数则不等于顶棚反射系数。

如图11-26在顶棚空间内，从照明器投射到上部的光通假设为$\Phi=1$，顶棚原有表面反射系数为ρ'_p，则（$1-\rho'_p$）就是顶棚

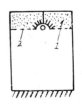

图 11-26　假想顶棚
示意图

1—顶棚空间；2—假想顶
棚的敞口面积

表面的吸收系数。但在这个空间内，光经互相反射后，必然会增加光通量的损失，一部分光被这个空间吸收，余下的光通从照明器发光面（假想的顶棚面）射出。若设 ρ_p 为假想的顶棚空间有效反射系数，则其吸收系数表示如下：

顶棚表面吸收系数　　$\tau' = 1 - \rho_p'$

顶棚空间吸收系数　　$\tau = 1 - \rho_p$

一般来说 $\rho_p < \rho_p'$，$\therefore \tau' < \tau$，但在顶棚空间内那部分墙表面的反射系数比顶棚反射系数高2.25倍以上时，可能出现 $\rho_p > \rho_p'$ 的情况。

顶棚空间有效反射系数的计算公式如下：

$$\rho_p = \frac{\rho S_o}{S_b - \rho S_b + \rho S_o} \tag{11-25}$$

式中　S_o——顶棚空间敞口面积[平方米]；

　　　S_b——顶棚空间内所有表面面积[平方米]；

　　　ρ ——顶棚表面的平均反射系数（％）。

ρ 的计算如下：

$$\rho = \frac{\sum \rho_i S_i}{\sum S_i} \tag{11-26}$$

式中　ρ_i——第 i 面反射系数[％]；

　　　S_i——第 i 面面积[平方米]。

为简化计算，可作出顶棚空间有效反射系数计算曲线（见图 11-27 ）。已知顶棚空间比CCR，对应于顶棚平面和墙面的反射系数（ρ_p'、ρ_q'）可从曲线上查出顶棚空间有效反射系数。

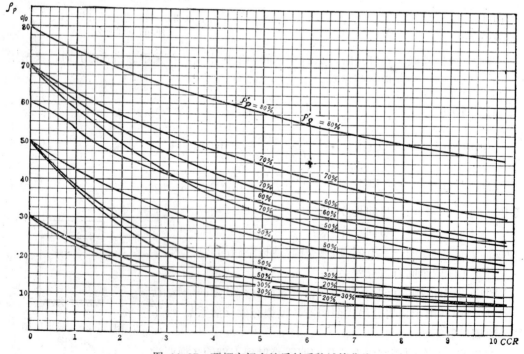

图 11-27　顶棚空间有效反射系数计算曲线
（墙反射系数 ρ_q'、顶棚反射系数 ρ_p'）

（3）墙面平均反射系数：

由于房间开窗或装饰物遮挡等所引起的墙面反射系数的变化，在计算利用系数时，墙面反射系数应计算出其加权平均值，公式如下：

$$\rho_q = \frac{\rho_{q_1}(S_q - S_c) + \rho_c S_c}{S_q}$$ （11-27）

式中　ρ_q——墙面加权平均反射系数［％］；

S_q——墙面总面积（包括墙及窗面积）［平方米］；

S_c——窗或装饰物面积［平方米］；

ρ_{q_1}——墙面反射系数［％］；

ρ_c——玻璃窗或装饰物反射系数［％］。

严格地说ρ_q应该是室空间的墙面加权平均反射系数，式中S_q是室空间的墙面面积，但为了简化计算，S_q按全房间墙面积计算。

（4）地板空间有效反射系数：

地板空间与顶棚空间性质一样，可用相同方法求出有效反射系数ρ_d。利用系数表中的数值是在$\rho_d = 20\%$的条件下算出的，当不是该值时，利用系数需精确计算时应加以修正（在《工业企业常用灯具设计计算图表》第一册中给出了修正系数的表格）。对于一般工业厂房可不必修正，仅在某些小房间且装修较好时，应当考虑地板空间对利用系数的影响而加以修正。

（5）各种常用的顶棚、墙壁、地面反射系数的近似值列于表11-16中，可供参考。

顶棚、墙壁、地面反射系数的近似值

表 11-16

反　射　面　性　质	反射系数（％）	反　射　面　性　质	反射系数（％）
抹灰并大白粉刷的顶棚和墙面	70～80	混凝土地面	10～25
砖墙或混凝土屋面喷白(石灰、大白)	50～60	钢板地面	10～30
墙、顶棚为水泥砂浆抹面	30	广漆地面(耐酸、耐腐蚀)	10
混凝土屋面板	30	沥青地面	11～12
红砖墙	30	无色透明玻璃窗(2～6毫米)	8～10

在工业厂房中往往把照明器悬吊在屋架下弦上，顶棚空间不完全是矩形立方体。在求这类顶棚空间有效反射系数时，为了减少计算工作量，将顶棚原有反射系数乘以百分数即可。多边形屋架（12～24m）顶棚空间有效反射系数ρ_p约为该顶棚反射系数的93～98％；薄腹梁（9～15m）约为该顶棚反射系数的86～96％。按其一般规律在考虑选择下降百分比时，当屋架跨度越大则下降的越多；厂房越长则下降的越少，越短则下降的越多；顶棚反射系数越高则下降的越小。

（6）利用系数的确定：

求出室空间比（RCR）、顶棚有效反射率（ρ_p）、墙面平均反射率（ρ_q）以后，从计算图表中即可查得利用系数u。当RCR、ρ_p、ρ_q不是图表中分级的整数时，可用内插法求出对应值。

（二）查概算曲线法

为了简化计算，可利用已作好的概算曲线（即假设被照面上的平均照度为100lx时房间面积与所用照明器数量的关系曲线）直接求出所需照明器的数量。此类概算曲线是由利用系数法按公式（11-21）计算而制成。

应用概算曲线首先要已知下列条件：

（1）灯具类型及光源的种类和容量；

（2）计算高度 H（即照明器离工作面的高度）；

（3）房间面积；

（4）房间的顶棚、墙壁、地面的反射系数，可查表11-16。

根据以上已知条件（墙壁反射系数应取墙和窗的加权平均反射系数），就可从概算曲线上查得所需照明器的数量 N。但由于概算曲线是假设被照面上的平均照度 $E_{av}=100(\text{lx})$ 和假设的照度补偿系数 K' 条件下所绘制的。如果实际需要的平均照度为 $E(\text{lx})$，而按实际使用场所采用的照度补偿系数为 K，则实际应该采用的照明器数量 n，可按下式换算：

$$n=\frac{E \cdot K}{100 \cdot K'}N \qquad （11-28）$$

式中　　n——实际应采用的照明器数量〔个〕；

　　　　N——由概算曲线上查得的照明器数量〔个〕；

　　　　K——实际采用的照度补偿系数值；

　　　　K'——概算曲线上假设的照度补偿系数；

　　　　E——设计所要求的平均照度〔勒克司〕。

图11-28给出了配照型工厂灯（125瓦荧光高压汞灯）的概算曲线。工厂常用的照明器概算曲线可查阅有关手册。

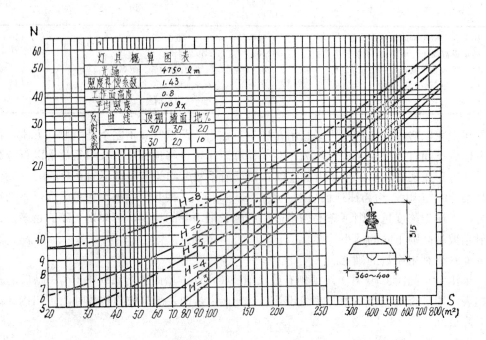

图 11-28　配照型工厂灯（125W荧光高压汞灯）概算曲线

（三）单位容量法

为了简化计算，可根据不同的照明器型式，不同的计算高度、不同的房间面积和不同的平均照度要求，应用利用系数法计算出单位面积安装功率（瓦/平方米），列成表格，供设计时查用，通常称为单位容量法。

根据我国照明器的型式编制单位面积安装功率表的工作，尚在进行。现有设计手册中的计算表格数据是根据老的指标和参考国外资料编制的，读者在必要时作为参考。

单位容量指标 w 决定于下列各种因素：灯具型式，要求的最小平均照度 E，计算高度 h，房间面积 S，天花板、墙壁和地面的反射系数，减光补偿系数。此外尚与灯具的布置型式及选用的灯泡发光效率有关。然后根据主要因素的变化算出单位容量指标 w（瓦/平方米），编制成分类表格供使用，仅举一例如表 11-17 所示。其计算公式如下：

$$P = w \cdot S \qquad (11\text{-}29)$$

式中　P——全部灯泡的安装容量［瓦］；

　　　S——计算面积（被照面积）［平方米］；

　　　w——单位容量指标（由表格查得）［瓦/平方米］。

一般照明单位容量指标（配照型工厂灯）　　　　　　　表 11-17

被照面积 S m²	$h = 3 \sim 4m$						
	E(lx)						
	5	10	20	30	40	50	75
10~15	4.5	7.5	12.7	17	20	26	36
15~20	3.7	6.4	11.0	14	17.6	22	31
20~30	3.1	5.5	9.3	13	15.2	19	27
30~50	2.5	4.5	7.5	10.5	12.4	15	22
50~120	2.1	3.8	6.3	8.5	10.3	13	18
120~300	1.8	3.3	5.5	7.5	9.3	12	16
300以上	1.7	2.9	5.0	7.0	8.6	11	15

在初步设计时还可按单位建筑面积照明用电指标来估算照明容量，其计算方法同式（11-29），单位容量指标是根据工程统计而得的，参见第二章中表2-7。

二、点光源逐点计算法

逐点计算法一般用于计算某些特定点的照度。当车间中采用多盏照明器时，则计算点的照度应为各照明器对该点产生照度的总和。点光源在水平面上、倾斜面上、垂直面上的照度，可用下列方法计算：

1. 利用平方反比法计算点光源在水平面上的照度

基本计算公式为本章第二节式（11-8），为了简化计算，制作有关表格以便查用，可参看《电机工程手册》第39篇。

2. 利用等照度曲线计算点光源在水平面上的照度

（1）在采用旋转对称配光的照明器的场所，可利用"空间等照度曲线"进行水平面照度的计算。

已知计算高度 H 和计算点到照明器间的水平距离 d，就可直接从"空间等照度曲线"图上查得该点的水平面照度值。但由于曲线是按光源的光通量为1000流明绘制的，因此所查得的照度值是"假设水平照度e"，还必须按实际光通量进行换算。

当照明器内的光源的总光通为Φ，且计算点是由若干个照明器共同照射时，则被照点的照度应为：

$$E_s = \frac{\Phi \Sigma e}{1000K} \qquad (11\text{-}30)$$

式中　E_s——水平面照度[勒克司]；

　　　Φ——每个照明器中光源的总光通量[流明]；

　　　K——照度补偿系数（见表11-14）；

　　　Σe——各照明器所产生的假设水平照度的总和[勒克司]。

图11-29给出了GCS-16深照型球场灯的空间等照度曲线，工厂常用灯具的空间等照度曲线可查阅有关手册。

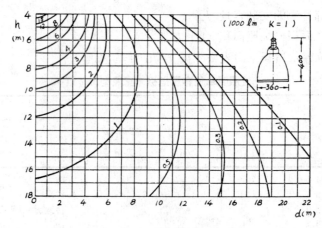

图 11-29　GCS-16深照型球场灯空间等照度曲线

（250瓦高压汞灯）

（2）对非对称配光的照明器可利用"平面相对等照度曲线"进行计算。

根据计算点的d/h值及各照明器对计算点的平面位置角β（作一照明器的对称平面，或作任一平面，将它定为起始平面，该平面与被照面的交线与光线投影线长度（d）间的夹角即为β角），见图11-30，从"平面相对等照度曲线"上可以查得"相对照度ε"。由于"平面相对等照度曲线"是假设计算高度为1米而绘制的，所以求计算面上的实际照度时，应按下式计算：

$$E_s = \frac{\Phi \Sigma \varepsilon}{1000Kh^2} \qquad (11\text{-}31)$$

式中　E_s——水平面照度[勒克司]；

　　　Φ——每个照明器内光源的光通量[流明]；

　　　$\Sigma \varepsilon$——各照明器所产生的相对照度的总和[勒克司]，可由"平面相对等照度曲线"
　　　　　查得；

　　　h——计算高度[米]；

　　　K——照度补偿系数，查表11-14。

图11-31给出了LTS-1000-1型搪瓷深照卤钨灯的平面相对等照度曲线，工厂常用灯

318

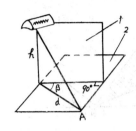

图 11-30 采用不对称照明
器时计算点座标的确定

1—对称面；2—被照面

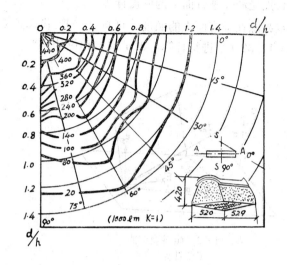

图 11-31 LTS-1000-1型搪瓷深照卤钨灯平面相对等照度曲线

具的平面相对等照度曲线可查有关手册。

3. 点光源在倾斜面上的照度计算

任意倾斜面Q上的一点A的照度E_x，可根据点光源在该点已知的水平面照度E_s，乘以倾斜照度系数ψ而求得，即

$$E_x = E_s \psi \qquad (11-32)$$

式(11-32)指出倾斜照度系数ψ是E_x与E_s的比值。参照图11-32，可求得ψ的计算式：

$$\psi = \frac{E_x}{E_s} = \frac{I_\theta \cos(\theta \mp \gamma)/\overline{OA}^2}{I_\theta \cos\theta/\overline{OA}^2} = \frac{\cos(\theta \mp \gamma)}{\cos\theta} = \frac{\cos\theta\cos\gamma \pm \sin\theta\sin\gamma}{\cos\theta}$$

$$= \cos\gamma \pm \operatorname{tg}\theta \sin\gamma = \cos\gamma \pm \frac{P}{H}\sin\gamma \qquad (11-33)$$

上式中γ是被照面Q的背光一面与水平面之间的夹角。因E_s垂直于水平面，而E_x垂直于被照面，故γ亦是E_x与E_s之间的夹角。式中入射角θ应看成ABO面与高度线H之间的空间夹角，故$\operatorname{tg}\theta$应等于ABO面的距离P与高度H的比值。式（11-33）表明倾斜照度系数ψ包括两个部分：一是因被照面倾斜对照度造成的影响，由夹角γ的大小来反映，而且当$\gamma = \theta$时，应有最大的值；二是因被照面旋转对照度造成的影响，用$\frac{P}{H}$比值大小来反映，而且当$P = d$时，应有最大的值。当被照面位于图11-33中阴影部分范围之内时，式（11-33）第二项前的±号应取负号。因此，ψ值可以大于、小于或等于1。当E_s一定时，倾斜面Q上A点在$\gamma = \theta$（$\theta \leqslant 90°$）并同时$P = d$的情况下，具有最大的照度。

倾斜照度系数ψ也可利用图11-34的曲线直接查出。图中实线的直线族，对应于式（11-33）中的正号；而虚线的直线族，对应于式（11-33）中的负号。为便于应用，图中角度均指被照面背光的一面与水平面之间的夹角。

上述求倾斜面上照度计算的基本方法，同样可用来推求线光源在任意倾斜面上的照度计算，见本节公式（11-42）。

319

4.点光源在垂直面上的照度计算

点光源在垂直面上的照度，可将 $\gamma = 90°$ 代入式（11-33）中，求得 $\psi = \pm \dfrac{P}{H}$，再代入式（11-32）中进行计算，即可求得相应的照度。

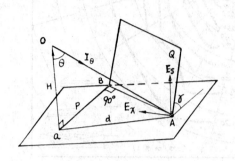

图 11-32　倾斜面上的
照度计算

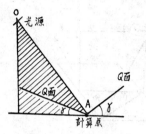

图 11-33　倾斜面的各种位置
及 γ 角的算法

三、线光源逐点计算法（方位系数法）

当线光源(如荧光灯)不是成行布置，且长度不超过悬挂高度的1/2时，可以把它当作点光源看待进行计算（误差不超过5%）。

但当发光元件具有较大的长度（$l \geqslant \dfrac{H}{2}$，H 为计算高度）和较小的宽度时（$b \leqslant \dfrac{H}{2}$，如嵌入式带状荧光灯、单个荧光灯等），可视为线光源进行计算。线光源的逐点计算法有多种，本节仅介绍方位系数法。

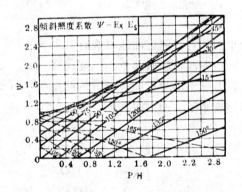

图 11-34　倾斜照度系数曲线
（实线表示 $\theta \leqslant 90°$，虚线表示 $\theta > 90°$）

本方法是将线光源分作无数段发光线元 dl，求出它在计算点所产生的照度，由于 dl 在计算点产生的照度是随其位置而不同，我们用角度座标来表示 dl 的位置；然后积分求出整条线光源对计算点产生的总照度。

方位系数就是以角座标为基础编制的，应用此法能迅速而简单地计算各种线状光源在水平、垂直、倾斜面上的照度。

将各种装有线光源的照明器按在平行面上光强分布的形状分成 A、B、C、D、E 五类，见图11-35及图11-36。它已大体包括线状光源在平行面上光强分布的特点：A 为一般简式或加磨砂玻璃的荧光灯，B、C 为浅格栅类型的荧光灯，D、E 为深格栅类型荧光灯。

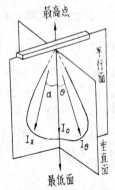

图 11-35　计算时采用的光强
分布平面图

鉴别照明器的配光曲线属于哪种类型，可按图11-35 的方法画出照明器的配光曲线，然后按最低点光强 I_0 去计算相对光强I_α/I_o，并绘于图11-36中加以比较，即可鉴别照明器的类型。

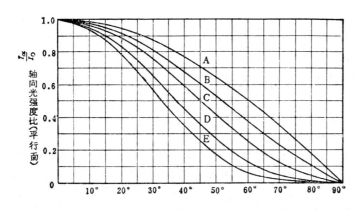

图 11-36　轴向光强分布的分类

[各曲线的轴向光强度比I_α/I_o分别等于：（A）$\cos\alpha$；（B）$1/2(\cos\alpha+\cos^2\alpha)$；（C）$\cos^2\alpha$；（D）$\cos^3\alpha$；（E）$\cos^4\alpha$]

（一）连续线光源的照度计算

计算公式如下：

（1）水平面照度

$$E_s=\frac{I_\theta}{1000Ks}\left(\frac{\Phi}{l}\right)\cos\theta F_x \qquad （11-34）$$

（2）被照面与光源平行时的垂直照度

$$E_{/\!/c}=\frac{I_\theta}{1000Ks}\left(\frac{\Phi}{l}\right)\sin\theta F_x \qquad （11-35）$$

（3）被照面与光源垂直时的垂直照度

$$E_{\perp c}=\frac{I_\theta}{1000Ks}\left(\frac{\Phi}{l}\right)f_x \qquad （11-36）$$

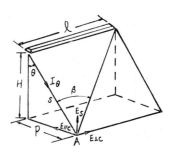

图 11-37　线光源平行面上
垂直照度计算图

以上三式中

　　I_θ——照明器的垂直面光强分布曲线中与θ角对应方向的光强值（坎德拉），
　　　　　见图11-37，其值可查有关灯具设计计算图表；

　　Φ/l——线光源单位长度的光通量［流明/米］；

　　s——照明器与照度计算点的连线［米］；

　　K——照度补偿系数，见表11-14。

　　F_x、f_x——平行面方位系数和垂直面方位系数，它与方位角β及照明器的平行面光
　　　　　强分布形状有关，见图11-38及图11-39；

　　θ——入射角，$\theta=\mathrm{tg}^{-1}\dfrac{P}{H}$，见图11-37；

　　β——方位角，$\beta=\mathrm{tg}^{-1}\dfrac{l}{s}=\mathrm{tg}^{-1}\dfrac{l}{\sqrt{H^2+P^2}}$，见图11-37。

　　由于被照面上的照度除了与光强值I_θ成正比外，还与光线入射角的余弦成正比，所以式（11-34）及式（11-35）需分别乘以$\cos\theta$和$\sin\theta$，而式（11-36）则是乘以$\sin90°$（即

乘以1）。

通常在照度计算中习惯于使用计算高度H，因$H=s\cos\theta$，故上述三个公式可写成如下形式：

$$E_s=\frac{I_\theta}{1000KH}\left(\frac{\Phi}{l}\right)\cos^2\theta F_x \tag{11-37}$$

$$E_{\angle c}=\frac{I_\theta}{1000KH}\left(\frac{\Phi}{l}\right)\cos\theta\sin\theta F_x \tag{11-38}$$

$$E_{\perp c}=\frac{I_\theta}{1000KH}\left(\frac{\Phi}{l}\right)\cos\theta f_x \tag{11-39}$$

式（11-37）～式（11-39）是按计算点（A）位于荧光灯一端的垂直平面内推导而得的，但实际计算中A点位置应是任意的，不一定符合图11-37的条件，此时可采用将线光源分段或延长的方法，分别计算各段在该点所产生的照度，然后求其代数和，见图11-40。

若以E_A、E_B、E_C分别表示线光源在A、B、C三点所产生的水平照度，则：

$$\left.\begin{array}{l}E_A=E_1\\E_B=E_2+E_3\\E_C=E_4-E_5\end{array}\right\} \tag{11-40}$$

式中　　E_1——线光源PM在A点产生的照度；

　　　　E_2——线光源PN在B点产生的照度；

　　　　E_3——线光源NM在B点产生的照度；

　　　　E_4——线光源QM在C点产生的照度；

　　　　E_5——线光源QP在C点产生的照度。

必须注意，在求被照面与光源垂直布置时的垂直照度时，E_B只有一段线光源（FN或MN）在该点产生照度，另一段线光源（MN或PN）的光被挡住了，在该点不产生照度。

（二）非连续线光源的照度计算

对于不连续的一排线光源，如图11-41所示，当照明器间隔距离不超过$H/(4\cos\theta)$时，可看作是连续的线光源。在计算时只要将相应的计算公式［式(11-37)～式(11-39)］乘上一个系数C即可，此时误差不超过10%，即

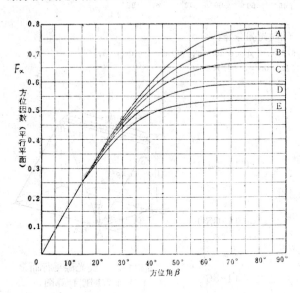

图 11-38　平行面的方位系数F_x与方位角β的关系曲线

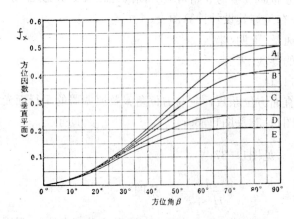

图 11-39　垂直面的方位系数f_x与方位角β的关系曲线

$$C = \frac{照明器长度 \times 照明器个数}{一排照明器总长}$$

当照明器间隔超过 $H/(4\cos\theta)$ 时可按下述方法计算:

$$E_s = \frac{I_\theta}{1000KH}\left(\frac{\Phi}{l}\right)\cos^2\theta\left[F_{\beta_1} + (F_{\beta_3} - F_{\beta_2})\right.$$
$$\left. + (F_{\beta_5} - F_{\beta_4})\right] \tag{11-41}$$

式中 F_{β_1}、F_{β_2}、F_{β_3}、F_{β_4}、F_{β_5} 为方位系数,已知方位角 β_1、β_2、β_3、β_4、β_5(见图11-41)后可从图11-38~图11-39曲线中查得。

(三)任意布置时倾斜面的照度计算

计算公式如下:

$$E_{ix} = E_s\cos\gamma + E_{\mathscr{o}c}\sin i\cos\gamma + E_\perp\cos i\sin\gamma \tag{11-42}$$

式中　E_{ix}——任意布置时的倾斜面照度(lx),见图11-42,E_{ix}应垂直Q面。

　　　γ——任意布置时的倾斜面与水平面的夹角,见图11-42。

　　　i——任意布置时倾斜面与水平面的交线 $O'A$ 与 OA(A点至通过线光源的垂直线)的夹角。

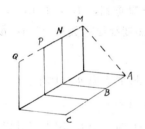

图 11-40　不同位置的各点上照度的计算方法

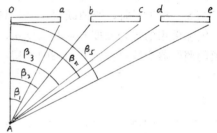

图 11-41　照明器间隔布置示意图

当倾斜面和线光源平行时 $i=90°$,倾斜面和线光源垂直时 $i=0°$,倾斜面与水平面垂直时用 $\gamma=90°$ 代入公式(11-42)计算,即可求得相应的照度。

【例】　某机械加工车间长60米,宽15米,柱距6米,照明器安装在屋架下弦,照明器离地7米,要求工作面上的平均照度为30勒克司。顶棚为水泥沙浆抹面,混凝土地坪,车间纵向两侧墙上开窗面积占60%,端墙不开窗,内墙面为水泥砂浆面,试确定照明器数量及其布置方案。

【解】　因为要求的是平均照度故可用概算曲线法估算照明器数量。

(1)车间面积:　$S = 60 \times 15 = 800$ 平方米。

(2)照明器悬挂高度(计算高度):

　　　$H = 7 - 0.8 = 6.2$ 米

(3)车间各面反射系数:使用概算曲线时,所有反射系数都采用原始数值,不需进行换算(概算曲线制定时已考虑了修正)。

查表11-16得:顶棚反射系数 $\rho_p' = 30\%$

　　　　　　地面反射系数 $\rho_d = 10\%$

　　　　　　墙面反射系数 $\rho_{q_1} = 30\%$

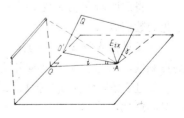

图 11-42　线光源在任意面上照度计算示意图

窗的反射系数$\rho_c = 9\%$

墙面反射系数因窗和墙的反射系数不同，而必须求其墙面加权平均反射系数ρ_q，可按式（11-27）进行计算：

$$\rho_q = \frac{\rho_{q_1}(S_q - S_c) + \rho_c S_c}{S_q}$$

$$= \frac{0.3[(2\times60\times7 + 2\times15\times7) - 2\times60\times7\times0.6] + 0.09\times2\times7\times60\times0.6}{2\times60\times7 + 2\times15\times7}$$

$$= \frac{15}{75} = 20\%$$

（4）选择光源与照明器：

本车间为机械加工车间，对颜色的识别要求不高，故可采用光效高的荧光高压汞灯。照明器采用配照型工厂灯，配125瓦荧光高压汞灯灯泡。

（5）确定照明器数量：

查图11-28配照型工厂灯概算曲线，因为计算高度为6.2米，故可查6米曲线，且顶棚、墙面、地面的反射系数也与曲线要求相符。

当$S = 800\text{m}^2$时，查曲线得$N = 49$只（曲线中$E_{av} = 100$勒克司，$K' = 1.43$）。按题意，实际采用的平均照度$E = 30$勒克司，查表11-14得实际照度补偿系数$K = 1.4$，故实际需要的照明器个数可由式（11-28）求得：

$$n = \frac{30}{100} \times \frac{1.4}{1.43} \times 49 = 14.4;\quad \text{结合建筑形式取 } n = 16\text{个}。$$

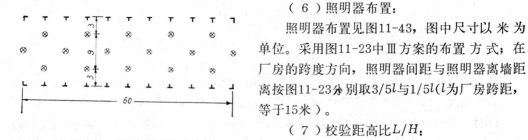

图 11-43 例题中照明器布置图

（6）照明器布置：

照明器布置见图11-43，图中尺寸以米为单位。采用图11-23中Ⅲ方案的布置方式；在厂房的跨度方向，照明器间距与照明器离墙距离按图11-23分别取$3/5l$与$1/5l$（l为厂房跨距，等于15米）。

（7）校验距高比L/H：

配照型工厂灯配125瓦的荧光高压汞灯的合理L/H值可由图11-22曲线查得，具体步骤如下：

①将已知的该种照明器的配光曲线（见图11-44）上不同角度的光强值取相对值（此处均应减少十倍）20、19、18.5……等点在图11-22（a）上，并联成曲线（见图11-45中的实线）。

②将照明器配光曲线中0°光强值的1/4（按图11-22（c）考虑）点在图11-22（a）上（此处数值为5）。

③通过按步骤②所作的在纵轴上的点，作图11-22（a）中斜线的平行线，如图11-45中的点划线，并与步骤①中的实线相交（见图11-45中的A点）。

④过交点A作垂线与图11-22（a）顶上的标尺相交，从Ⅱ型标尺上读取数值，得：$L/H = 1.53$。

因本方案是菱形布置，$L_1 = \frac{9}{2} = 4.5$米；$L_2 = 2\times6 = 12$米；故$L = \sqrt{L_1 L_2}$

$$= \sqrt{12 \times 4.5} = 7.35 米$$

$$\therefore \quad L/H = 7.35/6.2 = 1.18 < 1.53$$

由此可见，本布置方案能满足照明均匀度的要求，经济性较佳，结合建筑物的具体结构形式，本方案是合理的。

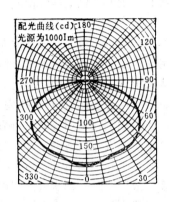

图 11-44　配照型工厂灯（125瓦荧光高压
汞灯）的配光曲线

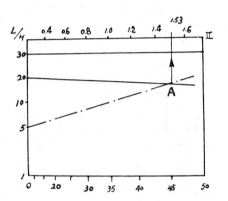

图 11-45　确定L/H的步骤

第八节　照明供电网络

设计正确合理的照明供电线路，是保证照明质量的必要条件。照明供电网络与车间电力供电线路的基本要求和设计原则是共同的，故本节着重叙述照明供电网络的一些具体要求。

一、照明网络电压

（1）照明网络一般采用380/220伏中性点接地的三相四线制系统。灯用电压220伏。事故照明如需采用直流电源时，则根据直流电源电压确定。

（2）在属于危险场所的厂房内，当灯具安装高度低于2.2米时（包括固定式或移动式局部照明），应有防止触电的措施（如采用带玻璃罩和金属保护网的安全灯具），否则应采用36伏电压。

（3）手提行灯的电压一般采用36伏。在危险场所而又不便于工作的狭窄地点，或工作者接触着良好接地的大块金属面（如在锅炉或金属容器里面和金属平台上等），因而增加了触电危险时，则手提灯电压应采用12伏。

（4）照明用电设备所允许的电压偏移值见第八章表8-2。

二、供电电源

照明电源一般由动力变压器供给。在电压波动或偏移过大以致影响照明质量或灯泡寿命时，可装设照明专用变压器或调压装置。

供继续工作用的事故照明，应接在独立电源上，一般是与工作照明分别由接在不同母线段上的变压器供电。

供安全通行用的事故照明，应接在与工作照明分开的回路上。当建筑物只有一路电源时，则应在进线处分开。

三、供电系统

（一）车间内部照明供电

（1）当车间低压供电采用放射式系统，则照明供电线一般由低压配电屏引出。

（2）当车间低压供电采用"变压器—干线"系统时，则照明供电线宜由变压器低压侧总开关前接出。供电系统如图11-46所示。

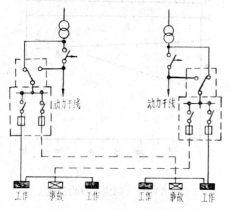

图 11-46　变压器—干线供电的车间照明系统

为了当一台变压器故障时能将照明负荷暂时转换到另一台变压器供电（通过干线联络开关，图中未画出），照明电源须经过一个双投开关接出。由于两台变压器不一定安装在一处，因此，事故照明宜采用交叉供电方式。

（3）对于不设变电所的车间，为了保证照明电压质量，工作照明电源一般均单独引来。如需要事故照明时，则事故照明电源可引自动力供电线路。仅对于远离电源的单独小建筑物才考虑照明与动力合用供电线路。

（4）为了便于检修，车间内每回路供电干线上连接的照明配电箱一般不超过3个。室外用架空干线向各建筑物供电时可不受此限制，但在每个建筑物进线处应装设刀开关和熔断器。

（5）在多层建筑物内（如办公楼、试验室）一般采用干线式供电，总配电箱装在底层，以干线向各层照明配电箱供电。各层照明配电箱装于楼梯间或附近，每回路干线上连接的照明配电箱一般不超过三个。

（二）室外照明供电

（1）厂区道路照明应分区集中由少数变电所供电，并由这些变电所的值班室或委托警卫室、传达室控制。

（2）露天工作场地和露天堆场照明，可由附近车间变电所供电，并就地设配电箱控制。若露天工作场地或堆场紧靠车间，且照明容量不大时，也可由室内照明配电箱分出单独回路供电并控制。

（3）人防部门有特殊要求时，应根据其要求统一考虑全厂外部照明的供电和控制。

四、配电箱、开关和插座

（1）车间的照明由配电箱直接控制，应选用各回路带开关的配电箱，一般选用单极开关，实行逐相控制。当照明由局部开关控制时，可选用各回路仅带熔断器的配电箱。大型车间宜采用带自动开关的配电箱。

常用照明配电箱型号为XM-7型悬挂式和XMR-7嵌入式，其外型尺寸及技术数据见产品样本。

（2）室内照明支线每一单相回路一般采用不大于15安的熔断器或自动开关保护。对于安装大功率灯泡的回路允许增大到20～30安。

每一单相回路所接灯数（包括插座）一般不超过25个，当采用多管荧光灯具时，允许增大到50个灯管。

考虑到光源点燃时的起动电流，光源保护装置的选择应符合表11-18的要求。

光 源 保 护 装 置 选 择　　　　　　　　　　表 11-18

保 护 装 置 类 型	保 护 装 置 额 定 电 流 不 小 于 下 列 值		
	荧光灯、白炽灯、卤钨灯、金属卤化物灯	荧光高压汞灯	高压钠灯
熔断器 RL 1	I_e	$(1.3\sim1.7)I_e$	$1.5I_e$
熔断器 RC 1	I_e	$(1.0\sim1.5)I_e$	$1.1I_e$
自动空气断路器热脱扣	I_e	$1.1I_e$	I_e
自动空气断路器瞬时脱扣	I_e	I_e	I_e

（3）照明网络零线（中性线）上不允许装设熔断器，但下列情况例外：

①办公室、生活福利设施以及其它环境正常场所，当电气设备无接零要求时，其单相回路的零线上宜装设熔断器。

②在Q-1及G-1级爆炸危险房间内，其单相回路的零线上应装设熔断器。

（4）供手提行灯接电用的插座，一般采用固定的干线变压器供电。当插座数量很少，且不经常使用时，也可以采用220伏插座，手提行灯通过携带式变压器接电。此时，220伏插座应采用带接地极的三孔插座。

（5）道路照明除各回路有保护外，每个灯具宜加单独的熔断器保护。

（6）安装高度一般推荐采用以下数值：

①配电箱及变压器箱中心距地1.5米。若控制照明不是在配电箱内进行，则配电箱的安装高度可以提高到2米或以上。

②局部开关（拉线开关除外）距地1.3米。

③插座：厂房内距地1米；办公室及生活福利设施距地1.3米。

五、导线选择与敷设

（1）导线截面选择的方法见第八章。当采用气体放电灯时，因三次谐波电流十分显著，若三相四线制供电，则中性线应按最大一相的电流来选。

（2）照明线路敷设方法应按环境条件、安装维护方便等来决定，可参见表11-19。

表中符号说明如下：

符号"0"表示推荐采用；

符号"+"表示可以采用；

符号"--"建议不要采用；

符号"×"是不允许采用。

根据环境条件选择照明导线敷设方式表

表 11-19

导线型号	敷设方法	房间或场所					火灾危险			爆炸危险					屋外
		干燥	潮湿	腐蚀	多尘	高温	H-1	H-2	H-3	Q-1	Q-2	Q-3	G-1	G-2	沿墙
BLVV	直敷布线(铅皮轧头固定)	0	-	-	-	-	×	×	×	×	×	×	×	×	-
BLVV(BLVV-1)	直敷布线(塑料轧头固定)	+	+	+	0	-	+	×	+	×	×	×	×	×	+
BLV、BLX	瓷(塑料)夹布线	0	-	-	-	-	×	×	×	×	×	×	×	×	-
BLX、BLV(BLXF、BLV-1、bLV-105)	鼓形绝缘子布线	0	+	+	0	0	+	×	+	×	×	×	×	×	+
BLX、BLV(BLXF、BLV-1、BLV-105)	针式绝缘子布线	0	0	+	0	0	+	0	+	×	×	×	×	0	0
BLV、BLX(BV、BX)	钢管明布线	-	+	+	+	+	+	+	+	0	0	0	0	0	+
BLV、BLX(BV、BX)	钢管暗布线	+	0	×	0	0	0	0	0	-	×	+	-	+	+
BLV、BLX	电线管明布线	+	+	×	+	+	+	+	+	×	×	×	×	×	-
BLV、BLX(BV、BBX)	硬塑料管明布线	+	+	+	+	-	+	+	+	×	×	×	×	+	+
BLV、BLX(BV、BX)	硬塑料管暗布线	+	+	+	+	-	-	0	-	×	×	×	×	×	×
BLV、BLX	充气软塑料管及板孔暗布线	0	-	×	+	×	×	×	×	×	×	×	×	×	×
VLV、XLV(VV₂、XV₂)	电缆明敷	-	+	+	-	+	+	+	+	+	+	+	+	+	-

注：1. 高温场所采用BLV-105型，屋外采用BLXF型、BLV-1型、BLVV-1型，其余场所均采用BLV型、BLVV型、BLVV-1型。2. 只有在Q-1级、G-1级及有严重腐蚀的场所才采用BV型或BX型。3. 只有在Q-1级、G-1级的场所采用VV₂或XV₂型铠装电缆。4. 所用的镀锌钢管及支架均匀作防腐处理。5. 线路应远离可燃物，不允许敷设在未灰的易燃顶棚、板壁上，以及可燃液体管道的栈桥上。

附　录

附录 6-1　高压断路器的技术数据

型　　号	额定电压 千伏	最高工作电压 千伏	额定电流 安	额定开断电流及额定断流容量 3千伏 千安	3千伏 兆伏安	6千伏 千安	6千伏 兆伏安	10千伏 千安	10千伏 兆伏安	极限通过电流 峰值 千安	有效值 千安
SN$_1$-10/600			600	20	100	20	200	11.6	200	52	30
SN$_2$-10/600	10	11.5	600	20	100	20	200	20	350		
SN$_2$-10/1000			1000								
SN$_5$-10/600			600	20	100	20	200	11.6	200		
SN$_6$-10/600	10	11.5	600	20	100	20	200	20	350	52	
SN$_6$-10/1000			1000								
SN$_8$-10			600					11.6	200	33	19
SN$_{10}$-10	10	11.5	1000					28.9	500	74	42.8
CN$_2$-10	6	6.9	600				150			37	22
	10	11.5							200		

型　　号	一定时间内的热稳定电流 1秒 千安	4秒 千安	5秒 千安	10秒 千安	固有分闸时间 秒	合闸时间 秒	断路器净重(不带油) 公斤	三相油重 公斤	断路器总重 公斤	参考价格 元
SN$_1$-10/600							150	5	155	1070
SN$_2$-10/600	30		20	14	0.1	0.23	165	10	175	1130
SN$_2$-10/1000							175	10	185	1350
SN$_5$-10/600							150	5	155	1070
SN$_6$-10/600				14	0.1	0.23	160	10	170	1130
SN$_6$-10/1000							170	10	180	1350
SN$_8$-10		11.6			≯0.05	≯0.25	100	5	105	1200
SN$_{10}$-10		28.9			≯0.05	≯0.25	120	8	128	1600
CN$_2$-10	14.5				0.05	0.15	—	—	300	5200

注：1. SN$_8$、$_{10}$-10型当使用电压低于10千伏时，最大开断电流不变；固有分闸时间和合闸时间是指配CD$_2$型和CD$_3$型电磁操作机构时而言。

2. 固有合闸时间是从发布命令到触头刚接触时的时间；固有分闸时间是指从发布命令到触头刚分开时的时间。

附录 6-2 操 作 机 构

1.CS₂型手动操作机构的技术数据及性能

操作机构是以手动操作来进行合闸的，除可用手动脱扣外，还可用以下几种脱扣器来进行远距离脱扣，每台操动机构最多能安装三只脱扣器。脱扣器的种类规格见下表。

（1）T1-6型瞬时过载脱扣器分5～10安培及5～15安培两种；代号"1"。

（2）T1-3型失压脱扣器，其功率消耗为30伏安；代号"3"。

（3）T1-4型分励脱扣器，由独立电源作用而动作；代号"4"。

（4）T1-5型分励脱扣器，由LQS-1型速饱和电流互感器作用而动作，其动作为瞬时的。功率消耗为40伏安，脱扣电流为3.5安培，电阻为0.527欧姆；代号"5"。

脱 扣 器 技 术 数 据　　　　　附表 6-2（1）

型　号	脱扣器种类	额 定 电 压 种 类（伏）	动 作 值 额定电压百分率	动 作 值 电流（安培）	延时范围（秒）	消耗功率（伏安）
T1-6	瞬时过流脱扣			5～10		50
T1-3	失压脱扣	110，127，220，380，500	65～35%			30
T1-4	分励脱扣	直流12，24，48，110，220 交流110，127，220，380	65～120%	5.5，2.25，1.25，0.7，3.1，3.45，2.15，0.82		60～154 312～473
T1-5	分励脱扣（速饱和）			3.5		40

上海开关厂供应下列各种类型脱扣器　　　　　附表 6-2（2）

型　号	T1-6	T1-3	T1-4	T1-5
CS₂-110	1			
CS₂-110	2			
CS₂-111	3			
CS₂-130	1	1		
CS₂-113	2	1		
CS₂-114	2		1	
CS₂-340		1	1	
CS₂-450			1	1
CS₂-550				2
CS₂-555				3
CS₂-455			1	2
CS₂-350		1		1
CS₂-300		1		
CS₂-400			1	
CS₂-500				1
CS₂-355		1		2
CS₂-344		1	2	

2. CD₂型直流电磁式操作机构的技术数据及性能

附表 6-2（3）

型　号	配用之断路器型号	线 圈 动 作 电 流（安培）						辅助触头节数	重　量（公斤）
		合　　闸		分　　　闸					
		110伏	220伏	110伏	220伏	24伏	48伏		
CD₂	SN₆-10 SN₇-15 DW₆-35	195	97.5	5	2.5	24	12	10	45
	SN₈-10	194	97						
	CN₂-10	150	75						
CD₂-G	DN₁-10G	120	60	5	2.5	24	12	10	44

3. CT6-X型弹簧操作机构的技术数据及性能

本弹簧操动机构为户外装置的交直流操动弹簧储能式传动装置。操作机构中各主要部件的基本技术数据如下：

（1）电动机的技术数据：

附表 6-2（4）

型　　　　号	额 定 电 压（伏）	额 定 功 率（瓦）	转 速（转/分）
S₃₆₈W	直流110	1100	1500
S₃₆₈BW	直流220		
S₃₆₈BW	交流380/220	1500	1500

（2）合闸线圈的技术数据：

附表 6-2（5）

额 定 电 压（伏）	在额定电压时的电流（安培）	附　注
直　流　24 48 110 220	36.3 18.1 10.0 5.0	
交　流　110 220 380	7.7	

注：电动机及合闸线圈的动作电压范围为：
直流80～110%的额定电压；
交流85～110%的额定电压。

（3）瞬时过电流线圈的技术数据：

瞬时过电流线圈分为两种，5～10安与10～15安，其动作电流误差为±10%，动作为瞬时的；5～10（5, 7.5, 10）安与10～15（10, 12.5, 15）安的瞬时过电流线圈由电流互感器直接动作，消耗功率不大于50伏安。

（4）分励线圈由独立电源作用而动作的，它能保证65～120％额定电压范围内可靠的工作，各种电压的数据见附表6-2（6）。

附表 6-2（6）

额　定　电　压　（伏）		额定电压时的电流(安培)	附　　　注
直　流	12	3.56	
	24	2.52	
	48	1.2	
	110	0.785	
	220	0.69	
交　流	110	1.3	
	127	1.125	
	220	0.65	
	380	0.378	

（5）失压脱扣线圈的技术数据：

附表 6-2（7）

额　定　电　压　（伏）	动　作　电　流　（安培）
110	0.127
127	0.11
220	0.064
380	0.037

附录 6-3　母线载流量及温度校正系数

单条矩形母线载流量 附表 6-3（1）

母 线 截 面（cm²）	最 大 容 许 持 续 电 流（A）					
	25℃		35℃		40℃	
	平　放	竖　放	平　放	竖　放	平　放	竖　放
铝　母　线　LMY						
15×3	156	165	133	145	127	134
20×3	204	215	180	190	166	175
25×3	252	265	219	230	204	215
30×4	347	365	309	325	285	300
40×4	456	480	404	425	375	395
40×5	518	540	452	475	418	440
50×5	632	665	556	585	518	545
50×6	703	740	617	650	570	600
60×6	826	870	731	770	680	715
60×8	975	1025	855	900	788	830
60×10	1100	1155	960	1010	890	935
80×6	1050	1150	930	1010	860	935
80×8	1215	1320	1060	1155	985	1070
80×10	1360	1480	1190	1295	1105	1200
100×6	1310	1425	1160	1260	1070	1160
100×8	1495	1625	1310	1425	1210	1315
100×10	1675	1820	1470	1595	1360	1475
120×8	1750	1900	1530	1675	1420	1550
120×10	1905	2070	1685	1830	1620	1760

母线截面（cm²）	最 大 容 许 持 续 电 流 （A）					
	25℃		35℃		40℃	
	平　放	竖　放	平　放	竖　放	平　放	竖　放
铜　母　线　TMY						
15×3	200	210	176	185	162	171
20×3	261	275	233	245	214	225
25×3	323	340	285	300	271	285
30×4	451	475	394	415	366	385
40×4	593	625	522	550	484	510
40×5	665	700	588	551	551	580
50×5	816	860	721	760	669	705
50×6	906	955	797	840	735	775
60×6	1069	1125	940	990	873	920
60×8	1251	1320	1101	1160	1016	1070
60×10	1395	1475	1230	1295	1133	1195
80×6	1360	1480	1195	1300	1110	1205
80×8	1553	1690	1361	1480	1260	1370
80×10	1747	1900	1531	1665	1417	1540
100×6	1665	1810	1557	1592	1356	1475
100×8	1911	2080	1674	1820	1546	1685
100×10	2121	2310	1865	2025	1720	1870
120×8	2210	2400	1940	2110	1800	1955
120×10	2435	2650	2152	2340	1996	2170

温度校正系数K_θ值　　　　　　附表 6-3（2）

实际环境温度	母 线 最 高 允 许 温 度 为 70℃											
（℃）	−5	0	5	10	15	20	25	30	35	40	45	50
K_θ	1.29	1.24	1.20	1.15	1.11	1.05	1.00	0.94	0.88	0.81	0.74	0.67

附录 6-4 自动空气断路器的技术数据

1. DW10型框架式（万能式）自动空气断路器技术数据

型　　号	额定电流（安）	过电流脱扣器额定电流（安）	瞬时过电流脱扣器的整定电流（安）	延时过电流脱扣器的整定电流（安）		延时时间（秒）	
				延时动作整定电流	瞬时动作整定电流	短路短延时	过载延时
DW10-200/2	200	60	60～90～180	60～120	180～300，480～600		调整在最小整定电流及钟表机构整定于最大延时位置时其延时时间不小于10秒钟
		100	100～150～300	100～200	300～500，800～1000		
DW10-200/3		150	150～225～450	150～300	450～750，1200～1500		
		200	200～300～600	200～400	600～1000，1600～2000		
DW10-400/2	400	100	100～150～800	100～200	300～500，800～1000		
		150	150～225～450	150～300	450～750，1200～1500		
		200	200～300～600	200～400	600～1000，1600～2000		
		250	250～375～750	250～500	750～1250，2000～2500		
		300	300～450～900	300～600	900～1500，2400～3000		
DW10-400/3		350	350～525～1050	350～700	1050～1750，2800～3500		
		400	400～600～1200	400～800	1200～2000，3200～4000		
DW10-600/2	600	500	500～750～1500	500～1000	1500～2500，4000～5000		
DW10-600/3		600	600～900～1800	600～1200	1800～3000，4800～6000		
DW10-1000/2	1000	400	400～600～1200	400～800	1200～2000		
		500	500～750～1500	500～1000	1500～2500		
		600	600～900～1800	600～1200	1800～3000	0.2	
DW10-1000/3		800	800～1200～2400	800～1600	2400～4000		
		1000	1000～1500～3000	100～2000	3000～5000		

备注：瞬时过电流脱扣器的整定电流为电流脱扣器的额定电流的 1、1.5、 3倍三档， 全系列皆如此。延时脱扣器的延时动作整定电流为其额定电流1倍及2倍二档，全系列皆如此。而瞬时动作整定电 流600安及以下的自动开关整定在3倍、5倍或8倍、10倍过电流脱扣器额定电流，1000安及以上整定在3倍、5倍过流脱扣器额定电流。

型 号	最 大 短 路 电 流 （安）		
	直流440伏≤0.01秒钟	交流380伏cosφ≥0.4周期分量有效值	
DW10-200	10000	10000	注：直流440伏断路
DW10-400，600	15000	10000	器两极串联使用
DW10-1000，1500	20000	20000	
DW10-2000	30000	30000	
DW10-4000	40000	40000	

名 称	额 定 电 压 （伏）		动 作 性 能
分励脱扣器	直流：24、48、110、220、440V 交流：36、127、220、380V		瞬 时
失压脱扣器	直流：110、220、440V 交流：127、220、380V		瞬时或延时0.3～1秒
电磁铁操作机构	直流：110、220V 交流：127、220、380V		
电动机操作机构	直流：110、220V 交流：		

注：1.分励脱扣器的动作电压范围为额定电压的75～105%。

2.失压脱扣器的动作在额定电压的40%及以下时必须释放，在额定电压的75%及以上时保持吸合，在40～75%之间不作保证。

3.分励或失压脱扣器的线圈在使用时必须与辅助开关的常开触头串联。

需要功率（伏安） 电压（伏） 项目	交 流 （50赫）				直 流					注
	36	127	220	380	24	48	110	220	440	
分励脱扣器	187	149	145	135	96瓦	83瓦	65瓦	84瓦	88瓦	注：交流分励脱扣器
失压脱扣器		165	14	15			8瓦	8瓦	8瓦	及电磁铁操作机构所需
电磁铁操作机构 DW10-200		13000	30800	24700				1000瓦	1000瓦	要的功率是指刚动作的
电磁铁操作机构 DW10-400/600		38000	36000	37000				3000瓦	3000瓦	功率，断路器的辅助开
电动机操作机构 DW10-1000/1500/2500			600瓦	600瓦				600瓦	600瓦	关的触头数量为3常开加3常闭，额定电流为
电动机操作机构 DW10-4000			1000瓦	1000瓦				1000瓦	1000瓦	5倍

辅助触头的长期额定电流5安时其接通和分断能力

电 流 种 类	额定电压（伏）	接通电流（安）	分 断 电 流 （安）		注：如用户需要更多的辅助开关
			感应负载	电阻负载	触头数量（有5常开加5常闭辅助开关来满足），可在订货时提出
交 流	380	50	5	5	
直 流	220	4	0.5	1	

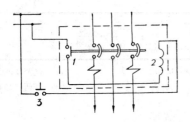

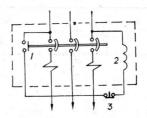

附图 1　具有分励脱扣器断路器线路图

1—辅助开关（常开触头）；2—分励脱扣器
线圈；3—脱扣按钮（常开）

附图 2　具有失压脱扣器断路器线路图

1—辅助开关；2—失压脱扣器线圈；3—脱
扣按钮（常闭）

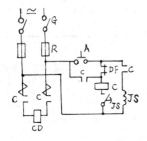

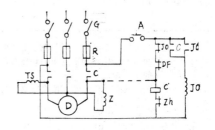

附图 3　200～600安交直流电磁铁
操作接线图

G—刀开关(用户自备)；R—熔断器(用户自备)；
A—起动按钮(用户自备)；C—接触器(用户自备)；
CD—电磁铁操作线圈；DF—断路器联锁触头；
JS—延时继电器(用户自备)

附图 4　1000～4000安交流电动机操作
接线图

G—刀开关(用户自备)；R—熔断器；A—按钮；
C—起动器；D—电动机；DF—断路器联锁触头；
TS—失压脱扣器；JO—中间继电器（防止继电器
重合闸）；Zh—终点开关；Z—制动器

2.DZ5型塑料外壳式（装置式）自动空气断路器。适用于交流50赫380伏及直流220伏电流从0.15～20安的电路中。作为电动机及其它用电设备的过载及短路保护之用，亦可作为不频繁操作的小容量电动机的直接起动器。有三极20安及50安两种。

3.DZ10型塑料外壳式（装置式）自动空气断路器。适用于交流50或60赫、电压500伏及以下；直流220伏及以下的电路中作接通和分断电路之用。DZ10型具有过载及短路保护装置，可以保护电缆和线路等设备不因过热而损毁。

这种型号的自动空气断路器可加附件即失压脱扣器、分励脱扣器、辅助触头及电动操作机构，其用途说明如下：

（1）失压脱扣器用来保护设备的电压维持在一定的数值。在电压低于某一定数值时使空气断路器迅速断开。

（2）分励脱扣器作远距离控制使空气断路器断开之用。

（3）辅助触头用于空气断路器控制回路和讯号回路。

（4）电动操作机构作远距离控制空气断路器的合闸和断开之用。

以上附件除电动操作机构装在盖上外，其余均装在空气断路器内部。

这种空气断路器的规格技术数据见附表6-4（4）。

断路器型号	复 式 脱 扣 器		电 磁 脱 扣 器	
	额定电流（安）	瞬时动作整定电流（安）	额定电流（安）	瞬时动作整定电流（安）
DZ10-100	15	150	15	150
	20	200	20	200
	25	250	25	200
	30	300	30	300
	40	400	40	400
	50	500 $10I_e$	50 $10I_e$	500
	60	600		600
	80	800	100 $6\sim10I_e$	800
	100	1000		1000
DZ10-250	100	300～1000		500～1500
	120	360～1200		2～6I_e
	140	420～1400		
	170	510～1700 $3\sim10I_e$	250 2.5～8I_e	625～2000
	200	600～2000		
	250	750～2500	3～10I_e	750～2500
DZ10-600	200	600～2000		800～2800
	250	750～2500	400 2～7I_e	
	300	900～3000		
	350	1050～3500 $3\sim10I_e$		
	400	1200～4000		
	500	1500～5000	600 2.5～8I_e	1500～4800
	600	1800～6000	3～10I_e	1800～6000

注：1.表中I_e是指脱扣器的额定电流；
　　2.DZ10-250和DZ10-600瞬时脱扣器上下限整定电流值可调；
　　3.DZ10型自动空气断路器型号表示法：

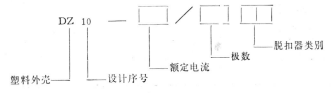

代号　附件类别 脱扣方式	不带附件	分　励	辅助触头	失　压	分　励 辅助触头	分励失压	二　组 辅助触头	失　压 辅助触头
无 脱 扣	00		02				06	
热 脱 扣	10	11	12	13	14	15	16	17
电磁脱扣	20	21	22	23	24	25	26	27
复式脱扣	30	31	32	33	34	35	36	37

注：1.热脱扣——作过载保护用；

　　2.电磁脱扣——作短路保护用；

　　3.复式脱扣——既有热脱扣，又有电磁脱扣；即既可保护过载，也可保护短路。

附录 8-1　TJ、LJ型裸铜、裸铝绞线的载流量（安）$t=+70℃$

截　面（mm²）	TJ 型 裸 铜 绞 线							
	户　内				户　外			
	25℃	30℃	35℃	40℃	25℃	30℃	35℃	40℃
4	25	24	22	20	50	47	44	41
6	35	33	31	28	70	66	62	57
10	60	56	53	49	95	89	84	77
16	100	94	88	81	130	122	114	105
25	140	132	123	104	180	169	158	146
35	175	165	154	142	220	207	194	178
50	220	207	194	178	270	254	238	219
70	280	263	246	227	340	320	300	276
95	340	320	299	276	415	390	365	336
120	405	380	356	328	485	456	426	393
150	480	451	422	389	570	536	501	461
185	550	517	484	445	645	606	567	522
240	650	610	571	526	770	724	678	624

截　面（mm²）	LJ 型 裸 铝 绞 线							
	户　内				户　外			
	25℃	30℃	35℃	40℃	25℃	30℃	35℃	40℃
10	55	52	48	45	75	70	66	61
16	80	75	70	65	105	99	92	85
25	110	103	97	89	135	127	119	109
35	135	127	119	109	170	160	150	138
50	170	160	150	138	215	202	189	174
70	215	202	189	174	265	249	233	215
95	260	244	229	211	325	305	286	247
120	310	292	273	251	375	352	330	304
150	370	348	326	300	440	414	387	356
185	425	400	374	344	500	470	440	405
240	—	—	—	—	610	574	536	494

附录 8-2 ZLQ$_{20}$,ZLQ$_{30}$,ZLL$_{12}$,ZLL$_{120}$型油浸纸绝缘铝芯电力电缆在空气中敷设时的载流量(安)

芯数×截面 (mm²)	1—3kV $t=+80℃$				6kV $t=+65℃$				10kV $t=+60℃$			
	25℃	30℃	35℃	40℃	25℃	30℃	35℃	40℃	25℃	30℃	35℃	40℃
3×2.5	24	22	21	20	—	—	—	—	—	—	—	—
3×4	32	30	28	27	—	—	—	—	—	—	—	—
3×6	40	38	36	34	—	—	—	—	—	—	—	—
3×10	55	52	49	46	48	44	41	37	—	—	—	—
3×16	70	66	63	59	60	56	51	47	60	55	50	45
3×25	95	90	85	81	85	79	73	67	80	74	67	60
3×35	115	109	104	98	100	93	86	79	95	87	80	71
3×50	145	138	131	123	125	116	108	98	120	111	101	90
×70	180	171	162	153	155	144	134	122	145	134	122	109
3×95	220	209	199	187	190	177	164	150	180	166	152	136
3×120	255	243	230	217	220	205	190	174	205	189	173	154
3×150	300	286	271	255	255	238	220	201	235	217	198	177
3×185	345	329	312	294	295	275	255	233	270	250	228	204
3×240	410	391	371	349	345	322	298	272	320	296	270	241

附录 8-3 ZLQ$_2$,ZLQ$_3$,ZLQ$_5$，ZLL$_{11}$，ZLL$_{12}$型油浸纸绝缘铝芯电力电缆埋地敷设时的载流量(安)

芯数×截面 (mm²)	1～3kV $t=+80℃$				6kV $t=+65℃$				10kV $t=+60℃$			
	15℃	20℃	25℃	30℃	15℃	20℃	25℃	30℃	15℃	20℃	25℃	30℃
3×2.5	30	29	28	26	—	—	—	—	—	—	—	—
3×4	40	38	37	35	—	—	—	—	—	—	—	—
3×6	50	47	46	43	—	—	—	—	—	—	—	—
3×10	65	62	60	57	61	58	55	51	—	—	—	—
3×16	87	83	80	76	78	74	70	65	73	69	65	60
3×25	114	109	105	100	106	100	95	88	101	96	90	83
3×30	141	135	130	124	123	116	110	102	146	139	130	120
3×50	174	166	160	152	184	173	165	154	169	160	150	138
3×70	207	197	190	181	184	173	205	191	209	197	185	171
3×95	252	239	230	229	229	217	205	215	242	230	215	199
3×120	288	275	265	252	257	241	230	215	262	262	215	226
3×150	329	312	300	286	291	273	260	243	276	262	215	226
3×185	370	353	340	324	330	309	295	275	310	294	275	254
3×240	436	416	400	381	386	362	345	322	367	347	325	300

附录 8-4 VLV聚氯乙烯绝缘及护套铝芯电力电缆(三芯)在空气中敷设时的载流量(安)

截 面 (mm²)	1 kV $t=+65℃$				6 kV $t=+65℃$			
	25℃	30℃	35℃	40℃	25℃	30℃	35℃	40℃
3×1.5	—	—	—	—	—	—	—	—
3×2.5	16	14	13	12	—	—	—	—
3×4	22	20	19	17	—	—	—	—
3×6	29	27	25	22	—	—	—	—
3×10	40	37	34	31	42	39	36	33
3×16	53	49	45	41	56	52	48	44
3×25	72	67	62	56	74	69	64	58
3×35	87	81	75	68	90	84	77	71
3×50	108	100	93	85	112	104	96	88
3×70	135	126	116	106	136	127	117	107
3×95	165	154	142	130	167	156	144	132
3×120	191	178	165	151	194	181	167	153
3×150	225	210	194	177	224	209	193	177
3×185	257	240	222	203	257	240	222	203
3×240	306	286	264	242	301	281	260	238

附录 8-5 VLV聚氯乙烯绝缘及护套铝芯电力电缆(三芯)直埋地中敷设时的载流量(安)

截 面 (mm²)	1 kV $t=+65℃$				6 kV $t=+65℃$			
	15℃	20℃	25℃	30℃	15℃	20℃	25℃	30℃
3×1.5	—	—	—	—	—	—	—	—
3×2.5	25	24	23	21	—	—	—	—
3×4	33	31	30	28	—	—	—	—
3×6	42	40	38	35	—	—	—	—
3×10	57	54	51	47	54	51	49	45
3×16	75	71	67	62	71	67	64	59
3×25	99	92	87	81	92	87	83	77
3×35	120	114	108	100	116	110	104	97
3×50	147	139	132	123	143	135	128	119
3×70	181	171	162	151	171	162	153	143
3×95	215	203	192	179	208	197	186	173
3×120	244	231	218	203	238	225	213	199
3×150	280	266	250	233	272	257	243	227
3×185	316	299	283	264	308	291	275	257
3×240	366	346	327	305	353	334	316	295

附录 8-6　导体载流量的温度校正系数表

周围介质计算温度 (℃)	线芯最高温度 (℃)	实际介质温度(℃)时的载流量校正系数 K_t											
		-5	0	+5	+10	+15	+20	+25	+30	+35	+40	+45	+50
15	80	1.14	1.11	1.08	1.04	1.00	0.96	0.92	0.88	0.83	0.78	0.73	0.68
25		1.24	1.20	1.17	1.13	1.09	1.04	1.00	0.95	0.90	0.85	0.80	0.74
15	70	1.17	1.18	1.09	1.045	1.00	0.955	0.905	0.85	0.79	0.74	0.67	0.60
25		1.29	1.24	1.20	1.15	1.11	1.05	1.00	0.94	0.88	0.81	0.74	0.67
15	65	1.18	1.14	1.10	1.05	1.00	0.95	0.89	0.84	0.77	0.71	0.63	0.55
25		1.32	1.27	1.22	1.17	1.12	1.06	1.00	0.94	0.87	0.79	0.71	0.61
15	60	1.20	1.15	1.12	1.06	1.00	0.94	0.88	0.82	0.75	0.67	0.57	0.47
25		1.36	1.31	1.25	1.20	1.13	1.07	1.00	0.93	0.85	0.76	0.66	0.54
15	55	1.22	1.17	1.12	1.07	1.00	0.93	0.86	0.79	0.71	0.61	0.50	0.36
15		1.41	1.35	1.29	1.23	1.15	1.08	1.00	0.91	0.82	0.71	0.53	0.41
15	50	1.25	1.20	1.14	1.17	1.00	0.93	0.84	0.76	0.66	0.54	0.37	
25		1.48	1.41	1.34	1.26	1.18	1.09	1.00	0.89	0.78	0.63	0.45	

附录 8-7　电缆埋地多根并列时的校正系数表

电缆根数	1	2	3	4	5	6
电缆外皮间距100mm	1.0	0.98	0.84	0.80	0.78	0.75
电缆外皮间距200mm	1.0	0.90	0.86	0.83	0.81	0.80
电缆外皮间距300mm	1.0	0.92	0.89	0.87	0.86	0.85

附录 8-8　电线穿钢管或塑料管在空气中多根并列敷设时的校正系数表

黑铁管（钢管）或塑料管根数	载流量校正系数
2～4	0.95
4以上	0.90

附录 8-9　电缆埋地土壤热阻系数不同时的校正系数表

土壤热阻系数(°C厘米/瓦)	线芯截面小于25mm²	线芯截面大于25mm²
60	1.06	1.09
80	1.0	1.0
120	0.89	0.86

注：根据上海电缆研究所在上海、广州、南京等地测量，土壤热阻系数大多在60～80°C厘米/瓦。

当无土壤热阻系数的实测资料时，长江以南地区可按80(°C厘米/瓦)，长江以北地区可按120(°C厘米/瓦)。

附录 8-10　选择电气设备所采用的周围环境计算温度

序　号	电 气 设 备 名 称	所 采 用 的 计 算 温 度
1	电　缆： 1)地下直接埋设 2)室外明设 3)室内明设或在电缆沟内	 最热月的土壤月平均温度(电缆敷设处) 最热月最高气温月平均值 所在环境最热月月平均气温
2	母线、裸导线和绝缘导线： 1)室外敷设 2)室内敷设	 最热月最高气温月平均值 所在环境最热月月平均气温
3	电机、电器	日最高气温

关于温度定义的解释：

1.日平均气温：即每日昼夜平均气温；

2.月平均气温：全月的日平均气温相加，除以全月天数；

3.年平均气温：全年的月平均气温相加，除以十二；

4.日最高气温：气温表上每日最高气温；

5.月平均最高气温：全月之每日最高气温相加，除以全月天数；

6.年平均最高气温：全年之最高气温月平均值相加，除以十二；

7.最热月：全年中平均气温最高的月；

8.日的极端最高气温：是从日最高气温中选出最高者；

注：以上各项气温均系在室外距地2米高的百叶窗中测得的。

附录 8-11 LJ型铝绞线单位长度的电阻和感抗表

载面（平方毫米）	16	25	35	50	70	95	120	150	185	240
电阻 $\left(\dfrac{欧}{公里}\right)$ 50°C	2.069	1.331	0.957	0.664	0.475	0.355	0.283	0.225	0.183	0.142
55°C	2.106	1.354	0.974	0.676	0.483	0.361	0.288	0.229	0.186	0.144
60°C	2.143	1.378	0.991	0.688	0.492	0.368	0.294	0.233	0.189	0.147
65°C	2.180	1.402	1.008	0.700	0.500	0.374	0.299	0.237	0.193	0.149
线路感抗（欧/公里） 线间几何均距（米） 0.6	0.363	0.349	0.339	0.327	0.317	0.304	0.297	0.289	0.283	0.275
0.8	0.381	0.367	0.357	0.345	0.335	0.322	0.315	0.307	0.301	0.293
1.0	0.395	0.381	0.371	0.359	0.349	0.336	0.329	0.321	0.315	0.307
1.25	0.408	0.395	0.385	0.373	0.363	0.350	0.343	0.335	0.329	0.321
1.50	0.420	0.407	0.396	0.385	0.374	0.361	0.354	0.347	0.310	0.332
2.00	0.438	0.425	0.414	0.403	0.392	0.379	0.372	0.365	0.358	0.350

附录 8-12 6、10、35千伏铝导线三相架空线路电压损失表

额定电压 （千伏）	导线型号	当cosφ等于下列数值时的电压损失（%/兆瓦·公里）t＝+45℃		
		0.9	0.85	0.8
6	LJ-16	6.496	6.638	6.794
	LJ-25	4.364	4.500	4.650
	LJ-35	3.274	3.408	3.552
	LJ-50	2.418	2.546	2.688
	LJ-70	1.865	1.967	2.219
	LJ-95	1.474	1.612	1.745
	LJ-120	1.262	1.391	1.515
	LJ-150	1.087	1.143	1.334
	LJ-185	0.959	1.083	1.202
	LJ-240	0.832	0.953	1.069
10	LJ-16	2.337	2.388	2.444
	LJ-25	1.570	1.619	1.673
	LJ-35	1.178	1.226	1.278
	LJ-50	0.870	0.916	0.967
	LJ-70	0.671	0.716	0.766
	LJ-95	0.536	0.580	0.623
	LJ-120	0.454	0.501	0.548
	LJ-150	0.391	0.437	0.480
	LJ-185	0.345	0.390	0.433
	LJ-240	0.299	0.343	0.385
35	LGJ-35	0.0909	0.0967	0.1010
	LGJ-50	0.0732	0.0780	0.0823
	LGJ-70	0.0564	0.0609	0.0653
	LGJ-95	0.0450	0.0494	0.0537
	LGJ-120	0.0392	0.0135	0.0477
	LGJ-150	0.0350	0.0392	0.0433
	LGJ-185	0.0302	0.0343	0.0383
	LGJ-240	0.0269	0.0309	0.0349

注：计算公式 $\Delta U\% = \dfrac{(R_0 + X_0 \mathrm{tg}\varphi)100}{U_e^2} \cdot PL = \Delta u\% \cdot PL = K_p PL$

式中

P ——计算负荷（兆瓦）；

L ——线路长度（公里）；

U_e ——线路额定电压（千伏）；

R_0 ——线路单位长度电阻（欧/公里）；

X_0 ——线路单位长度感抗（欧/公里）；6～10千伏X_0取平均值0.38欧/公里；35千伏 X_0取平均值0.40欧/公里计算；

$K_p = \Delta u\%$ ——线路每兆瓦一公里的电压损失百分数。

附录 8-13 380伏铝导线三相架空线路电压损失表

型号	截 面 (mm²)	电压损失百分数 $\dfrac{(每千瓦·公里)}{(每安·公里)}(t=+55℃)$					
		$\cos\varphi$					
		0.5	0.6	0.7	0.8	0.9	1.0
LJ	16	$\dfrac{1.938}{0.638}$	$\dfrac{1.834}{0.724}$	$\dfrac{1.751}{0.807}$	$\dfrac{1.680}{0.884}$	$\dfrac{1.610}{0.954}$	$\dfrac{1.482}{0.975}$
	25	$\dfrac{1.395}{0.459}$	$\dfrac{1.294}{0.511}$	$\dfrac{1.215}{0.560}$	$\dfrac{1.146}{0.604}$	$\dfrac{1.079}{0.639}$	$\dfrac{0.956}{0.629}$
	35	$\dfrac{1.114}{0.367}$	$\dfrac{1.016}{0.401}$	$\dfrac{0.939}{0.432}$	$\dfrac{0.871}{0.459}$	$\dfrac{0.806}{0.477}$	$\dfrac{0.686}{0.452}$
	50	$\dfrac{0.890}{0.293}$	$\dfrac{0.795}{0.314}$	$\dfrac{0.720}{0.332}$	$\dfrac{0.656}{0.345}$	$\dfrac{0.592}{0.351}$	$\dfrac{0.476}{0.314}$
	70	$\dfrac{0.742}{0.247}$	$\dfrac{0.650}{0.251}$	$\dfrac{0.577}{0.266}$	$\dfrac{0.515}{0.271}$	$\dfrac{0.453}{0.268}$	$\dfrac{0.341}{0.224}$
	95	$\dfrac{0.641}{0.211}$	$\dfrac{0.552}{0.218}$	$\dfrac{0.482}{0.222}$	$\dfrac{0.422}{0.219}$	$\dfrac{0.362}{0.215}$	$\dfrac{0.255}{0.168}$
	120	$\dfrac{0.581}{0.194}$	$\dfrac{0.494}{0.195}$	$\dfrac{0.426}{0.193}$	$\dfrac{0.367}{0.188}$	$\dfrac{0.309}{0.180}$	$\dfrac{0.204}{0.134}$
	150	$\dfrac{0.529}{0.174}$	$\dfrac{0.445}{0.176}$	$\dfrac{0.378}{0.171}$	$\dfrac{0.321}{0.164}$	$\dfrac{0.264}{0.157}$	$\dfrac{0.163}{0.106}$
	185	$\dfrac{0.491}{0.162}$	$\dfrac{0.419}{0.160}$	$\dfrac{0.343}{0.158}$	$\dfrac{0.287}{0.151}$	$\dfrac{0.232}{0.137}$	$\dfrac{0.131}{0.086}$
	240	$\dfrac{0.453}{0.149}$	$\dfrac{0.372}{0.146}$	$\dfrac{0.309}{0.142}$	$\dfrac{0.254}{0.134}$	$\dfrac{0.200}{0.119}$	$\dfrac{0.102}{0.070}$

注：当网络为二相三线制380/220伏时，表中每千瓦·公里和每安·公里的电压损失百分数应分别乘以2.25和1.5；当网络为单相二线制220伏时，则分别乘以6.0和2.0。

附录 8-14 6千伏铝芯塑料绝缘电力电缆常用数据表

芯数×截面 (mm²)	电阻 (欧/公里)	感抗 (欧/公里)	埋地25°C时的最大负荷 (千伏安)	架空35°C时的最大负荷 (千伏安)	电压损失百分数 $\frac{每兆瓦·公里}{每安·公里}$ ($t=+60°C$)		
					cosφ=0.8	cosφ=0.85	cosφ=0.9
3×10	3.564	0.110	510	374	$\frac{10.13}{0.083}$	$\frac{10.09}{0.089}$	$\frac{10.05}{0.094}$
3×16	2.403	0.124	998	935	$\frac{6.931}{0.058}$	$\frac{6.889}{0.061}$	$\frac{6.842}{0.064}$
3×25	1.538	0.111	1268	1216	$\frac{4.501}{0.037}$	$\frac{4.464}{0.039}$	$\frac{4.422}{0.041}$
3×35	1.099	0.105	1507	1165	$\frac{3.272}{0.027}$	$\frac{3.234}{0.029}$	$\frac{3.194}{0.030}$
3×50	0.769	0.099	1839	1805	$\frac{2.313}{0.019}$	$\frac{2.307}{0.020}$	$\frac{2.269}{0.021}$
3×70	0.549	0.093	2203	2182	$\frac{1.719}{0.014}$	$\frac{1.685}{0.015}$	$\frac{1.650}{0.016}$
3×95	0.404	0.089	2598	2569	$\frac{1.308}{0.010}$	$\frac{1.276}{0.011}$	$\frac{1.242}{0.012}$
3×120	0.320	0.087	2962	2931	$\frac{1.070}{0.009}$	$\frac{1.039}{0.009}$	$\frac{0.996}{0.009}$
3×150	0.259	0.085	3316	3316	$\frac{0.897}{0.007}$	$\frac{0.866}{0.008}$	$\frac{0.834}{0.008}$
3×185	0.212	0.082	3752	3721	$\frac{0.760}{0.0057}$	$\frac{0.730}{0.0060}$	$\frac{0.699}{0.0070}$
3×240	0.166	0.080	4313	4280	$\frac{0.628}{0.0055}$	$\frac{0.599}{0.0053}$	$\frac{0.569}{0.0050}$

注: 表中电压损失百分数也适用于油浸纸绝缘电力电缆。

附录 8-15 10千伏铝芯油浸纸绝缘电力电缆常用数据表

芯数×截面 (mm²)	电阻 (欧/公里)	感抗 (欧/公里)	埋地25°C时的最大负荷 (千伏安)	架空35°C时的最大负荷 (千伏安)	电压损失百分数 $\left(\dfrac{每兆瓦·公里}{每安·公里}\right)$ (t=+55°C)		
					cosφ=0.8	cosφ=0.85	cosφ=0.9
3×16	2.209	0.110	1126	866	$\dfrac{2.292}{0.0317}$	$\dfrac{2.277}{0.0335}$	$\dfrac{2.262}{0.0351}$
3×25	1.414	0.098	1559	1162	$\dfrac{1.488}{0.0206}$	$\dfrac{1.475}{0.0216}$	$\dfrac{1.461}{0.0230}$
3×35	1.010	0.092	1819	1386	$\dfrac{1.080}{0.0149}$	$\dfrac{1.067}{0.0156}$	$\dfrac{1.055}{0.0164}$
3×50	0.707	0.087	2252	1749	$\dfrac{0.877}{0.0121}$	$\dfrac{0.865}{0.0127}$	$\dfrac{0.853}{0.0132}$
3×70	0.505	0.083	2598	2113	$\dfrac{0.569}{0.0078}$	$\dfrac{0.558}{0.0082}$	$\dfrac{0.546}{0.0084}$
3×95	0.372	0.080	3204	2633	$\dfrac{0.434}{0.0062}$	$\dfrac{0.420}{0.0062}$	$\dfrac{0.412}{0.0064}$
3×120	0.294	0.078	3724	3070	$\dfrac{0.354}{0.0048}$	$\dfrac{0.344}{0.0050}$	$\dfrac{0.333}{0.0051}$
3×150	0.238	0.077	4214	3513	$\dfrac{0.294}{0.0040}$	$\dfrac{0.286}{0.0041}$	$\dfrac{0.275}{0.0042}$
3×185	0.195	0.075	4763	3949	$\dfrac{0.247}{0.0034}$	$\dfrac{0.231}{0.0034}$	$\dfrac{0.227}{0.0035}$
3×240	0.152	0.073	5629	4677	$\dfrac{0.207}{0.0028}$	$\dfrac{0.193}{0.0028}$	$\dfrac{0.188}{0.0028}$

附录 9-1 对称分量法简介[❶]

分析不对称运行的基本方法是对称分量法和叠加原理，先将一个不对称的三相系统分解为正序、负序和零序三个对称系统，分别对每一个系统进行计算，最后再将所得结果叠加。

一、对称分量法的原理

任何一个不对称的三相系统，都可按一定的方法将它分解成正序、负序和零序三个对称系统，后者称为前者的对称分量。正序系统的三个量（电流或电压）大小相等，相位互差120°电角度，达到最大值的先后次序为A→B→C；负序系统的三个量大小相等，相位互差120°电角度，但到达最大值的先后次序为A→C→B；零序系统的三个量大小相等，相位相同。

反之，任意三个正序、负序及零序对称系统叠加起来，也可以得到一个不对称的三相系统。

下面以电流为例，具体说明上述原理。首先取三个正序、负序和零序电流系统，为了区别各相序的量，在正序系统各量的右下角标以[1]号，负序系统各量的右下角标以[2]号，零序系统各量的右下角标以[0]号。则有·

正序系统：$\dot{I}_{A1}$、$\dot{I}_{B1}$、$\dot{I}_{C1}$

负序系统：$\dot{I}_{A2}$、$\dot{I}_{B2}$、$\dot{I}_{C2}$

零序系统：$\dot{I}_{A0}$、$\dot{I}_{B0}$、$\dot{I}_{C0}$

已知正序、负序、零序三个电流系统，应用叠加原理可得各相的电流为：

$$\left.\begin{aligned}\dot{I}_A &= \dot{I}_{A1} + \dot{I}_{A2} + \dot{I}_{A0}\\ \dot{I}_B &= \dot{I}_{B1} + \dot{I}_{B2} + \dot{I}_{B0}\\ \dot{I}_C &= \dot{I}_{C1} + \dot{I}_{C2} + \dot{I}_{C0}\end{aligned}\right\} \tag{1}$$

应用复数算子（或称运算符号）"α"这个数学工具：

$$\alpha = e^{j120°} = \cos120° + j\sin120° = -\frac{1}{2} + j\frac{\sqrt{3}}{2}$$

$$\alpha^2 = e^{j240°} = -\frac{1}{2} - j\frac{\sqrt{3}}{2}$$

$$\alpha^3 = 1$$

$$\alpha^4 = \alpha$$

$$\alpha^2 + \alpha + 1 = 0$$

即"α"乘某一相量，它表示该相量需要沿着相量旋转方向（相量旋转方向为逆时针方向）旋转120°；"α^2"乘某一相量，它表示该相量需要沿着相量旋转方向旋转240°；"α^3"乘某一相量，它表示该相量不需旋转。就可以得以下的关系式：

$$\left.\begin{aligned}\dot{I}_{B1} &= \alpha^2\dot{I}_{A1};\quad \dot{I}_{C1} = \alpha\dot{I}_{A1}\\ \dot{I}_{B2} &= \alpha\dot{I}_{A2};\quad \dot{I}_{C2} = \alpha^2\dot{I}_{A2}\\ \dot{I}_{A0} &= \dot{I}_{B0} = \dot{I}_{C0}\end{aligned}\right\} \tag{2}$$

[❶] 本附录内容就理论系统性而言是属于第五章讨论的范围。但从教学大纲的要求来看，主要是在继电保护整定计算中遇到对两相短路和单相短路的计算问题。故附于本书之末，以供参考。

$$\dot{I}_A = \dot{I}_{A1} + \dot{I}_{A2} + \dot{I}_{A0} \quad ①$$
$$\dot{I}_B = \alpha^2 \dot{I}_{A1} + \alpha \dot{I}_{A2} + \dot{I}_{A0} \quad ② \left.\right\} \quad (3)$$
$$\dot{I}_C = \alpha \dot{I}_{A1} + \alpha^2 \dot{I}_{A2} + \dot{I}_{A0} \quad ③$$

正序、负序、零序电流系统及其合成的三相不对称电流系统亦可用相量图表示如下：

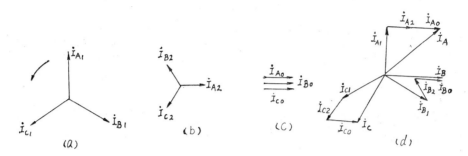

附图 9-1　三相不对称电流系统的分解和合成
（a）正序电流系统；（b）负序电流系统；（c）零序电流系统；（d）合成的三相不对称电流系统

即一个正序三相电流系统、一个负序三相电流系统和一个零序三相电流系统叠加后可得一个不对称的三相电流系统。

反之，已知任意一个不对称三相电流，亦可求出正序、负序和零序分量。这可以联立求解式（3）而得：

①＋②＋③得：
$$\dot{I}_A + \dot{I}_B + \dot{I}_C = (1 + \alpha^2 + \alpha) \dot{I}_{A1} + (1 + \alpha + \alpha^2) \dot{I}_{A2} + 3\dot{I}_{A0}$$

$$\therefore \quad \dot{I}_{A0} = \frac{1}{3} \left(\dot{I}_A + \dot{I}_B + \dot{I}_C \right)$$
①＋$\alpha \times$②＋$\alpha^2 \times$③得：
$$\dot{I}_{A1} = \frac{1}{3} \left(\dot{I}_A + \alpha \dot{I}_B + \alpha^2 \dot{I}_C \right) \left.\right\} \quad (4)$$
①＋$\alpha^2 \times$②＋$\alpha \times$③得：
$$\dot{I}_{A2} = \frac{1}{3} \left(\dot{I}_A + \alpha^2 \dot{I}_B + \alpha \dot{I}_C \right)$$

即有：

正序系统：$\dot{I}_{A1}$；$\dot{I}_{B1} = \alpha^2 \dot{I}_{A1}$；$\dot{I}_{C1} = \alpha \dot{I}_{A1}$

负序系统：$\dot{I}_{A2}$；$\dot{I}_{B2} = \alpha \dot{I}_{A2}$；$\dot{I}_{C2} = \alpha^2 \dot{I}_{A2}$

零序系统：$\dot{I}_{A0}$；$\dot{I}_{B0} = \dot{I}_{A0}$；$\dot{I}_{C0} = \dot{I}_{A0}$

式（4）说明：已知不对称三相电流 $\dot{I}_A$、$\dot{I}_B$、$\dot{I}_C$，则一定可以求出其相应的正序、负序和零序分量电流。

也可将式（3）和式（4）用矩阵式表示：
$$\begin{bmatrix} \dot{I}_A \\ \dot{I}_B \\ \dot{I}_C \end{bmatrix} = \begin{bmatrix} 1 & 1 & 1 \\ 1 & \alpha^2 & \alpha \\ 1 & \alpha & \alpha^2 \end{bmatrix} \begin{bmatrix} \dot{I}_{A0} \\ \dot{I}_{A1} \\ \dot{I}_{A2} \end{bmatrix} \quad (5)$$

和
$$\begin{bmatrix} \dot{I}_{A0} \\ \dot{I}_{A1} \\ \dot{I}_{A2} \end{bmatrix} = \frac{1}{3} \begin{bmatrix} 1 & 1 & 1 \\ 1 & \alpha & \alpha^2 \\ 1 & \alpha^2 & \alpha \end{bmatrix} \begin{bmatrix} \dot{I}_A \\ \dot{I}_B \\ \dot{I}_C \end{bmatrix} \qquad (6)$$

如令
$$\mathbf{A} = \begin{bmatrix} 1 & 1 & 1 \\ 1 & \alpha^2 & \alpha \\ 1 & \alpha & \alpha^2 \end{bmatrix} \qquad (7)$$

则不难证明 $\mathbf{A}$ 为非奇异矩阵，求得其逆矩阵为：

$$\mathbf{A}^{-1} = \frac{1}{3} \begin{bmatrix} 1 & 1 & 1 \\ 1 & \alpha & \alpha^2 \\ 1 & \alpha^2 & \alpha \end{bmatrix} \qquad (8)$$

于是可将式（5）和式（6）简记为：

$$\left. \begin{array}{l} \dot{I}_{ABC} = \mathbf{A}\dot{I}_{012} \\ \dot{I}_{012} = \mathbf{A}^{-1}\dot{I}_{ABC} \end{array} \right\} \qquad (9)$$

附图 9-2　Y/Y。联接三相变压器
的单相短路（b相）

式中 $\mathbf{A}$ 和 $\mathbf{A}^{-1}$ 分别称为变换矩阵和逆变换矩阵。

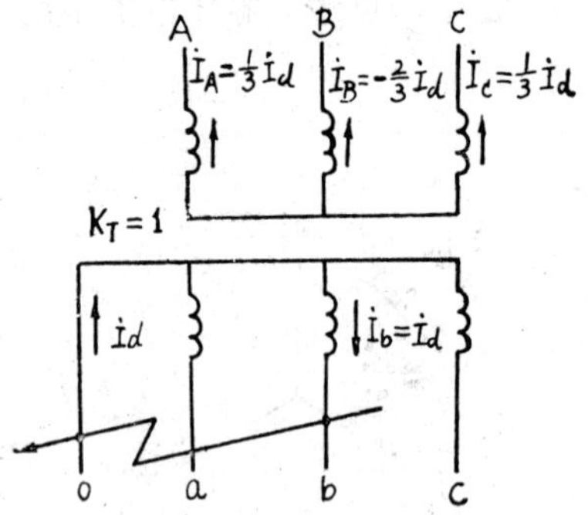

二、Y/Y。联接三相变压器的单相短路

当三相变压器副边发生不对称短路时，无法直接求得原边各相的电流，但借助对称分量法就可求得原边各相的电流，此时先将副边不对称的三相电流分解为三个对称分量，由于正序、负序和零序电流系统是对称的，就可以根据变压器的原理，求得原边的对称分量，最后就可求出原边的不对称三相电流。

附图9-2表示 b 相单相短路时的接线图。

图中大写字母表示原边，小写字母表示副边。设副边 b 相的短路电流为 $\dot{I}_d$，则副边各相的电流值为：

$$\dot{I}_a = 0; \qquad \dot{I}_b = \dot{I}_d; \qquad \dot{I}_c = 0 。$$

应用式（6）可求得副边参考相（ a 相）电流的对称分量：

$$\begin{bmatrix} \dot{I}_{a0} \\ \dot{I}_{a1} \\ \dot{I}_{a2} \end{bmatrix} = \frac{1}{3} \begin{bmatrix} 1 & 1 & 1 \\ 1 & \alpha & \alpha^2 \\ 1 & \alpha^2 & \alpha \end{bmatrix} \begin{bmatrix} 0 \\ \dot{I}_d \\ 0 \end{bmatrix} = \frac{1}{3} \begin{bmatrix} \dot{I}_d \\ \alpha \dot{I}_d \\ \alpha^2 \dot{I}_d \end{bmatrix} = \frac{\dot{I}_d}{3} \begin{bmatrix} 1 \\ \alpha \\ \alpha^2 \end{bmatrix}$$

由此再求出其他各相电流的对称分量：

$$\dot{I}_{a0} = \dot{I}_{b0} = \dot{I}_{c0} = \frac{1}{3}\dot{I}_d;$$

$$\left. \begin{array}{l} \dot{I}_{b1} = \alpha^2 \dot{I}_{a1} = \frac{1}{3}\dot{I}_d \\ \dot{I}_{b2} = \alpha \dot{I}_{a2} = \frac{1}{3}\dot{I}_d \end{array} \right\}; \qquad \left. \begin{array}{l} \dot{I}_{c1} = \alpha \dot{I}_{a1} = \frac{1}{3}\alpha^2 \dot{I}_d \\ \dot{I}_{c2} = \alpha^2 \dot{I}_{a2} = \frac{1}{3}\alpha \dot{I}_d \end{array} \right\};$$

对应于副绕组的正序和负序电流系统，原绕组也有同样的正序和负序电流系统。但原、副边各对应系统的电流相位是相反的，因为变压器是Y/Y。接法，短路时原、副边的磁动势大小相等而方向相反。设变压器的变比为 K_T，则原边电流的数值为副边电流的 $1/K_T$。此外，原边与副边的不同之处在于原边三相系统没有中性线，故原边没有零序电流，即

$$\dot{I}_{A0}=\dot{I}_{B0}=\dot{I}_{C0}=\frac{1}{3}(\dot{I}_A+\dot{I}_B+\dot{I}_C)=0$$

应用式（9）就可求出原边各相的相电流：

$$\begin{bmatrix}\dot{I}_A\\\dot{I}_B\\\dot{I}_C\end{bmatrix}=\frac{1}{K_T}\begin{bmatrix}1&1&1\\1&\alpha^2&\alpha\\1&\alpha&\alpha^2\end{bmatrix}\begin{bmatrix}0\\-\dot{I}_{a1}\\-\dot{I}_{a2}\end{bmatrix}=-\frac{\dot{I}_d}{3K_T}\begin{bmatrix}1&1&1\\1&\alpha^2&\alpha\\1&\alpha&\alpha^2\end{bmatrix}\begin{bmatrix}0\\\alpha\\\alpha^2\end{bmatrix}$$

$$=-\frac{\dot{I}_d}{3K_T}\begin{bmatrix}\alpha+\alpha^2\\\alpha^3+\alpha^3\\\alpha^2+\alpha\end{bmatrix}=-\frac{\dot{I}_d}{3K_T}\begin{bmatrix}-1\\2\\-1\end{bmatrix}=\frac{\dot{I}_d}{3K_T}\begin{bmatrix}1\\-2\\1\end{bmatrix}$$

Y/Y_0 联接时单相短路（b 相）电流相量分解图见附图9-3（副边）和附图9-4(原边)，图中设变比 $K_T=1$。

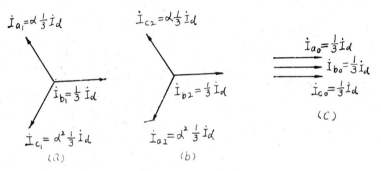

附图 9-3　Y/Y_0 变压器单相短路时副边电流各序分量

（a）正序电流相量；（b）负序电流相量；（c）零序电流相量

副边合成的电流即为单相短路电流 $\dot{I}_b=\dot{I}_d$，即

$$\overrightarrow{\dot{I}_{b1}}\ \overrightarrow{\dot{I}_{b2}}\ \overrightarrow{\dot{I}_{b0}}\ \dot{I}_b=\dot{I}_d$$

相对应的公式为：

$$\begin{cases}\dot{I}_a=\dot{I}_{a1}+\dot{I}_{a2}+\dot{I}_{a0}=0\\\dot{I}_b=\dot{I}_{b1}+\dot{I}_{b2}+\dot{I}_{b0}=\dot{I}_d\\\dot{I}_c=\dot{I}_{c1}+\dot{I}_{c2}+\dot{I}_{c0}=0\end{cases}$$

原边合成的电流相量如附图9-5所示。

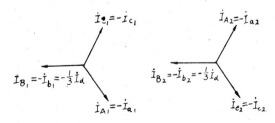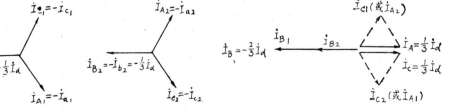

附图 9-4　Y/Y_0 变压器单相短路时原边电流各序分量

附图 9-5　Y/Y_0 变压器单相短路时原边合成电流相量

相应的公式为：

$$\begin{cases} \dot{I}_A = \dot{I}_{A1} + \dot{I}_{A2} = \dfrac{1}{3}\dot{I}_d \\[2mm] \dot{I}_B = \dot{I}_{B1} + \dot{I}_{B2} = -\dfrac{2}{3}\dot{I}_d \\[2mm] \dot{I}_C = \dot{I}_{C1} + \dot{I}_{C2} = \dfrac{1}{3}\dot{I}_d \end{cases}$$

通过以上计算例题，可以明瞭：正序系统和负序系统都是对称而平衡的系统，零序系统是对称但不平衡的系统。不平衡系统的条件是：

$$\dot{I}_A + \dot{I}_B + \dot{I}_C \neq 0$$

只有在不平衡系统中，才有零序分量存在。

不平衡的三相电流相量和，等于它的零序分量的三倍[见式（4）]，它在故障点流入大地或中性线。

三、序阻抗和不对称短路的计算

当所讨论的电路本身是对称的，则应用对称分量法分析不对称短路是最简单而严密的方法。此时任一相序的对称电流系统和相应的同相序的对称电压系统之间都适合欧姆定律。设三相电路中某一元件对于对称电流系统的正序、负序和零序的阻抗及电抗分别为z_1、z_2、z_0及x_1、x_2、x_0，通常三相系统中各相同序的序阻抗是相等的，且在短路计算中可忽略电阻的影响；故元件两端之间电压的各序对称分量具有独立计算的性质，即

正序电压 $\qquad\qquad \dot{U}_1 = \dot{I}_1 z_1 \approx \dot{I}_1 \cdot jx_1$

负序电压 $\qquad\qquad \dot{U}_2 = \dot{I}_2 z_2 \approx \dot{I}_2 \cdot jx_2$

零序电压 $\qquad\qquad \dot{U}_0 = \dot{I}_0 z_0 \approx \dot{I}_0 \cdot jx_0$

式中$\dot{I}_1$、$\dot{I}_2$、$\dot{I}_0$为通过该元件的不对称电流系统的正序、负序和零序电流分量。电抗x_1、x_2和x_0称为该元件的正序电抗、负序电抗和零序电抗。它们的数值在计算时是很重要的。

三相短路时元件的电抗，实际上就是正序电抗。因为那时的电流系统仅是正序的，所以没有提出相序电抗的名称。

对于所有静止的电气设备（包括变压器、架空线、电缆、电抗器）：$z_1 = z_2$，但z_0是不同的。

变压器的零序电抗x_0与它的结构及绕组的接法有关。当变压器的线圈接成三角形或中性点不接地的星形时，从三角形和不接地星形一侧看去，它的零序电抗x_0总是等于无限大，因为加在此线圈的零序电压不管另一侧的线圈接法如何，都不能在变压器线圈中产生零序电流。所以，只有当变压器的线圈接成中性点接地星形时，从这星形一侧来看变压器，零序电抗x_0才是有限的。现就这种情况分别简述如下：当变压器为$Y_0/\triangle$连接时，不论结构型式如何，$x_0 = x_1$；对于三相四柱式变压器、壳式变压器和三个单相变压器组成的三相变压器组，当Y_0/Y连接时，$x_0 = \infty$，当Y_0/Y_0连接，而二次侧有零序电流回路时，$x_0 = x_1$；对于三相三柱式变压器，当Y_0/Y连接时，$x_0 = x_1 + x_{\mu 0}$（$x_{\mu 0}$为变压器的零序励磁电抗，视变压器构造而定）；当Y_0/Y_0连接时，必须应用全部等效网络图，引入相应的$x_{\mu 0}$值。

架空输电线的零序电抗，在计算中可采用以下近似值：

架空输电线的零序电抗 附表 9-1

无架空地线的单回线路	$x_0 = 3.5 x_1$
无架空地线的双回线路	$x_0 = 5.5 x_1$
有钢架空地线的单回线路	$x_0 = 3.5 x_1$
有钢架空地线的双向线路	$x_0 = 5 x_1$
有非铁磁材料架空地线的单回线路	$x_0 = 2 x_1$
有非铁磁材料架空地线的双回线路	$x_0 = 3 x_1$

电缆线路的零序电抗，在计算中可采用以下近似值：

电缆线路的零序电抗 附表 9-2

三芯电缆	$x_0 = (3.5 \sim 4.6) x_1$
单芯电缆	$x_0 = 1.25 x_1$

电抗器的零序电抗 $x_0 \approx x_1$。

对于旋转的电气设备，三个相序电抗值均不相同。

在短路电流实用的近似计算中，对于汽轮发电机和具有阻尼线圈的发电机，负序电抗一般可采用 $x_2 \approx x_d''$；同步电机零序电抗的数值变动范围很大，$x_0 = (0.15 \sim 0.6) x_d''$。下表列出标准型同步电机 x_2 和 x_0 的额定标么值。

标准型同步电机的电抗额定标么值 附表 9-3

同 步 机 的 型 式	x_2	x_0
汽轮发电机	0.15	0.05
水轮发电机(有阻尼线圈)	0.25	0.07
水轮发电机(无阻尼线圈)	0.45	0.07
同步补偿机和大型同步电动机	0.24	0.08

通过对称分量法的分析，可求得不对称短路处的电流计算式；

二相短路故障相中电流（分析过程从略）：

$$I_d^{(2)} = \frac{\sqrt{3} E_\Sigma}{x_{1\Sigma} + x_{2\Sigma}}$$

单相短路故障相中电流（分析过程从略）：

$$I_d^{(1)} = \frac{3 E_\Sigma}{x_{1\Sigma} + x_{2\Sigma} + x_{0\Sigma}} = \frac{3 E_\Sigma}{x_{1\Sigma} + x_{\Delta\Sigma}}$$

式中 E_Σ ——短路点的一相等值电势，在无限大容量系统中，E_Σ 等于相电压 U_{xg}；

$\quad x_{1\Sigma}$ ——正序总电抗；

$\quad x_{2\Sigma}$ ——负序总电抗；

$\quad x_{0\Sigma}$ ——零序总电抗；

当 $x_{\Delta\Sigma} \leqslant 2 x_{1\Sigma}$ 时，则有 $I_d^{(1)} \geqslant I_d^{(3)}$。